第二次青藏高原综合科学考察研究丛书

雅鲁藏布江中上游
地表粉尘空间特征与演化

夏敦胜　杨胜利 等　著

科 学 出 版 社

北 京

内 容 简 介

本书是“第二次青藏高原综合科学考察研究”之雅鲁藏布江中上游地区地表粉尘科学考察研究的成果总结。本书在介绍雅鲁藏布江科考的实施背景、考察目标、内容及方案的基础上，通过科学考察、室内实验和遥感分析，厘定了雅鲁藏布江流域风成沉积的时空分布，分析了流域表土沉积物和典型剖面沉积物的理化性质及其环境意义，探讨了区域粉尘活动和环境演化过程及其与高原古人类活动的联系，明确了区域粉尘物质来源，并对粉尘释放潜力进行评估。本书的特色之处是获得了雅鲁藏布江中上游地区地表粉尘的第一手实测数据和监测资料，为科学认识青藏高原地区的粉尘活动及其气候环境效应，促进青藏高原生态环境保护和经济社会发展提供重要的基础数据和理论支撑。

本书可供地理学，特别是古气候和古环境等研究方向的科研工作者参考使用，也可作为高等院校相关专业师生的参考书。

审图号：藏S（2022）021号

图书在版编目（CIP）数据

雅鲁藏布江中上游地表粉尘空间特征与演化 / 夏敦胜等著. —北京：科学出版社，2023.6

（第二次青藏高原综合科学考察研究丛书）

国家出版基金项目

ISBN 978-7-03-075729-6

Ⅰ. ①雅…　Ⅱ. ①夏…　Ⅲ. ①雅鲁藏布江-流域-粉尘-污染防治-研究　Ⅳ. ①X513

中国国家版本馆CIP数据核字（2023）第103448号

责任编辑：郭允允 / 责任校对：郝甜甜

责任印制：肖　兴 / 封面设计：吴霞暖

科学出版社出版

北京东黄城根北街16号

邮政编码：100717

http: //www.sciencep.com

北京汇瑞嘉合文化发展有限公司 印刷

科学出版社发行　各地新华书店经销

*

2023年6月第　一　版　开本：787×1092　1/16

2023年6月第一次印刷　印张：18 1/4

字数：440 000

定价：288.00元

（如有印装质量问题，我社负责调换）

“第二次青藏高原综合科学考察研究丛书”

指导委员会

刘丛强　中国科学院地球化学研究所
龚健雅　武汉大学
焦念志　厦门大学
赖远明　中国科学院西北生态环境资源研究院
胡春宏　中国水利水电科学研究院
郭正堂　中国科学院地质与地球物理研究所
王会军　南京信息工程大学
周成虎　中国科学院地理科学与资源研究所
吴立新　中国海洋大学
夏　军　武汉大学
陈大可　自然资源部第二海洋研究所
张人禾　复旦大学
杨经绥　南京大学
邵明安　中国科学院地理科学与资源研究所
侯增谦　国家自然科学基金委员会
吴丰昌　中国环境科学研究院
孙和平　中国科学院精密测量科学与技术创新研究院
于贵瑞　中国科学院地理科学与资源研究所
王　赤　中国科学院国家空间科学中心
肖文交　中国科学院新疆生态与地理研究所
朱永官　中国科学院城市环境研究所

"第二次青藏高原综合科学考察研究丛书"
编辑委员会

《雅鲁藏布江中上游地表粉尘空间特征与演化》

编写委员会

主　任　夏敦胜　杨胜利

副主任　杨军怀　凌智永　王树源　贾　佳
　　　　　王　鑫　昝金波

委　员　高福元　王　飞　金　明　李再军
　　　　　魏海涛　李　琼　陆　浩　范义姣
　　　　　陈梓炫　刘　鑫　田伟东　罗元龙
　　　　　刘　丽　康　健　马兴悦　柳欣滢
　　　　　孙小云　赵　来　刘　燕

第二次青藏高原综合科学考察队
青藏高原地表粉尘科考分队
队员名单

姓名	职务	工作单位
夏敦胜	分队长	兰州大学
杨胜利	副分队长	兰州大学
昝金波	组长	中国科学院青藏高原研究所
贾　佳	组长	浙江师范大学
王　鑫	组长	兰州大学
杨军怀	队员	兰州大学
凌智永	队员	中国科学院青海盐湖研究所
王树源	队员	兰州大学
高福元	队员	兰州城市学院
王　飞	队员	兰州大学
金　明	队员	兰州大学
李再军	队员	兰州大学
魏海涛	队员	兰州大学
李　琼	队员	兰州大学
陆　浩	队员	兰州大学
范义姣	队员	兰州大学

陈梓炫	队员	兰州大学
刘　鑫	队员	兰州大学
田伟东	队员	兰州大学
罗元龙	队员	兰州大学
刘　丽	队员	兰州大学
康　健	队员	中国科学院青藏高原研究所
马兴悦	队员	兰州大学
柳欣滢	队员	兰州大学
孙小云	队员	兰州大学
赵　来	队员	兰州大学
刘　燕	队员	兰州大学

丛书序一

青藏高原是地球上最年轻、海拔最高、面积最大的高原，西起帕米尔高原和兴都库什、东到横断山脉，北起昆仑山和祁连山、南至喜马拉雅山区，高原面海拔4500米上下，是地球上最独特的地质－地理单元，是开展地球演化、圈层相互作用及人地关系研究的天然实验室。

鉴于青藏高原区位的特殊性和重要性，新中国成立以来，在我国重大科技规划中，青藏高原持续被列为重点关注区域。《1956—1967年科学技术发展远景规划》《1963—1972年科学技术发展规划》《1978—1985年全国科学技术发展规划纲要》等规划中都列入针对青藏高原的相关任务。1971年，周恩来总理主持召开全国科学技术工作会议，制订了基础研究八年科技发展规划（1972—1980年），青藏高原科学考察是五个核心内容之一，从而拉开了第一次大规模青藏高原综合科学考察研究的序幕。经过近20年的不懈努力，第一次青藏综合科考全面完成了250多万平方千米的考察，产出了近100部专著和论文集，成果荣获了1987年国家自然科学奖一等奖，在推动区域经济建设和社会发展、巩固国防边防和国家西部大开发战略的实施中发挥了不可替代的作用。

自第一次青藏综合科考开展以来的近50年，青藏高原自然与社会环境发生了重大变化，气候变暖幅度是同期全球平均值的两倍，青藏高原生态环境和水循环格局发生了显著变化，如冰川退缩、冻土退化、冰湖溃决、冰崩、草地退化、泥石流频发，严重影响了人类生存环境和经济社会的发展。青藏高原还是“一带一路”环境变化的核心驱动区，将对“一带一路”沿线20多个国家和30多亿人口的生存与发展带来影响。

2017年8月19日，第二次青藏高原综合科学考察研究启动，习近平总书记发来贺信，指出“青藏高原是世界屋脊、亚洲水塔，是地球第三极，是我国重要的生态安全屏障、战略资源储备基地，是中华民族特色文化的重要保护地”，要求第二次青藏高原综合科学考察研究要“聚焦水、生态、人类活动，着力解决青藏高原资源环境承载力、灾害风险、绿色发展途径等方面的问题，为守护好世界上最后一方净土、建设美丽的青藏高原作出新贡献，让青藏高原各族群众生活更加幸福安康”。习近平总书记的贺信传达了党中央对青藏高原可持续发展和建设国家生态保护屏障的战略方针。

第二次青藏综合科考将围绕青藏高原地球系统变化及其影响这一关键科学问题，开展西风－季风协同作用及其影响、亚洲水塔动态变化与影响、生态系统与生态安全、生态安全屏障功能与优化体系、生物多样性保护与可持续利用、人类活动与生存环境安全、高原生长与演化、资源能源现状与远景评估、地质环境与灾害、区域绿色发展途径等10大科学问题的研究，以服务国家战略需求和区域可持续发展。

“第二次青藏高原综合科学考察研究丛书”将系统展示科考成果，从多角度综合反映过去50年来青藏高原环境变化的过程、机制及其对人类社会的影响。相信第二次青藏综合科考将继续发扬老一辈科学家艰苦奋斗、团结奋进、勇攀高峰的精神，不忘初心，砥砺前行，为守护好世界上最后一方净土、建设美丽的青藏高原作出新的更大贡献！

孙鸿烈

第一次青藏科考队队长

丛书序二

青藏高原及其周边山地作为地球第三极矗立在北半球，同南极和北极一样既是全球变化的发动机，又是全球变化的放大器。2000年前人们就认识到青藏高原北缘昆仑山的重要性，公元18世纪人们就发现珠穆朗玛峰的存在，19世纪以来，人们对青藏高原的科考水平不断从一个高度推向另一个高度。随着人类远足能力的不断加强，逐梦三极的科考日益频繁。虽然青藏高原科考长期以来一直在通过不同的方式在不同的地区进行着，但对于整个青藏高原的综合科考迄今只有两次。第一次是20世纪70年代开始的第一次青藏科考。这次科考在地学与生物学等科学领域取得了一系列重大成果，奠定了青藏高原科学研究的基础，为推动社会发展、国防安全和西部大开发提供了重要科学依据。第二次是刚刚开始的第二次青藏科考。第二次青藏科考最初是从区域发展和国家需求层面提出来的，后来成为科学家的共同行动。中国科学院的A类先导专项率先支持启动了第二次青藏科考。刚刚启动的国家专项支持，使得第二次青藏科考有了广度和深度的提升。

习近平总书记高度关怀第二次青藏科考，在2017年8月19日第二次青藏科考启动之际，专门给科考队发来贺信，作出重要指示，以高屋建瓴的战略胸怀和俯瞰全球的国际视野，深刻阐述了青藏高原环境变化研究的重要性，要求第二次青藏科考队聚焦水、生态、人类活动，揭示青藏高原环境变化机理，为生态屏障优化和亚洲水塔安全、美丽青藏高原建设作出贡献。殷切期望广大科考人员发扬老一辈科学家艰苦奋斗、团结奋进、勇攀高峰的精神，为守护好世界上最后一方净土顽强拼搏。这充分体现了习近平生态文明思想和绿色发展理念，是第二次青藏科考的基本遵循。

第二次青藏科考的目标是阐明过去环境变化规律，预估未来变化与影响，服务区域经济社会高质量发展，引领国际青藏高原研究，促进全球生态环境保护。为此，第二次青藏科考组织了10大任务和60多个专题，在亚洲水塔区、喜马拉雅区、横断山高山峡谷区、祁连山-阿尔金区、天山-帕米尔区等5大综合考察研究区的19个关键区，开展综合科学考察研究，强化野外观测研究体系布局、科考数据集成、新技术融合和灾害预警体系建设，产出科学考察研究报告、国际科学前沿文章、服务国家需求评估和咨询报告、科学传播产品四大体系的科考成果。

两次青藏综合科考有其相同的地方。表现在两次科考都具有学科齐全的特点，两次科考都有全国不同部门科学家广泛参与，两次科考都是国家专项支持。两次青藏综合科考也有其不同的地方。第一，两次科考的目标不一样：第一次科考是以科学发现为目标；第二次科考是以摸清变化和影响为目标。第二，两次科考的基础不一样：第一次青藏科考时青藏高原交通整体落后、技术手段普遍缺乏；第二次青藏科考时青藏高原交通四通八达，新技术、新手段、新方法日新月异。第三，两次科考的理念不一样：第一次科考的理念是不同学科考察研究的平行推进；第二次科考的理念是实现多学科交叉与融合和地球系统多圈层作用考察研究新突破。

“第二次青藏高原综合科学考察研究丛书”是第二次青藏科考成果四大产出体系的重要组成部分，是系统阐述青藏高原环境变化过程与机理、评估环境变化影响、提出科学应对方案的综合文库。希望丛书的出版能全方位展示青藏高原科学考察研究的新成果和地球系统科学研究的新进展，能为推动青藏高原环境保护和可持续发展、推进国家生态文明建设、促进全球生态环境保护做出应有的贡献。

姚檀栋

姚檀栋
第二次青藏科考队队长

序　一

开展青藏高原科学考察研究是我国政府组织的大型科学研究计划，不但推动了青藏高原地球深部过程和地表景观及其变化的深入研究，对完善板块构造理论体系和推进地球系统科学理论发展具有重大科学意义，而且也为推动青藏高原生态环境保护和经济社会发展提供了坚实的科学依据，对建设美丽青藏高原、保障人民生活幸福安康等具有重要意义。20 世纪 70 年代起，我国开展了首次青藏高原综合科学考察研究，积累了大量宝贵的第一手原始科学材料，填补了青藏高原研究中的诸多空白，并为区域经济建设和社会发展提供了重要的科学依据。

近 50 年以来，青藏高原地区自然和社会环境发生了重大的变化，全球变化影响深刻，青藏高原的增温显著，气候整体转向暖湿化，生态趋好，但灾害风险增加。在全球变暖的背景下，高原环境变化更加剧烈，如冰川冻土融化、冰崩和冰湖溃决等灾害频发、湖泊扩张、高寒草地退化、部分区域土地沙化严重、粉尘释放强烈等，青藏高原地表系统发生了重大变化，青藏高原屏障功能发生转变，并对高原及周边地区的人类生存环境和经济社会发展产生了深远影响。在此背景下，第二次青藏高原综合科学考察研究（简称第二次青藏科考）于 2017 年正式启动，第二次青藏科考围绕青藏高原地球系统变化及其影响这一科学问题，聚焦亚洲水塔变化与影响、西风－季风协同作用与影响、人类活动对环境影响与适应、灾害风险防治等重点问题，突出“变化”主题，摸清变化规律，评估与预测未来变化趋势，为保护好世界上最后一方净土，建设美丽青藏高原提供科技支撑。

第二次青藏科考设立十大任务，其中任务六“人类活动与生存环境安全”由本人任负责人，下设人类活动历史与环境效应、粉尘气溶胶及其气候环境效应、土地利用变化及其环境效应、大气成分垂直结构及其气候环境效应、跨境污染物调查与环境安全、生物地球化学循环及其环境效应、高山地方病与高原生理适应、人类活动影响与生态安全环境评估八个专题，“粉尘气溶胶及其气候环境效应”专题由兰州大学黄建平院士负责。该专题下设子专题“青藏高原地表粉尘和风沙沉积考察研究”（兰州大学夏敦胜教授负责），旨在理解地表景观变化和地表粉尘及其气候环境效应，评估高原及其周边地区人类活动与生存环境安全，理解风沙灾害的发生发展机制。青藏高原南部的雅鲁藏布江流域是第二次青藏科考五大综合考察区之一，同时也是亚洲水塔区的重要组成部分，作为西藏自治区的人口聚集区，约占西藏人口的60%。雅鲁藏布江中上游地区广泛分布末次冰期以来的风成沉积，即黄土和风沙沉积物，这些地表粉尘的释放、搬运和沉积不仅影响区域人民生产和生活，而且通过改变地气辐射平衡加剧气候环境变化，对高原及其周边的气候过程、地貌过程和人类活动等产生深刻的影响，甚至影响全球气候变化。因此，开展雅鲁藏布江流域的地表粉尘和风沙沉积研究是认识人类活动与生存环境安全的重要组成部分。

《雅鲁藏布江中上游地表粉尘空间特征与演化》是“粉尘气溶胶及其气候环境效应”科考专题的重要科考研究的初步成果，是在野外考察基础上，围绕地表粉尘循环及气候环境影响，对青藏高原南部雅鲁藏布江中上游地区风成沉积及其演化研究所做出的较全面、较系统的最新总结。全书内容丰富，涵盖了地表粉尘分布、风成沉积理化性质、风成堆积年代、地表粉尘活动历史、古气候变化及其与人类活动之间的联系以及粉尘物源与释放潜力等内容。全书有两大创新点：一是通过大范围的野外考察和调查，对青藏高原南部雅鲁藏布江流域这一亚洲水塔区地表粉尘的分布、理化性质、堆积年代、物源、气候变化及其与人类活动的联系等方面进行了从点到面、从空间到时间的全面阐述；二是基于多种物源分析手段，建立了区域风成沉积循环及粉尘释放模式，并结合野外监测，初步定量评估了青藏高原南部粉尘释放的潜力及其对全球粉尘的贡献。对该区域地表粉尘特征及其演化的认识弥补了青藏高原地区地表粉尘时空格局及其气候环境变化研究的薄弱环节，对青藏高原气候变化应对和环境保护具有重要参考价值。

在青藏高原高海拔地区开展野外工作是十分辛苦的，青藏高原地表粉尘科考分队各队员克服了高寒缺氧等恶劣环境，不畏道路险阻，历时近4年进行相关考察研究工作，取得了宝贵的第一手科考资料。希望该科考团队的全体科研人员继续发扬“脚踏实地、勇于探索；协力攻坚、勇攀高峰”的青藏科学精神，在已有的工作基础上，继续坚持不懈、深入探索，取得更多的创新成果。

陈发虎

中国科学院院士
发展中国家科学院院士
中国科学院青藏高原研究所所长
中国地理学会理事长
2021年11月9日于墨脱

序　二

粉尘气溶胶的释放、传输和沉积过程对大气圈、冰冻圈、气候过程和地貌过程等会产生深刻的影响，是大气科学和全球变化研究的前沿与焦点。深入认识粉尘气溶胶的特征、成因、时空演化历史及其蕴含的区域和全球气候环境变化信息，有助于深入理解各圈层相互联系的动力学过程，对准确客观地评价粉尘气溶胶的气候环境效应有着重要的意义。

青藏高原巨大的高原面改变了高原内部及其周边区域的环境格局，诸如大气环流结构和粉尘循环过程等，进而影响了全球的气候环境变化。青藏高原是“地球第三极”，素有全球气候的驱动机和放大器之称，是典型的生态环境和气候变化的敏感区、脆弱区。由于毗邻中亚及中国北方主要沙漠以及分布广泛的戈壁等粉尘排放源区，加之高原“热泵效应”的影响，青藏高原及其周边地区被认为是当前全球自然和人为排放粉尘气溶胶最多且对环境影响最显著的区域之一。这些粉尘气溶胶的自然和人为排放，一方面对高原自身的大气环境质量具有重要的影响，另一方面通过一系列的物理化学过程，直接或间接地改变了大气的热力和动力结构，进而影响了局地和区域的气候变化。近几十年来，青藏高原大气中的粉尘气溶胶等污染物不断增加，对区域生产和生活带来了严重危害，对高原本身、东亚乃至全球的气候环境变化、冰川活动等都产生了深刻的影响。

第二次青藏高原综合科学考察研究任务六专题二聚焦“粉尘气溶胶及其气候环境效应”，旨在探索青藏高原粉尘活动的时空演化历史、理化特征、控制因素及其气候响应等前沿科学问题，为粉尘气溶胶对人类活动影响与生存安全评估提供数据支撑。青藏高原南部的雅鲁藏布江流域是高原人口聚集区，该区域既是现代粉尘气溶胶的重要释放区，也是大气粉尘气溶胶的主要沉降区，记录了高原古粉尘的演化历史及其对大气环流的响应过程。开展雅鲁藏布江流域粉尘气溶胶调查研究有助于系统认识高原地区粉尘从释放到沉降的全过程，理解粉尘活动与区域乃至全球气候环境变化之间的耦合过程，进一步认识高原粉尘的气候环境效应，对改善人类生存环境有重要意义。《雅鲁藏布江中上游地表粉尘空间特征与演化》一书在大量野外调查的基础上，结合多种室内实验方法和遥感分析，重点查明雅鲁藏布江中上游地区地表粉尘的分布范围、沉积特征及起沙阈值，确定地表粉尘沉积的主要物质来源，探讨粉尘活动的时空演化历史及其与大气环流的关系。

科考队员们在适应自身高原反应的同时，克服交通不便等问题，获取大量珍贵的第一手考察资料、数据和样品，充分展现科考队员不畏艰难、踏实工作、勇攀高峰的精神风貌。此项科学考察工作的顺利完成，为守护好一方净土、保护和建设美丽的青藏高原贡献了力量！

中国科学院院士
兰州大学教授
2021 年 10 月 18 日于兰州

前　言

青藏高原国内总面积约 258 万 km^2，平均海拔约 4400 m，其因关键的地理位置、巨大的面积和高度效应以及丰富的水资源，被认为是“地球第三极”和“亚洲水塔”，在全球气候变化和人类活动与生存环境安全中处于十分重要的关键地位。青藏高原及其周边地区广泛分布的地表粉尘一方面为区域农业活动提供了赖以生存的土壤，另一方面强烈的高原粉尘活动给人类的生存环境带来了威胁。由于巨大的高原面占据了对流层将近一半的高度，青藏高原粉尘活动较亚洲其他任何地区都更容易进入西风急流区，进而贯穿于全球不同的地理要素圈层，影响区域乃至全球的气候环境变化。正因为如此，青藏高原的地表粉尘及其对区域和全球生态环境的影响长期以来备受关注。

雅鲁藏布江位于青藏高原南部，由于具备充足的沙源、强劲的风动力和有利的堆积场所等条件，河谷附近尤其是河流宽谷段（将宽度大于 3 km 的河谷定义为宽谷，而将小于 3 km 的河谷定义为峡谷），堆积了广泛的风成沉积，其中在河流阶地和部分山顶及坡麓发育黄土沉积，而在河谷低地如河漫滩和南北两岸山坡处则主要堆积风沙沉积，塑造了各类沙丘地貌。作为青藏高原地区重要的粉尘气溶胶，这些地表沉积物在风力侵蚀、搬运和堆积过程中，一方面给区域生产和生活带来了严重危害，另一方面通过一系列物理化学过程直接或间接地改变了大气热动力结构，影响了高原地区、东亚乃至全球的气候环境变化。因此，综合探讨雅鲁藏布江中上游地区地表粉尘的分布、特征、物源、历史及其气候响应不仅有助于深入认识青藏高原地区的粉尘活动及其气候环境效应，评估高原及其周边地区未来气候环境演化，也为深刻理解全球气候变化及其驱动机制提供重要的数据参考和理论支撑。

本书分为 10 章，主要内容如下：第 1 章主要介绍雅鲁藏布江地表粉尘考察的背景、意义、目标、内容及实施方案。第 2 章主要介绍雅鲁藏布江中上游地区地理位置、地质地貌、气候、植被、水文和人类活动。第3章主要介绍科学考察路线、样品采集和室内实验方法。第4章主要介绍黄土和沙丘沉积物及其分布特征，探讨风沙化土地演化及其影响因素，以及黄土、风沙与地貌形态的关系。第5章主要介绍雅鲁藏布江中上游地区表土沉积物的磁性、粒度、元素、色度和有机碳同位素等理化性质及其影响因素。第6章主要介绍雅鲁藏布江中上游地区典型风成沉积剖面的磁性、粒度、元素和色度等理化特征及其环境意义。第7章主要介绍风成堆积物年代的空间异质性及其控制因素。第8章主要介绍粉尘活动历史以及地表粉尘记录的环境演化及其驱动机制。第9章主要介绍雅鲁藏布江中游地表粉尘记录的气候变化与高原古人类活动之间的可能联系。第10章主要介绍各类沉积物之间的潜在物源联系，以及地表粉尘释放的模式与潜力评估。

第二次青藏高原综合科学考察研究之雅鲁藏布江中上游地区地表粉尘科学考察的开展，丰富了青藏高原南部风成沉积时空格局及气候变化研究的现有理论框架，弥补了青藏高原粉尘研究的薄弱环节，将为青藏高原甚至东亚地区的气候环境评估做出重要贡献。

本书是第二次青藏高原综合科学考察青藏高原地表粉尘科考分队全体科研人员辛勤劳动的成果。科考队员们在野外考察过程中不畏艰险，克服高原反应，全力以赴地完成了雅鲁藏布江中上游地表粉尘考察任务。我们由衷地感谢科学技术部和国家自然科学基金委员会长期的项目支持，感谢兰州大学资源环境学院和西部环境教育部重点实验室为项目实施提供了平台，特别感谢陈发虎院士、黄建平院士、董治宝教授、康世昌研究员、勾晓华教授、杨晓燕教授、张镭教授、靳鹤龄研究员、陈惠中研究员、戴霜教授、张强弓研究员、田鹏飞教授和汪霞教授等众多专家学者在项目执行过程中给予的指导，感谢西藏自治区科技厅、西藏自治区第二次青藏高原综合科学考察研究领导小组办公室、林芝市科学技术局、林芝市林业和草原局、林芝市自然资源局、巴宜区林业和草原局等单位在考察过程中的鼎力协助。

本书在第二次青藏高原综合科学考察研究项目任务六专题二“粉尘气溶胶及其气候环境效应”（项目编号：2019QZKK0602）的资助下完成。

《雅鲁藏布江中上游地表粉尘空间特征与演化》编写委员会[①]

2022年4月

① 鉴于本书是多人参与撰写的，读者可能会在书中找出前后论述的些许差异，这反映出具体作者所依据的资料的不同或认识的差别，特别说明。

摘　要

通过对雅鲁藏布江中上游地区地表粉尘进行综合科学考察，获取了地表粉尘的分布与沉积特征、理化性质、形成年代、物质来源以及粉尘释放潜力等关键信息，揭示了不同时间尺度上地表粉尘的时空演化历史、变化规律及其驱动机制，探讨了气候变化与高原古人类活动的关系，对青藏高原地区气候变化应对与生态环境保护具有重要的理论意义和应用价值。研究结果主要包括：

(1) 风成沉积及其分布。雅鲁藏布江中上游地区风成沉积主要包括黄土沉积和风沙沉积，二者通常相伴而生，集中发育于河流宽谷段，具有黄土在上而风沙在下的沉积结构。黄土通常分布在较高至中等高度的河流阶地和低山基岩顶部，厚度可达数米至几十米不等，多为原生黄土，以日喀则宽谷和山南宽谷分布居多，较低的阶地和山地坡麓处分布具有明显层理且夹杂细小砾石的次生黄土。沙丘主要分布于河漫滩和南北两岸山坡，其中江心洲、河漫滩和阶地等区域呈斑点状分布着简单新月形沙丘、复合型新月形沙丘及沙丘链、灌丛沙丘和金字塔沙丘等，两岸山坡上呈条带状发育爬坡沙丘和沙片，其他类型沙丘沿河谷零星分布。受局地环流和沙源供应影响，加查山以西沙丘多发育于雅鲁藏布江北岸，以东主要分布在雅鲁藏布江南岸。雅鲁藏布江中上游地区风沙化土地面积自西向东逐渐减少，随时间呈缓慢增加的趋势，这种时空差异与气候变化和人类活动密切相关。总体上，雅鲁藏布江河谷地貌形态与地表堆积物的空间分异明显，结合野外考察和遥感分析，绘制了《雅鲁藏布江风成沉积空间分布图》。

(2) 表土沉积物的理化性质。雅鲁藏布江中上游地区表土磁性矿物主要由亚铁磁性矿物和不完全反铁磁性矿物控制，包括多畴、假单畴和粗颗粒的稳定单畴。自西向东磁学性质差异显著，西部表土磁性主要由源区的粗颗粒磁性矿物控制，成壤作用的影响非常有限；中部区域表土磁性受成壤过程影响，位于萨嘎的成壤边界与季风边缘的一致性可能暗示了季风对表土磁性特征的控制；东部区域表土磁性特征受物源、地形和气候的共同影响，利用磁学参数指示区域气候变化时需要谨慎。表土沉积物以砂组分为主，平均粒径自西向东逐渐变细，分选较差，沉积物多为近距离输入。地球化学元素以 SiO_2、Al_2O_3 和 Fe_2O_3 为主要形式，化学风化指标受粒度效应影响，难以可靠地反映气候变化。红度自西向东逐渐减小，亮度和黄度无显著区域差异，可能与研究区成壤总体较弱，原生的磁性矿物贡献复杂有关。表土有机碳同位素（$\delta^{13}C_{org}$）的变化范围为 −28.1‰ ～ −15.2‰，平均值为 −22.8‰，与海拔变化显著相关，分别受控于温度（＞3500 m）和降水（＜3500 m），其中 $\delta^{13}C_{org}$ 随降水的变化系数（−0.75‰/100 mm）在古降水重建方面具有重要潜力。表土 $\delta^{13}C_{org}$ 值与海拔和温度之间较高的变化系数（分别为 −5.1‰/km 和 +0.56‰/℃）归因于该区域较高比例的 C_4 植物，后续在进行古环境重建时需要避免 C_4 植物的影响。

(3) 典型剖面沉积物的理化性质。雅鲁藏布江风成剖面沉积物以低矫顽力的亚铁磁性矿物为主，包括少量高矫顽力的赤铁矿和针铁矿。自西向东，磁性矿物浓度和成壤强度逐渐增加，磁性矿物粒径逐渐变细。粗颗粒组分控制着风成沉积剖面的平均粒径变化，反映了青藏高原近地表风的信息。对于全新世风成沉积剖面而言，粒度对风动力的响应可能受到了局地环境的影响，对于更长时间尺度的沉积剖面而言，粗颗粒组分的变化可以很好地反映区域风动力的变化。沉积物粒度的端元（end member，EM）分析表明，除青藏高原近地表风的信号外，沉积物粒度还记录了高空西风和青藏高原尘暴的信息。地球化学元素及风化指标揭示出雅鲁藏布江上游地区风成沉积物的物质组成高度均一，处于初级风化阶段，而雅鲁藏布江中游地区由于沉积物搬运距离较短，物质混合不均，常量和微量元素在上部陆壳（UCC）平均化学组成附近波动明显，化学风化程度明显高于上游地区，处于中等风化阶段。较短时间尺度如全新世沉积序列，代用指标对气候的响应较为复杂，需要与多种环境指标相互印证；而更长时间尺度的沉积序列，各代用指标的环境指示意义较为明确，与地层对应较好。

(4) 风成堆积物年代。雅鲁藏布江中上游地区风成沉积多发育于末次冰盛期（last glacial maximum，LGM）以来，且主要发育在晚冰期（约 14 ka BP）以来的不同时段，更早的风成沉积保存较少。风成沉积的这种年代分布特征可能与气候变化和早期堰塞湖的存在密切相关。LGM 以来气候逐渐变暖，冰雪融水等将原有的风成沉积侵蚀搬运带入河流，致使更早的风成沉积未被保存下来，13 ka BP 之前广泛存在的堰塞湖也在一定程度上制约了河谷风成沉积的保存和发育。雅鲁藏布江上游地区属于盛行风场的沉积发育模式，中游地区属于局地风场沉积发育模式，不同发育模式的风成沉积对环境的指示意义存在较大的差异。LGM 以来的风成沉积受区域和全球气候变化的共同控制，但由于局地环境因素的影响，中上游地区不同区域风成沉积对印度夏季风、中纬度西风及区域地表过程的响应有所差异。

(5) 粉尘活动历史与环境演化。现代风沙环境：雅鲁藏布江中上游地区近地表风呈现明显的时空差异。风速、起沙风频率和输沙势自西向东逐渐减小，通常冬春季节高，夏秋季节低。雅鲁藏布江中上游地区的近地表风可能具有相似的驱动力，而下游地区则明显不同。除近地表风外，局地环境和物质供应是影响雅鲁藏布江河谷风沙地貌格局的重要因素。全新世湿度演化：雅鲁藏布江中上游地区风成沉积记录的湿度在早全新世较高，约 7.6 ka BP 时这种高的湿度状况突然降低，中晚全新世湿度逐渐增加，这种湿度演化模式主要受控于印度夏季风和冬季中纬度西风相对强度的变化，根本上取决于 30°N 夏季和冬季太阳辐射的变化。

(6) 气候变化与人类活动的联系。雅鲁藏布江中游林芝地区的古农业活动可以追溯到距今约 4 ka 前，是该地区目前发现的最早人类活动。雅鲁藏布江河谷地貌的演化对古人类活动产生了重要的影响。全新世早期及以前，雅鲁藏布江河谷洪水或堰塞湖的存在限制了古人类的活动，中全新世以后发育的平坦阶地及堆积的风成沉积物为古人类活动提供了有利的生产和生活条件。气候不是限制该时期古人类活动的主要因素，农业技术的发展及高原作物的驯化可能决定了古人类的迁徙。

(7) 地表粉尘物源与释放。雅鲁藏布江河谷不同沉积物的化学元素存在区域分异，主要继承当地源区母岩的地球化学性质。雅鲁藏布江中上游地区风成沉积体系属于区域自循环，风成沉积主要来源于附近松散沉积物，加之高原边缘巨大山脉等地形的阻挡，接受中亚等外围荒漠区的粉尘贡献有限。在大范围尺度上，青藏高原更可能是其外围中国北方荒漠区及北太平洋等区域最初的粉尘源区。现代粉尘的野外监测结果表明河谷内粉尘活动主要发生在春季（3 ～ 5 月），占全年粉尘收集总量的 56.7%，与区域内月平均降水呈明显的错相关系。在沙尘传输过程中，假如仅 1% 的粉尘未被地表捕获而随大气环流发生了长距离输送，那么雅鲁藏布江河谷每平方千米每年可向高原外部输送 9.4 t 的粉尘。总体而言，雅鲁藏布江河谷具有较强的粉尘释放潜力。

(8) 未来研究的问题和展望。雅鲁藏布江河谷粉尘沉积的过程与机制、表土沉积物性质对高原南部气候边界的指示及其与大气环流和地形地貌的关系、流域风成沉积记录的不同时间尺度的气候变化及其对中纬度西风和印度夏季风相互作用的响应机制、多种沉积物与黄土沉积的潜在物源联系及其对黄土沉积物的定量贡献等科学问题仍需进一步研究。现代粉尘过程的观测和模拟研究、全球气候变化与现代人类活动双重影响下的粉尘释放规律等都是未来研究的重点方向。

目　录

第1章

引　　言

1.1 雅鲁藏布江地表粉尘考察背景

青藏高原北起昆仑山—祁连山北麓，南抵喜马拉雅山南麓，西起兴都库什山和帕米尔高原西缘，东抵横断山东缘，国内总面积约 258 万 km^2，平均海拔约 4400 m（张镱锂等，2021），是世界屋脊、亚洲水塔（Immerzeel et al.，2010），被称为地球第三极（郑度和姚檀栋，2004a）。青藏高原毗邻亚洲中部干旱区，横亘在西风环流和亚洲季风的主要传输路径之上，巨大的高原面占据了对流层近一半的高度，对高原及周边地区的大气环流系统和北半球粉尘的释放、传输和沉降过程有着重大影响（李吉均和方小敏，1998；An et al.，2012b；Zhu et al.，2015；Dong et al.，2017；Chen et al.，2020b；Ling et al.，2022），进而对中亚、东亚乃至全球气候变化产生深远影响（姚檀栋等，2017），被称为全球气候变化的驱动机和放大器（潘保田和李吉均，1996）。近 50 年来，在全球气候变暖和人类活动加剧的背景下，青藏高原地区气候环境经历了深刻变化，如冰川冻土融化、湖泊面积扩张、冰崩和冰湖溃决等灾害频发，高寒草地退化，土地沙化严重，粉尘释放加剧等（Yao et al.，2019；Chen et al.，2020b；Veh et al.，2020），为人类生存环境安全和区域可持续发展带来了巨大挑战。

高原粉尘是青藏高原高寒环境下岩石圈、水圈、大气圈、生物圈和冰冻圈等长期相互作用的产物（Dong et al.，2017），是青藏高原系统的重要组成部分。粉尘活动一方面形成了分布广泛的黄土沉积，为人类活动提供了适宜场所，记录了区域乃至全球气候环境变化的信息（Lehmkuhl et al.，2000；Maher et al.，2010；Shao et al.，2011；Stauch，2015；Ling et al.，2020a，2020b）；另一方面给人类健康带来不利影响，引发了一系列生态环境问题。高原粉尘通过改变冰雪表面反照率对高原冰冻圈的变化产生直接影响，通过气溶胶的气候环境效应直接或间接地影响大气热力和动力结构，进而对区域乃至全球气候变化产生重要影响（Jia et al.，2015，2018；董志文等，2017；Zhang et al.，2021b）。遗憾的是，目前对青藏高原地表粉尘的分布、理化特征、历史、物源以及气候环境效应仍然没有较为系统的认识，限制了对高原地区地表粉尘时空分布格局及其气候环境效应的科学评估。鉴于此，根据第二次青藏高原综合科学考察研究项目任务六“人类活动与生存环境安全”专题二“粉尘气溶胶及其气候环境效应”对青藏高原五大综合区多个关键区的地表与雪冰粉尘、大气粉尘气溶胶进行针对性的系统考察，旨在分析青藏高原粉尘气溶胶特性及阐释其气候环境效应的科学评估结果，以期为更好地应对全球气候变化、支撑美丽青藏高原建设提供科学依据。

雅鲁藏布江中上游地区是青藏高原人口的主要聚居区，是第二次青藏科考任务六、专题二的重要考察地区之一。该区域既是大气粉尘的主要沉积区，也是高原粉尘的重要释放区，广泛分布的黄土沉积和风沙沉积为大规模的风力侵蚀和粉尘释放提供了条件（Dong et al.，2017）。强烈的沙尘活动不仅给高原南部及其周边地区人类的生产、生活带来了严重的威胁，而且由于其海拔较高，沙尘活动较亚洲其他地区都更容易进入西风急流区，成为远源传输的重要沙尘源区，进而对全球气候和生态环境产生影响（Fang et al.，2004；韩永翔等，2004；Han et al.，2008；Ling et al.，2022）。因此，深入调查和研究雅鲁藏布江中上游地区地表粉尘沉积物的理化特征、时空分布、来源、粉尘释放机制和潜力以及地表粉尘记录的古环境演化历史及其驱动机制等一系列科学问题显得尤为重要。

20 世纪 90 年代以来，中外科学家围绕雅鲁藏布江中上游地区的风成沉积开展了诸多研究工作，在典型地区地表粉尘的物质来源（Péwé et al.，1995；Sun et al.，2007；Li et al.，2009；Dong et al.，2017；Du et al.，2018；Ling et al.，2022）、形成年代（Kaiser et al.，2009a，2009b；Lai et al.，2009；Stauch，2015；凌智永等，2019；Ling et al.，2020a）、古气候变化记录（靳鹤龄等，1998；Pan et al.，2014；Klinge and Lehmkuhl，2015；Li et al.，2016b；Chen et al.，2020b；Yang et al.，2021）、风沙地貌及发育模式（杨逸畴，1984；李森等，1997；Xiao et al.，2015；董治宝等，2017）和土地沙漠化历史（Dong et al.，1999；孙明等，2010；袁磊等，2010；Shen et al.，2012；Li et al.，2016a）等方面取得了较多的研究成果。然而，目前对雅鲁藏布江中上游地区地表粉尘的总体认识仍然十分有限，部分认识也存在争议。主要有：①风成沉积的物质来源一直是学界关注的重要科学问题，先后提出了风化残积说、湖积与冲积假说以及风成沉积说等几种形成假说（Péwé et al.，1995；Li et al.，1999；Sun et al.，2007）。对沉积物地球化学元素和矿物特征对比分析后认为，雅鲁藏布江风成沉积属于近源沉积，且与黄土高原的黄土来源不同（刘连友等，1997；Sun et al.，2007；Li et al.，2009；Zhang et al.，2015a；Du et al.，2018；Ling et al.，2022）。然而由于雅鲁藏布江河谷内地表物质循环过程强烈，不同区域沉积物地球化学元素也存在明显的差异性（Du et al.，2018），加之地球化学元素和矿物特征指示物源的不确定性或多解性（陈骏和李高军，2011），目前雅鲁藏布江中上游地区风成沉积物源及其与高原周边粉尘堆积的物质联系等方面还缺乏直接有效的证据，其空间分异特征也缺少系统研究。②风成沉积形成年代的研究主要集中于雅鲁藏布江中上游日喀则宽谷段和山南宽谷段（含拉萨河谷），其余河段测年数据相对较少（靳鹤龄等，1996，1998，2000a；Li et al.，1999；Sun et al.，2007；Kaiser et al.，2009a，2009b；Lai et al.，2009；Stauch，2015）。风成沉积年代研究的深入程度在空间上的这种不均衡性限制了我们对整个流域不同河段风成沉积时空特征的理解。此外，雅鲁藏布江河谷黄土等风成沉积的最老年代及主要发育时期还存在争议，影响了黄土发育模式与区域地质循环过程及气候变化之间关系的建立。③风成沉积记录的全新世气候变化研究整体较为薄弱且存在争议。湖泊沉积、风成沉积等多种记录的集成研究表明，雅鲁藏布江地区的湿度演化总体响应印度夏季风的变化，早全新世湿度最高，中晚全新世逐渐减弱（Chen et al.，2020b）。然而，有研究发现在不同时间尺度上，湿度变化不仅响应印度夏季风的变化，还可能受到了中纬度西风的影响，全新世湿度并非呈逐渐减弱趋势（Tian et al.，2005；Hou et al.，2017；Sun et al.，2020；Kumar et al.，2021）。全新世风沙活动重建结果也表现出了较大的区域差异，甚至在同一区域重建的风沙活动历史也存在差异（郑影华，2009；Zheng et al.，2009；Pan et al.，2014；Li et al.，2016b），而造成这种差异的环境因素及驱动机制并不十分清楚。相对于湿度和风动力演化研究，古温度历史的重建工作更为薄弱（Li et al.，2017a；Huang et al.，2019）。④典型风沙地貌及土地沙漠化研究工作开展较早，但大多聚焦于沙丘分布广泛且便于开展研究的中游宽谷地区（杨逸畴，1984；李森等，1997），对雅鲁藏布江地表粉尘的整体认识不足。

总体来说，由于雅鲁藏布江中上游地区地理环境较为复杂、风成沉积分布相对零散且存在显著的区域差异、中纬度西风–季风的协同作用及其气候环境效应尚不明晰、粉尘与人类活动的相互作用研究较少等，仅根据零星剖面的研究，难以勾画流域尺度地表粉尘及其变化的全貌，这导致对青藏高原南部雅鲁藏布江中上游地区地表粉尘的理化特征、空间分布、迁移循环过程、时空变化历史、气候环境效应等关键科学问题缺少系统认识。本书针对以上不足，围绕雅鲁藏布江中上游地区，尤其是河流宽谷段的风成沉积物，开展了系统的考察和研究，以期从流域尺度、地球系统科学视角深入理解青藏高原南部地表粉尘的理化特征、空间分布、发育模式、时空演化历史及其气候环境效应，为青藏高原地区应对全球气候变化和制定可持续发展策略提供科学依据。

1.2 雅鲁藏布江地表粉尘考察总体目标

通过对青藏高原南部雅鲁藏布江中上游地区地表粉尘的系统考察和研究，获取地表粉尘的分布与沉积特征、理化性质、沉积年代和物质来源等信息，揭示青藏高原南部过去粉尘时空演化历史、变化规律、控制因素及其与气候变化和人类活动的关系，评估粉尘对高原气候环境的影响，深入理解高原粉尘在区域和全球气候环境演化中的意义，为青藏高原气候变化应对策略的制定与环境保护措施的实施提供有力的科学支撑。

1.3 雅鲁藏布江地表粉尘考察主要内容

1.3.1 雅鲁藏布江地表粉尘分布、性质及来源

(1) 通过资料收集、野外实地勘探和遥感分析，重点查清雅鲁藏布江中上游地区地表粉尘分布的范围及厚度变化，初步揭示其与荒漠 / 风沙分布的关系。

(2) 通过对雅鲁藏布江中上游地区现代地表风沙、古粉尘沉积样品以及典型的古粉尘沉积剖面进行取样，系统分析地表粉尘沉积的物质组成和物理化学性质，揭示研究区地表粉尘主要物理化学性质，为确定其物质来源提供诊断依据。

(3) 对青藏高原重点地区的冰水平原沉积、暴露湖相沉积、洪泛平原沉积以及风蚀地貌与沉积等进行系统取样和相关指标测试，与研究区现代地表风沙、古粉尘沉积样品的物理化学性质进行对比，确定研究区地表粉尘沉积主要的物质来源。

1.3.2 雅鲁藏布江地表粉尘沉积历史及规律

通过综合集成已有的代表性古粉尘沉积剖面与野外采集的风成沉积剖面数据，利用各种气候代用指标和测年方法，明确雅鲁藏布江中上游地区地表粉尘活动历史；确定地表粉尘分布与风沙活动、粉尘和环流驱动的关系，揭示青藏高原南部地表粉尘变化历史、演变规律与驱动机制。

1.3.3 雅鲁藏布江地表粉尘演化及影响

基于对雅鲁藏布江中上游地区地表粉尘的理化特征、时空分布、物源和历史的认识，结合研究区的古环境和古气候重建，认识雅鲁藏布江中上游地区粉尘从释放到沉积的全过程的控制因素和动力过程，理解粉尘与区域乃至全球环境气候变化的耦合过程，结合数值模拟研究明确雅鲁藏布江地表粉尘的气候环境效应。同时，结合雅鲁藏布江地区人类活动历史的研究，探讨雅鲁藏布江地表粉尘与人类活动的相互作用过程。

1.4 雅鲁藏布江地表粉尘考察的实施方案

1.4.1 雅鲁藏布江地表粉尘空间分布、理化性质和物质来源

(1) 对雅鲁藏布江中上游地区地表粉尘分布开展系统野外调查，结合遥感影像分析，重点查清雅鲁藏布江中上游地表粉尘（包括黄土沉积和风沙沉积）的空间分布，据此绘制雅鲁藏布江中上游地区风成沉积分布图；通过磁性地层学、光释光（OSL）和加速器质谱碳十四测年（AMS ^{14}C）等年代学研究，利用合适的理化参数、地层厚度等进行区域对比，明确雅鲁藏布江中上游地区地表粉尘的时空分布特征和区域差异。

(2) 通过对雅鲁藏布江中上游地区现代地表粉尘和古粉尘沉积地层进行系统采样，全面分析粉尘沉积的物质组成（如粒度、矿物组成、有机质含量等）和物理化学性质（如岩石磁学性质、石英砂颗粒表面微结构特征、常量元素、微量元素和 Sr-Nd 同位素、碎屑锆石 U-Pb 年龄谱等），明确沉积物主要理化性质及其影响因素，进而明确环境代用指标的指示意义；通过对研究区地表粉尘潜在源区，如冰水沉积、暴露湖相沉积、冲 / 洪积物以及其他地表沉积物等进行系统采样，分析各类型沉积物之间的潜在联系，同时与现代地表粉尘和古粉尘剖面样品进行对比，明确研究区地表粉尘沉积的主要物质来源和迁移循环过程。

1.4.2 雅鲁藏布江地表粉尘沉积年代、堆积过程及主控因素

(1) 通过对研究区典型的古粉尘沉积剖面的古地磁测年、AMS ^{14}C 测年以及 OSL

测年分析，明确研究区粉尘的沉积年代与沉积通量变化；基于代表性剖面粒度等古气候代用指标记录，并综合集成已有研究结果，重建雅鲁藏布江中上游地区晚第四纪粉尘活动历史。

(2) 结合现代观测资料和数值模拟证据，探讨粉尘沉积历史的驱动机制，分析粉尘活动与冰川变化、湖泊变化、高原冬季风、中纬度西风和印度夏季风活动的潜在联系。

1.4.3 雅鲁藏布江地表粉尘时空演化的驱动机制和气候环境效应

基于对雅鲁藏布江中上游地表粉尘的理化特征、时空分布、物源和沉积历史的认识，理解雅鲁藏布江地表粉尘产生、搬运和沉积过程中不同地理要素（地貌、大气环流、植被、气候和人类活动等）的作用过程。结合地表粉尘蕴含的古环境和古气候信息，归纳雅鲁藏布江河谷已有的地表粉尘记录的共性和上述已建立的粉尘沉积通量和风动力变化历史，在数值模拟和现代再分析资料的基础上，探究地表粉尘时空演化的驱动机制，理解粉尘与区域乃至全球环境气候变化的耦合过程，明确高原南部地表粉尘的气候环境效应。最后，结合雅鲁藏布江地区人类活动的已有研究成果，理解人类活动与粉尘时空变化的作用过程。

第2章

雅鲁藏布江中上游地区地理概况

2.1 地理位置

雅鲁藏布江流域地处青藏高原南部，地理坐标为28°00′～31°16′ N，82°00′～97°07′ E，南北跨度3°左右，东西跨度15°左右，介于喜马拉雅山（南分水岭）和冈底斯山－念青唐古拉山（北分水岭）之间，地处雅鲁藏布江深大断裂带上，自西向东横跨近2000 km（图2.1），是亚洲板块和印度板块的分界线。雅鲁藏布江中国境内长2057 km，是中国最长的高原河流，也是世界上海拔最高的大河之一（黄浠，2016）。根据自然条件和水文特性，雅鲁藏布江可划分为上游、中游和下游三段，雅鲁藏布江正源杰马央宗曲至里孜为河流上游段，里孜至米林县派镇为河流中游段，米林县派镇至出境处为河流下游段。

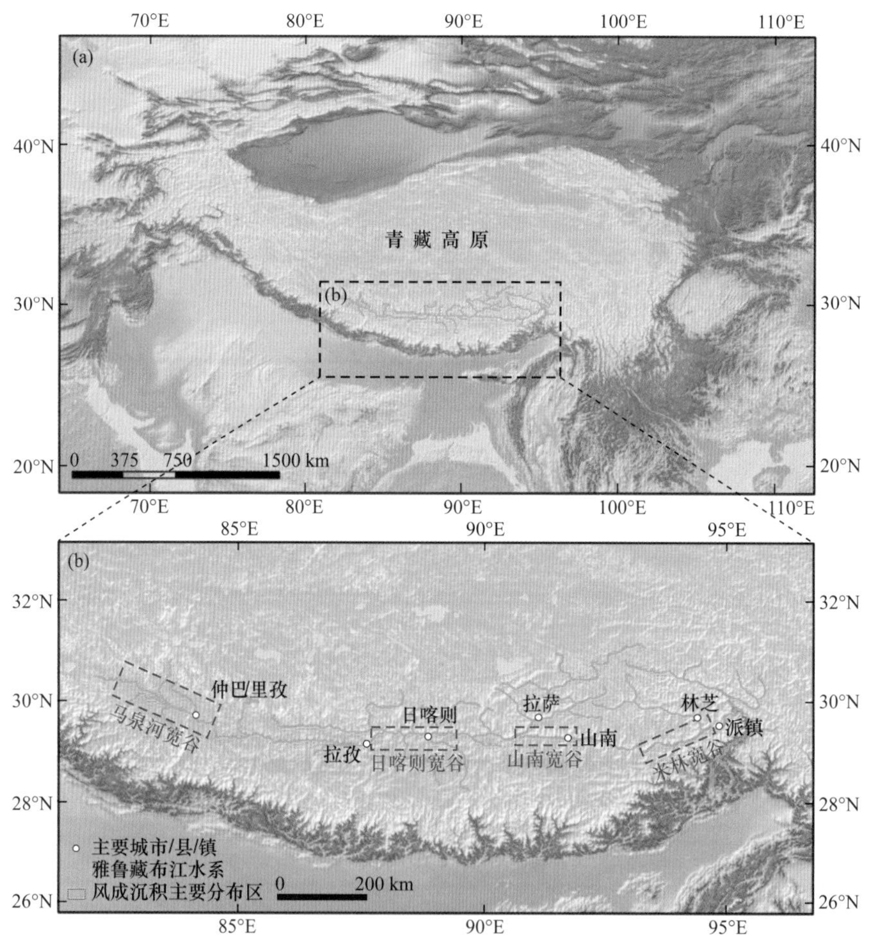

图2.1 雅鲁藏布江中上游地区地理位置

雅鲁藏布江发源于喜马拉雅山西段北麓的杰马央宗冰川，平均海拔约4000 m以上，最高海拔约5750 m，有“极地天河”之称。雅鲁藏布江河床海拔多介于100m（河流下游出境口处）至4000 m（河流上游地区）之间，落差变化巨大，自西向东平均比降为2.6‰（沈渭寿和李海东，2012）。雅鲁藏布江自西向东流至林芝境内，在喜马拉雅山最东端的南迦巴瓦峰北侧绕峰转向南流，再转至西南流向，形成世界闻名的雅鲁藏布“U”形大拐弯。雅鲁藏布江流经墨脱县巴昔卡后流入印度境内，称为布拉马普特拉河，进入孟加拉国与恒河汇合后称为贾木河，最终注入孟加拉湾，形成了世界上最大的河口三角洲之一。雅鲁藏布江—布拉马普特拉河总流域面积约 62.2 万 km^2，中国境内面积约 33 万 km^2，其中巴昔卡站以上控制流域面积约 24.2 万 km^2（沈渭寿和李海东，2012）。雅鲁藏布江在巴昔卡以上的流域内，自上游向下沿途接纳了多雄藏布、年楚河、拉萨河、尼洋曲和帕龙藏布等众多支流，水资源丰富。

2.2　地质地貌

雅鲁藏布江干流基本是沿着大构造断裂发育而成的，支流则主要沿着次一级构造发育，整个流域的发育与青藏高原的隆升和地质构造等密切相关（余国安等，2012）。青藏高原地质历史复杂，经历了特提斯海发展演化的多个阶段与多期海陆转换，不同时期处于不同的板块构造环境，形成了各种类型的建造（罗建宁等，2002）。雅鲁藏布江流域地处新构造运动强烈地区，这决定了雅鲁藏布江中上游地区具有非常复杂的地质地貌条件。印度板块与欧亚板块碰撞以及新特提斯洋闭合，进而形成了雅鲁藏布大缝合线，该缝合线大体呈东西走向，次一级的非东西走向构造也较多（Tong et al., 2019），与构造相联系的区域还分布有较多断层。流域内出露的冈瓦纳相碎屑岩沉积、冈瓦纳 - 古特提斯相沉积、古近系和新近系陆相与浅海相沉积、分布最为广泛的更新统和上新统河湖相沉积以及局部的冰川沉积经地表风化和外力搬运等形成大量的地表碎屑（祝嵩，2012），成为地表粉尘物质的丰富物源。

雅鲁藏布江流域的地貌特征受控于高原隆升的构造运动过程。宏观上西藏地貌可以划分为喜马拉雅高山区、藏南山原湖盆谷地区、藏北高原湖盆区和藏东高山峡谷区四大地貌单元（郭纪盛，2018）。雅鲁藏布江流域位于藏南山原湖盆谷地区，是夹在喜马拉雅山和冈底斯山 - 念青唐古拉山之间的相对洼陷的地带，整个藏南谷地的山地地形破碎，海拔 4700 ～ 5000 m 的地区，以流水作用和坡面冻融滑塌作用为主。向上依次为冻融蠕变作用、寒冻与重力崩塌作用以及冰雪作用的高山区和极高山区，海拔 5600 ～ 6000 m 的山地，大多可见古冰川遗迹。然而，由于流域内巨大的区域差异，在一些低海拔地区也存在古冰川遗迹。例如，受印度夏季风水汽的强烈影响，念青唐古拉山东段的则普冰川的冰川末端海拔仅为 3420 m（焦克勤等，2005），而在帕龙藏布河谷附近甚至分布有海拔低于 3000 m 的古冰川遗迹（向灵芝等，2013）。上述各种地表过程使整个流域产生了大量的各类碎屑物质，这些碎屑物质又在各类外营力作用下发生风化、侵蚀、搬运、分选及沉积等过程，进而为区域内外提供大量的粉尘物质（祝嵩，2012）。

雅鲁藏布江流域地域辽阔，地形复杂，海拔落差极大，既有海拔 7000 m 以上的高山雪峰，又有海拔仅约 150 m 的下游湿热河谷（杨逸畴等，1982；李海东，2012；

沈渭寿和李海东，2012）。雅鲁藏布江中上游区域属于山原湖盆谷地区，该河段谷地海拔自西而东由 4500 m 降至 2800 m，其两侧山地海拔多在 5000 m 左右。流域南北两侧由于次一级断裂广布，其水系格局多呈网状，如中游拉萨河发育着类似的谷地地形，自北而南有当雄盆地、林周盆地、拉萨河谷平原等（中国科学院青藏高原综合科学考察队，1983）。雅鲁藏布江中下游河段属于藏东高山峡谷区，谷地海拔从 2900 m 一直下降到 155 m，相对切割深度为 2000 ～ 4000 m，其中南迦巴瓦峰与加拉白垒峰之间切割最深，达 5000 m 以上。该段河谷为深切峡谷，两侧谷坡 / 山体较陡，阶地零星，仅在两岸的山麓有点状分布，且多为较年轻的河流阶地（中国科学院青藏高原综合科学考察队，1983）。

雅鲁藏布江流域内有许多南北向次一级断裂，导致不同河段的断裂隆升速率差异较大，在隆升较慢的区段发育成河流宽谷，在隆升速度快的河段发育成峡谷 (Zhang，1998，2001)，造成了雅鲁藏布江干流河谷宽窄相间的串珠状形态（中国科学院青藏高原综合科学考察队，1983）。在雅鲁藏布江宽谷段，河床较宽且坡降较低，水流分叉扩散，形成辫状水系，多汊流、江心洲、浅滩等（图 2.2）。因河宽流浅，堆积作用强盛，往往发育成宽广的砂质或砂砾冲 / 洪积平原及宽浅的河床（图 2.3），冬春枯水时期有较多谷底河流冲积物裸露，为区域风成沉积发育提供了丰富的物质来源。河流宽谷段的平坦河滩地、河谷平原、河岸阶地及河谷山麓带为风成沉积提供了有利的堆积场所（凌智永等，2019）。

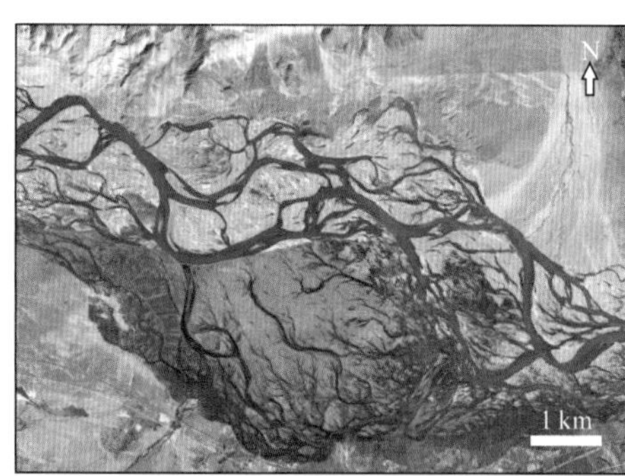

(a) 日喀则宽谷

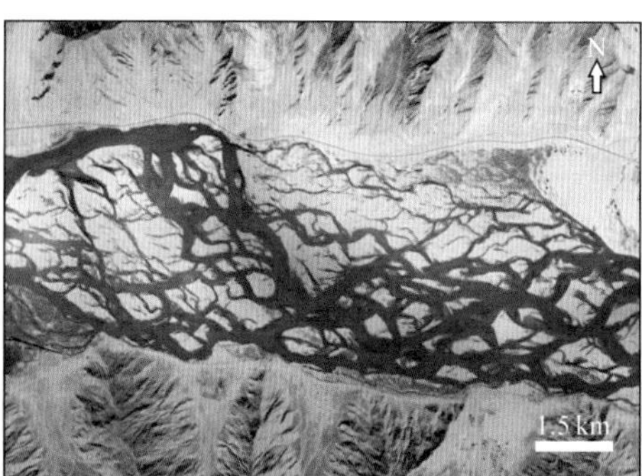

(b) 山南宽谷

图 2.2　雅鲁藏布江河道形态卫星影像

(a) 日喀则宽谷

(b) 山南宽谷

图 2.3　雅鲁藏布江日喀则宽谷和山南宽谷实拍照片

由于占河流总长 63% 的中游河段河谷地貌都具有宽谷与窄谷、峡谷相间，以宽谷为主的特点，流域内风沙沉积发育，主要集中于宽谷盆地与支流交汇入口地带（杨逸畴，1984；Dong et al.，1999）。在河流宽谷段，谷地两侧发育有冲 / 洪积扇，谷地坡面上有风沙堆积；再往江面方向的河流两岸阶地呈不连续带状分布，随河曲摆动宽窄不一，最宽可达数公里以上，形成不同规模的河谷冲 / 洪积平原，是河谷内的农业基地。

2.3　气候特征

雅鲁藏布江流域位于青藏高原南部，主要受印度夏季风及中纬度西风两个不同的风力系统控制 (Hou et al.，2017；Chen et al.，2020b)（图 2.4）。整个流域东西跨度大且受高大山脉等大地形的影响，不同区域气候类型差异较大。由于受到青藏高原南部高大的喜马拉雅山的阻挡，印度夏季风携带的水汽越过巨大的山脉后仅有很少一部分被带到雅鲁藏布江流域形成降水；在雅鲁藏布江中下游出境河段，印度夏季风可以携带大量的水汽沿河谷逆流而上从而形成较强的降水 (Li et al.，1999)，因此雅鲁藏布江流域从东向西，受印度夏季风影响越来越小，中纬度西风控制越来越强，气候逐渐趋于干旱。依据气候区划及干燥度指数插值，雅鲁藏布江中游林芝地区周边为湿润区，向西至朗县逐步过渡为狭窄的半湿润区，朗县以西至雅鲁藏布江上游普兰附近为半干旱区，普兰以西属于干旱区（董治宝等，2017；Dong et al.，2017）。总体上，雅鲁藏布江中上游地区湿润、半湿润区范围较小，大部分区域为干旱半干旱区，为区域风沙活动、粉尘释放提供了有利的气候条件。

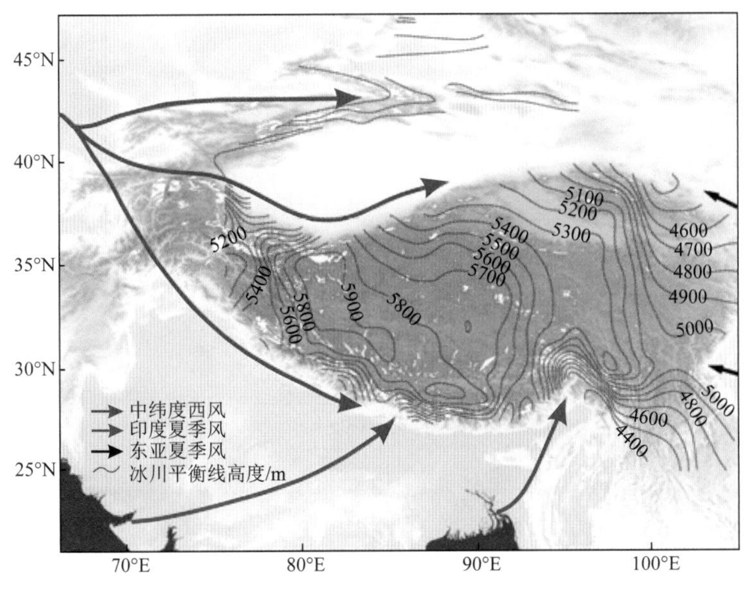

图 2.4　青藏高原南部地区大气环流系统示意
修改自 Yao 等 (2012)

由于印度夏季风带入的水汽差异，整个流域不同区域的降水差异显著，但年际变化相对较小，年内分配极为不均匀，降水主要集中于 6 ～ 9 月，来自孟加拉湾等海域的水汽沿河谷逆流而上，自下游向上游降水强度逐渐减弱（杨逸畴等，1987；高登义，2008）。藏东南一带的多年平均降水量最高可达 5000 mm 以上，是我国降水量最多的地区之一（赵鲁青，2011）。自藏南地区向西北或西部，因地形和水汽输入量的共同控制，降水量迅速减少，例如巴昔卡 4500 mm、墨脱 2660 mm、林芝 680 mm、日喀则 430 mm、拉孜 310 mm（赵鲁青，2011）。雅鲁藏布江流域近 70% 的地区的年降水量都介于 150 ～ 400 mm，属于干旱半干旱气候区。从降水分配看，雅鲁藏布江流域主要表现为冬半年（11 月至次年 4 月）和夏半年（5 ～ 10 月）的季节更替。冬半年区内受中纬度西风控制，属于旱季，降水少且风力大；夏半年研究区受印度夏季风携带的暖湿气流控制，属于雨季，雨水较多且风力小（Yang et al.，2020b，2021；Gao et al.，2022）。雅鲁藏布江流域多年平均气温在 1.47 ～ 8.79℃，1 月平均气温最低，在 0℃以下，7 ～ 8 月平均气温最高，可超过 15℃，随着海拔的升高，年平均气温逐渐降低（李海东，2012）。冬春季节高空西风急流高度低、风速大，流域呈东西走向，与西风急流方向平行，加之流域地势西高东低，更助长了近地表风的强度，增加了大风次数，使得流域内风速大、风频高、持续时间长，极大风速高达 32.5 m/s，最高月均风速为 4.7 m/s，年大风日数最高多达 172 天（李海东，2012），从而促使区域风沙活动的发生和粉尘排放。

2.4 植被特征

雅鲁藏布江流域植被类型主要受气候环境控制，其生态环境复杂，不同区域植被类型差异极大。从下游到上游依次为山地森林、山地与河谷灌丛草原、山地草原、高山草甸等不同植被景观，受海拔、气候环境等因素共同制约（何萍等，2005；赵鲁青，2011），植被类型越往上游变得越简单。由于流域内不同河段植被类型不同，地表裸露及湿润程度有很大差异，进而影响了区域风沙活动、粉尘沉积与释放过程。

雅鲁藏布江上游地区属于高原寒温带气候，植被主要包括高寒草原、高寒草甸、高寒灌丛和高寒垫状植物，植被类型相对单一（何萍等，2005；赵鲁青，2011）。高寒草原类型主要有紫花针茅（*Stipa purpurea*）草原、青藏薹草（*Carex moorcroftii*）草原、固沙草［*Orinus thoroldii* (Stapf ex Hemsl.) Bor］草原和藏沙蒿（*Artemisia wellbyi*）草原等，高寒草甸主要有高山嵩草（*Kobresia pygmaea*）草甸和三角草（*Trikeraia hookeri*）草甸等，高寒灌丛有小叶金露梅（*Potentilla parvifolia* Fisch）和金露梅（*Potentilla fruticosa* L.）等（何萍等，2005）。

雅鲁藏布江中游地区属于高原温带半干旱、半湿润气候，普遍分布着灌丛草原植被，草本植物为中温型禾草，例如三刺草（*Aristida triseta*）、白草（*Pennisetum flaccidum* Grisebach）、长芒草（*Stipa bungeana* Trin.）和固沙草等。与雅鲁藏布江流域大峡谷段相比，该区域植物种类贫乏，属下种较少，主要包括蔷薇科（Rosaceae）、菊科（Compositae）、毛茛科（Ranunculaceae）、蝶形花科、唇形科（Labiatae）等重要组成类群，高山松（*Pinus densata* Mast.）为该区针叶林的主要建群树种，壳斗科（Fagaceae）的川滇高山栎（*Quercus aquifolioides* Rehd.）为该区针阔混交或常绿阔叶林主要组成树种，鸢尾科的尼泊尔鸢尾（*Iris decora* Wall.）在该区域也分布较广（中国科学院青藏高原综合科学考察队，1985，1988）。

雅鲁藏布江下游地区南迦巴瓦峰一带，植被种类繁多，拥有全球最完备的垂直生态系统。垂直分布上，从热带到高山寒带，有比较完整的山地垂直带谱。垂直带谱中，森林类型多样，主要包括如下几种：①热带低山半常绿雨林，主要由细青皮（*Altingia excelsa*）- 千果榄仁（*Terminalia myriocarpa*）群落、阿丁枫 - 小果紫薇（*Lagerstroemia minuticarpa*）群落、阿丁枫群落等构成；②亚热带常绿阔叶林，由刺栲（*Castanopsis hystrix*）- 阿丁枫群落、刺栲群落、短刺栲（*Castanopsis echidnocarpa*）- 毛曼青冈（*Cyclobalanopsis gambleana*）- 西藏柯（*Lithocarpus xizangensis*）群落、西藏栎（*Quercus lodicosa*）- 毛曼青冈群落、通麦栎（*Quercus tungmaiensis*）群落等构成；③亚热带山地半常绿阔叶林，由薄皮青冈（*Cyclobalanopsis lamellosa*）群落、俅江青冈（*Cyclobalanopsis kiukiangensis*）群落等构成；④常绿针叶林，由不丹松（*Pinus bhutanica*）群落、思茅松（*Pinus kesiya*）群落构成。此外，区域内还分布有处于次生演替不同时期的大面积次生植被，主要有尼泊尔桤木（*Alnus nepalensis*）群落、中平树（*Macaranga denticulata*）- 鸡嗉子果（*Ficus Semicordata*）- 尼泊尔桤木群落、常绿竹丛、野蕉（*Musa balbisiana*）或象腿蕉（*Ensete glaucum*）群落、热带高草（tropical high grasses）群落等（孙航等，1997）。

2.5　水文特征

雅鲁藏布江水系北侧以冈底斯山、念青唐古拉山为分水岭，与藏北高原内流水系及怒江上游的高原峡谷过渡区相邻；东部以伯舒拉岭为分水岭，与怒江水系相邻；西南以喜马拉雅山为界，与尼泊尔境内的恒河水系相邻；南部以拉轨岗日和嘎布等山脉为分水岭，与朋曲、察隅河及羊卓雍错等藏南诸河或藏南内流湖泊相邻。流域内河川径流丰沛，丰水期水量较大，悬移泥沙量相对较多；枯水期水量较丰水期少，悬移泥沙量也少；但河水径流量常年相对稳定（白君瑞等，2019）。上游段高原宽谷内水道曲折且分散，多形成辫状河道；宽谷内湖塘众多、湿地发育；河流比降相对较小，水流平缓且相对清澈。中游河段不断有支流汇入，径流量不断增大，河道水宽且深。下游段河水穿流于高山峡谷中，水面狭窄，河床内巨石、暗礁遍布。

雅鲁藏布江径流补给主要包括大气降水、冰雪 / 冰川融水以及地下水补给，但不同河段由于海拔及气候条件不同，其径流补给类型也存在差异（刘兆飞等，2006；张小侠，2011）。雅鲁藏布江上游地区，河流源头大多为现代冰川，区域降水较少，冰雪 / 冰川融水补给和地下水补给占主体，河谷中往往发育有冰水阶地；雅鲁藏布江中游地区降水逐渐增多，逐渐呈现出以降水、冰川融水和地下水补给的混合型特征，由于大气降水与冰雪融水的高峰基本一致，因而该区域汛期主要集中于夏季（6 ～ 9 月）；雅鲁藏布江下游地区即藏东南高山峡谷区，其气温较高、冰雪覆盖量较少且降水丰沛，因此该区域冰雪 / 冰川融水补给和地下水补给比例较小，以降水补给为主（年降水量甚至高达 1000 ～ 5000 mm）。此外，由于雅鲁藏布江河谷位于喜马拉雅山 – 冈底斯山之间的大断裂上，沿途有较多的泉水等地下水类型的补给。

雅鲁藏布江水量充沛，水资源丰富，资源总量为 1654 亿 m^3，约占全国水资源总量的 6.1%，而流域面积仅为全国面积的 2.5% 左右，流域单位面积产水量可达全国单位面积产水量的 2.4 倍（单菊萍，2007）。流域内地下水资源量为 355.5 亿 m^3，占区域水资源总量的 21.5%；冰川面积为 9013.5 km^2，冰川融水量为 148.8 亿 m^3，占区域水资源总量的 9%；年降水量为 2283.1 亿 m^3。按平均流量估算，仅干流及五大支流的天然水能蕴藏量就为 9000 万 kW 之多，仅次于长江，居中国第二位。单位面积天然水能蕴藏量为 460 kW/km^2，是长江流域的 3 倍，居全国之首（沈渭寿和李海东，2012）。根据雅鲁藏布江中上游地区水文站的推算（文安邦等，2002），中游地区奴各沙—羊村区间年平均径流量为 133 亿 m^3，其中拉萨河为 92 亿 m^3、年楚河为 10 亿 m^3、奴各沙—羊村干流段为 23 亿 m^3、26 条一级支流总和为 8 亿 m^3，平均流量为 414 m^3/s，平均径流深度为 200 mm，且自西向东逐渐增加。雅鲁藏布江中游段输沙量和含沙量分别为 1305 万 t 和 0.59 kg/m^3，拉萨河输沙量和含沙量分别为 115 万 t 和 0.11 kg/m^3，年楚河输沙量和含沙量分别为 279 万 t 和 2.37 kg/m^3，农耕地、低覆盖草地和风化碎屑坡积物等是水力侵蚀的主要产沙源地（文安邦等，2002）。

雅鲁藏布江支流众多，总体上北岸支流较南岸支流长且数量多，南岸支流数量少且多发育在缝合带附近，呈现出南北两岸支流分布不对称的特点。其中，北岸流域面积约 16.8 万 km^2，南岸 7.2 万 km^2，北岸流域面积约是南岸的 2.3 倍，不对称系数为 0.8（沈渭寿和李海东，2012）。雅鲁藏布江流域面积在 200 km^2 以上的一级支流有 14 条，其中不足 1 万 km^2 的一级支流有 9 条；1 万 km^2 以上的一级支流有 5 条，自西向东依次为多雄藏布、年楚河、拉萨河、尼洋曲和帕龙藏布，其中仅年楚河位于雅鲁藏布江南岸，其余 4 条均位于北岸。拉萨河最长、流域面积也最大，其他依次为帕龙藏布（水量最大）、多雄藏布、尼洋曲和年楚河；上述五大支流流域面积之和约为 10.9 万 km^2，约占总流域面积的 45.5%（中国科学院青藏高原综合科学考察队，1984）。雅鲁藏布江主要支流的基本情况见表 2.1。

表 2.1　雅鲁藏布江主要支流的基本情况

序号	河流	长度 /km	流域		岸别
			面积 /km^2	占比 /%	
1	加柱藏布	99	3734	1.6	南岸
2	来乌藏布	291	3724	1.6	北岸
3	柴曲	128	5630	2.3	北岸
4	加大藏布	180	6264	2.6	北岸
5	多雄藏布	303	19697	8.2	北岸

续表

序号	河流	长度 /km	流域		岸别
			面积 /km^2	占比 /%	
6	下布曲	195	5474	2.4	南岸
7	年楚河	217	11130	4.6	南岸
8	香曲	173	7346	3.1	北岸
9	尼木玛曲	91	2314	1.0	北岸
10	拉萨河	551	32471	13.5	北岸
11	尼洋曲	286	17535	7.3	北岸
12	帕龙藏布	266	28631	11.9	北岸
13	金珠曲	74	2010	0.8	北岸
14	锡约尔河	197	4825	2.0	南岸

注：表中数据来源于单菊萍 (2007)。雅鲁藏布江流域总面积约为 24 万 km^2。

2.6　人类活动

雅鲁藏布在藏语中意为“高山流下的雪水”，丰富的水源滋养了河谷内的草场和土地；河谷农牧业发达，人类活动历史悠久。因此，雅鲁藏布江被视为西藏人民的“摇篮”和“母亲河”。雅鲁藏布江干流自西向东流经日喀则、拉萨、山南和林芝四个地区，涉及上述四个地区的大部分县域，流域内聚集了西藏自治区约 60% 的人口，其现代人类活动强度较青藏高原其他区域强烈。人类活动强弱一定程度上会改变区域内环境的变化，如风沙活动增强等。

流域内人类活动历史悠久，自晚全新世 (4000 年前) 以来河谷内就有较多的人类活动，进行资源利用与环境改造活动 (Kaiser et al.，2009a，2009b；Ling et al.，2020b)。青藏高原南部 (雅鲁藏布江河谷内) 农业经济可以追溯到 3700 年前，东南部甚至可以追溯到 5700 年前，晚全新世以来人类活动对森林、土地退化等产生了重要影响 (Kaiser et al.，2009b)，其中新石器时代晚期 (4200 年前) 以来人类活动影响甚至超过了半湿润气候和高海拔等自然环境要素的影响 (Kaiser et al.，2009a)。在数千年前技术条件极其落后、人口数量稀少的雅鲁藏布江河谷史前时期，人类活动强度尚能如此，那么在人口规模急剧增加、技术明显进步的今天，人类对区域改造强度必然远超数千年前。因此，强烈的人类活动 (如土地垦殖和樵柴等) 必将对区域环境产生较大的影响，与土地退化、风沙活动及粉尘沉积与排放过程等区域环境演化之间也必然存在密切的联系。

第3章

科学考察与实验方法

3.1 科学考察地点与路线

第二次青藏高原综合科学考察青藏高原地表粉尘考察科考分队由兰州大学牵头，联合中国科学院青藏高原研究所、浙江师范大学、中国科学院青海盐湖研究所和兰州城市学院等单位，为调查雅鲁藏布江中上游地区风成沉积的空间分布、沉积年代、理化性质、沉积模式和物源等内容，前后进行了六次野外综合考察，共历时99天，采集的各类样品位置见图3.1。主要考察路线简述如下。

(1) 2018年11月22日至12月6日，历时15天。科考分队在雅鲁藏布江中游地区对风成沉积物（以黄土为主）开展了前期的科学考察工作，主要地点为林芝、山南、拉萨、日喀则等地区，并采集风成沉积剖面2个。

(2) 2019年7月5日至30日，历时26天。在前期考察的基础上，科考分队在雅鲁藏布江河谷，特别是对雅鲁藏布江中上游地区山南宽谷段、日喀则宽谷段以及马泉河宽谷段的风成沉积物开展了野外综合考察，主要对风成沉积的分布特征及沉积物特性等进行了重点考察，并采集风成沉积剖面22个、表土样品160份（包括青藏线沿线的部分样品）。

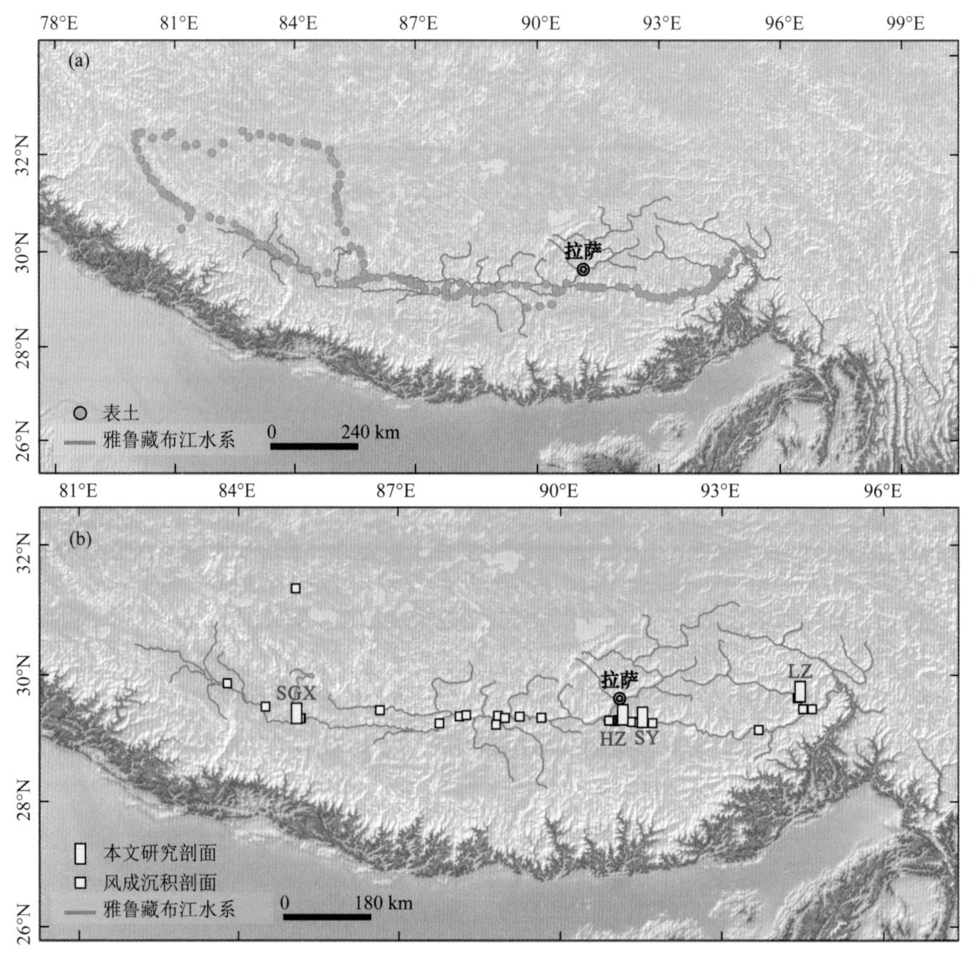

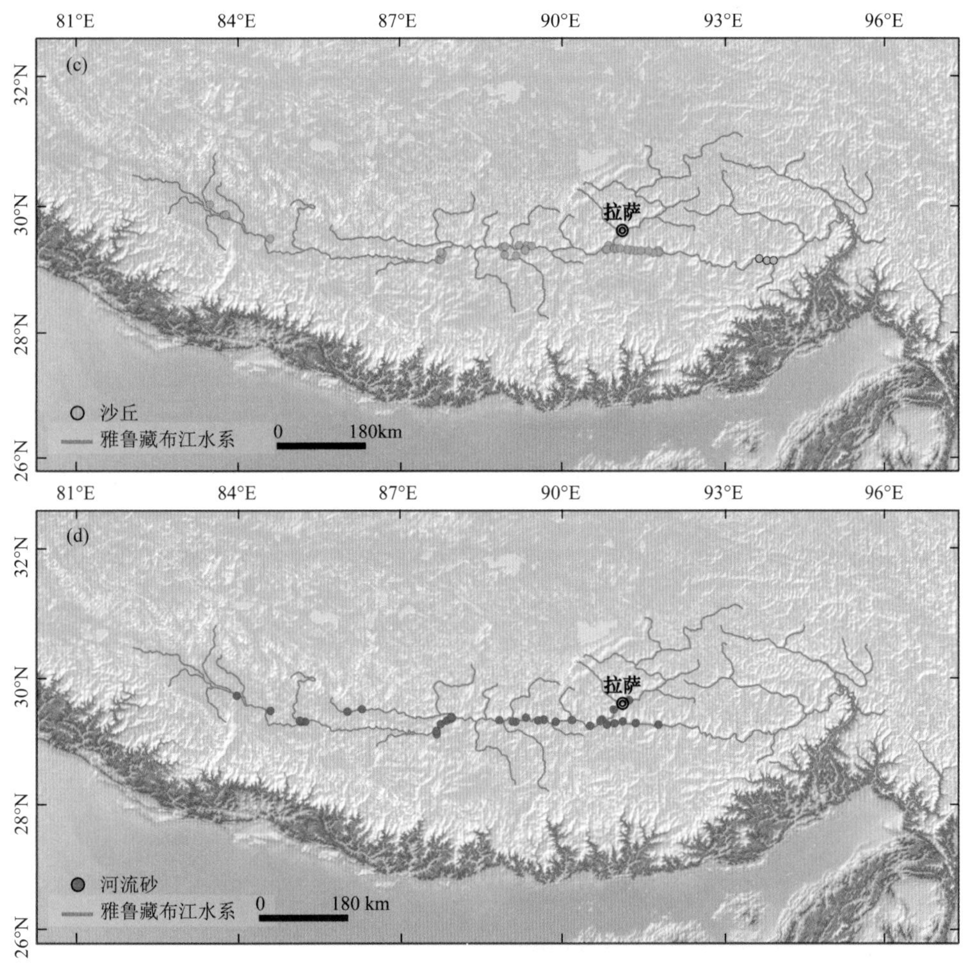

图 3.1　雅鲁藏布江中上游地区表土 (a)、本书研究剖面 (b)、沙丘 (c) 和河流砂 (d) 样品采集位置

(3) 2019 年 11 月 12 日至 30 日，历时 19 天。科考分队经拉萨、日喀则、萨嘎、帕羊镇等地完成了雅鲁藏布江中上游地区沙丘的考察工作，采集沙丘样品 255 份、河流砂样品 36 份、表土样品 90 份。

(4) 2020 年 6 月 17 日至 7 月 2 日，历时 16 天。根据前期初步实验结果，科考分队在山南宽谷段对雅鲁藏布江中上游地区再次进行考察，补充采集了部分剖面及表土样品，共采集风成沉积剖面 5 个、表土样品 89 份（包括青藏高原东部地区部分样品）。

(5) 2020 年 10 月 11 日至 20 日，历时 10 天。科考分队主要对雅鲁藏布江中游地区林芝附近的风成沉积物进行综合考察。

(6) 2021 年 3 月 19 日至 31 日，历时 13 天。科考分队在前期实验结果的基础上，在林芝地区及日喀则地区进行了系统考察，采集了风成沉积剖面 2 个，并沿途采集了雅鲁藏布江河谷的优势植物样本。

3.2 表土样品采集

通过野外考察，在雅鲁藏布江中上游地区共采集了 260 份表土样品（不包括青藏高原中部和东部地区的样品），样品位置见图 3.1(a)。采样地点尽量选择远离耕地和城镇村庄、不受人类活动干扰的区域。表土采集时去除表层凋落物，采样深度为 0～5 cm，并利用便携式 GPS 记录采样点的经纬度和海拔，同时记录周围环境、土壤和植被等情况。

3.3 剖面样品采集

在雅鲁藏布江中上游地区共采集 31 个风成沉积剖面，剖面位置见图 3.1(b)。空间上，自西向东选择了 4 个主要的风成沉积剖面进行详细分析，各剖面地层及描述如下。

(1) 萨嘎西 (SGX) 剖面：地理坐标为 29°19′20.33″ N，85°10′3.93″ E，海拔 4452 m。SGX 剖面位于雅鲁藏布江北岸，萨嘎县西侧约 10 km 处，厚 430 cm。具体地，0～100 cm：浅黄色黄土，质地较紧实，其中顶部 10 cm 含少量根系；100～200 cm：灰棕色砂黄土，质地较疏松，含大量白色钙菌丝体；200～360 cm：灰棕色砂黄土，质地较上层疏松，其中夹杂两层砾石层，其深度分别在 290～300 cm 和 310～315 cm（可能为坡积物）；360～430 cm：浅灰色风成砂，颗粒较粗，质地疏松；430 cm 以下为河流沉积物。剖面按 2.5 cm 间隔采集散样，按 25 cm 间隔采集光释光样品。由于风成砂层可能受到附近河流的影响，因此着重分析剖面 0～360 cm 段。剖面及地层详见图 3.2。

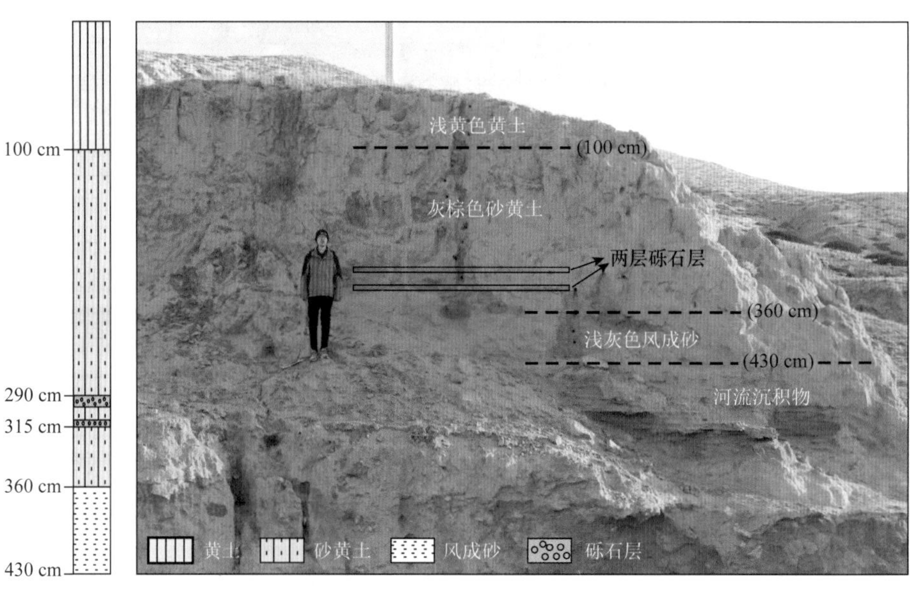

图 3.2 雅鲁藏布江中游 SGX 剖面及地层

(2) 夯仲 (HZ) 剖面：地理坐标为 29°17′27.53″ N，91°03′26.71″ E，海拔 3580 m。HZ 剖面位于雅鲁藏布江南岸，贡嘎县城以东约 10 km 处，厚 480 cm。具体地，0 ～ 180 cm：黄土，质地紧实，其中 0 ～ 30 cm 含有大量根系；180 ～ 290 cm：砂黄土，质地较紧实；290 ～ 330 cm：风成砂，质地疏松；330 ～ 400 cm：棕色古土壤，质地紧实，含大量孔隙；400 ～ 440 cm：青灰色沉积物；440 ～ 480 cm：灰色沉积物，含大量红棕色锈斑；480 cm 以下为河流沉积物及冲 / 洪积物。剖面按 2 cm 间隔采集散样，25 cm 间隔采集光释光样品。由于青灰色沉积层和灰色沉积层可能受河流活动影响，因此着重分析剖面 0 ～ 400 cm 的风成沉积物。剖面及地层详见图 3.3。

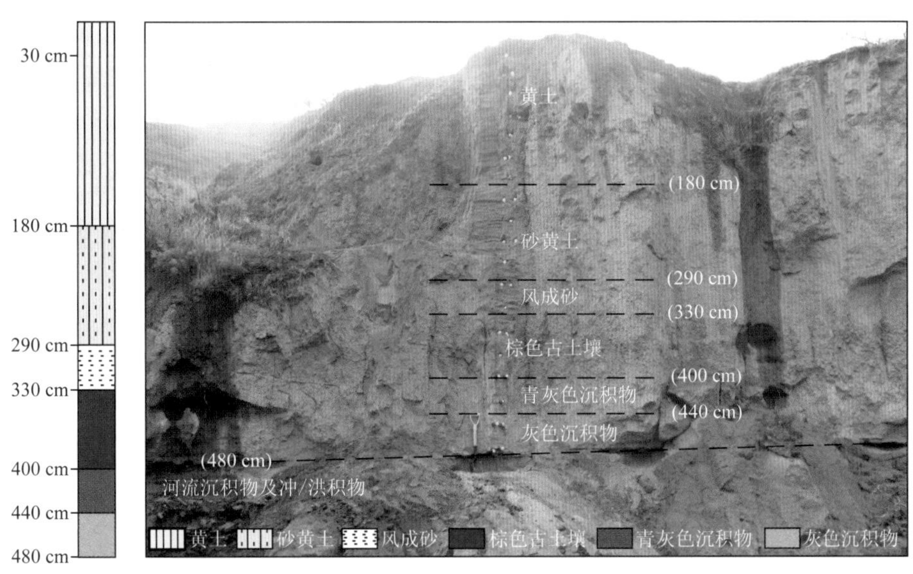

图 3.3　雅鲁藏布江中游 HZ 剖面及地层

(3) 桑耶 (SY) 剖面：地理坐标为 29°15′37.87″ N，91°27′46.51″ E，海拔 3568 m。SY 剖面位于雅鲁藏布江南岸，山南宽谷段，厚 530 cm。具体地，0 ～ 50 cm：黄土，质地紧实，有少量根系；50 ～ 152 cm：黄土，质地紧实，无植物根系；152 ～ 170 cm：砂黄土，质地较为疏松；170 ～ 322 cm：黄土，质地紧实；322 ～ 530 cm：风成砂，质地疏松；530 cm 以下为冲 / 洪积物。剖面按 2 cm 间隔采集散样，25 cm 间隔采集光释光样品。剖面及地层详见图 3.4。

(4) 林芝 (LZ) 剖面：地理坐标为 29°38′45.10″ N，94°23′24.19″ E，海拔 3284 m。LZ 剖面位于雅鲁藏布江北岸，林芝市东侧的比日神山台地上，厚 570 cm。发育 7 层古土壤，与黄土互层。具体地，0 ～ 50 cm：砂黄土，质地较疏松；50 ～ 70 cm：棕红色古土壤；70 ～ 165 cm：棕黄色黄土，结构紧实；165 ～ 200 cm：棕红色古土壤；200 ～ 245 cm：黄土；245 ～ 310 cm：棕红色古土壤，富含铁锰胶膜，可见铁锈斑，结构紧实；310 ～ 370 cm：黄土；370 ～ 420 cm：棕红色古土壤；420 ～ 465 cm：黄土；

465 ～ 485 cm：棕红色古土壤；485 ～ 495 cm：黄土；495 ～ 520 cm：棕红色古土壤；520 ～ 530 cm：黄土；530 ～ 550 cm：棕红色古土壤；550 ～ 570 cm：黄土；未见底。剖面按 2 cm 间隔采集散样，共采集散样 305 份和光释光样品 25 份。剖面及地层详见图 3.5。

图 3.4　雅鲁藏布江中游 SY 剖面及地层

图 3.5　雅鲁藏布江中游 LZ 剖面及地层

3.4 实验方法

3.4.1 光释光测年

光释光（optically stimulated luminescence，OSL）测年是测量沉积物最近一次曝光后被埋藏的时间，是风成沉积物测年的重要方法。测试之前需要对样品进行前处理，获得较为纯净的石英和钾长石等矿物颗粒。本节研究采用石英单片再生剂量法（single aliquot regeneration，SAR）（Murray and Wintle，2000，2003）和钾长石红外后高温红外释光方法（post infrared inferred stimulated luminescence，pIRIR）（Thiel et al.，2011；Buylaert et al.，2012；Li and Li，2012）进行年代学测定，具体步骤如下。

1. 样品前处理

样品处理的整个过程在弱红光暗室条件下进行。在暗室中将不锈钢释光管两端 3 ～ 5 cm 可能曝光的样品取出，用于含水率以及铀（U）、钍（Th）、钾（K）和铷（Rb）等元素含量的测定。不锈钢管中间剩余部分用于提取石英和钾长石矿物颗粒。首先采用湿筛法得到63～90 μm的粗颗粒组分。然后在样品中加入30%浓度的过氧化氢（H_2O_2）溶液，不断搅拌使其充分反应以去除样品中的有机质；待反应完全后，加入 10% 浓度的盐酸（HCl）溶液以去除碳酸盐；待反应完全无细小气泡产生时，再用去离子水清洗样品 3 ～ 5 次至中性并烘干。烘干后的样品依次加入标定好的 2.58 g/mL、2.62 g/mL 和 2.75 g/mL 的重液，依次静置 7 h，待样品明显分层后，即可分别获得提纯后的石英和钾长石，再用去离子水清洗样品 3 ～ 5 次至中性并烘干。烘干后的石英样品使用 40% 浓度的氢氟酸（HF）溶液进行溶蚀，时间为 60 ～ 90 min，溶蚀结束后再加入 1 mol/L 的稀 HCl，除去反应所产生的氟化物沉淀，清洗 5 ～ 6 次并置于烘箱内（温度设定为 60℃）烘干。钾长石样品加入 10% 浓度的 HF 溶液，视样品量而定，溶蚀 30 min 左右以去除样品表层受 α 离子影响的部分。其间为使其充分刻蚀，可不定期晃动并观察样品溶蚀情况。溶蚀完毕后加入 1 mol/L 的稀 HCl，除去反应所产生的氟化物沉淀，再加入去离子水清洗 3 ～ 5 次并烘干，最终得到提纯后的钾长石组分。

2. 样品上机测量

光释光样品等效剂量（D_e）的测定由兰州大学西部环境教育部重点实验室和中国科学院青海盐湖研究所共同完成，仪器为丹麦生产的 Risø TL/OSL-DA-20 型释光分析仪。辐射源为 $^{90}Sr/^{90}Y$ 型 β 辐射源，石英等效剂量测试滤光系统使用 Hoya U-340 滤光片，激发源为蓝光二极管，波长为 470 nm。钾长石等效剂量测试滤光系统选择 Corning 7-59 和 Schott BG-39 的组合，激发源为红外二极管，波长为 870 nm，同时用于进行石英红外检测。在直径为10 mm的不锈钢片上均匀涂一层硅油（约8 mm，钾长石涂3～4 mm即可），并将前处理好的样品均匀黏附在测片上，放入加热盘后即可上机测试。

3. 环境剂量率测定

环境剂量率是矿物自埋藏后在一定时间内其颗粒接受来自本身和周围环境放射性元素 U、Th、K 和 Rb 衰变的 α、β、γ 和宇宙射线产生的放射性剂量。来自本身的放射性剂量为内部剂量，由样品本身的放射性元素浓度决定；外部剂量主要受环境中的放射性元素量和宇宙射线影响。石英颗粒外剂量率主要由宇宙射线辐射和放射性元素，如 U、Th、K 和 Rb 等衰变所产生的射线共同贡献，其中宇宙射线的贡献主要根据沉积物所在地理位置（经纬度）、海拔及样品的埋藏深度共同决定（Prescott and Hutton，1994），而放射性元素的贡献主要根据各元素含量进行估计（Aitken，1985）。各放射性元素的含量在中国地质调查局西安地质调查中心使用 ICP-MS 测定。样品含水率也是影响环境剂量率的重要因素，其通过影响矿物颗粒的剂量有效吸收系数对整体剂量率产生影响。地质时期含水率变化的复杂性使得实测含水率不能代表地质时期的实际含水率。因此，根据当地气候和样品埋藏环境，参照实测含水率测量结果，选择 10%±5% 或者 15%±5%（剖面底部靠近河流沉积物的样品）作为含水率的估计值。样品的年代通过 DRAC（v1.2）在线计算，获得年代和剂量率结果（Durcan et al.，2015）。

3.4.2 环境磁学

磁学参数的测定是提取磁性矿物种类、含量、颗粒度大小等信息的必要条件（Thompson and Oldfield，1986；夏敦胜等，2006；邓成龙等，2007；刘青松和邓成龙，2009；陈梓炫等，2021）。目前，常用的环境磁学参数主要有磁化率（χ）、频率磁化率（χ_{fd}）、百分比频率磁化率（χ_{fd}%）、非磁滞剩磁磁化率（χ_{ARM}）、饱和等温剩磁（SIRM）等磁学参数及各参数的比值等。磁学参数的测量在兰州大学西部环境教育部重点实验室、浙江师范大学环境磁学实验室、福建师范大学湿润亚热带生态－地理过程教育部重点实验室和华东师范大学河口海岸学国家重点实验室完成。

1. 磁化率、频率磁化率与百分比频率磁化率

样品在实验室自然晾干后，在陶瓷研钵中磨成粉末状，确保不破坏原有晶体结构。称取适量样品用保鲜膜包紧压实，放入体积为 8 cm^3 的立方体无磁性样品盒中，使用 Bartington MS2 型磁化率仪进行低频（470 Hz）磁化率（χ_{lf}）和高频（4700 Hz）磁化率（χ_{hf}）的测试。仪器读数单位为 SI 单位制，测量精度为 0.1 SI。每个样品均保证前后背景值差值在 0.3 SI 以内，重复测量三次取平均值。频率磁化率（χ_{fd}）通过低频磁化率与高频磁化率之差获得，即 $\chi_{fd}=\chi_{lf}-\chi_{hf}$，通常转换成百分比频率磁化率（$\chi_{fd}$%），即 $\chi_{fd}\%=\chi_{fd}/\chi_{lf}\times100\%$。

2. 非磁滞剩磁磁化率

非磁滞剩磁（ARM）的测定使用捷克 AGICO 公司生产的交变退磁仪，型号为

LDA5，交变场强峰值通常为 100 mT，弱恒定直流场强度为 50 μT，退磁时间为 40 s。然后使用捷克 AGICO 公司生产的 JR-6A 旋转磁力仪测量。为了便于与磁化率对比，将 ARM 除以恒定直流场场强转化为 χ_{ARM}，即 χ_{ARM}=ARM/H，单位与磁化率相同（刘青松和邓成龙，2009）。

3. 饱和等温剩磁

等温剩磁（IRM）是指样品在同一温度下（通常是室温）通过施加直流磁场后获得的剩余磁化强度。通过施加一系列从小到大的磁场，得到等温剩磁获得曲线，可用来识别样品中磁性矿物软硬磁相对比例。软磁性矿物，如磁铁矿和磁赤铁矿等，在 300 mT 的磁场下已经饱和；硬磁性矿物，如赤铁矿和针铁矿等，则需要 4 ～ 7 T 的强场才能饱和。IRM 的测量使用 ASCIM-10-30 型脉冲强磁仪，剩磁用捷克 AGICO 公司生产的 JR-6A 旋转磁力仪，外加磁场分别为 –300 mT、–100 mT、300 mT 和 1 T。

通常将 1 T 磁场中获得的等温剩磁定义为饱和等温剩磁（SIRM）。天然样品的饱和等温剩磁主要由亚铁磁性矿物和反铁矿磁性矿物贡献，顺磁性物质在常温下不具备携带剩磁的能力。此外，反向场 300 mT 的 IRM 与 SIRM 的比值称为 S-ratio，即 S-ratio=$-\mathrm{IRM}_{-300\ \mathrm{mT}}$/SIRM，主要用来反映样品中硬磁性物的相对含量。硬磁性物的绝对含量可由硬剩磁（HIRM）表示，计算公式为 HIRM=（SIRM+$\mathrm{IRM}_{-300\ \mathrm{mT}}$）/2。

4. 磁滞回线和热磁曲线

在研究区典型风成沉积剖面中各选择 3 个代表性样品（共 12 个），使用可变场居里天平（VFTB）测量磁滞回线（最大外加场为 1 T）和热磁曲线，即磁化强度随温度变化曲线（*M-T* 曲线，测量环境为空气，场强为 34±1 mT，温度范围为 25 ～ 700℃，加热和降温速率约为 60℃ /min）。此外，在研究区表土沉积物中选择 6 个典型样品，使用卡帕桥 MFK1-FA 磁化率仪和 CS-4 加热装置测量磁化率随温度变化曲线（κ-T 曲线，测量环境为空气或氩气，温度范围为室温至 700℃，测量频率为 976 Hz，加热速率为 14.5℃ /min）。氩气环境下测量需预先通氩气 15 min，以便尽可能排出空气。

3.4.3　粒度

粒度分析是研究沉积环境、搬运机制和搬运动力的重要手段（Folk and Ward，1957；成都地质学院陕北队，1978）。沉积物粒度是沉积物的重要物理指标之一，反映不同粒级颗粒物的配比和分布情况。粒度测试在兰州大学西部环境教育部重点实验室完成。根据样品颗粒的粗细，称取 0.3 ～ 1.0 g 样品（黄土样品 0.3 g 左右，风成砂样品 1 g 左右）放入容量为 200 mL 的烧杯中，加入 10 mL 浓度为 10% 的 H_2O_2，将烧杯放置在电热板上煮沸以除去样品中的有机质，直至烧杯内上层液体变清且无小气泡。待有机质除尽后，向烧杯里加入 10 mL 浓度为 10% 的稀 HCl，以去除样品中的碳酸盐；待反应完全后，注入去离子水至烧杯容量的 4/5 处，静置 12 h 使样品完全沉淀。

上机测试前，先用橡皮管抽掉上清液，并加入 10 mL 浓度为 5% 的分散剂六偏磷酸钠 $(NaPO_3)_6$，将溶液置于超声震荡仪中震荡 10 min，以确保样品颗粒充分分散。将分散的待测样品通过 Malvern 公司生产的 Mastersizer 2000 激光粒度仪进行粒度参数测量，该仪器测量范围为 0.02 ～ 2000 μm，测量精度高，误差小于 1%，测量时将遮光度控制在 10% ～ 20%。

3.4.4 地球化学元素

沉积物中各种元素的分布、迁移规律，除受元素本身理化性质影响而具有不同特性外，还因其风化、迁移和沉积过程不同而产生地球化学行为的差异，这些条件导致了不同化学元素的分布及地球化学特征的不同。因此，沉积物地球化学元素中往往包含其形成和演化的环境信息（董治宝等，2011）。研究第四纪沉积物，特别是在现代沉积环境条件下，地球化学方法对分析沉积环境、判别物源和古环境重建都具有重要的作用（Nesbitt and Young，1982，1984，1989）。

常量和微量元素的测定在兰州大学西部环境教育部重点实验室完成。风成沉积物元素采用粉末压片法制样，取适量自然风干的样品，研磨到 200 目（75 μm），称取研磨好的 4 g 黄土样品放入模具中，加入适量硼酸用于镶边和作为底盘，使用压片机（YYJ-40 型）进行压片，仪器压力为 30 t，保压 30 s，压成内径为 32 mm、厚 8 mm 的样片后，放入 X- 射线荧光光谱仪（PANalytical Magix PW2403，荷兰）在 20±0.05℃的操作温度下进行常量和微量元素含量的测定。常量元素的结果以氧化物（%）的形式给出，微量元素的结果以元素浓度（ppm[①]）的形式给出。元素分析过程中与国家标准物质 GBW07401（GSS-1）进行对比，样品的标准差分别为钨（W）＜ 12%；钡（Ba）、铈（Ce）、铬（Cr）、钴（Co）、锶（Sr）和锆（Zr）＜ 8%；铷（Rb）、钛（Ti）、锰（Mn）、磷（P）、氧化铁（Fe_2O_3）、氧化钙（CaO）、氧化镁（MgO）、氧化钾（K_2O）和氧化钠（Na_2O）＜ 4%；氧化硅（SiO_2）和氧化铝（Al_2O_3）＜ 1%。

小于 75 μm 组分沉积物微量元素（含稀土元素）的测试在中国科学院青海盐湖研究所完成，利用美国 X-Series Ⅱ型 ICP-MS 质谱仪进行测试。将样品自然风干，去除杂质后用玛瑙研钵磨碎至 200 目以上。准确称取 0.0400 g 样品放入 Teflon 容器中，加入电子级混合酸（HF ∶ HNO_3=3 ∶ 1）2 mL，放于烘箱内 150℃加热 12 h。样品冷却后加入 0.25 mL 高氯酸（$HClO_4$），在电热板上 150℃蒸至近干，加 2 mL 超纯水和 1 mL 硝酸（HNO_3），于烘箱内 150℃回溶 12 h。用超纯水定容 40 mL 后待测。ICP-MS 质谱仪测试微量元素过程中，平行测试 RSD% ＜ 5%。同时采用国家标准物质黄土（GBE07454）、砖红壤（GBW07408）、新疆灰钙土（GBW07450）以及水系沉积物（GBW07309），进行监测和校正检验，标样测试值与标准值偏差在 10% 以内，测试过程中选用 5 μg/L 的铑（Rh）、铟（In）和铹（Lr）作为在线混标元素同步测定，回收率为 85% ～ 115%，符合美

① 1ppm=10^{-6}，下同。

国环境保护局（80% ～ 120%）标准要求。

3.4.5　Sr-Nd 同位素

为了更好地厘清雅鲁藏布江各类沉积物之间的潜在联系，对各类沉积物进行了＜75 μm 组分的 Sr-Nd 同位素测定。前处理和测试在武汉上谱分析科技有限责任公司完成。前处理在配备 100 级操作台的千级超净室完成。样品消解：将 200 目样品置于 105℃烘箱中烘干 12 h；准确称取粉末样品 50 ～ 200 mg 置于 Teflon 溶样弹中；依次缓慢加入 1 ～ 3 mL 高纯 HNO_3 和 1 ～ 3 mL 高纯 HF；将 Teflon 溶样弹放入钢套，拧紧后置于 190℃烘箱中加热 24 h 以上；待溶样弹冷却，开盖后置于 140℃电热板上蒸干，然后加入 1 mL HNO_3 并再次蒸干；用 1.5 mL 的 HCl（2.5 mol/L）溶解蒸干样品，待上柱分离。化学分离流程：用离心机将样品离心后，取上清液上柱，柱子填充 AG50W 树脂，用 2.5 mol/L HCl 淋洗去除基体元素，最终用 2.5 mol/L 的 HCl 将 Sr 从柱上洗脱并收集。收集的 Sr 溶液蒸干后等待上机测试。对于高 Rb 的样品，经过 AG50W 树脂分离后，还需进行二次 Sr 特效树脂分离。一次分离获得的溶液首先转换为 3 mol/L HNO_3 介质，然后样品上柱，柱子填充 Sr 特效树脂，采用 3 mol/L HNO_3 淋洗去除干扰元素，最终用超纯水将 Sr 从柱上洗脱并收集。树脂残留物质通过 4 mol/L HCl 淋洗可获得稀土元素（REE）溶液；经过介质转换后，直接上柱分离（柱子填充 LN 型感光树脂），用 0.18 mol/L HCl 淋洗去除基体元素，最终用 0.3 mol/L HCl 将 Nd 从柱上洗脱并收集。收集的 Nd 溶液蒸干后等待上机测试。

3.4.6　碎屑锆石 U-Pb 同位素

碎屑锆石颗粒铀－铅（U-Pb）同位素年龄测试在兰州大学地质科学与矿产资源学院完成。样品前处理、锆石挑拣、测样靶制备等工作在河北省区域地质矿产调查研究所实验室完成。测样靶制备：①依次采用重力分选、磁性分选和数次重液分选过程初步得到单锆石及少量的其他重矿物颗粒，最后在双目镜下对锆石颗粒进一步挑选获得纯净的锆石；②用环氧树脂和凝固剂将双面胶上排列整齐的 220 粒左右的锆石进行固定，烘干凝固后抛光打磨，以确保锆石颗粒表面平整、光洁；③对锆石靶样进行透射光和反射光照相，同时进行阴极发光（CL）扫描成像，完成制靶。上机测试：①依据 CL 图像在锆石颗粒上选择无裂隙、包裹体分布均匀的部位为测样位置，并随机选择不少于 120 个锆石颗粒作为测试目标样；②采用激光剥蚀等离子质谱仪（LA-ICP-MS）对样靶上的各个测点进行测试。

3.4.7　色度

土壤颜色是土壤最明显的特征之一，是土壤在可见光波段的反射光谱特征，其与土壤有机质含量、氧化铁含量、质地和黏粒含量、水分和黏土矿物类型等因素密切相关（杨胜利等，2001；陈一萌等，2006；石培宏等，2012）。由于沉积物颜色的变化往往与风化成壤作用有关，因此沉积物颜色的变化可以反映气候和环境的变化信息（苗运法等，2013；李越等，2014）。

色度测试在兰州大学西部环境教育部重点实验室完成。选取 CIELAB 表色系统的色度参数表征沉积物颜色，主要包括亮度（L^*）、红度（a^*）和黄度（b^*）。L^* 变化于黑（0）与白（100）之间，a^* 变化于红（+60）和绿（–60）之间，b^* 变化于黄（+60）与蓝（–60）之间。采用柯尼卡美能达公司生产的 CM-700d 分光光度计进行色度测试。将自然晾干的样品用玛瑙研钵研磨至 200 目。上机测试前使用仪器自带的标准测试白板和黑板对仪器进行校正，取适量样品平铺在测试皿上进行上机测试。每个样品测量 3 次，分别取 L^*、a^* 和 b^* 的平均值。

3.4.8 有机碳同位素

土壤有机碳同位素（$\delta^{13}C_{org}$）可以记录环境信息，对土壤 $\delta^{13}C_{org}$ 的分析可以重建古环境，特别是利用沉积物 $\delta^{13}C_{org}$ 的变化特征能够进行古环境的定量研究（顾兆炎等，2003；Rao et al.，2017；Wang et al.，2022）。具体测试方法如下。

挑去土壤样品中的植物残体、沙砾后，用玛瑙研钵研磨至 100 目。将研磨好的样品置于透水坩埚中至坩埚体积的 2/3 处。室温下，将透水坩埚放入培养皿中，加入 2 mol/L 的 HCl 反应 6 h 左右。然后将培养皿转移到 80℃恒温水浴锅中反应 2 ～ 3 h，以完全去除样品中的碳酸盐物质。充分反应后，用蒸馏水将样品清洗至 pH ＞ 5，随后将样品放入低于 80℃的烘箱中。将烘干的样品重新在玛瑙研钵中研磨，直至均匀并无颗粒感，存放在干燥箱中。上述步骤在兰州大学西部环境教育部重点实验室完成。用燃烧法收集完全燃烧后产生的 CO_2，采用元素分析仪－稳定同位素比率质谱仪（EA-IRMS）测试碳同位素组成。本节根据黄土有机质含量称取样品 2 ～ 4 g，送入 FlashEA2000 型元素分析仪进行在线分析。在该系统中，样品在 960℃的氧化炉通氧环境下瞬间高温燃烧，后流经 680℃的还原炉，释放 CO_2 和 N_2 气体，经色谱填充柱分离出 CO_2 气体，由氦气将 CO_2 气体载入 MAT-253 同位素比值质谱仪进行碳同位素测定。样品的 $\delta^{13}C_{org}$ 分析在兰州大学草种创新与草地农业生态系统全国重点实验室测定。

样品中有机碳同位素 $\delta^{13}C_{org}$ 表示为

$$\delta^{13}C_{org}(‰)=[(R_{样品}-R_{标准})/R_{标准}]\times 1000‰ \tag{3.1}$$

式中，$R_{样品}$和 $R_{标准}$分别表示测试样品和标准样品的 $^{13}C/^{12}C$（值）。所有的碳同位素组成均采用 Vienna Pee Dee Belemnite（VPDB）标准。

第 4 章

风成沉积及其分布

陆地上风成沉积主要包括风沙沉积和黄土沉积，两种类型的风成沉积在雅鲁藏布江中上游地区相伴而生，黄土沉积通常分布于风沙沉积外围，尤其是其下风向区域，且黄土沉积物堆积海拔较风沙沉积物高，在空间上形成了黄土在上而风沙沉积在下的“二元”结构（凌智永等，2019）。雅鲁藏布江中上游地区地表风成沉积自西向东主要分布在马泉河宽谷、日喀则宽谷、山南宽谷和米林宽谷段，由于侵蚀强烈且缺少粉尘沉积的稳定地形，峡谷段粉尘沉积相对较少。风成沉积物的形成和发育一方面受到了环境变化的重要影响，另一方面逐渐增强的人类活动也极大地影响着雅鲁藏布江流域风成沉积的形成和分布。

4.1 黄土沉积及其分布特征

雅鲁藏布江中上游地区黄土沉积一般呈黄褐色，潮湿时呈棕色，多为砂质和粉砂质沉积物，垂直节理发育，无层理。黄土层中可以识别出不同发育程度的古土壤层和钙质结核，在部分层位还可见深色的铁斑或条带（靳鹤龄等，2000b）。黄土沉积通常分布于河流宽谷段，诸如马泉河宽谷、日喀则宽谷、山南宽谷和米林宽谷段的阶地和低山基岩顶部，尤其是与支流交汇处［图 4.1(a) ～ (d)］。雅鲁藏布江宽谷地区的二级及以上河流阶地和沿岸山坡较高处大多为原生黄土（即在风力作用下形成的均一土体），堆积厚度一般在数米至二三十米不等（靳鹤龄等，2000b）；低山基岩顶部的黄土沉积同样多为原生黄土，由于沉积区海拔较高，经风力分选后沉积物粒径较细，沉积厚度一般为 3 ～ 5 m，最厚可达 10 m 以上。由于坡面流水的影响，低阶地、山地坡麓和冲 / 洪积扇上通常分布着具有明显层理或夹杂大量小砾石的次生黄土［图 4.1(e) 和 (f)］。

通过野外实地考察测量 (22 个黄土剖面）并结合前人对雅鲁藏布江中上游黄土的研究工作（已报道的共计 29 个黄土剖面），此次科考系统地调查了雅鲁藏布江中上游地区的黄土分布特征，并进一步总结了黄土沉积的分布规律。通过对这些剖面在空间分布上的统计发现，在纬向上，74.5% 的黄土沉积分布在 29.25° ～ 29.75° N［图 4.2(a)］；经向上，70.6% 的黄土沉积介于 88° ～ 92° E［图 4.2(b)］；垂直方向上，黄土沉积主要集中在海拔 3300 ～ 5100 m 范围内，其中海拔 3300 ～ 3900 m 内的黄土沉积占比最高，可达 54.9%［图 4.2(c)］。在地貌上，典型黄土沉积大致沿雅鲁藏布江及支流河谷分布，主要集中在日喀则宽谷和山南宽谷附近（宽谷位置见图 2.1），位于河流的 T1、T2 级阶地上。这是由于宽谷段河流流速变缓，碎屑物质大量沉积，形成大范围的河道和河漫滩沉积，为河谷粉尘的形成提供了丰富的物质。此外，河流宽谷段侵蚀减弱，河流两侧阶地能够很好地保存，使得粉尘沉积有了理想的堆积场所。在干旱季节，随着河流水位降低，地表干燥裸露，两岸的碎屑在大气环流和山谷风的吹蚀搬运下，在河流阶地和两侧的山坡上形成了粉尘堆积。这种黄土粉尘形成过程是全球范围内干旱区、半干旱区的河流沿岸黄土发育的主要模式。

图 4.1　雅鲁藏布江中上游地区黄土沉积

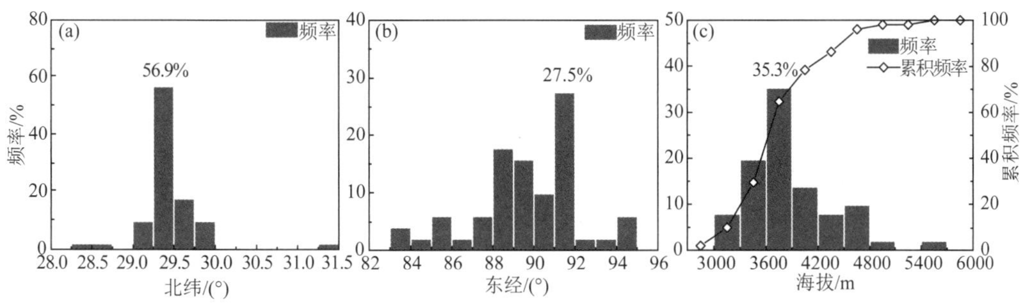

图 4.2　雅鲁藏布江中上游地区典型黄土沉积空间分布特征统计结果

总样本数 51 个，其中已报道剖面 29 个、科考剖面 22 个

4.2 风沙沉积及其分布特征

除历史时期的风沙沉积外，雅鲁藏布江河谷广泛分布着现代风沙堆积体。李森等(1997) 依据地貌成因 - 形态原则，将雅鲁藏布江河谷风沙地貌划分为 4 级 21 个类型，并统计了各类风沙地貌的分布面积，其中风蚀地貌和风积地貌分别占风沙地貌总面积的 0.3% 和 99.7%。雅鲁藏布江河谷风沙地貌主要是叠加在河流地貌之上发育的典型风积地貌。沙丘类型主要包括新月形沙丘及沙丘链、复合新月形沙丘及沙丘链、爬坡沙丘、灌丛沙丘和平沙地等，也存在少量抛物线沙丘、格状沙丘、金字塔沙丘等 (图 4.3)，部分沙丘类型之间存在相互转换 (Zhou et al.，2014)。除风积地貌外，也包含少量的风蚀地貌，如风蚀槽沟和劣地等。

图 4.3 雅鲁藏布江中上游地区风成沙丘

风积地貌沿河谷呈带状不连续分布，发育于河谷底部 (87%) 及南北两岸附近山坡上 (13%) (Dong et al.，2017)。具体地，风沙沉积物大多堆积于河流宽谷段和支流入口处，主要位于河谷横向断面的边滩、阶地、山前地带的冲 / 洪积平原、冲 / 洪积扇及山坡等地貌单元上（李海东等，2012）。江心洲、河漫滩和河流阶地主要发育着简单新月形沙丘、复合新月形沙丘及沙丘链和灌丛沙丘，而河流两岸山坡主要发育呈条带状的爬升沙片和爬坡沙丘，爬升距离可达 6 km，其他沙丘类型，如金字塔沙丘沿河谷零星分布。雅鲁藏布江中上游地区风沙地貌集中分布于宽谷段地区，其中马泉河段多发育高大沙丘或沙垄；定日—岗巴段也分布着一定面积的风沙沉积，沙丘类型主要为新月形沙丘、新月形沙丘链、线形沙丘、格状沙丘和灌丛沙丘等；日喀则段以西，即拉孜附近，主要发育新月形沙丘，以东，即日喀则市附近，主要发育新月形沙丘、爬坡沙丘及沙片；山南段广泛发育新月形沙丘、爬坡沙丘及沙片；米林段发育少量的新月形沙丘（董治宝等，2017）。以加查山为界，以西地区风沙地貌主要发育于河流北岸，南岸分布较少；以东地区则主要发育于河流南岸，北岸分布较少。

具体而言，在雅鲁藏布江上游马泉河宽谷地区，沙丘地貌断续分布，风沙地貌面积为 1602 km^2，其中流动沙丘为 518 km^2（占总面积的 32%），半固定沙丘为 267 km^2（占总面积的 17%），固定沙丘为 817 km^2（占总面积的 51%）。沙丘类型以新月形沙丘、新月形沙丘链、新月形沙垄和线形沙丘为主，还包括少数格状沙丘和灌丛沙丘。沙丘高度一般为 5 ～ 10 m，个别可达 10 ～ 20 m，其中高度小于 5 m 的沙丘分布面积最广（董治宝等，2017）。

定日—岗巴段的沙丘地貌主要分布在朋曲附近。定日附近沙丘主要分布于朋曲北岸，沙丘地貌面积共 25 km^2，其中流动沙丘为 6 km^2（占总面积的 24%）、半固定沙丘为 17 km^2（占总面积的 68%）、固定沙丘为 2 km^2（占总面积的 8%）。沙丘类型以新月形沙丘、新月形沙丘链和线形沙丘为主。沙丘高度一般小于 5 m，少数在 5 ～ 10 m；定结和岗巴附近沙丘位于朋曲东侧，沙丘地貌面积共 620 km^2，其中流动沙丘为 225 km^2（占总面积的 36%）、半固定沙丘为 204 km^2（占总面积的 33%）、固定沙丘为 191 km^2（占总面积的 31%）。沙丘类型以新月形沙丘及沙丘链、格状沙丘、线形沙丘和灌丛沙丘为主。沙丘高度一般为 5 ～ 10 m，最高可达 20 m，少数小于 5 m（董治宝等，2017）。

日喀则宽谷地区沙丘地貌主要分布在拉孜段和日喀则段，前者风成沉积集中分布于拉孜县城东北部的两条沙带附近，后者集中分布于日喀则市附近及其以东的河流宽谷段。拉孜段沙丘地貌面积共 50 km^2，其中流动沙丘为 7 km^2（占总面积的 14%）、半固定沙丘为 43 km^2（占总面积的 86%）。第一条沙带（北沙带）长 17 km，宽 1 ～ 3 km，沙丘类型从格状沙丘逐渐过渡为新月形沙丘和新月形沙丘链，沙丘密度逐渐减小，沙丘高度一般为 5 ～ 10 m，最高可达 20 m；第二条沙带（南沙带）沙丘分布面积不大，少数沙丘零星分布，沙丘类型主要为新月形沙丘和新月形沙丘链，沙丘高度一般为 5 ～ 10 m，个别小于 5 m。日喀则段沙丘地貌主要分布在雅鲁藏布江北岸，多数分布在河流的冲积扇和支流的河谷两旁，部分在洪积平原和山坡上，河流南岸则主要分布在江当—曲卡之间的冲 / 洪积平原上。此外，在年楚河东岸附近的山谷内，有一条与雅鲁藏布江河谷沙丘区相同的沙带。该宽谷地区沙丘地貌面积为 282 km^2，其中流动沙丘为 64 km^2（占总面积的 23%）、半固定沙丘为 101 km^2（占总面积的 36%）、固定沙丘为 117 km^2（占总面积的 41%）。沙丘类型主要为新月形沙丘、新月形沙丘链、格状沙丘、线形沙丘、灌丛沙丘和梁窝状沙丘等，沙丘高度多为 5 ～ 10 m，少数在 10 ～ 20 m，灌丛沙丘在 5 m 以下（董治宝等，2017）。

山南宽谷地区沙丘地貌在河流两岸均有分布，成片连续的沙丘带主要分布在雅鲁藏布江北岸，南岸只有少数沙丘分布。沙丘地貌面积共 332 km^2，其中流动沙丘为 153 km^2（占总面积的 46%），半固定沙丘为 61 km^2（占总面积的 18%），固定沙丘为 118 km^2（占总面积的 36%）。沙丘类型主要有新月形沙丘、新月形沙丘链、格状沙丘、梁窝状沙丘、灌丛沙丘和线形沙丘等，沙丘高度为 5 ～ 10 m，少数在 10 ～ 20 m（董治宝等，2017）。米林宽谷地区受限于河谷宽度（1 ～ 3 km），沙丘地貌分布面积最小，在雅鲁藏布江南岸分布居多，北岸分布较少。沙丘类型以新月形沙丘为主。

4.3 风沙化土地演变及其驱动因素

雅鲁藏布江中上游地区风沙化土地总面积为 2736.97 km^2，主要集中于马泉河宽谷、日喀则宽谷、山南宽谷和米林宽谷（图 2.1），分别占风沙化土地总面积的 50.28%、25.52%、19.11% 和 5.08%（李海东，2012）。空间上，雅鲁藏布江中上游地区风沙化土地总体沿河谷走向呈带状不连续分布。自西向东，风沙化土地面积呈逐渐减少的趋势，且不同类型的风沙化土地（流动沙地、半固定沙地、固定沙地、半裸露砂砾地和裸露砂砾地）总面积及其占该类型总面积的比例也呈逐渐减少的趋势（李海东，2012）[图 4.4(a)]。具体地，马泉河宽谷的风沙化土地主要分布在仲巴县，占雅鲁藏布江中上游地区风沙化土地总面积的 50.77%；日喀则宽谷的风沙化土地主要分布在南木林县 (4.34%)、萨嘎县 (3.88%)、康马县 (3.73%)、日喀则市 (3.56%)、拉孜县 (2.05%)、谢通门县 (1.74%) 和昂仁县 (1.73%)，而江孜县 (0.99%)、白朗县 (0.82%)、吉隆县 (0.79%)、仁布县 (0.69%)、仲巴县 (0.48%)、措勤县 (0.40%)、萨迦县 (0.31%) 和聂拉木县 (0.02%) 等地分布较少；山南宽谷的风沙化土地主要分布在扎囊县 (4.56%)、贡嘎县 (3.97%)、曲水县 (3.86%)、山南市乃东区 (3.08%)、桑日县 (2.32%) 和拉萨市堆龙德庆区 (1.02%)，而拉萨市 (0.24%)、拉萨市达孜区 (0.04%)、曲松县 (0.02%) 和琼结县 (0%) 等地分布较少；米林宽谷的风沙化土地主要分布在米林县 (3.34%)，而朗县 (0.73%)、加查县 (0.59%) 和林芝市巴宜区 (0.42%) 分布较少（李海东，2012）。时间上，1975 ～ 2008 年雅鲁藏布江中上游地区风沙化土地面积总体呈缓慢增加的趋势，年增长速率为 7.65 km^2/a；不同类型的风沙化土地（流动沙地、半固定沙地、固定沙地、半裸露砂砾地和裸露砂砾地）面积均有所增加 [图 4.4(b)]；各宽谷段风沙化土地面积均有所增加，增加幅度为马泉河宽谷（增加 118.8 km^2）＞日喀则宽谷（增加 83.79 km^2）＞山南宽谷（增加 31.62 km^2）＞米林宽谷（增加 25.79 km^2）（李海东，2012）。

气候变化和人类活动是风沙土地演化的两大主要驱动因素。前人研究表明，青藏高原土地沙漠化的发展是在干旱多风的气候条件下，以缓慢的自然沙漠化为主，而现代人类不合理的生产和生活方式则加剧了这一过程 (Dong et al.，1999；Li et al.，1999；李森等，2004)。雅鲁藏布江中上游地区各宽谷的温度、降水和风速的变化是影

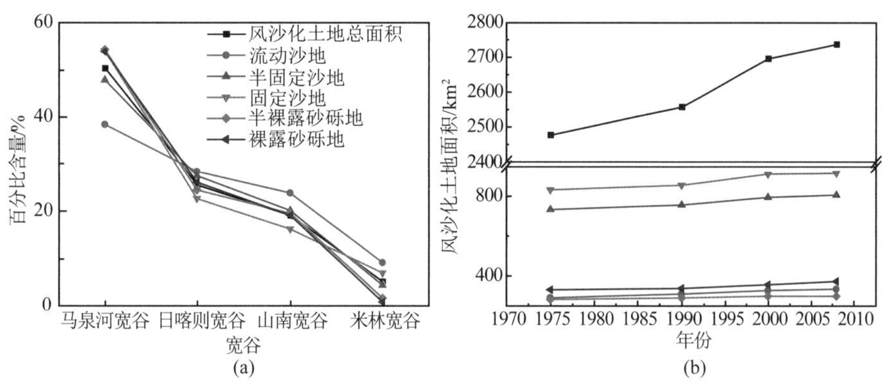

图 4.4　雅鲁藏布江中上游地区风沙化土地面积的时空变化

响上述沙地面积变化的可能因素。空间上，年平均气温和年平均降水自西向东逐渐增加，而年平均风速逐渐降低（Shen et al.，2012；Yang et al.，2020b）。降水的增加和风速的降低共同导致了雅鲁藏布江中上游地区风沙化土地面积发生上述空间变化。降水越低，风速越强，地表蒸发加剧，致使土地干旱化程度增加，进而造成风沙化土地面积增加。然而，自西向东年平均气温的增加与风沙化土地面积的减少趋势并不一致，这表明温度对土地沙化的作用可能受到了多种因素，如降水的影响。尽管温度增加会导致风沙化土地发育，但降水增加同时也会限制风沙化土地的扩张。时间上，1960 ～ 2007 年马泉河宽谷、日喀则宽谷和山南宽谷年平均风速的下降趋势通过显著性检验，米林宽谷的年平均风速变化不明显；各宽谷年平均气温均呈升高趋势，且通过显著性检验，其中马泉河宽谷升温最为显著，依次为山南宽谷、米林宽谷和日喀则宽谷；年平均降水量的变化仅米林宽谷通过显著性检验且呈增加趋势，其他宽谷的降水量呈不显著的减少趋势（李海东，2012）。上述气候要素的变化，如温度的增加和降水量的减少（尽管多数宽谷地区未通过显著性检验）可能是造成研究区不同宽谷地区风沙化土地面积随时间演化的主要原因。温度越高，蒸发量越大，风沙土地发育程度越高，在降水变化不大的情况下地表将更加干旱，导致风沙化土地面积扩张。然而，风速的下降趋势与沙漠化土地的增加趋势并不一致，一方面表明尽管风速整体呈下降趋势，但这种风速仍然可以满足风沙化土地扩张的基本条件，另一方面可能间接强调了人为因素在沙漠化土地扩张中的重要作用。

历史社会经济统计资料表明，近 47 年来人口数量以 17.2‰ 的速率平稳增长，牲畜数量和耕地面积先增加后降低，风沙土地面积的变化与人口的增加存在明显的对应关系（李海东，2012；Shen et al.，2012）。相关性分析结果表明，风沙土地面积与人口数量、风速、耕地面积和气温呈显著的相关性，其中与人口数量的相关系数最高（R=0.972），与牲畜数量和降水量的相关性较弱（李海东，2012）。各类气候因素和人类活动因素的主成分分析结果表明，雅鲁藏布江中上游地区土地风沙化的影响因素较为复杂，其中人口数量、耕地面积和风速是主要的影响因素（李海东，2012）。总体来看，自然因素和人为因素共同影响了雅鲁藏布江中上游地区风沙化土地的时空演化，尽管气候变化对风沙化土地扩张起到了重要作用，但人类活动的加剧对风沙化土地演化的作用也不容忽视。

4.4 黄土、风沙与地貌形态的关系

如前所述，雅鲁藏布江中上游地区，尤其是河流宽谷地区是风成沉积的主要堆积区，黄土和风沙沉积广泛分布。黄土大致分布于阶地、山麓和低山基岩顶部。风沙沉积通常分为谷底风沙沉积（多为沙丘和沙片）和谷坡风沙沉积（爬坡沙丘和沙片）。大范围的野外考察发现，雅鲁藏布江流域黄土与风沙沉积通常相伴而生，这可能主要是由于广泛分布的风沙沉积物为黄土堆积提供了丰富的物质来源。沉积物地球化学、矿物学和粒度证据表明，雅鲁藏布江黄土属于近源沉积，与河谷风沙沉积物之间存在密切的联系，接受外来沉积物的贡献十分有限（刘连友等，1997；Du et al.，2018；Yang et al.，2021；Huyan et al.，2022；Ling et al.，2022；田伟东等，2022）。因此，风沙沉积也有黄土“母亲”的形象比喻，说明了区域风沙沉积对黄土堆积的不可或缺性（郭正堂，2017）。

以雅鲁藏布江为轴线，自北向南地貌形态与地表堆积物的空间分异明显，黄土通常分布于风沙沉积外围，且黄土沉积物的堆积海拔较风沙沉积物高，在空间上形成了黄土在上而风沙沉积在下的“二元”结构（图 4.5）。以日喀则宽谷为例，谷底地势平坦宽阔，辫状水系广泛发育，为流域风成沉积提供了丰富的物质来源，其北部为横亘东西的冈底斯山，南部为喜马拉雅山，两侧山地挺拔陡峻，为黄土和风沙沉积提供了有利的堆积场所。

(1) 冈底斯山南麓，剥蚀山地、沟壑及冲 / 洪积扇分布。山顶出现冻融褶皱、冻融泥流和土溜阶坎等微地貌形态（刘连友等，1997）；山坡上披覆着寒冻风化产生的大量碎屑沉积物；山坡中下部通常受流水冲刷形成坡面侵蚀沟，导致地质历史时期的黄土沉积部分出露，同时也分布大量爬坡沙丘和沙片；坡脚和沟谷出山口常分布有坡积裙和冲 / 洪积扇，也有部分爬坡沙丘或沙片分布［图 4.5(a)］。

(2) 河流北岸地势较为平坦，河流冲积阶地、新月形沙丘及沙丘链广泛分布。由于雅鲁藏布江流域近地表风（盛行西南风）的影响 (Yang et al.，2020b)，河流携带的大量沉积物广泛堆积于河流北岸，新月形沙丘及沙丘链、沙地和沙片密集分布，受冈底斯山南部复杂地形影响，通常发育高度为数米的新月形沙丘，甚至高度可达 20 m 的高大格状沙丘（董治宝等，2017）。

(3) 河床、河漫滩及季节性河道。雅鲁藏布江宽谷辫状水系尤为发育，多汊河，风水两相营力交替作用。夏季水位升高，低河漫滩被淹没，大量沉积物堆积；冬、春季节水位降低，心滩和边滩广泛出露，形成江心洲和河漫滩，地表堆积物主要为冲积砂、亚砂土和淤泥层（刘连友等，1997），在风力作用下形成低矮、较为密集的新月形沙丘或沙丘链，低河漫滩也发育灌丛沙丘。

(4) 河流南岸河流冲积阶地、沙丘和基岩低山分布。阶地面风蚀强烈，大部分地表砾质化，在近地表风的影响下，部分新月形沙丘和沙地分布于河流南岸（较北岸风沙面积明显偏低），冲积阶地及基岩岛山堆积部分黄土沉积［图 4.5(b)］。

(5) 喜马拉雅山北麓剥蚀山地、沟壑、洪积扇和坡积裙广泛分布。山坡上部披覆着寒冻风化产生的大量碎屑沉积物，风沙沉积鲜有分布；山坡中下部受流水作用影响，冲蚀沟密集，山体之间壑大沟深，大量黄土沉积出露［图 4.5(b)］；山坡底部披覆薄层的黄土沉积及爬坡沙丘 / 沙片。

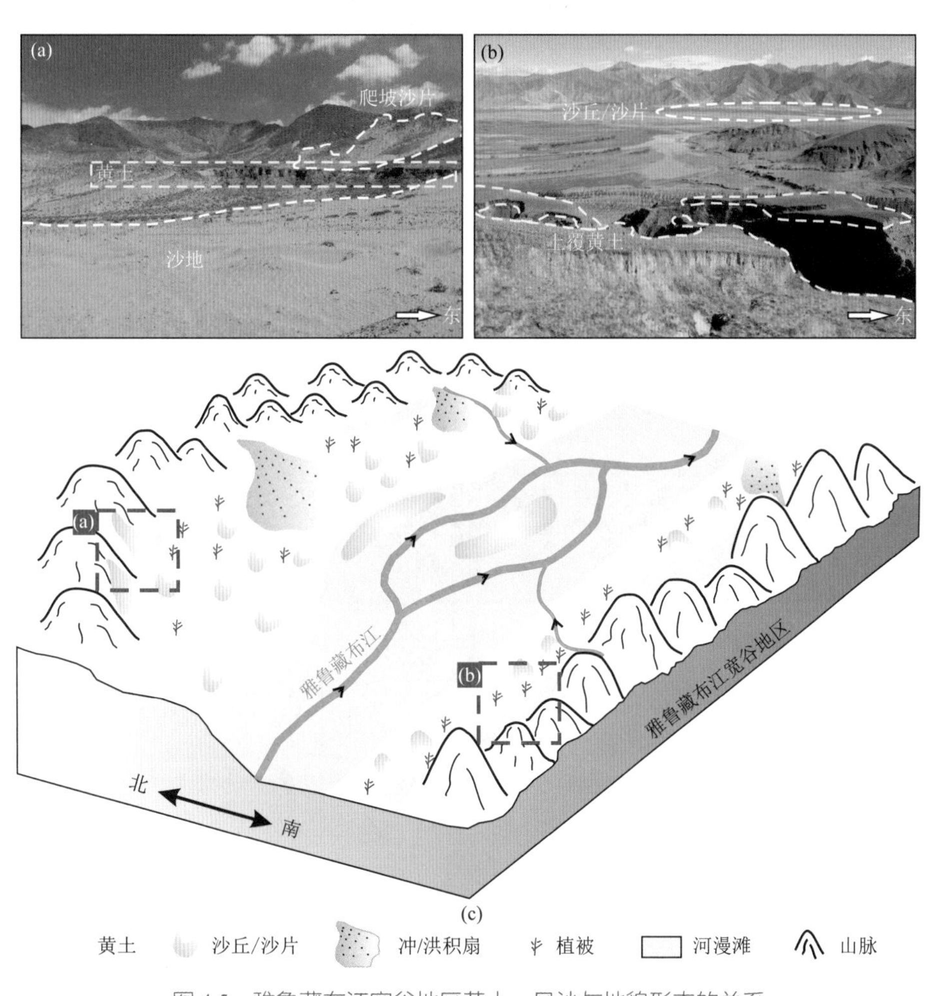

图 4.5　雅鲁藏布江宽谷地区黄土、风沙与地貌形态的关系

4.5　雅鲁藏布江风成沉积空间分布图①

雅鲁藏布江流域面积大，但风沙沉积（即风成沙丘和沙地）和黄土沉积的分布十分零散，所占比例较小，单幅地图难以突出风成沉积分布的详细信息，因此以沙丘沉积和黄土沉积较为集中的区域为展示对象，汇编《雅鲁藏布江风成沉积空间分布图》(简称《分布图》，见图 4.6 和图 4.7)，以期尽可能详尽地反映雅鲁藏布江流域风成沉积分布特征。

① 图中所包含的信息是作者在野外考察的基础上进行的简要绘制，疏漏和不足之处在所难免，特别说明。

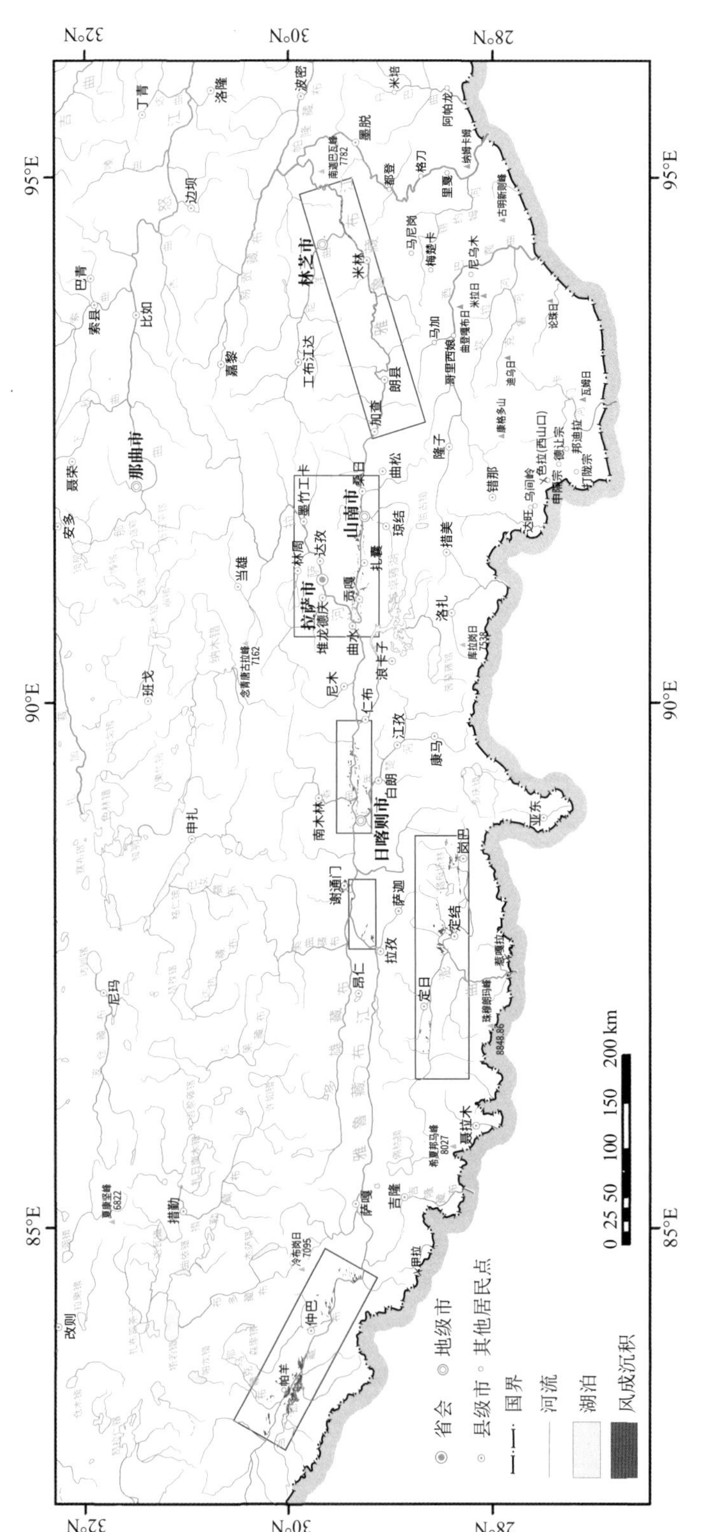

图 4.6 雅鲁藏布江中上游地区风成沉积分布序图

字母 a ～ f 为区域风成沉积分布图索引

《分布图》由序图、区域风成沉积分布图、高分辨率卫星影像、野外实拍照片以及简要的文字说明组成。图 4.6 主要反映雅鲁藏布江流域风成沉积的总体分布特征与区域风成沉积分布图的索引信息，区域风成沉积分布图主要包括研究区沙丘分布和黄土分布［图 4.7(a) ～ (f)］。沙丘由于具备独特的形态和与周围环境明显不同的颜色，在 Google Earth 影像（最大分辨率可达 25 cm，即比例尺为 1 ∶ 250）中可以被清晰地识别，基本涵盖了研究区所有的沙丘（或沙地）分布范围。黄土的分布是在野外实地考察和前人已报道的黄土剖面的基础上绘制的，尽可能地覆盖目前已发现的黄土分布范围，标明已发现的黄土剖面的位置和厚度信息。风沙沉积和黄土沉积是《分布图》的主体，通过不同的设色突出在第一平面，借用高分辨率的地形晕渲影像作为背景置于第二平面，增强地形的立体效果，更好地衬托出风成沉积物的分布特征。高分辨率卫星影像和野外实拍照片的目的在于展示雅鲁藏布江流域风沙沉积和黄土沉积的真实信息，有助于对风成沉积及其发育环境的理解。文字说明是对《分布图》所反映信息的进一步解释和简要说明，便于读者理解。

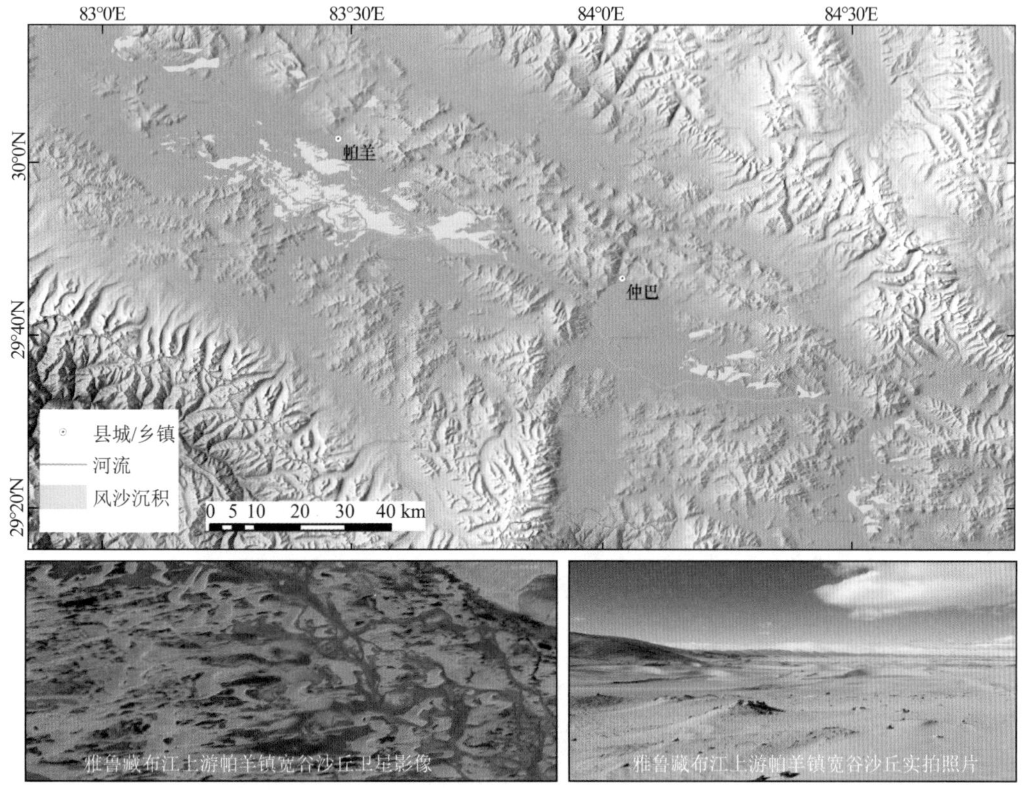

(a) 马泉河宽谷段风成沉积分布图

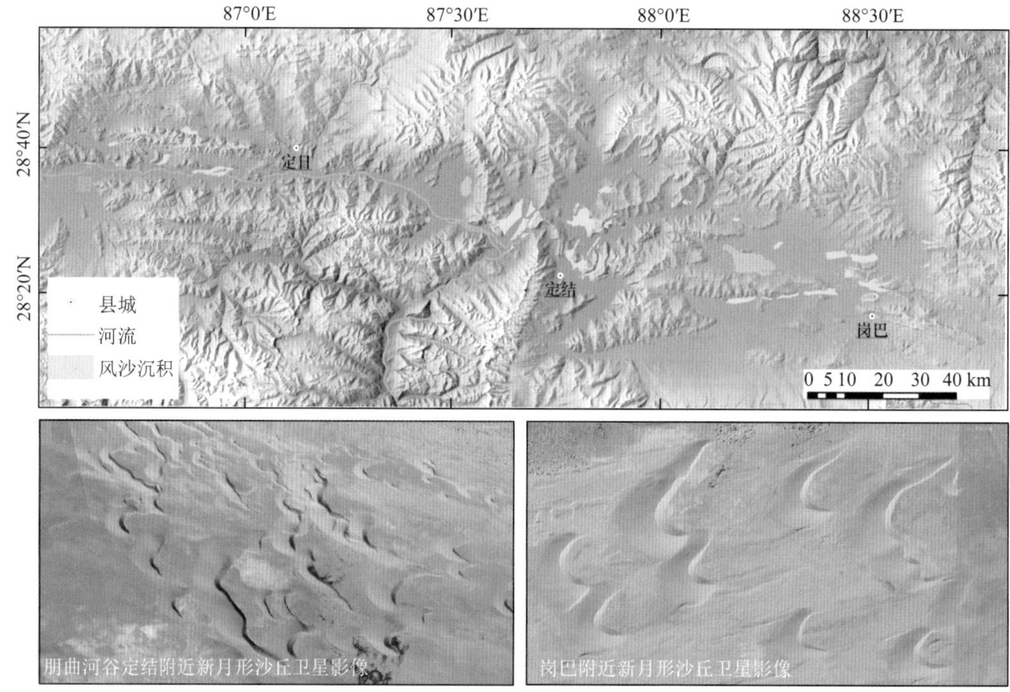

(b) 定日—岗巴段风成沉积分布图

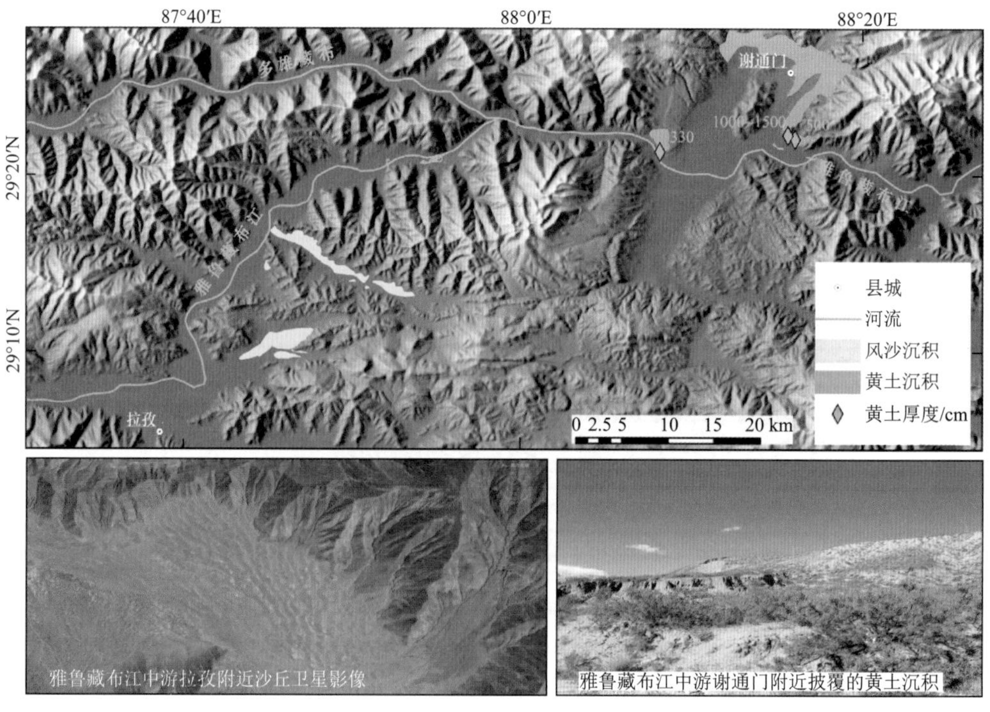

(c) 拉孜—谢通门段风成沉积分布图

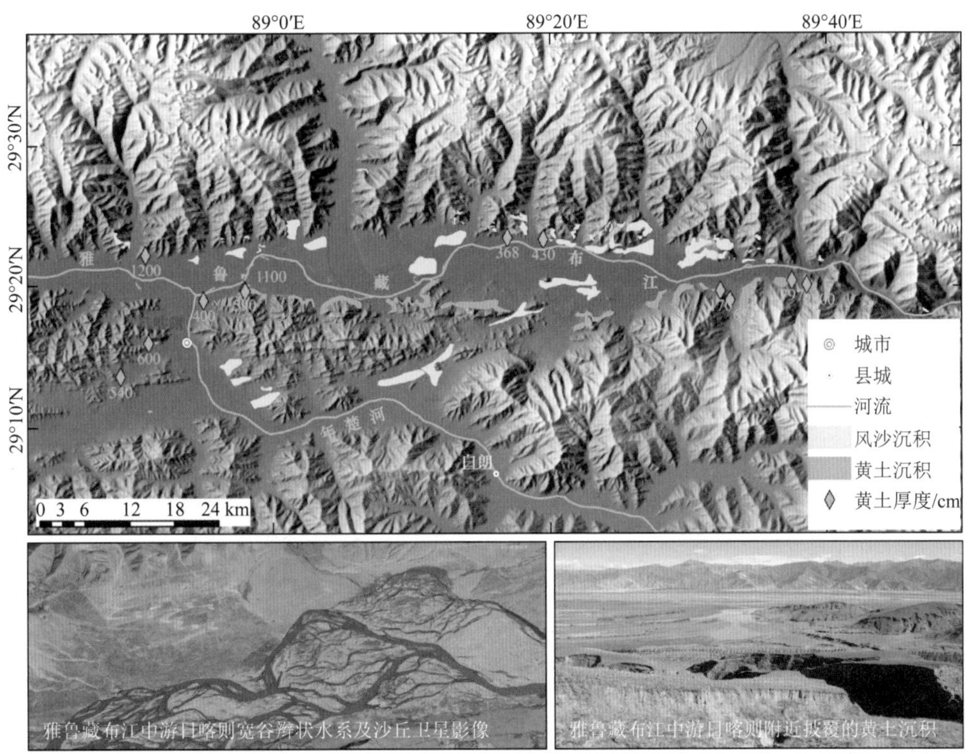

(d) 日喀则宽谷段风成沉积分布图

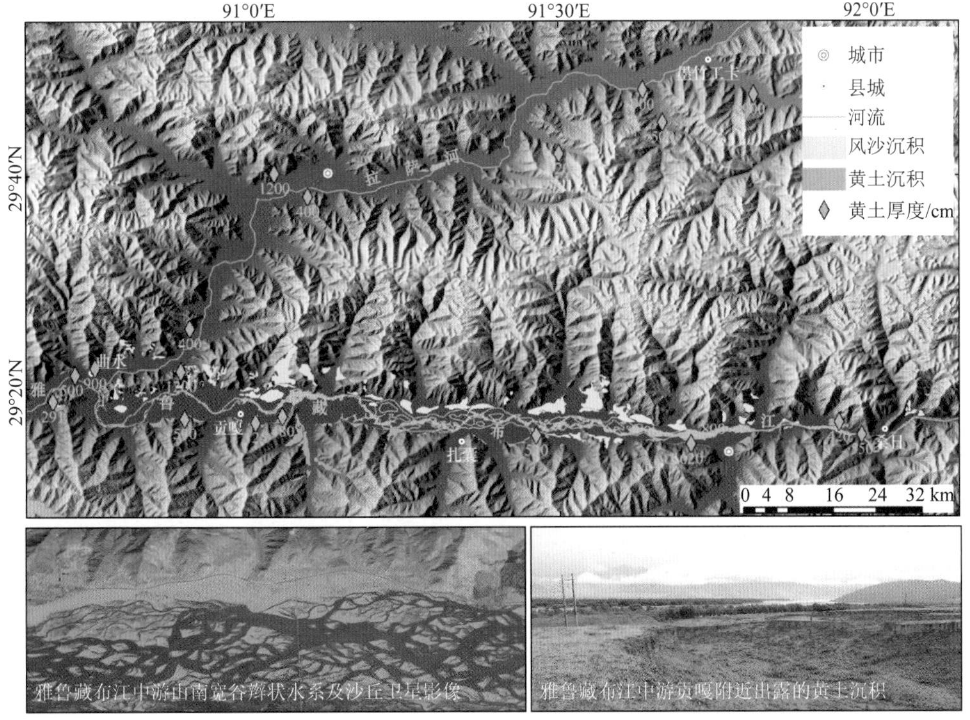

(e) 山南宽谷段风成沉积分布图

(f) 米林宽谷段风成沉积分布图

图 4.7 雅鲁藏布江中上游地区区域风成沉积分布图

由图 4.7 可明显看出，雅鲁藏布江上游马泉河宽谷和定日—岗巴段主要发育风沙沉积，即风成沙丘和沙地等，黄土沉积所占比例很小［图 4.7(a) 和 (b)］，而雅鲁藏布江中游地区尤其是日喀则宽谷和山南宽谷附近同时发育大量风沙沉积和黄土沉积，且黄土主要发育于河流南岸，沙丘堆积于河流北岸［图 4.7(c) ～ (e)］。雅鲁藏布江中游地区米林宽谷段河谷相对较窄，主要堆积风沙沉积，但在林芝附近由于有利的堆积条件，也发育有较为广泛的黄土沉积［图 4.7(f)］。

4.6 本章小结

在野外实地考察的基础上，结合前人已报道的风成沉积记录，本书探讨了雅鲁藏布江中上游地区风成沉积及其空间分布特征、风沙化土地时空变化及其与气候变化和人类活动因素之间的关系，以及黄土、风沙与地貌形态关系，并绘制了《雅鲁藏布江风成沉积空间分布图》。

(1) 雅鲁藏布江黄土主要分布于 29.25° ～ 29.75° N 和 88° ～ 92° E，即多发育于日喀则宽谷和山南宽谷附近，黄土通常厚数米至二三十米不等，主要发育于阶地和低山基岩顶部，多为原生黄土。受地形和坡面流水的影响，较低的阶地和坡麓等区域发育具有明显层理且夹杂细小砾石的次生黄土。

(2) 雅鲁藏布江风沙沉积（主要为沙丘）主要分布于河谷底部和两岸山坡，其中河谷底部的江心洲、河漫滩和阶地等区域主要发育新月形沙丘及沙丘链、复合型新月形沙丘及沙丘链、灌丛沙丘和金字塔沙丘等，南北两岸山坡主要发育爬坡沙丘和爬升沙片。加查山以西，风成沙丘主要发育于雅鲁藏布江北岸；加查山以东，风成沙丘主要发育于雅鲁藏布江南岸；自西向东，风沙沉积分布面积逐渐减少。雅鲁藏布江中上游地区风沙地貌的这种分布格局主要是由局地风场环境和沙源供应决定的。

(3) 空间上，雅鲁藏布江中上游地区风沙化土地面积自西向东呈逐渐减少的趋势，不同类型的风沙化土地（流动沙地、半固定沙地、固定沙地、半裸露砂砾地和裸露砂砾地）面积及其占该类型总面积的比例也呈逐渐减少的趋势；时间上，近 34 年来雅鲁藏布江中上游地区风沙化土地总面积及各宽谷地区的风沙化土地面积均呈缓慢增加的趋势，增加幅度为马泉河宽谷＞日喀则宽谷＞山南宽谷＞米林宽谷。气候变化（即气温、降水和风速的变化）是影响研究区风沙化土地演化的基础，而人类活动（主要为人口数量和耕地面积）则加剧风沙化土地的扩张。

(4) 以雅鲁藏布江为轴线，自北向南地貌形态与地表堆积物的空间分异明显。黄土通常分布于风沙沉积外围，且前者的沉积海拔较后者高，形成了黄土在上而风沙沉积在下的沉积结构。在野外考察和遥感分析的基础上绘制了《雅鲁藏布江风成沉积空间分布图》，由 1 幅序图和 6 幅区域风成沉积分布图组成，附以高分辨率卫星影像、野外实拍照片以及简要的文字说明。从《雅鲁藏布江风成沉积空间分布图》中可以明显看出，雅鲁藏布江上游地区马泉河宽谷段和定日—岗巴段主要发育风沙沉积，即风成沙丘和沙地等，黄土沉积所占比例很小，而雅鲁藏布江中游地区，尤其是日喀则宽谷和山南宽谷附近同时发育大量风沙沉积和黄土沉积，其中黄土主要发育于河流南岸，沙丘堆积于河流北岸。雅鲁藏布江中游地区米林宽谷段主要堆积风沙沉积，但在林芝附近也发育较为广泛的黄土沉积。

第5章

表土沉积物的理化性质

风成沉积物蕴含了气候变化的重要信息，是研究环境变化的良好载体（刘东生，1985；鹿化煜等，2006；Yang，2006；郭正堂，2017）。青藏高原南部雅鲁藏布江中上游地区是风成沉积物的典型分布地区，河谷附近广泛发育着地质历史时期以来的黄土沉积和现代风沙沉积。然而，流域内部地理环境特征复杂多样且受物质来源、区域气候等影响，致使不同地区风成沉积的形成过程存在差异，这在很大程度上限制了对雅鲁藏布江流域风成沉积及其环境意义的深入理解（凌智永等，2019；杨军怀等，2020）。雅鲁藏布江中上游地区受印度季风和中纬度西风的共同作用 (Hou et al.，2017；Chen et al.，2020b)，气候自西向东呈现逐渐暖湿的变化趋势，气候变化梯度较大（董治宝等，2017）。考虑到研究区内复杂的地形、地貌条件、温度和湿度的变化，本章聚焦于现代表土沉积理化性质的分析与研究，以期了解地表环境背景，为理解青藏高原南部过去与现在的气候变化及古环境演化提供一些新的线索。

本次表土考察的重点区域包括雅鲁藏布江中上游的马泉河宽谷段、日喀则宽谷段、山南宽谷段和米林宽谷段，选择了采集的 69 份表土样品作为研究对象（采样位置见图 5.1），其海拔范围为 2500 ～ 5100 m，土壤类型以亚高山草甸土、（亚）高山草原土和山地灌丛草原土为主，母质多为风成沉积物，也有部分冲 / 洪积物及河流冲积物（表 5.1）。自然植被低矮稀疏，以砂生槐 (*Sophora moorcroftiana*)、固沙草 (*Orinus thoroldii*) 和白草 (*Pennisetum flaccidum*) 等灌木、半灌木和草本为主（李晖等，2013）。本章主要通过分析沉积物的环境磁学、粒度、元素、色度和有机碳同位素等指标，综合探讨雅鲁藏布江中上游地区表土沉积物的理化性质及其环境指示。利用已公开的气象数据提取了 1998 ～ 2017 年采样点附近的年平均降水 (MAP) 和年平均气温 (MAT) 数据（表 5.2 和图 5.2）。

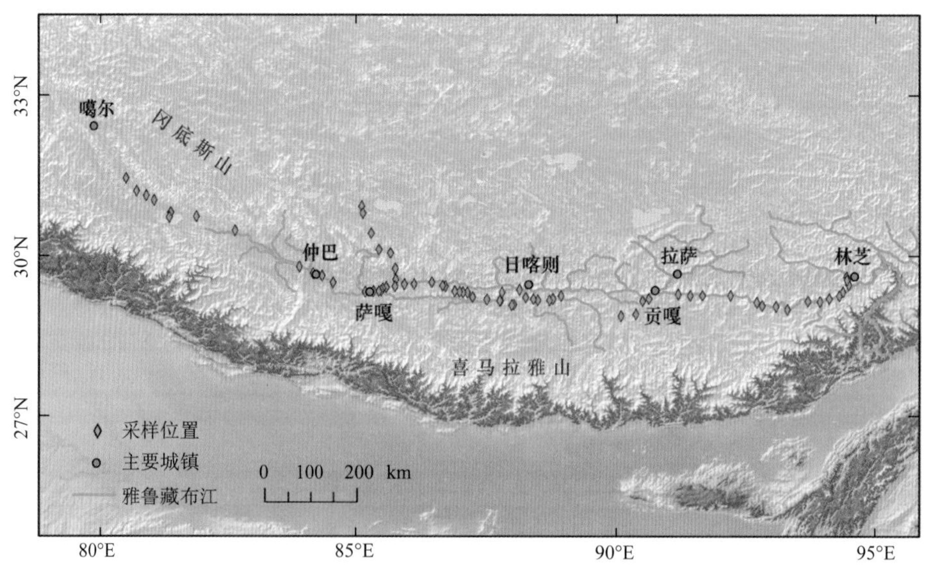

图 5.1 雅鲁藏布江中上游地区表土样品采样位置

表 5.1　雅鲁藏布江中上游地区表土样品纬度、经度、海拔、土壤类型、母质及景观位置

编号	北纬 /(°)	东经 /(°)	海拔 /m	土壤类型	母质	景观位置
1	31.5	80.5	4613	高山草原土	风积物	宽谷平地
2	31.2	80.7	4423	高山草原土	风积物	宽谷平地
3	31.1	80.9	4642	高山草原土	洪积物	高山坡麓
4	31.0	81.1	4728	高山草原土	洪积物	高山坡麓
5	30.7	81.4	4639	高山草原土	洪积物	高山坡麓
6	30.8	81.4	4759	高山草原土	风积物	宽谷平地
7	30.7	81.9	4604	高山草原土	河流冲积物	两岸阶地
8	30.5	82.6	4793	高山草原土	河流冲积物	两岸阶地
9	30.9	85.1	4667	高山草原土	风积物	丘陵山地
10	30.8	85.1	4693	高山草原土	风积物	丘陵山地
11	30.4	85.3	5061	高山草原土	河流冲积物	两岸阶地
12	30.1	85.4	5540	高山草原土	洪积物	洪积扇缘
13	30.0	85.6	5139	高山草原土	河流冲积物	两岸阶地
14	29.8	83.9	4596	高山草原土	风积物	宽谷平地
15	29.7	84.2	4524	高山草原土	风积物	宽谷平地
16	29.6	84.3	4698	高山草原土	风积物	宽谷平地
17	29.5	84.6	4534	高山草原土	风积物	宽谷平地
18	29.3	85.2	4452	高山草原土	坡积物	宽谷平地
19	29.3	85.3	4498	风沙土	风积物	宽谷平地
20	29.3	85.4	4543	风沙土	风积物	宽谷平地
21	29.4	85.5	4600	风沙土	风积物	宽谷平地
22	29.4	85.5	4672	风沙土	风积物	宽谷平地
23	29.4	85.6	4846	风沙土	风积物	宽谷平地
24	29.4	85.7	4950	高寒荒漠土	残积物	高山峰顶
25	29.8	85.7	5203	高寒荒漠土	残积物	高山峰顶
26	29.6	85.7	4993	高寒荒漠土	残积物	高山峰顶
27	29.5	85.9	4887	高寒荒漠土	风积物	高山峰顶
28	29.5	86.1	5048	高寒荒漠土	风积物	高山峰顶
29	29.5	86.4	4698	风沙土	风积物	两岸阶地
30	29.4	86.7	4587	风沙土	风积物	两岸阶地
31	29.4	86.7	4560	高原草原化荒漠土	风积物	两岸阶地
32	29.3	86.9	4578	高原草原化荒漠土	风积物	两岸阶地
33	29.3	87.0	4429	高原草原化荒漠土	河流冲积物	冲积阶地
34	29.3	87.1	4403	高原草原化荒漠土	河流冲积物	冲积阶地
35	29.3	87.1	4272	高原草原化荒漠土	河流冲积物	冲积阶地

续表

编号	北纬 /(°)	东经 /(°)	海拔 /m	土壤类型	母质	景观位置
36	29.2	87.2	4336	亚高山草原土	洪积物	支沟洪积台
37	29.2	87.5	4122	亚高山草原土	坡积物	支沟洪积台
38	29.3	87.8	3914	亚高山草原土	风积物	两岸阶地
39	29.2	87.8	3979	亚高山草原土	风积物	两岸阶地
40	29.2	87.8	3999	亚高山草原土	洪积物	支沟洪积台
41	29.1	88.0	4470	亚高山草原土	坡积物	河谷两侧坡麓
42	29.1	88.0	4235	亚高山草原土	河流冲积物	两岸阶地
43	29.2	88.2	3955	山地灌丛草原土	洪积物	洪积扇缘
44	29.2	88.4	3883	山地灌丛草原土	河流冲积物	两岸阶地
45	29.2	88.5	3915	山地灌丛草原土	河流冲积物	两岸阶地
46	29.2	88.7	3899	山地灌丛草原土	风积物	河谷两侧坡麓
47	29.2	88.8	3868	山地灌丛草原土	河流冲积物	河谷两侧坡麓
48	29.4	88.1	3876	山地灌丛草原土	河流冲积物	河谷两侧坡麓
49	29.2	88.9	3830	山地灌丛草原土	风积物	河谷两侧坡麓
50	29.2	90.6	4732	亚高山草甸土	坡积物	高山宽谷坡麓
51	29.2	90.5	4420	亚高山草甸土	坡积物	高山宽谷坡麓
52	28.9	90.4	4520	亚高山草甸土	洪积物	高山宽谷洪积扇
53	28.9	90.1	4514	亚高山草甸土	坡积物	高山宽谷坡麓
54	29.3	91.2	3543	山地灌丛草原土	坡积物	河谷两侧坡麓
55	29.3	91.4	3532	山地灌丛草原土	洪积物	高山宽谷洪积扇
56	29.3	91.6	3528	山地灌丛草原土	风积物	河谷两侧坡麓
57	29.3	92.2	3518	山地灌丛草原土	坡积物	河谷两侧坡麓
58	29.1	92.7	3196	山地灌丛草原土	坡积物	河谷两侧坡麓
59	29.1	92.8	3163	草甸土	风沙堆积物	河谷两侧坡麓
60	29.0	93.1	3096	草甸土	风沙堆积物	河谷两侧坡麓
61	29.0	93.3	3063	草甸土	风沙堆积物	河谷两侧坡麓
62	29.1	93.7	2985	草甸土	风沙堆积物	河谷两侧坡麓
63	29.1	93.9	2966	草甸土	风沙堆积物	河谷两侧坡麓
64	29.2	94.1	2982	草甸土	风沙堆积物	河谷两侧坡麓
65	29.3	94.3	2920	草甸土	洪积物	高山窄谷洪积扇
66	29.3	94.4	2927	棕壤	坡积物	河谷两侧坡麓
67	29.5	94.4	2950	棕壤	洪积物	高山窄谷洪积扇
68	29.5	94.5	2944	棕壤	坡积物	河谷两侧坡麓
69	29.6	94.4	2953	棕壤	洪积物	高山窄谷洪积扇

表 5.2　雅鲁藏布江中上游地区不同区域的海拔、年平均气温和年平均降水

区域	参数	海拔 /m	年平均气温 /℃	年平均降水 /mm
噶尔—萨嘎	变化范围	4423 ～ 5540	1.9 ～ 3.3	108.1 ～ 386.9
	平均值	4744	2.5	248.4
萨嘎—贡嘎	变化范围	3830 ～ 5203	3.2 ～ 6.8	339.4 ～ 429.8
	平均值	4408	5.3	378.6
贡嘎—林芝	变化范围	2920 ～ 3543	7.3 ～ 9.0	458.1 ～ 701.4
	平均值	3142	8.2	613.0

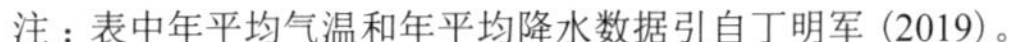
注：表中年平均气温和年平均降水数据引自丁明军 (2019)。

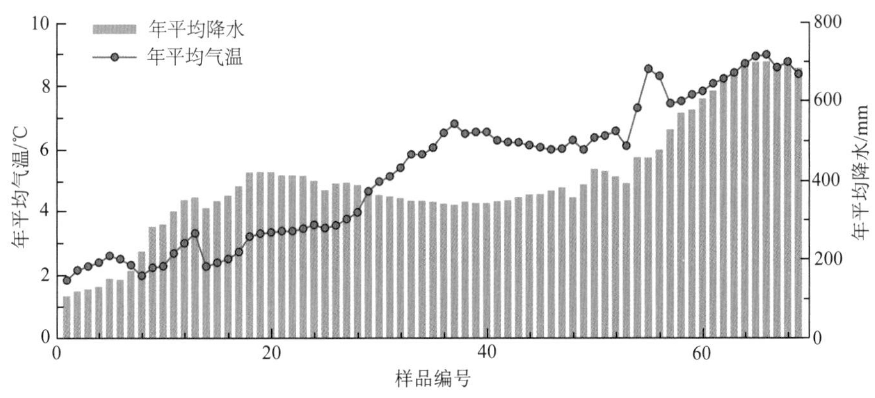

图 5.2　雅鲁藏布江中上游地区采样点（自西向东）对应的年平均降水和年平均气温

5.1　磁性特征

5.1.1　磁性矿物类型

居里温度是分析样品磁性矿物种类的最有效手段之一 (Deng et al.，2001；Liu et al.，2005a)。本节选取了 6 个代表性样品进行高温磁化率测试，即体积磁化率 - 温度曲线 (κ-T 曲线)，结果表明所有样品在加热至 580℃附近，磁化率均快速下降，说明达到磁铁矿的居里点，即磁铁矿是样品的主要载磁矿物（图 5.3）。根据加热和冷却曲线的重复性，可以将 κ-T 曲线分为两种类型：一类为加热与冷却过程具有可逆性且居里点为 580℃的样品（如 62 号），表明磁铁矿是主要的载磁性矿物；另一类为加热与冷却过程不具有可逆性、冷却曲线明显位于加热曲线的上方且居里点为 570 ～ 600℃的样品，指示样品在加热过程中发生了矿物转化，部分弱磁性矿物转化为强磁性矿物。中部萨嘎至贡嘎区域样品 (31 号、35 号和 50 号）在加热到 300 ～ 400℃温度范围内磁化率出现下降（图 5.3)，

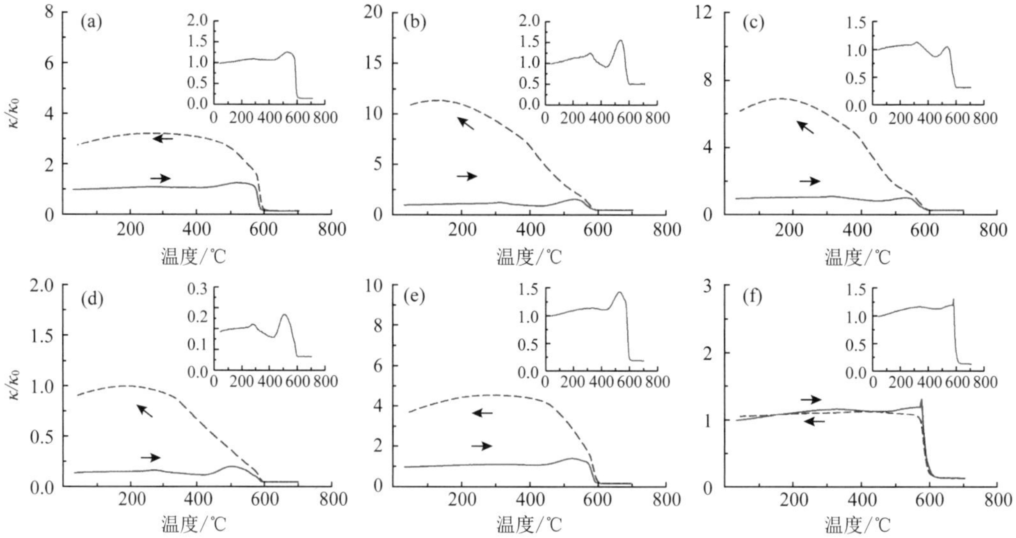

图 5.3　雅鲁藏布江中上游地区代表性样品的热磁曲线

(a) 13 号；(b) 31 号；(c) 35 号；(d) 50 号；(e) 60 号；(f) 62 号

13 号为西部区域样品，31、35 和 50 号为中部区域样品，60 和 62 号为东部区域样品

这可能是强磁性的磁赤铁矿受热转化为弱磁性的赤铁矿造成的。在 500℃左右出现一个比较明显的尖峰，结合冷却曲线和加热曲线不重合现象，推断可能是由加热过程中新生成的强磁性矿物引起的，如含铁硅酸盐矿物或黏土矿物在高温下分解可形成磁铁矿。

5.1.2　磁性矿物粒径

King 图分析结果显示，雅鲁藏布江中上游表土沉积物中磁性矿物的粒径整体较粗，绝大多数沉积物的等效磁晶粒度大于 1μm，部分介于 0.2 ～ 1 μm[图 5.4 (a)]。Dearing 图中 χ_{fd}% 和 χ_{ARM}/SIRM 可以半定量化地指示沉积物中磁性矿物颗粒大小 (Thompson and Oldfield，1986)，结果表明研究区表土沉积物的磁性颗粒落入磁性矿物的多畴 (MD) 颗粒与假单畴 (PSD) 颗粒以及粗粒稳定单畴 (SSD) 范畴 [图 5.4 (b)]。磁颗粒粒径区域差异显著，主要表现为西部和东部区域沉积物中磁性矿物的粒径最粗，磁性矿物处于 MD+PSD 范畴，但中部萨嘎至贡嘎地区磁颗粒粒径较细，部分沉积物的等效磁晶粒度范围在 0.2 ～ 1 μm[图 5.4 (a)]，多数沉积物中磁性矿物粒径处于粗粒 SSD 范畴 [图 5.4 (b)]。

5.1.3　磁性矿物浓度

磁学分析方法可以揭示沉积物的磁性矿物类型、粒径和浓度 (Thompson and Oldfield，1986；Evans and Heller，2003；夏敦胜等，2006)。表 5.3 展示了研究区表土沉积物的基本磁学参数，其中 χ_{lf}、χ_{fd}、$\chi_{fd}\%$、χ_{ARM}、SIRM 和 HIRM 等参数主要反映了沉积物所含磁性矿物的浓度（Thompson and Oldfield，1986）。

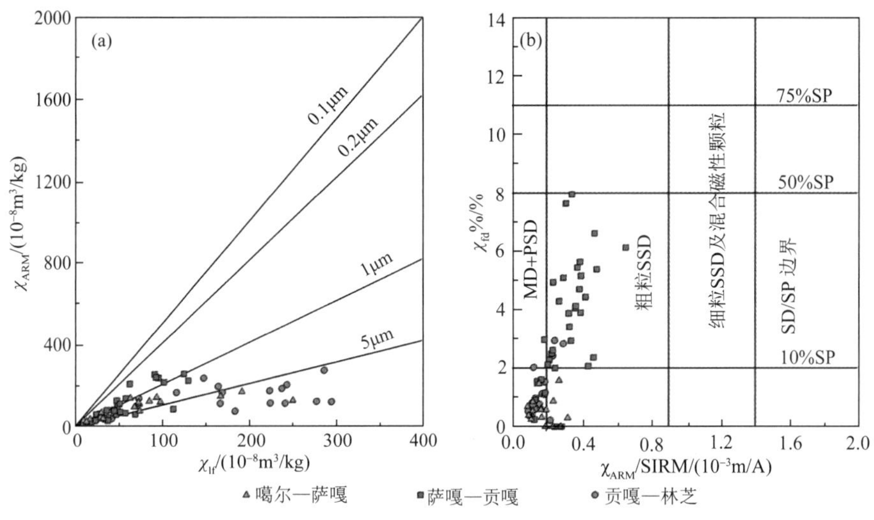

图 5.4　King 图（a）和 Dearing 图（b）

磁化率是磁性矿物集合体在人工弱磁场中磁性感应能力的量度，为磁化强度和磁场强度的比值，能够较好地反映沉积物中磁性矿物的富集程度，可以用来粗略估量磁性矿物的含量，其值大小与沉积物中磁性矿物的种类、含量以及粒径有关（Thompson and Oldfield，1986；Dearing，1999；Evans and Heller，2003；夏敦胜等，2006）。SIRM 不受顺磁性和抗磁性物质的影响，反映了亚铁磁性矿物和不完全反铁磁性矿物的贡献（Thompson and Oldfield，1986；Dearing，1999）。超顺磁（SP）颗粒对 χ_{lf} 贡献最大，但不能载有剩磁，因此对 SIRM 没有贡献。按照表土沉积物在空间上的分布将其自西向东分为三个地区，分别为雅鲁藏布江中上游西部噶尔至萨嘎区域（样品号 1 ～ 17，n=17）、中部萨嘎至贡嘎区域（样品号 18 ～ 53，n=36）及东部贡嘎至林芝区域（样品号 54 ～ 69，n=16）（图 5.5），其对应的磁学参数见表 5.3。研究区域表土 χ_{lf} 值的变化范围为 9.36×10^{-8} ～ 295.64×10^{-8} m^3/kg，平均值为 92.28×10^{-8} m^3/kg，SIRM 值的变化范围为 50.25×10^{-5} ～ 1748.72×10^{-5} Am^2/kg，平均值 534.23×10^{-5} Am^2/kg。χ_{lf} 和 SIRM 值总体偏高，指示了表土沉积物中磁性矿物含量总体较高。空间分布上，雅鲁藏布江中上游地区表土沉积物的 χ_{lf} 值与 SIRM 值变化相似［图 5.5（a）和图 5.5（e）］，均表现为中部萨嘎至贡嘎段 χ_{lf} 值、SIRM 值均最低，变化范围分别是 9.36×10^{-8} ～ 131.00×10^{-8} m^3/kg 和 50.25×10^{-5} ～ 747.60×10^{-5} Am^2/kg，平均值分别为 52.28×10^{-8} m^3/kg 和 306.33×10^{-5} Am^2/kg。东部贡嘎至林芝段表土沉积物 χ_{lf} 与 SIRM 值最高，变化范围分别是 42.64×10^{-8} ～ 295.64×10^{-8} m^3/kg 和 174.65×10^{-5} ～ 1712.66×10^{-5} Am^2/kg，平均值为 194.13×10^{-8} m^3/kg 和 965.24×10^{-5} Am^2/kg。

表 5.3　雅鲁藏布江中上游地区表土沉积物基本磁学参数

区域 样品数量	参数	χ_{lf}/ (10^{-8} m^3/kg)	χ_{fd}/ (10^{-8} m^3/kg)	χ_{fd}%/%	χ_{ARM}/ (10^{-8} m^3/kg)	SIRM/ (10^{-5} Am^2/kg)	S-ratio	χ_{ARM}/SIRM /(10^{-3} m/A)	χ_{ARM}/χ_{lf}	HIRM/ (10^{-5} Am^2/kg)
噶尔—萨嘎(*n*=17)	最大值	251.18	1.55	1.57	170.58	1748.72	0.96	0.32	2.97	46.95
	最小值	9.73	0	0	24.28	102.76	0.76	0.09	0.51	6.72
	平均值	81.13	0.55	0.61	94.89	611.21	0.91	0.18	1.52	22.18
萨嘎—贡嘎(*n*=36)	最大值	131.00	10.00	7.95	257.86	747.60	0.97	0.65	3.28	33.59
	最小值	9.36	0	0	13.57	50.25	0.83	0.12	0.76	2.49
	平均值	52.28	2.07	3.37	94.48	306.33	0.92	0.30	1.71	10.09
贡嘎—林芝(*n*=16)	最大值	295.64	4.55	2.94	274.61	1712.66	0.98	0.30	1.85	33.83
	最小值	42.64	0.09	0.21	38.72	174.65	0.94	0.10	0.41	2.00
	平均值	194.13	2.14	1.23	152.62	965.24	0.96	0.17	0.89	17.61

频率磁化率（χ_{fd}）和非磁滞剩磁磁化率（χ_{ARM}）可以指示特定粒径范围的磁性颗粒含量，其中，χ_{fd} 可以指示跨越超顺磁 / 单畴（SP/SD）边界（20 ～ 25 nm）的磁性矿物的含量，而 χ_{ARM} 则对 SD 磁性颗粒（25 ～ 100 nm）的含量反应敏感（Thompson and Oldfield，1986；Liu et al.，2012）。雅鲁藏布江中上游地区表土 χ_{fd} 和 χ_{ARM} 值的变化范围分别为 0 ～ 10×10^{-8} m^3/kg 和 13.57×10^{-8} ～ 274.61×10^{-8} m^3/kg，平均值分别为 1.71×10^{-8} m^3/kg 和 108.06×10^{-8} m^3/kg。黄土高原表土 χ_{ARM} 均值为 222.20×10^{-8} m^3/kg，范围为 71.18×10^{-8} ～ 360.50×10^{-8} m^3/kg（李平原等，2013），可见该研究区域的 χ_{ARM} 较黄土高原低，χ_{ARM} 范围波动均较大，指示该区域表土单畴附近颗粒含量较黄土高原少。空间上，中部萨嘎至贡嘎区域 χ_{fd} 最高，平均值为 2.07×10^{-8} m^3/kg，在西部噶尔至萨嘎段，χ_{fd} 甚至趋向于 0[图 5.5(b)]。χ_{ARM} 与 χ_{fd} 的变化趋势类似 [图 5.5(d)]，研究区东部 χ_{ARM} 值较高，平均值为 152.62×10^{-8} m^3/kg，中部和西部区域 χ_{ARM} 值较低，平均值分别为 94.48×10^{-8} m^3/kg 和 94.89×10^{-8} m^3/kg。

磁学参数中 χ_{fd}%、χ_{ARM}/SIRM 和 χ_{ARM}/χ_{lf} 与沉积物中磁性矿物的磁晶体颗粒和种类有关（Thompson and Oldfield，1986；夏敦胜等，2006；赵爽等，2015）。χ_{fd}% 反映了沉积物中超顺磁性颗粒（SP）与亚铁磁性矿物总量的相对变化，其值越高，表示整体磁性颗粒越细。根据 Dearing（1999）提出的应用 χ_{fd}% 半定量估算 SP 颗粒浓度的模式，χ_{fd}% 接近 0 时，沉积物中磁性颗粒以大颗粒为主，不含 SP 颗粒；χ_{fd}% 小于 5% 表明沉积物磁性颗粒的组合不以 SP 颗粒为主导；χ_{fd}% 在 5% ～ 10% 之间表明含有较高比例的 SP 颗粒；χ_{fd}% 大于 10% 则表明沉积物中含有大量的 SP 颗粒。χ_{ARM}/χ_{lf} 和 χ_{ARM}/SIRM 也可以指示磁性矿物的颗粒大小（King et al.，1982；Dearing et al.，1997）。χ_{ARM}/χ_{lf} 高值指示沉积物中的磁性矿物以稳定单畴（SSD）为主，而低值则指示磁性矿物以假单畴（PSD）和多畴（MD）为主（Peters and Dekkers，2003；陈梓炫等，2019）。相对 χ_{ARM}/χ_{lf} 而言，χ_{ARM}/SIRM 在指示以亚铁磁性矿物为主的磁晶体的粒径时意义更加明确，因为 χ_{ARM}/SIRM 只受永久磁化颗粒（SSD、PSD 和 MD）的影响，而 χ_{ARM}/χ_{lf} 还受到了 SP 颗粒的

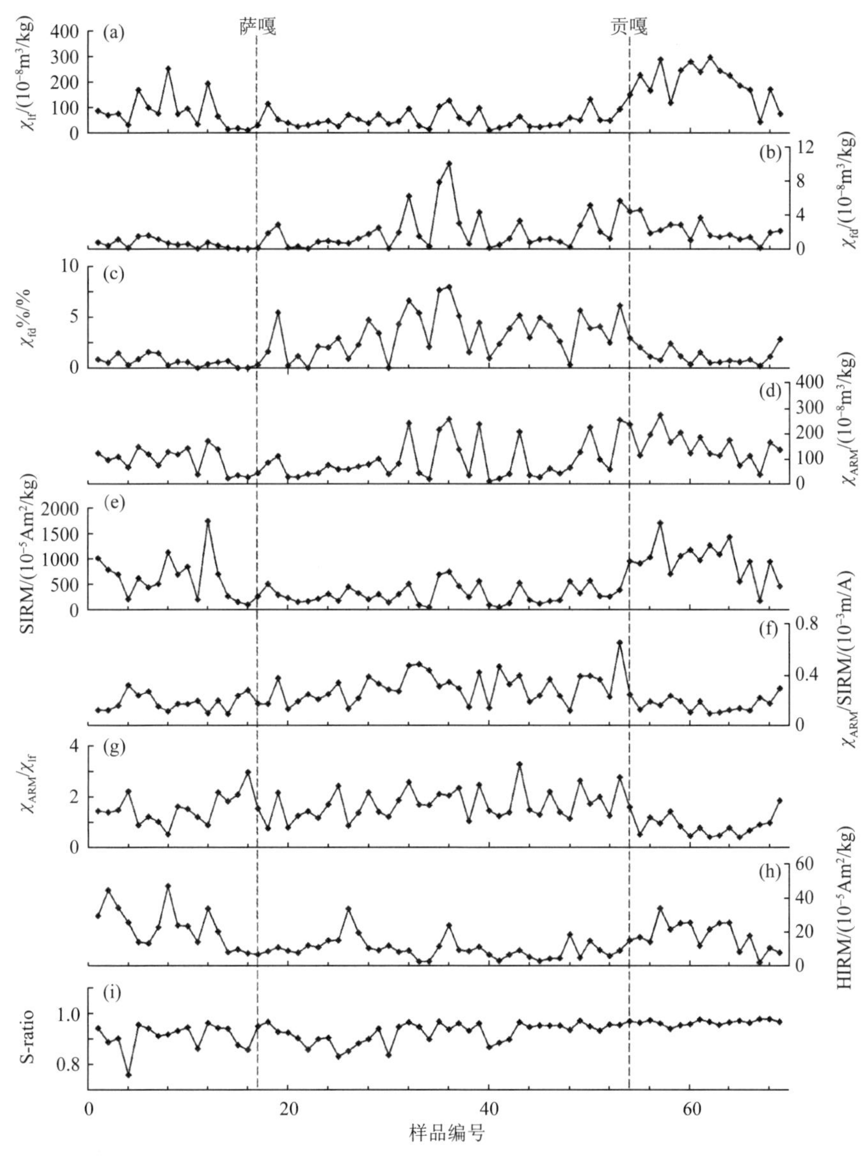

图 5.5　雅鲁藏布江中上游地区自西向东表土沉积物的磁学参数变化

强烈影响（Liu et al.，2012）。研究结果表明，雅鲁藏布江中上游地区表土沉积物 $\chi_{fd}\%$ 值介于 0 ～ 7.95%，平均值为 2.19%［图 5.5(c)］，这说明该区域沉积物中磁性颗粒以大颗粒为主，SP 含量不占主导地位，并且表土的成壤作用差异明显。$\chi_{ARM}/SIRM$ 和 χ_{ARM}/χ_{lf} 的总体平均值也很低，分别为 0.24×10^{-3}m/A 和 1.48，其与 $\chi_{fd}\%$ 值的空间变化规律相似［图 5.5(f) 和 (g)］，均在中部萨嘎至贡嘎区域表现最高，其中 $\chi_{fd}\%$ 的平均值为 3.37%，$\chi_{ARM}/SIRM$ 和 χ_{ARM}/χ_{lf} 的平均值分别为 0.30×10^{-3}m/A 和 1.71，指示该区域细粒磁性矿物含量相对较高，可能含有更多的 SD 附近颗粒的亚铁磁性矿物，成壤作用比东部和西部地区较强。

HIRM 可以大致反映沉积物中矫顽力相对较高的硬磁性矿物（赤铁矿 / 针铁矿）的绝对含量（Thompson and Oldfield，1986；夏敦胜等，2006），S-ratio 反映沉积物中亚铁磁性矿物与不完全反铁磁性矿物的相对比例，它随着不完全反铁磁性矿物贡献的增加而下降（Thompson and Oldfield，1986；Evans and Heller，2003）。雅鲁藏布江中上游表土 HIRM 变化范围为 2.00×10^{-5} ～ 46.95×10^{-5} Am^2/kg，平均值为 14.81×10^{-5} Am^2/kg。在空间上，西部的 HIRM 值最高，平均值为 22.18×10^{-5} Am^2/kg，中部和东部较低，平均值分别为 10.09×10^{-5} Am^2/kg 和 17.61×10^{-5} Am^2/kg［图 5.5(h)］。S-ratio 的最大值为 0.98，最小值为 0.76，平均值为 0.93［图 5.5(i)］。东部地区的 S-ratio 值最高，平均值为 0.96，可见该地区表土中含有大量的低矫顽力亚铁磁性矿物，中部和西部地区 S-ratio 较低，平均值分别为 0.92 和 0.91，含有更多的高矫顽力磁性矿物。

5.1.4 磁性特征的空间变化

雅鲁藏布江中上游自西向东表土沉积物的磁学参数变化特征区域差异显著（表 5.3 和图 5.5）。相比于中部区域，西部和东部区域表土沉积物的 χ_{lf} 值偏高，指示了该区域表土沉积物中磁性矿物含量总体较高。表土沉积物的 χ_{lf} 和 SIRM 呈良好的线性相关（y=4.60x+109.71，R^2=0.79），反映了表土磁化率主要由亚铁磁性矿物和不完全反铁磁性矿物所控制［图 5.6(a)］。由于 χ_{lf} 可以近似地估算沉积物中亚铁磁性矿物的浓度，而 HIRM 可以大致地反映不完全反磁性矿物的浓度（Thompson and Oldfield，1986），两者间的相关性分析可以用来区分沉积物的磁性矿物组成。表土沉积物 χ_{lf} 和 HIRM 间的变化区域差异显著［图 5.6(b)］，指示出西部区域表土沉积物与中部及东部区域表土沉积物磁性矿物在种类和浓度上的差异：西部区域表土沉积物表现为较高的 χ_{lf} 值和 HIRM 值，说明该区域表土沉积物中磁性矿物浓度偏高，有较高的不完全反磁性矿物贡献；中部区域表土沉积物有较低的 χ_{lf} 值和 HIRM 值，说明磁性矿物浓度偏低，不完全反铁磁性矿物的贡献较少；东部区域表土沉积物 χ_{lf} 值最高，HIRM 值较西部区域略低，反映了该区域样品磁性矿物浓度很高，不完全反磁性矿物的贡献较高。χ_{fd}、χ_{fd}%、χ_{ARM}/SIRM

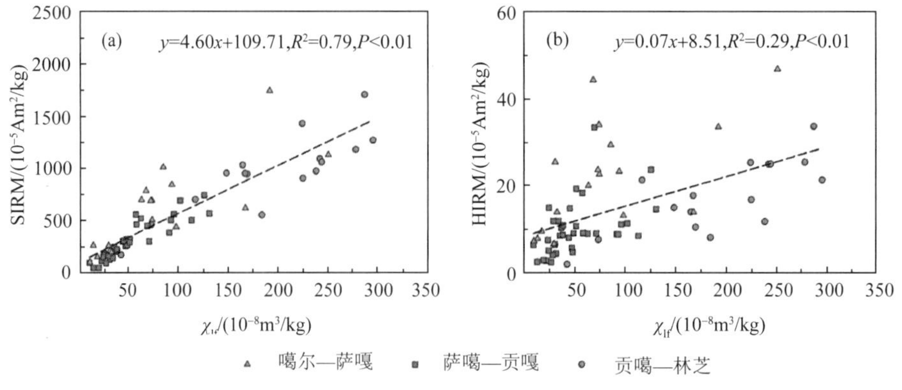

图 5.6 雅鲁藏布江中上游地区表土沉积物磁学参数散点图

和 χ_{ARM}/χ_{lf} 等参数在西部和东部区域表土沉积物中值偏小，而在中部区域表土沉积物中值偏大，指示西部和东部区域表土沉积物中粗颗粒磁性矿物含量高，而细颗粒磁性矿物含量极低，几乎无成壤作用；而中部区域表土沉积物中细颗粒磁性矿物含量高，粗颗粒磁性矿物含量低，代表性样品的 κ-T 曲线也表明中部区域具有较强的磁赤铁矿信号，可能指示了成壤过程对磁学性质的影响。

5.2　粒度特征

5.2.1　粒度组成

沉积物粒度即沉积物颗粒粒径的大小，能有效地反映搬运介质的动力大小以及搬运方式，在沉积环境及气候条件分析中得到了广泛的应用（鹿化煜和安芷生，1997，1998；Sun et al.，2002，2004；吕连清等，2004）。沉积物粒度组成反映了沉积物不同粒级组分的百分含量，代表了不同的搬运和堆积过程（刘东生，1985；Pye，1987；殷志强等，2008；杨石岭和丁仲礼，2017）。考虑到雅鲁藏布江流域表土沉积物的显著空间差异，为了更好地分析表土的粒径变化对成壤及风力等因素的响应，我们将粒度组分划分为黏粒（＜ 2 μm）、细粉砂（2 ～ 8 μm）、中粉砂（8 ～ 31 μm）、粗粉砂（31 ～ 63 μm）和砂（＞ 63 μm）。如表 5.4 和图 5.7 所示，雅鲁藏布江中上游表土沉积物粒度以砂组分（变化范围为 17.26% ～ 100.00%，平均值为 58.21%）为主，其次为粗粉砂（变化范围为 0 ～ 36.22%，平均值为 12.96%）、中粉砂（变化范围为 0 ～ 28.62%，平均值为 12.65%）以及细粉砂（变化范围为 0 ～ 37.56%，平均值为 9.89%），黏粒组分最少（变化范围为 0 ～ 18.32%，平均值为 4.88%）。从区域范围来看，各粒度组分在流域尺度上存在明显的空间差异，其中＜ 2 μm［图 5.7(a)］及 2 ～ 8 μm［图 5.7(b)］的组分含量自西向东呈先升高后降低的趋势，在中部萨嘎至贡嘎区域含量最高，平均值分别为 6.70% 和 12.87%，东部及西部地区含量很低，均不超过 10%。8 ～ 31 μm［图 5.7(c)］和 31 ～ 63 μm［图 5.7(d)］的组分含量自西向东逐渐增多，东部贡嘎至林芝区域其组分含量最高，平均值分别为 17.16% 和 19.77%。＞ 63 μm 的砂组分含量自西向东明显减少［图 5.7(e)］，西部噶尔至萨嘎地区沉积物主要为砂组分，平均值高达 82.24%，其他粒级组分含量很低，均不超过 6%。

表 5.4　雅鲁藏布江中上游地区表土粒度组成　　（单位：%）

区域（样品数量）	参数	＜ 2 μm	2 ～ 8 μm	8 ～ 31 μm	31 ～ 63 μm	＞ 63 μm
噶尔—萨嘎（n=17）	最小值	0	0	0	0	59.59
	最大值	6.58	11.92	11.40	12.63	100.00
	平均值	2.05	4.08	4.27	5.15	82.24
萨嘎—贡嘎（n=36）	最小值	1.55	3.38	2.95	0.32	17.26
	最大值	18.32	37.56	28.62	36.22	91.48
	平均值	6.70	12.87	14.60	13.63	50.55

续表

区域（样品数量）	参数	< 2 μm	2 ~ 8 μm	8 ~ 31 μm	31 ~ 63 μm	> 63 μm
贡嘎—林芝 (*n*=16)	最小值	2.23	4.96	6.93	5.10	28.85
	最大值	9.58	20.38	26.17	30.25	80.78
	平均值	3.78	9.36	17.16	19.77	49.92

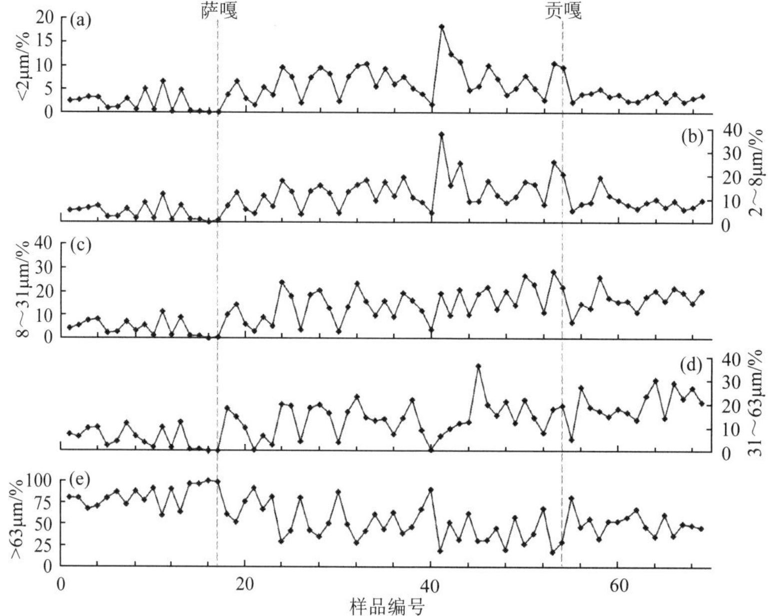

图 5.7 雅鲁藏布江中上游地区自西向东表土沉积物粒度变化

5.2.2 粒度参数

平均粒径指沉积物粒度分布的集中趋势主要受源区物质的粒度分布和搬运介质的平均动能的影响 (Folk and Ward，1957；卢连战和史正涛，2010)。雅鲁藏布江中上游地区表土沉积物的平均粒径为 176.41 μm，变化范围为 37.67 ~ 517.06 μm，波动较大。如表 5.5 和图 5.8 所示，平均粒径自西向东逐渐减小，意味着粒度逐渐变细，粉砂级组分增多。分选系数是评价沉积物分选性的指标，用来区分沉积物颗粒大小的均匀程度，当粒度集中分布在某一范围较狭窄的数值区间内时，就可以大致定性地认为分选较好 (Folk and Ward，1957；卢连战和史正涛，2010)。研究区表土的分选系数均值为 2.10，波动范围为 0.48 ~ 3.27，指示分选较差，并且区域差异显著，尤其西部噶尔至萨嘎区域，表土分选系数波动范围为 0.48 ~ 2.75，平均值为 1.63(图 5.8)。偏度是用来表示沉积物粒度频率曲线对称性的参数，实质上反映粒度分布的不对称程度，并表明众数、中位数、平均值的相对位置，用这一参数能反映介质类型及搬运能力的强弱 (Folk and

Ward，1957；卢连战和史正涛，2010）。研究区表土偏度波动范围为 –0.28 ～ 0.55，均值为 0.28，介于负偏至极正偏之间，含有较多的粗粒组分，偏度整体自西向东逐渐变大，至东部区域偏度变化范围为 0.03 ～ 0.55，平均值为 0.29。峰态是指平均粒度两侧集中程度的参数，用来衡量沉积物频率分布曲线峰形的宽窄陡缓程度，峰态越窄，说明沉积物粒度分布越集中，也说明至少有一部分沉积颗粒物是未经环境改造而直接进入环境的（Folk and Ward，1957；卢连战和史正涛，2010）。雅鲁藏布江中上游地区表土沉积物的峰态介于平坦至很尖锐之间，均值为 1.20，波动范围为 0.67 ～ 2.79，尤其中部区域表土沉积物的峰态值变化范围最大，介于 0.67 ～ 2.79，平均值为 1.18。

表 5.5　雅鲁藏布江中上游地区表土沉积物粒度参数

区域（样品数量）	参数	平均粒径 /μm	分选系数	偏度	峰态
噶尔—萨嘎（n=17）	最小值	155.33	0.48	0	0.95
	最大值	517.06	2.75	0.54	1.78
	平均值	304.81	1.63	0.25	1.21
萨嘎—贡嘎（n=36）	最小值	37.67	1.15	–0.28	0.67
	最大值	423.92	3.27	0.52	2.79
	平均值	147.68	2.37	0.28	1.18
贡嘎—林芝（n=16）	最小值	54.56	1.68	0.03	0.85
	最大值	200.59	2.37	0.55	1.82
	平均值	104.64	1.98	0.29	1.22

注：粒度参数的计算方法见 Folk 和 Ward（1957）以及成都地质学院陕北队（1978）。

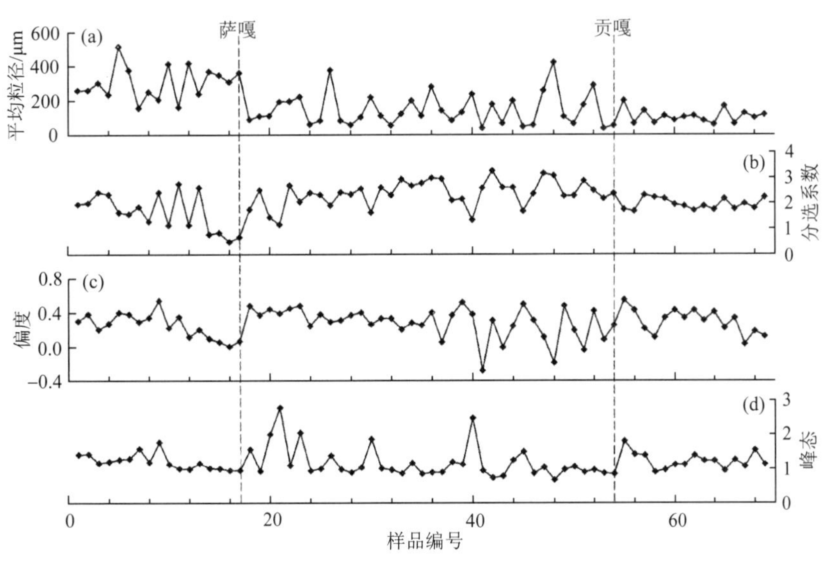

图 5.8　雅鲁藏布江中上游地区自西向东表土粒度参数的变化

根据表土各粒径范围对应的体积百分含量以及各沉积单元所有样品的算术平均值，绘制表土粒度频率分布曲线。频率分布曲线是分析沉积物粒径组分的有效手段，不同沉积环境下的沉积物通常表现为一个对数正态分布曲线，粒径分布越集中，频率曲线峰态越窄，分选越好，反之越差（孙东怀，2006）。如图 5.9 所示，雅鲁藏布江中上游地区表土的粒度分布曲线空间差异显著。西部噶尔至萨嘎地区，表土沉积物的粒度频率分布曲线呈单峰，且主峰粒径很粗，大于 100 μm，指示沉积物主要为风成砂；中部萨嘎至贡嘎地区，表土沉积物的粒度频率分布曲线呈双峰态，粒径分布范围主要集中在 10 ～ 100 μm，显示分布相对比较集中，并且在 10 μm 左右的区间存在一个较为平缓的峰。东部贡嘎至林芝地区，表土沉积物的频率分布曲线主峰粒径更细，粒径分布也较为集中。

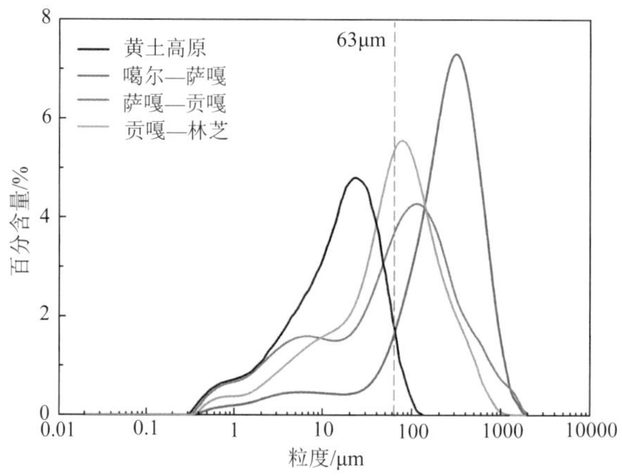

图 5.9　雅鲁藏布江中上游地区表土沉积物与黄土高原典型黄土的粒度频率分布特征平均态对比

黄土高原黄土粒度数据引自刘进峰等（2007）；灰色虚线指示 63 μm 边界线

粒径组成主要受控于物源区远近、风动力强度和风化程度（Pye，1987；丁仲礼等，1996；殷志强等，2008）。黄土高原黄土主要来自戈壁沙漠（Xia et al.，2020），区域尺度的风将粉尘输送了数百至数千公里，因此黄土高原上的沉积物粒度偏细（＞ 63 μm 组分含量仅约为 9%），分选性很好（图 5.9）。相反，雅鲁藏布江河谷风成沉积主要是近源沉积，与附近河谷的松散沉积物密切相关，传输距离很短（Sun et al.，2007；Ling et al.，2022），高含量的＞ 63 μm 组分（50% ～ 82%）也支持这一观点（表 5.4）。西部噶尔至萨嘎表土沉积物粒径＞ 63 μm 的含量最高，平均粒径最粗，体现了近源输入的特征。然而，自西向东，随着海拔降低，平均粒径和＞ 63 μm 粒径的沉积物含量明显减少，细粒组分逐渐增加，且在中部萨嘎至贡嘎地区含量最高。从黄土形成、搬运与演化过程的角度来理解，风成沉积物中的细粒主要有三种成因：第一种与普通风成颗粒一样被风单独搬运而沉降；第二种是细粒附着于大颗粒或黏结成大颗粒而搬运和沉降；第三种是风成物沉积后产生于成壤作用中的细颗粒（刘东生，1985；孙东怀等，2000）。雅鲁藏布江沉积物属于近源堆积，粒径整体较粗，细粒组分可能不是被单独搬运。其次，沉积物中附着于大颗粒或黏结成大颗粒而搬运和沉降的细粒物质可能是存在的，但它的贡献可能不是主要的。因为如果这种成因的细粒是主要来源，它的含量及粒度应与粗粒组分的粒度和含量存在正相关关系，但是通过比较不同区域的粒径变化，发现细粒组分的变化与粗粒之间几乎是独立的。此外，天山地区及黄土高原等区域的粒度研究认为，细颗粒组分的增加与风化成壤作用密切相关（孙东怀，2006；郭雪莲等，2011）。因此，认为较高含量的细粒（黏粒）组分可能主要是由成壤作用产生的。结合中部区域表土沉积物的磁学性质，表征成壤强度的 χ_{fd} 和 $\chi_{fd}\%$ 值均为高值（图 5.5），支持成壤作用产生了更多的细粒物质的推断。然而，尽管东部区域具有更高的降水，但细粒组分却较少。研究表明河流附近或者源区的沉积物总体分选差，区域地质构造运动、风成物质堆积和河流发育等会造成沉积物沉积环境复杂多样，造成风成沉积与河流沉积甚至海相沉积并存（秦作栋等，2017）。结合研究区地形及沉积环境，不同于中部区域以河流宽谷为主，东部贡嘎至林芝地区主要为峡谷地形，谷地陡峻，多悬崖绝壁，侵蚀强烈，土壤组成以粗砂为主（郑炎等，2012；张存等，2011）。因此，沉积环境可能在某种程度上干扰了东部区域的表土发育，所产生的细颗粒物质极可能被侵蚀。

5.3　元素特征

5.3.1　常量元素及化学风化特征

沉积物在各种营力作用下在地表不断迁移、分配和富集，与源区基岩地球化学组成产生了不同的差异。沉积物中的化学元素特征包含其形成和演化的重要信息，是粉尘堆积研究中的重要方法之一，被广泛应用于化学风化过程、古气候演化规律以及物质来源的研究（张虎才等，1997；张玉芬等，2014；赵占仑等，2018）。

对于雅鲁藏布江中上游地区表土的地球化学元素含量，主要以氧化物的形式进行统计分析，见表 5.6 和图 5.10。结果表明 SiO_2、Al_2O_3 和 Fe_2O_3 为表土沉积物的主要地球化学元素成分，其范围介于 57.94% ～ 83.40%、6.88% ～ 18.35% 和 1.11% ～ 8.27%，平均值分别为 66.81%、13.21% 和 4.77%；其次为 K_2O、CaO、Na_2O 和 MgO，平均值分别为 3.34%、1.87%、1.62% 和 1.26%，TiO_2、P_2O_5 和 MnO 含量明显偏低，其平均值分别为 0.70%、0.02% 和 0.01%。通过进一步分析不同区域表土沉积物地球化学元素组成，发现 SiO_2 含量在西部区域最高［图 5.10(d)］，而 Al_2O_3 和 Fe_2O_3 含量在西部区域最低［图 5.10(c) 和 (g)］，平均值分别为 11.05% 和 2.73%。此外，Na_2O 含量的变化呈现东部最高［图 5.10(a)］，平均值为 2.10%，CaO 含量也在东部区域最高［图 5.10(f)］，平均值为 2.47%，这可能与研究区海拔差异及降水分布的不均匀性有关。雅鲁藏布江中上游地区降水量自西向东逐渐增加（图 5.2），西部区域降水量最低，气候干旱，Ca^{2+} 不易被淋溶，CaO 含量富集，而东部区域降水量较高，丰富的降水导致易溶性强烈的 Ca^{2+} 被地表水（坡面径流）和地下水（主要是岩隙水）淋溶沿坡面迁移，致使 CaO 在河漫滩及河道山地两侧的边坡地带富集。

表 5.6 雅鲁藏布江中上游地区表土沉积物常量元素含量 （单位：%）

区域（样品数量）	参数	Na_2O	MgO	Al_2O_3	SiO_2	K_2O	CaO	Fe_2O_3	TiO_2	P_2O_5	MnO
噶尔—萨嘎（n=17）	最大值	2.41	1.87	13.11	83.40	5.05	2.72	3.76	0.61	0.03	0.03
	最小值	1.26	0.24	8.55	68.70	3.15	0.84	1.11	0.17	0.01	0.01
	平均值	1.76	0.77	11.05	75.48	3.87	1.46	2.73	0.42	0.02	0.01
萨嘎—贡嘎（n=36）	最大值	1.97	2.78	18.35	82.34	4.40	3.98	8.27	1.37	0.02	0.02
	最小值	0.64	0.53	6.88	57.94	1.84	0.77	2.51	0.36	0.01	0
	平均值	1.33	1.49	14.14	66.75	3.17	1.80	5.75	0.83	0.02	0.01
贡嘎—林芝（n=16）	最大值	2.64	3.15	16.56	72.58	3.61	3.43	5.53	0.87	0.08	0.01
	最小值	1.61	0.76	10.66	62.80	2.61	0.87	3.04	0.50	0.01	0
	平均值	2.10	1.28	13.43	66.38	3.16	2.47	4.71	0.71	0.03	0.01

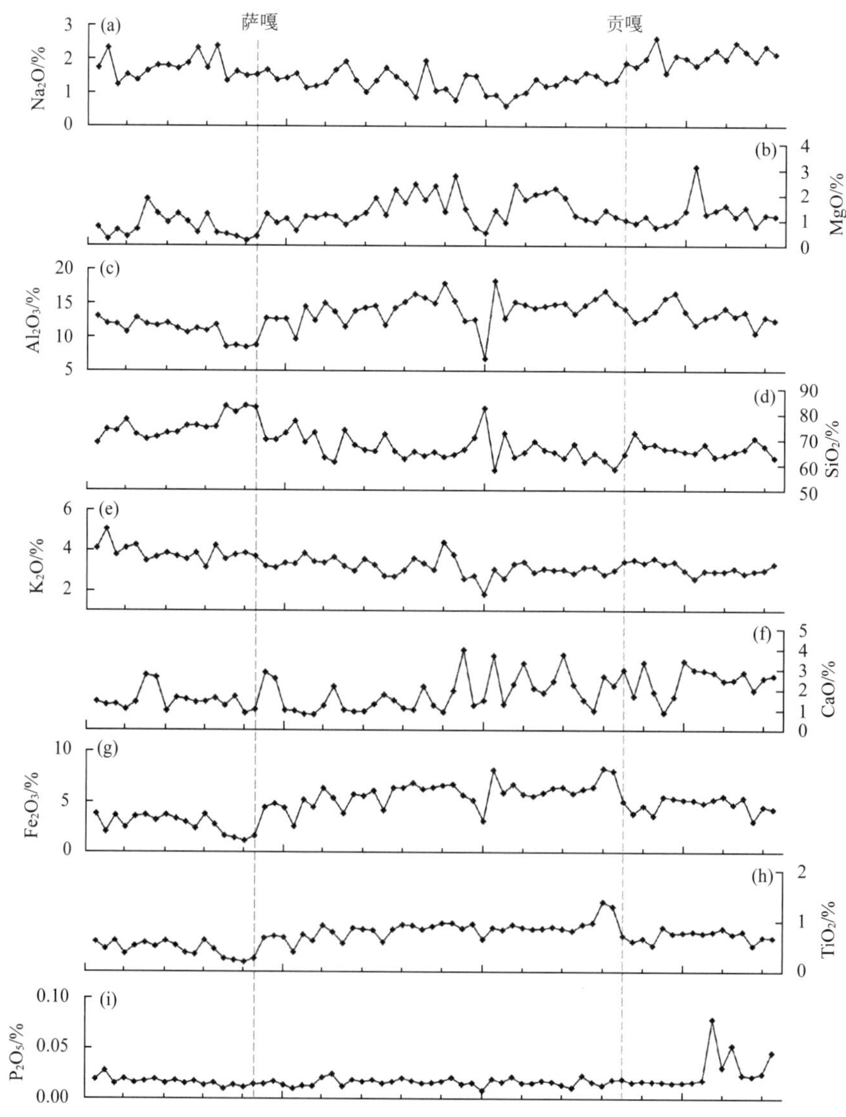

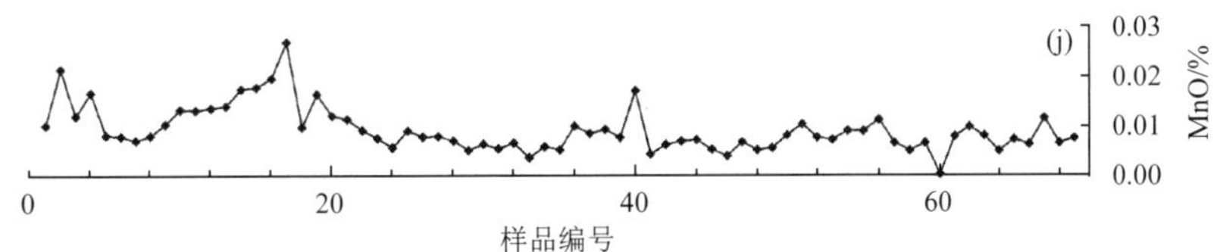

图 5.10　雅鲁藏布江中上游地区自西向东表土沉积物常量元素含量变化

元素组成及其比值可以指示土壤元素的淋溶与富集，进而反映土壤风化程度（陈骏等，2001；梁敏豪等，2018；赵占仑等，2018）。化学蚀变指数（chemical index of alteration，CIA）被广泛地应用于沉积物的化学风化强度的评价（Nesbitt and Young，1982），可以有效地反映沉积物中长石风化为黏土矿物的程度，与化学风化程度正相关。计算公式为

$$CIA=[Al_2O_3/(Al_2O_3+CaO^*+Na_2O+K_2O)]\times 100 \tag{5.1}$$

式中，各氧化物均为分子摩尔数，其中 CaO^* 指存在于硅酸盐矿物中的 CaO 含量，不包含碳酸盐和磷酸盐中的 CaO 含量。由于本节研究未去除碳酸盐和磷酸盐，因此需要对 CaO 含量进行磷酸盐校正。采用 McLennan（1993）的方法，认为硅酸盐中的 CaO 与 Na_2O 通常以 1 ∶ 1 的比例存在，当 CaO 的摩尔数大于 Na_2O 时，可认为 $CaO^*=Na_2O$，反之则 $CaO^*=CaO$。一般认为，CIA 值在 40 ～ 50 则表示未受化学风化影响；CIA 值在 50 ～ 65 反映在寒冷干燥的气候条件下发生的低等化学风化；CIA 值在 65 ～ 85 反映温暖湿润条件下发生的中等化学风化；CIA 值大于 85 则表示在炎热潮湿的热带、亚热带条件下发生的强烈的化学风化（冯连君等，2003）。

Na/K 值是衡量沉积物中斜长石风化程度的指标，由于斜长石的风化速率大于钾长石，因此该比值与其风化程度成反比（Nesbitt et al.，1980；陈骏等，2001；陈旸等，2001）。Na 和 K 元素属于碱金属，在地壳中以 1 ∶ 1 的比例存在，在地球表生环境中，由于 K^+ 离子的半径较大，黏土对 K^+ 的吸附性大于 Na^+，导致沉积环境中 K 元素含量明显多于 Na 元素。

Rb/Sr 值是反映化学风化程度的另一个常用指标，与化学风化强度呈正相关关系（Dasch，1969；Ding et al.，2019）。Rb^+ 在自然界中常以类质同象的形式赋存于钾长石和云母等富钾矿物中，在风化过程中，这些富钾矿物被分解、Rb 元素被释放，被释放的 Rb 元素极易被富 K 黏土矿物所吸附滞留在原层。因此，Rb 元素在风化成壤过程中较为稳定，不易淋溶迁移。Sr^{2+} 在自然界中通常赋存于硅酸盐矿物和碳酸盐矿物中，在风化成壤过程中，这些含 Sr 的矿物质被分解并释放出 Sr 元素。尽管释放出的 Sr 元素一部分可以被黏土吸附滞留在原地，但 Sr^{2+} 的半径较小，容易以碳酸盐形式随地表水进行迁移，导致地层中的 Sr 被淋溶。上述 Rb 和 Sr 不同的地球化学行为致使 Rb/Sr 值与风化成壤程度密切相关，进而可以反映古气候变化（庞奖励等，2001；曾艳等，2011）。

值得注意的是，沉积物的粒度变化常被看作影响化学风化指标指示意义的重要因素（Xiong et al.，2010）。因此，为了探究雅鲁藏布江中上游地区表土的粒度变化对元素化学风化指标的影响，参考 Yang 等（2020a）的分析方法，对 Rb/Sr、Rb、Sr、CIA、Al_2O_3、K_2O、Na_2O、CaO、Na/K 等元素及其比值的含量以及不同范围的粒度数据进行了相关性分析（表 5.7），Rb/Sr 值与 0 ～ 4 μm、16 ～ 31 μm 及 31 ～ 63 μm 的组分均显著相关（R=0.24、–0.24 和 –0.35），并且 Sr 与 0 ～ 4 μm 和 4 ～ 8 μm 显著相关（R =–0.38 和 –0.28），由于 Rb/Sr 值的变化特征主要取决于化学风化过程中 Sr 元素的活动性，因此，在指示化学风化强度变化时，Rb/Sr 值受到细粒沉积物粒度变化的干扰，存在明显的粒级效应。同样地，CIA 值与 0 ～ 4 μm、4 ～ 8 μm 及 8 ～ 16 μm 的组分间存在极显著正相关（R=0.69、0.59 和 0.44，P < 0.01），与> 63 μm 的组分存在极显著负相关（R=–0.41，P < 0.01），并且 Na_2O 含量与 0 ～ 4 μm 和 4 ～ 8 μm 的细粒组分呈极显著负相关（R=–0.56 和 –0.43，P < 0.01），而 K_2O 和 CaO 含量与粗粒组分显著相关，Al_2O_3 含量和 Na/K 与所有粒度范围的组分之间均存在极显著相关性。综上所述，研究区表土沉积物元素化学风化指标受粒度分异的影响较大，即粒径效应显著。因此，在利用表土沉积物的 CIA、Rb/Sr 及 Na/K 等化学指标探讨气候指示意义时需要慎重。

表 5.7 雅鲁藏布江中上游地区表土元素及其比值与粒度的相关性

粒径	Rb/Sr	Rb/ppm	Sr/ppm	CIA	Al_2O_3/%	Na_2O/%	K_2O/%	CaO/%	Na/K
0 ～ 4 μm	0.24*	–0.21	–0.38**	0.69**	0.70**	–0.56**	–0.21	0.12	–0.43**
4 ～ 8 μm	0.13	–0.24*	–0.28*	0.59**	0.74**	–0.43**	–0.25*	0.19	–0.39**
8 ～ 16 μm	–0.06	–0.34**	–0.15	0.44**	0.73**	–0.23	–0.34**	0.26*	–0.37**
16 ～ 31 μm	–0.24*	–0.42**	0.01	0.20	0.57**	0	–0.41**	0.33**	–0.38**
31 ～ 63 μm	–0.35**	–0.46**	0.09	0.01	0.47**	0.17	–0.39**	0.44**	–0.40**
> 63 μm	0.10	0.41**	0.15	–0.41**	–0.72**	0.20	0.38**	–0.33**	0.47**

注：总样本数为 69 个。

* 表示 P < 0.05，** 表示 P < 0.01。

对雅鲁藏布江中上游地区表土沉积化学元素进行上部陆壳（UCC）平均化学成分归一化处理（图 5.11），结果表明不同区域表土沉积物的 MgO、SiO_2、K_2O、Al_2O_3、CaO 和 Na_2O 值含量相对稳定。东部及中部区域沉积物中 TiO_2 含量差值偏正，表明土壤中 TiO_2 相对富集，不易迁移。然而，西部噶尔至萨嘎区域中 Fe_2O_3 和 TiO_2 含量显著低于其他区域，这可能也与前述降水量和海拔差异有很大的关联。大陆风化作为地球表层系统中最活跃的地质作用之一，各种稳定和不稳定的矿物在化学风化的影响下发生变化（董治宝等，2011）。上部陆壳主要是由斜长石和钾长石构成的（约占矿物总量的 50% 以上），Nesbitt 和 Young（1984）根据长石淋溶实验、矿物稳定性热力学及质量平衡原理，提出了预测大陆化学风化趋势的 A（Al_2O_3）-CN（CaO^*+Na_2O）-K（K_2O）三角模型图，并以此来预测各种岩石和沉积物的风化趋势（陈骏等，2001；陈国祥，2019）。在该模型中，早期的大陆风化以斜长石的风化为标志，风化产物主要包括伊利石、蒙脱石和高岭石，风化趋势线平行于 A-CN 连线，其中陆源页岩的风化特征点即位于该条风化趋势线上；当风化趋势线抵达 A-K 连线时，表明风成沉积物中的斜长石全部消失，风化作用进入了以钾长石和伊利石为特征的中级风化阶段，风化趋势线平行于 A-K 连线；当进入大陆风化的晚期阶段时，风成沉积物风化的产物组成点即位于 A 点附近，风化产物以高岭石—三水铝石—石英—铁氧化物组合为特征。这种化学风化趋势模型已经在不同地区和各种母质的风化剖面中得到了验证（Nesbitt and Young，1984）。将雅鲁藏布江中上游不同区域化学组成的分析结果投影在 A-CN-K 三角模型图中（图 5.12），发现研究区表土沉积物组成分布紧凑集中，反映原岩的化学风化和剥蚀处于相对稳定状态，并靠近斜长石一侧，表明随着风化作用增强，Na 元素和 Ca 元素逐渐流失，脱 K 并不明显，指示了该区域沉积物处于斜长石风化的初级阶段，中部区域化学风化强度明显强于西部和东部区域。

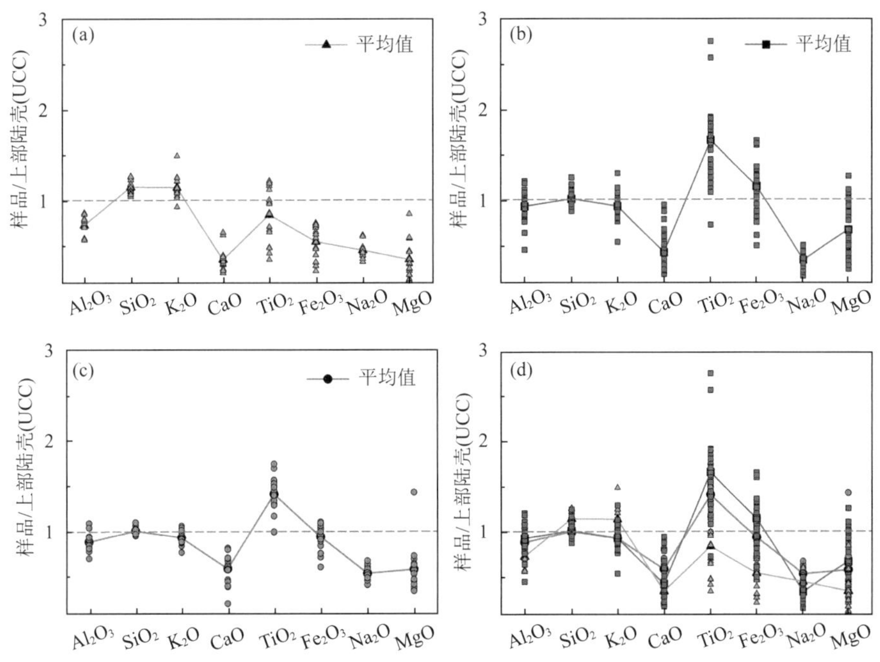

图 5.11　雅鲁藏布江中上游地区表土常量元素 UCC 标准化

(a) 噶尔—萨嘎；(b) 萨嘎—贡嘎；(c) 贡嘎—林芝；(d) 所有样品

5.3.2　微量元素特征

微量元素在风化成壤过程中同样发生迁移和聚集，与气候环境和生物地球化学过程密切相关，植物的生长及生物活动过程对元素有明显的富集作用，温暖湿润的气候使植被生长和生物活动加强，从而使成壤作用加强（董治宝等，2011）。结合表 5.8 和图 5.13 可知，雅鲁藏布江中上游表土微量元素中 Rb 含量最高，Pb 含量最少，平均值

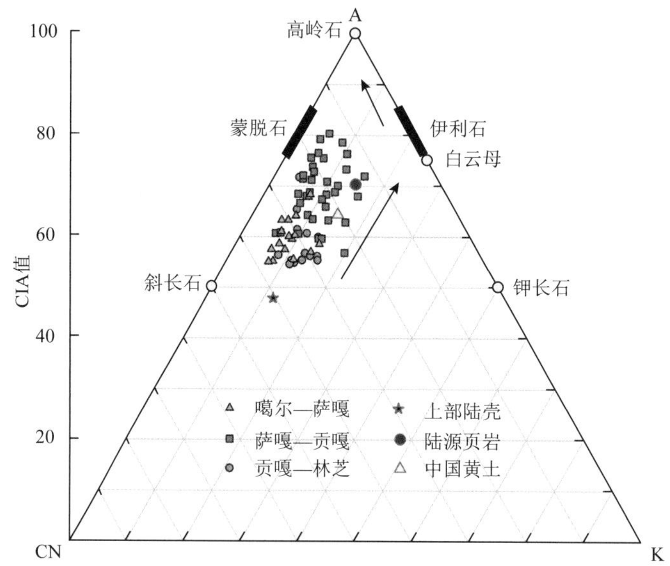

图 5.12　雅鲁藏布江中上游地区表土沉积物 A-CN-K 三角图

上部陆壳和陆源页岩数据引自 Taylor 和 McLennan (1985)；中国黄土数据引自陈骏等 (2001)

分别为 132.33 ppm 和 13.41 ppm；并且存在显著的区域差异，具体表现为 V 和 Cr 元素含量均表现出中部地区含量最高 [图 5.13 (a) 和 (b)]，平均值分别为 97.36 ppm 和 88.22 ppm。亲铜元素 Cu 和亲铁元素 Ni 都容易被黏土矿物吸附而富集，而 Zn 元素多存在于铁残余渣、晶形态以及无定型物质中，在偏酸性的土壤环境中不容易存在。Ni、Cu、Zn 和 Pb 元素变化趋势相似 [图 5.13 (c) ～ (f)]，在中部萨嘎至贡嘎地区含量最高，其平均值分别为 51.85 ppm、33.95 ppm、82.55 ppm 和 15.83 ppm。Rb 元素含量自西向东逐渐减少 [图 5.13 (g)]，变化范围为 74.50 ～ 230.70 ppm，西部地区含量最高，平均值为 158.93 ppm。

表 5.8　雅鲁藏布江中上游地区表土微量元素含量　　（单位：ppm）

区域（样品数量）	参数	V	Cr	Ni	Cu	Zn	Pb	Rb
噶尔—萨嘎 (*n*=17)	最小值	7.00	11.00	9.90	6.30	11.00	4.40	113.90
	最大值	66.40	225.30	92.90	23.10	80.40	25.00	230.70
	平均值	39.37	81.07	36.89	13.96	48.03	12.99	158.93
萨嘎—贡嘎 (*n*=36)	最小值	14.80	32.10	17.70	12.00	18.00	0.10	74.50
	最大值	141.20	253.60	169.90	68.50	192.50	41.50	179.70
	平均值	97.36	88.22	51.85	33.95	82.55	15.83	127.16
贡嘎—林芝 (*n*=16)	最小值	43.30	27.20	17.70	15.00	46.30	2.10	83.60
	最大值	105.30	160.70	111.40	31.20	84.60	30.30	159.90
	平均值	82.43	66.74	39.49	25.63	70.93	11.44	117.68

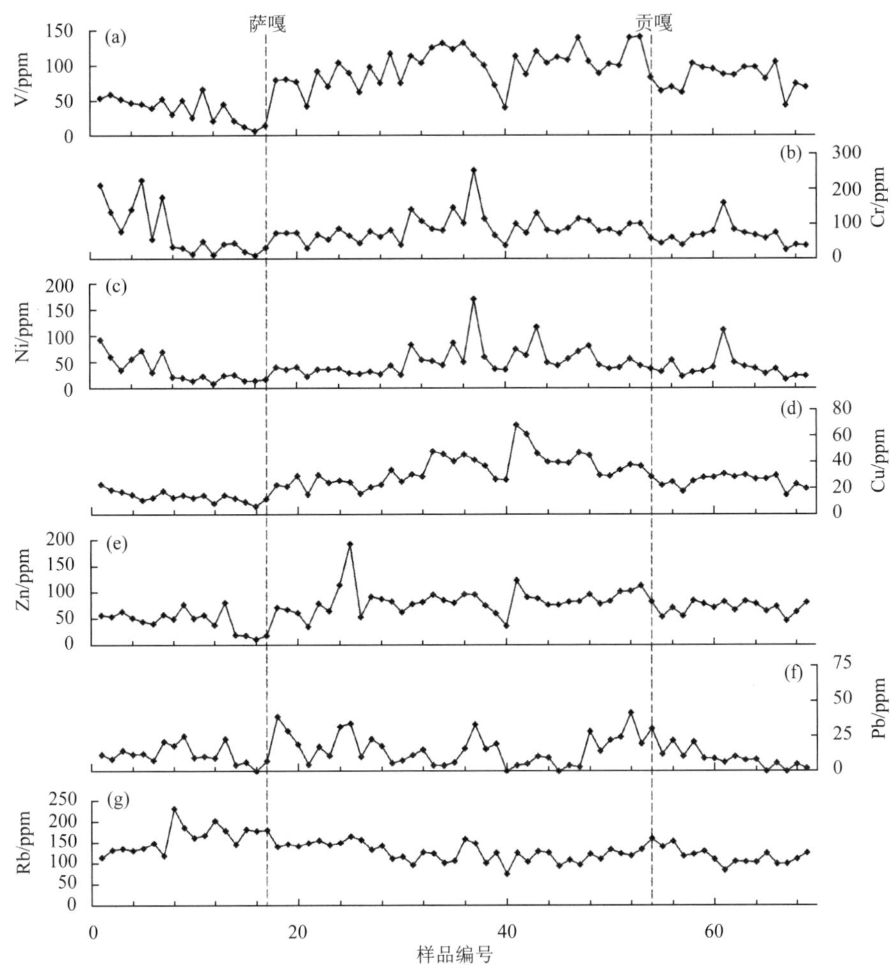

图 5.13　雅鲁藏布江中上游地区自西向东表土沉积物微量元素含量变化

5.4　色度特征

5.4.1　色度参数的变化

颜色是沉积物重要且最明显的特征之一，表现为可见光波段的反射光谱的不同特征，与土壤中碳酸盐含量、有机质含量和铁氧化物含量等因素密切相关 (Chen et al.，2002；Yang and Ding，2003；陈一萌等，2006；石培宏等，2012；李越等，2014)。沉积物的颜色主要反映了矿物组成及其特征，而这种矿物组成往往受到了风化成壤作用的影响，引起了沉积物成分的变化，因此沉积物颜色的变化进而可以反映气候变化的相关信息（李越等，2014)。据此，沉积物颜色（色度）被广泛应用到黄土高原古气候研究中，反映了土壤发育和气候变化的信息（杨胜利等，2001；季峻峰等，2007；何柳等，2010；Sun et al.，2011）。

CIELAB 表色系统是目前定量研究土壤的重要手段之一，在 CIELAB 表色系统中，L^* 代表亮度，其值在黑 (0) 与白 (100) 之间；a^* 代表红度，其值在红 (60) 与绿 (–60) 之间；b^* 代表黄度，其值在黄 (60) 与蓝 (–60) 之间。L^* 通常用于指示土壤的明暗程度，当成壤作用强、有机质含量高时，土壤表现为深色（暗），反之则为浅色（亮）（杨胜利等，2001；陈一萌等，2006）。雅鲁藏布江中上游地区表土 L^* 均值为 60.68，变化范围为 53.91 ～ 68.07，区域差异不显著［表 5.9 和图 5.14(a)］。a^* 主要受控于赤铁矿的含量变化，赤铁矿对气候的响应极其敏感，干燥温暖的氧化环境有利于生成赤铁矿 (Sun et al.，2011)。研究区表土 a^* 均值为 3.31（范围为 0.98 ～ 5.81），自西向东逐渐减小［图 5.14(b)］，东部贡嘎至林芝区域表土 a^* 最低，均值为 2.42。b^* 主要受控于针铁矿，与 a^* 呈协同变化，表土 b^* 均值为 11.12，波动范围为 7.15 ～ 14.88，不同区域表土 b^* 均值无显著差异［图 5.14(c)］。b^*/a^* 可以作为针铁矿与赤铁矿含量比值的代用指标，该指标对气候的变化敏感，其高值代表湿热、低值代表干冷（季峻峰等，2007）。表土 b^*/a^* 均值为 3.69，范围为 2.14 ～ 10.04，东部贡嘎至林芝区域表土 b^*/a^* 最高［图 5.14(d)］，波动范围较大 (3.33 ～ 10.04)，平均值为 5.28。

表 5.9　雅鲁藏布江中上游地区表土沉积物色度参数

区域（样品数量）	参数	L^*	a^*	b^*	b^*/a^*
噶尔—萨嘎 (n=17)	最大值	64.94	5.81	13.52	3.71
	最小值	55.52	2.81	8.97	2.20
	平均值	61.17	3.90	11.47	3.01
萨嘎—贡嘎 (n=36)	最大值	64.93	5.13	14.47	4.84
	最小值	53.91	1.64	7.15	2.14
	平均值	59.53	3.43	10.87	3.31
贡嘎—林芝 (n=16)	最大值	68.07	4.00	14.88	10.04
	最小值	54.25	0.98	7.54	3.33
	平均值	62.74	2.42	11.31	5.28

5.4.2　色度的影响因素

表土颜色和气候条件关系密切，对气候具有不同的响应模式（姬红利等，2013；苗运法等，2013）。然而，气候并不是影响色度变化的唯一因素，一般来说还与土壤有机质、氧化铁等理化性质密切相关。青藏高原地区太阳辐射强，但其海拔较高，气温较低，并且地形复杂多变，使得表土对气候的响应更为复杂。已有研究发现，青藏高原地区现代表土 L^*、a^* 和 b^* 区域变化差异显著，其与现代气候资料的对比结果表明，L^*、a^* 和 b^* 与温度之间的相关性较差，而与降水之间的相关系数较高，指示降水对表土颜色的影

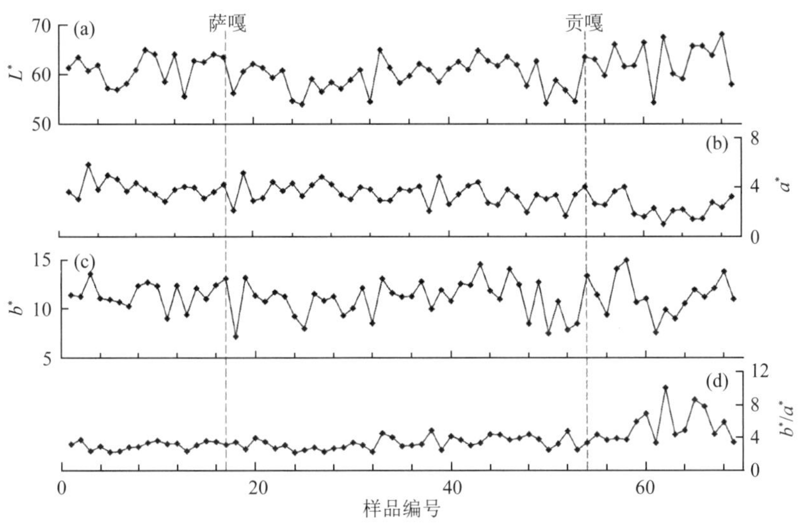

图 5.14　雅鲁藏布江中上游地区自西向东表土沉积物色度参数的变化

响更为显著（宋瑞卿等，2016）。雅鲁藏布江中上游地区自东向西降水量逐渐减少，东部区域降水充沛而西部区域气候干燥。通过色度参数的空间变化发现，除东部区域外（可能受强烈的侵蚀影响，见第 5.2.2 小节），雅鲁藏布江河谷表土西部区域的 L^* 值较高，中部区域的 L^* 值较低，颜色相对较暗，这可能与成壤产生的有机质含量差异有关，进一步支持降水对表土颜色的影响。

铁氧化物是土壤颜色变化的主要控制因素，特别是赤铁矿和针铁矿质量分数的变化（季峻峰等，2007；石培宏等，2012）。短期降水和长期干旱的氧化环境有利于生成赤铁矿，而湿润的环境则有利于生成磁铁矿（Sun et al.，2011；李越等，2014）。磁化率能够表征土壤中铁氧化物（如磁铁矿和赤铁矿等）的含量。然而，研究区表土 a^* 和 b^* 与磁化率的相关性很弱（图 5.15），可见雅鲁藏布江中上游地区表土中磁性矿物对颜

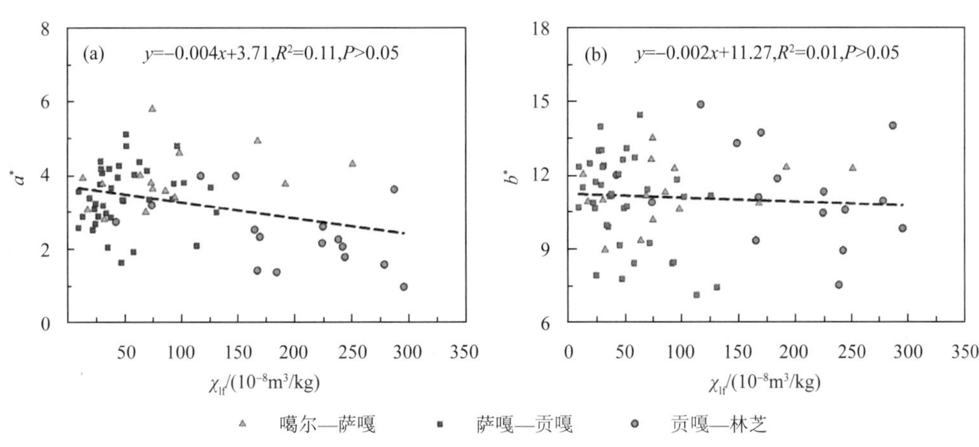

图 5.15　雅鲁藏布江中上游地区表土 χ_{lf} 与红度（a^*）和黄度（b^*）的相关性

色的影响不显著，a^* 和 b^* 与铁氧化物的关系较为复杂，这可能与该地区成壤总体较弱，原生的磁性矿物贡献复杂有关。

5.5 有机碳同位素特征

5.5.1 有机碳同位素空间变化特征

依据光合作用路径的不同，自然界的陆生植物可分为三大类：C_3 植物、C_4 植物及景天酸代谢植物（CAM 型）。C_3 植物的 $\delta^{13}C_{org}$ 值在 –32‰ ～ –20‰ 变化，以 –27‰ 附近出现的频率最高；C_4 植物的 $\delta^{13}C_{org}$ 值在 –19‰ ～ –9‰ 变化，以 –13‰ 附近出现的频率最高。CAM 型植物的 $\delta^{13}C_{org}$ 值变化范围比较宽，为 –30‰ ～ –10‰，基本上覆盖了整个 C_3 和 C_4 植物的区间（O'Leary，1981；Cerling et al.，1989）。土壤有机质主要来自地上植被，记录了不同空间和时间尺度上的植物同位素分馏，因此土壤 $\delta^{13}C_{org}$ 与地上植被类型密切相关（郭正堂等，2001；饶志国等，2015）。

雅鲁藏布江中上游地区 79 个表土沉积物 $\delta^{13}C_{org}$ 值分析的采样位置如图 5.16 所示，采样点对应的海拔、年平均气温（MAT）和年平均降水（MAP）等信息见表 5.10。结果显示，研究区 $\delta^{13}C_{org}$ 值分布在 –28.1‰ ～ –15.2‰，平均值为 –22.8‰（图 5.17），最高频率值为 –25‰ ～ –23‰（图 5.18），并且自西向东区域差异显著，具体表现为西

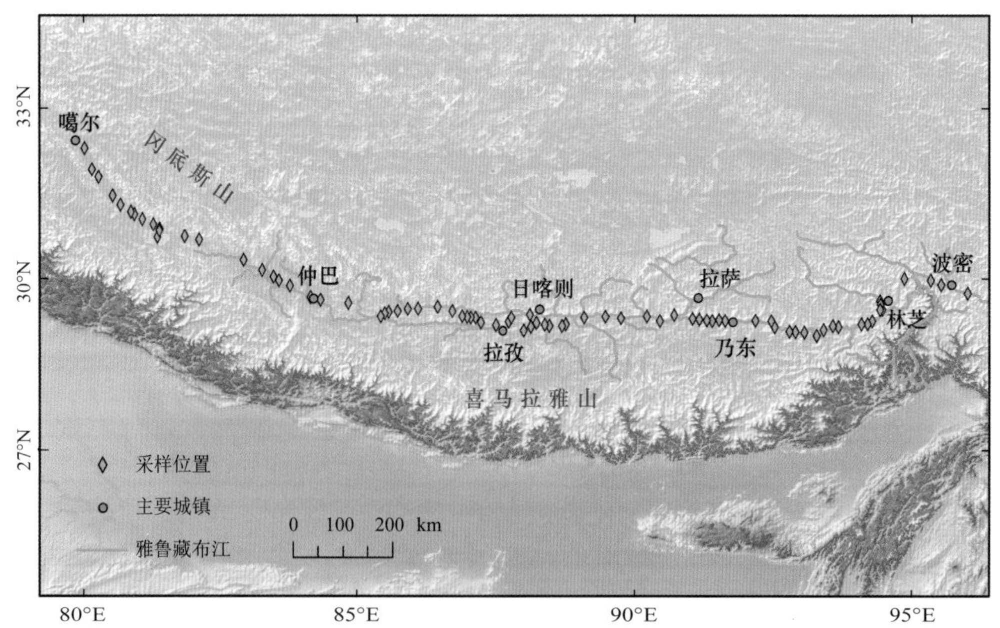

图 5.16 雅鲁藏布江中上游地区表土沉积物 $\delta^{13}C_{org}$ 样品采集位置

部噶尔到拉孜区域（海拔为 4355 ～ 5048 m），表土 $\delta^{13}C_{org}$ 值的变化范围为 –25.8‰ ～ –21.6‰，平均值为 –24.0‰；中部拉孜到乃东区域（海拔 3518 ～ 4403 m）表土 $\delta^{13}C_{org}$ 值较高，分布在 –23.4‰ ～ –15.2‰，平均值为 –19.7‰；东部乃东至波密区域（海拔为 2484 ～ 3318 m），表土 $\delta^{13}C_{org}$ 值的变化范围为 –28.1‰ ～ –22.8‰，平均为 –24.9‰。不同于西部和东部区域表土 $\delta^{13}C_{org}$ 值反映的地上植被受 C_3 植物主导，中部区域表土 $\delta^{13}C_{org}$ 值则体现出较高的 C_4 植被贡献信号。结合地上植物优势种的分布，西部区域地上植被主要为西藏嵩草（*Kobresia tibetica*）、匍匐水柏枝（*Myricaria prostrata* Hook. f. et Thoms. ex Benth.）等 C_3 植物，东部区域为松属（*Pinus*）、云杉属（*Picea*）及栎属（*Quercus*）等 C_3 植物，而中部区域主要生长着固沙草（*Orinus thoroldii*）、白草（*Pennisetum flaccidum* Grisebach）等 C_4 植物以及砂生槐［*Sophora moorcroftiana* (Benth.) Baker］、紫花针茅（*Stipa purpurea* Griseb.）等 C_3 植物（王树源等，2022），即中部区域地上植被为 C_3/C_4 混合植被类型，这与中部区域表土 $\delta^{13}C_{org}$ 值表现出很好的一致性。

表 5.10　雅鲁藏布江中上游地区不同区域表土沉积物 $\delta^{13}C_{org}$ 值及其对应的海拔、MAT 与 MAP

区域（样品数量）	参数	$\delta^{13}C_{org}$/‰	海拔 /m	MAT/℃	MAP/mm
噶尔—拉孜 (*n*=32)	最小值	–25.8	4355.0	1.7	81.0
	最大值	–21.6	5048.0	9.4	398.1
	平均值	–24.0	4634.1	5.8	233.2
拉孜—乃东 (*n*=27)	最小值	–23.4	3518.0	6.3	342.9
	最大值	–15.2	4403.0	9.6	467.7
	平均值	–19.7	3837.0	8.2	398.2
乃东—林芝 (*n*=20)	最小值	–28.1	2484.0	7.4	473.6
	最大值	–22.8	3318.0	11.9	742.9
	平均值	–24.9	2975.6	9.6	619.2

注：MAT 和 MAP 数据引自丁明军 (2019)。

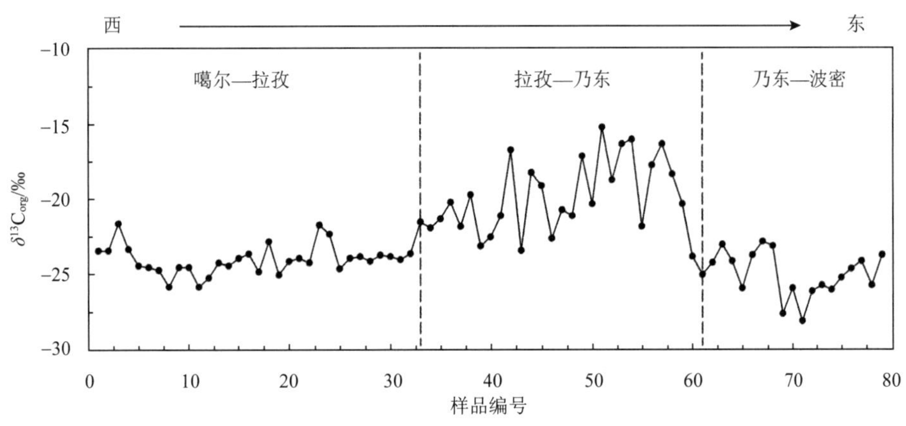

图 5.17　雅鲁藏布江中上游地区自西向东表土沉积物 $\delta^{13}C_{org}$ 值变化

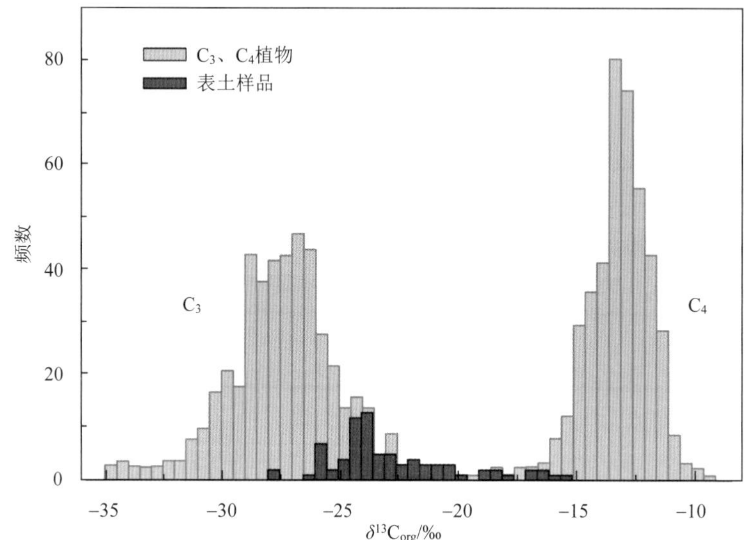

图 5.18 雅鲁藏布江中上游地区表土沉积物 $\delta^{13}C_{org}$ 值直方图

5.5.2 有机碳同位素的影响因素

不同气候条件下土壤 $\delta^{13}C_{org}$ 可以记录环境信息，综合反映地上植被类型，因此沉积物中 $\delta^{13}C_{org}$ 的变化特征对古气候和古环境的重建具有重要意义 (Rao et al.，2017；Xie et al.，2018；Wang et al.，2019b)。然而，不同区域土壤 $\delta^{13}C_{org}$ 对气候因子的响应不同，尤其在高海拔地区，由于地域差异明显，各气候指标的综合影响使得 $\delta^{13}C_{org}$ 的变化特征更为复杂 (Rao et al.，2017；Zhao et al.，2017；Zhang et al.，2020)。与前人所发现的高原表土 $\delta^{13}C_{org}$ 随海拔上升先变轻后变重的规律不同 (Lu et al.，2004；Wei and Jia，2009；Zhao et al.，2017)，雅鲁藏布江中上游地区表土 $\delta^{13}C_{org}$ 随海拔呈先变重后变轻的趋势，在海拔 3500 m 以下，表土 $\delta^{13}C_{org}$ 值与海拔之间无明显正相关 (y=0.0014x–29.21，R^2=0.04，$P > 0.05$)，但在海拔 3500 m 以上，$\delta^{13}C_{org}$ 值与海拔显著负相关，海拔每升高 1 km，$\delta^{13}C_{org}$ 值变轻 5.1‰ (y=–0.0051x–0.18，R^2=0.71，$P < 0.01$)（图 5.19）。造成这种差异的原因一方面是研究区中部（海拔 3518 ～ 4403 m）生长着较高比例的 C_4 植物（如 5.5.1 小节所述），自东向西随着海拔不断升高（> 4500 m)，植物光合类型逐渐发生变化，最终由 C_3 植物占据更高海拔更低温的生境。尽管研究区采样点的 MAT（表 5.10）低于全球范围内 C_4 草本植物生长的温度阈值 (MAT > 12℃）(Rao et al.，2017)，但青藏高原强光照以及夏季集中降水等特殊气候条件可能有利于 C_4 植物在较高海拔生境中生长 (Wang et al.，2004)。强光照为 C_4 植物进行双羧酸循环提供了足够的能量，使其在低 CO_2/O_2 条件下进行 CO_2 同化，并补偿了低温下光合作用所需的能量，最后导致即使在较高海拔地区，C_4 植物仍具有较高的固碳效率以及对低温的耐受力。此外，C_4 植物比 C_3 植物具有更高的水分利用效率，春季的干旱往往限制了 C_3 植物的生长，这使得夏季集中降水不仅为 C_4 植物提供了充足的水分，而且也为 C_4 植物提供了充足的生长空间。

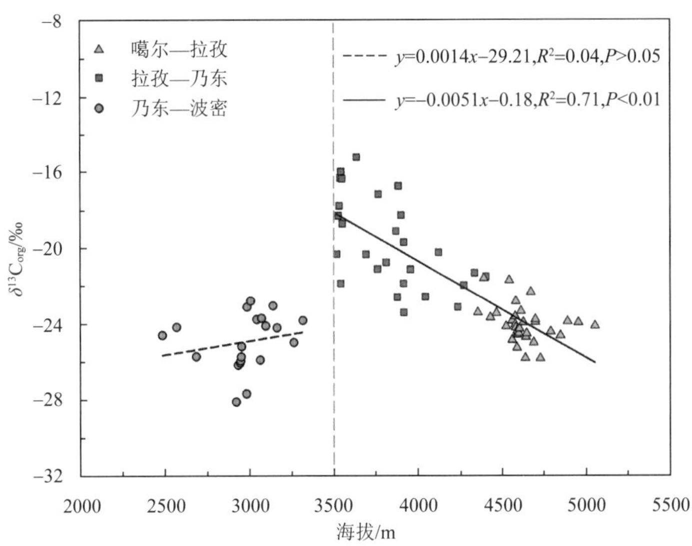

图 5.19　雅鲁藏布江中上游地区表土沉积物 $\delta^{13}C_{org}$ 值与海拔的关系

另一方面，青藏高原表土 $\delta^{13}C_{org}$ 随海拔的变化主要取决于温度与降水的主导作用（Wei and Jia，2009；Rao et al.，2017；Zhao et al.，2017；Zhang et al.，2020；Wang et al.，2022）。水热条件可能在以 3500 m 为转折点的不同海拔范围内发生改变，从而影响表土 $\delta^{13}C_{org}$ 的变化。回归分析结果显示，在海拔 3500 m 以上，表土 $\delta^{13}C_{org}$ 值与 MAP（$y=0.01x-26.20$，$R^2=0.36$，$P<0.01$）[图 5.20（a）] 和 MAT（$y=0.56x-25.90$，$R^2=0.21$，$P<0.01$）[图 5.20（b）] 之间均存在显著的正相关关系。随着海拔升高，温度降低，植物光合作用酶的活性减弱，光合速率和 CO_2 同化速度都减小，叶片内细胞间隙中的 CO_2 分压（P_i）升高，从而引起碳同位素分馏程度增强，植物的 $\delta^{13}C_{org}$ 值偏负。随着温度降低，C_4 植物比例减少、C_3 植物比例增加，并且来源于 C_4 植物的土壤有机碳库分解速率更快（Cheng et al.，2011），进一步证实了表土 $\delta^{13}C_{org}$ 值与 MAT 间的正相关关系。值得注意的是，表土 $\delta^{13}C_{org}$ 值与 MAP 之间的这种正相关可能与该区域较高的 C_4 植物比例信号有关，由于 C_3 和 C_4 植物生理机制不同，已有大量研究证实地上植被以 C_3 植物主导时，其表土 $\delta^{13}C_{org}$ 值与 MAP 之间呈负相关关系（Chen et al.，2015b；Zhao et al.，2017；Xie et al.，2018；Wang et al.，2019b；Zhang et al.，2020），而 C_4 植物主导时，表土 $\delta^{13}C_{org}$ 值与 MAP 正相关（Rao et al.，2017）。Guo 等（2006）和李嘉竹等（2009）分别在西藏南北部及贡嘎山东坡海拔 2000 m 以上也发现植物 $\delta^{13}C_{org}$ 与降水量显著正相关，将其归因于降水量与温度或者降水量与海拔之间的负相关所导致的一种统计学相关，并无实际意义。通过分析发现，研究区海拔与 MAP[图 5.21（a）] 呈显著负相关，且

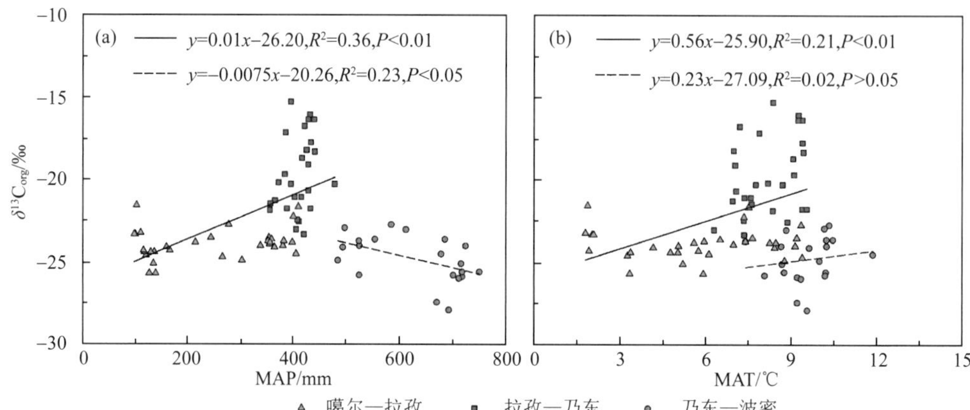

图 5.20　雅鲁藏布江中上游地区表土沉积物 $\delta^{13}C_{org}$ 值与 MAP 和 MAT 的关系

(a) $\delta^{13}C_{org}$ 与 MAP；(b) $\delta^{13}C_{org}$ 与 MAT

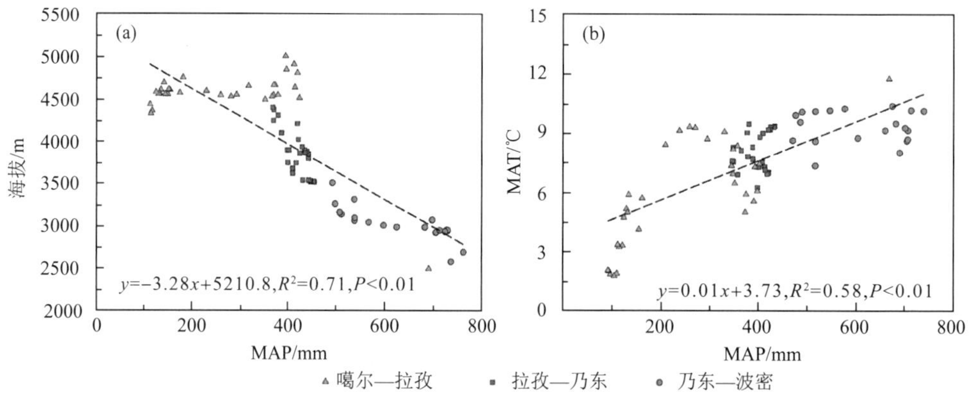

图 5.21　雅鲁藏布江中上游地区 MAP 与海拔和 MAT 的关系

(a) MAP 与海拔；(b) MAP 与 MAT

MAT 与 MAP[图 5.21 (b)] 呈显著正相关。因此，认为在海拔 3500 m 以上，降水不是影响表土 $\delta^{13}C_{org}$ 值的主要气候因素，温度主导着表土 $\delta^{13}C_{org}$ 值的变化。相反，在海拔 3500 m 以下，表土 $\delta^{13}C_{org}$ 值与 MAP 之间呈显著负相关 ($y=-0.0075x-20.26$，$R^2=0.23$，$P < 0.05$) [图 5.20 (a)]，而与 MAT 之间无显著相关性 ($y=0.23x-27.09$，$R^2=0.02$，$P > 0.05$) [图 5.20 (b)]，表明降水是影响低海拔地区土壤 $\delta^{13}C_{org}$ 值变化的主要气候因素。土壤 $\delta^{13}C_{org}$ 值与降水量之间的负相关与前人研究结果一致，当降水量或土壤水分供应减少时，植物气孔将关闭，气孔导度以及 C_i/C_a 值降低，导致 $\delta^{13}C_{org}$ 值升高。此外，降水影响了 C_3 和 C_4 植物的相对丰度，占优势的 C_3 植物 $\delta^{13}C_{org}$ 随水分有效性的降低而增大 (Wei and Jia，2009；张慧文，2010；Zhang et al.，2020)。

5.6　气候指示意义探讨

由于雅鲁藏布江中上游地区采集的地表沉积物部分为非风成沉积物（图 5.9），为了更科学地探讨表土沉积所蕴含的气候指示意义，本节剔除了非风成沉积的样品，重点探讨表土样品中风成沉积物的磁性特征及有机碳同位素的气候指示意义。

影响风成沉积物磁化率变化的两个主要因素为原生磁性矿物的碎屑输入和沉积后次生磁性矿物的形成（Thompson and Oldfield，1986；Evans and Heller，2003），这意味着表土的磁学特征是由物源以及环境气候（降水、温度、湿度、母质类型和性质以及地形条件）作用等因素共同影响和决定的（Zan et al.，2011；宋扬等，2012；李平原，2013；Zan et al.，2020）。对地势起伏较大的地区而言，海拔也是影响磁学性质变化的主要因素。海拔升高不仅会改变气温和降水等气候条件，也会导致粉尘的物质组成在风力分选的作用下产生差异，从而造成表土沉积物磁学性质的变化（Zan et al.，2011；Kang et al.，2020）。已有研究表明，当降水量大于 300 mm 时，土壤才会形成一定数量的次生细颗粒强磁性物质（李平原等，2013；Song et al.，2014），低于这一临界值则不利于其形成，此时，较大颗粒的碎屑成因的 PSD 和 MD 磁铁矿浓度控制沉积物磁性变化（Zan et al.，2011；李平原等，2013）。西部区域年均降水量小于 300 mm，χ_{fd} 趋于零，意味着干冷的气候不利于成壤作用的发生，反映了该区域表土的磁学性质主要由来自源区的粗颗粒磁性矿物所控制，成壤作用形成的细颗粒磁性矿物对其影响非常有限。Zan 等（2015）在青藏高原东北部的表土中也观察到 χ_{fd} 趋于零，但 χ_{lf} 较高的现象，说明母质对表土磁性的影响不可忽视。此外，已有研究表明雅鲁藏布江风沙沉积物为近源沉积，与附近的松散沉积物密切相关（Sun et al.，2007；Du et al.，2018）。在物源一致的情况下，结合表土沉积物平均粒径的变化（图 5.8），西部区域表土沉积物磁性增强与“风速论”模式相似（Begét et al.，1990；Chlachula，2003），χ_{lf} 的变化可能反映了风力的大小，即气候越干，风力越大，颗粒越粗，磁性矿物含量越高。

通过对现代表土磁化率与气候条件的相关关系研究，发现黄土高原地区表土沉积物的磁化率与气候的温湿程度（温度和降水）呈明显的正相关关系，成壤过程中形成的细颗粒的软磁性矿物被认为是导致土壤磁化率增强的主要因素（Liu et al.，2007；Song et al.，2014）。典型磁学参数，如 χ_{fd} 及 χ_{ARM} 等指标对成壤强度变化尤为敏感，被认为是欧亚大陆降水重建的有效代用指标（Blundell et al.，2009；Song et al.，2014；Gao et al.，2018）。雅鲁藏布江中部区域表土沉积物 χ_{fd} 与 χ_{fd}% 等成壤指标值较高，并且 χ_{lf} 与 χ_{fd}、χ_{fd}% 及 χ_{ARM} 之间呈显著正相关关系（图 5.22），指示该区域成壤生成的纳米级 SP/SD 颗粒亚铁磁性矿物导致磁性增强，这类似于黄土高原“成壤模式”的磁性增强机制（Liu et al.，2016；Maher，2016）。然而，该区域成壤强度相比于黄土高原较弱，反映了水热组合模式（降水、温度、蒸发等）的差异对成壤产生重要影响，进而影响磁性特征的变化。值得注意的是，在水热条件更好的东部区域，磁性矿物浓度很高但成壤很弱，这可能是由于东部区域以峡谷地形为主，谷地陡峻，侵蚀强烈。一方面，由于沉积物为近源输入，该区域表土磁性特征可能受来自源区的粗颗粒磁性矿物所控

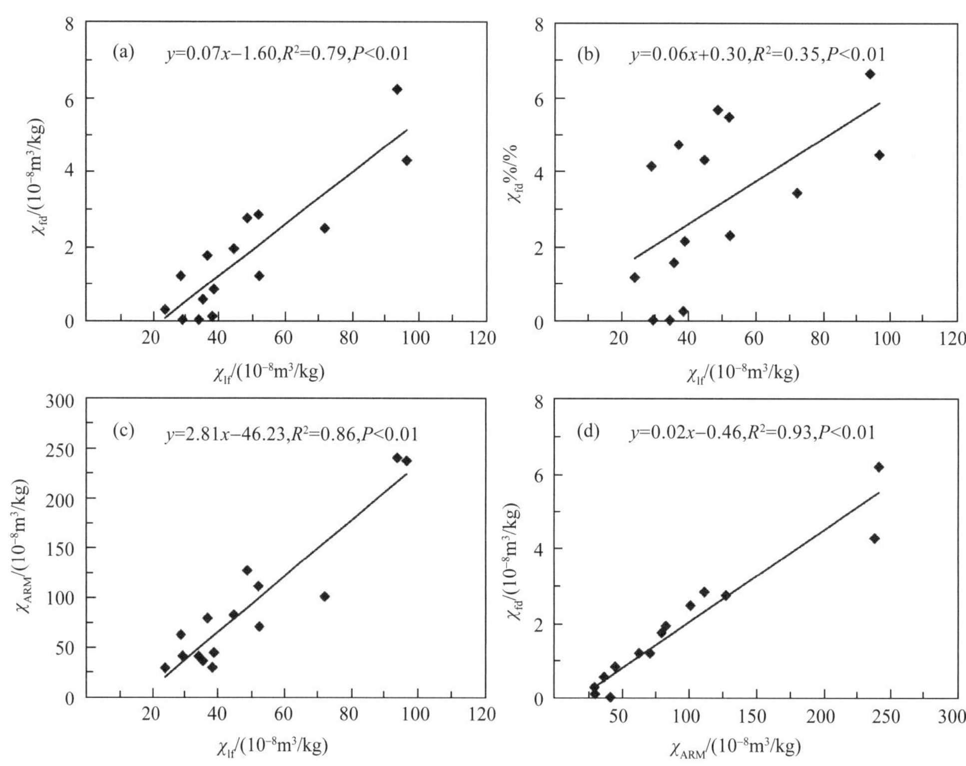

图 5.22　雅鲁藏布江中游地区表土沉积物磁学参数之间的相关性

制。另一方面，在流水作用和风沙作用的影响下，表土发育的细颗粒物质被带走，留下粗颗粒的物质，成土条件较差，在一定程度上影响了土壤中磁性矿物的生成、保存与转化（马兴悦等，2019）。因此，研究区表土磁性特征及其指示意义的区域差异显著，西部风尘堆积物表土的岩石磁学性质主要反映了以原生磁性矿物为本底的物源信息，与风力大小有关；中部区域表土磁性特征则与表征成壤作用的温度、降水及土壤湿度等因素密切相关，其中萨嘎地区存在的成壤强度分界线可能有效地指示了印度夏季风的现代影响边界；而东部区域表土磁性的复杂性则受物源、沉积环境及气候的共同影响，成壤作用形成的细颗粒磁性矿物对其影响非常有限，意味着该区域的磁性特征可能并不适合用来指示气候变化。

温度和降水也是影响土壤 $\delta^{13}C_{org}$ 随海拔变化的主要气候因素（李嘉竹等，2009；Zhao et al.，2017；Zhang et al.，2020）。青藏高原面积广，不同区域影响因素复杂，研究区集中于青藏高原南部雅鲁藏布江中上游地区，更好地反映了青藏高原南部表土 $\delta^{13}C_{org}$ 的空间变化特征及其影响因素。不同于前人研究中植被类型以 C_3 植物占绝对优势（Wei and Jia，2009；Zhao et al.，2017），研究区拉孜至乃东区域（海拔 3518 ～ 4403 m）内表土 $\delta^{13}C_{org}$ 体现了较高的 C_4 植被信号（图 5.18），这意味着与表土 $\delta^{13}C_{org}$ 密切相关的 C_3 和 C_4 植被比例随海拔发生了变化。在 C_3 和 C_4 植被混合生长的地区（海拔 3500 m

以上），表土 $\delta^{13}C_{org}$ 值与 MAT 呈显著正相关［图 5.20(b)］，即表土 $\delta^{13}C_{org}$ 受控于温度的作用。然而，以 C_3 植物为主导的低海拔地区（海拔 3500 m 以下），表土 $\delta^{13}C_{org}$ 与 MAP 呈显著负相关［图 5.20(a)］，表明降水是影响土壤 $\delta^{13}C_{org}$ 变化的主要气候因素。对比青藏高原及周边区域表土 $\delta^{13}C_{org}$ 的变化（Lu et al.，2004；Wei and Jia，2009；Rao et al.，2017；Zhao et al.，2017；Zhang et al.，2020），研究区 MAP 每升高 100 mm，表土 $\delta^{13}C_{org}$ 偏负 0.75‰，这一变化系数对利用风成沉积物 $\delta^{13}C_{org}$ 进行降水量的重建具有重要潜力。然而，研究区表土 $\delta^{13}C_{org}$ 随海拔及温度变化的系数相比于前人研究结果均偏高（分别为 –5.1‰/km 和 +0.56‰/℃），这可能主要是研究区 C_4 植物信号较高导致表土 $\delta^{13}C_{org}$ 值偏正，这造成了沉积物 $\delta^{13}C_{org}$ 在定量重建古环境方面的复杂性。

5.7　本章小结

雅鲁藏布江中上游表土沉积物磁化率主要由亚铁磁性矿物和不完全反铁磁性矿物所控制，磁性矿物粒径整体很粗，磁畴主要由 MD 和 PSD 以及粗颗粒的 SSD 组成。表土磁性性质自西向东区域差异显著，东部和西部区域表土磁性矿物浓度较高，磁畴主要由 MD 和 PSD 组成，成壤指标，如 χ_{fd} 和 $\chi_{fd}\%$ 值均很低，粗颗粒磁性矿物的碎屑输入主导了西部区域表土磁性的变化，而东部表土磁性受物源、地形及气候的共同影响。中部区域磁性矿物浓度较低，磁畴主要由粗颗粒的 SSD 组成，χ_{fd}、$\chi_{fd}\%$ 和 χ_{ARM}/SIRM 值较高，并且 χ_{lf} 与 χ_{fd} 和 χ_{ARM} 间呈显著正相关关系，指示中部区域成壤作用相对较强。在萨嘎区域存在明显的成壤分界线，可能暗示了印度季风对成壤强度的控制。

表土沉积物主要以砂组分（> 63 μm）为主，平均粒径自西向东逐渐变细，分选整体较差，体现了近源输入的特点。地球化学元素以 SiO_2、Al_2O_3 和 Fe_2O_3 为主，CIA、Rb/Sr 及 Na/K 等化学风化指标受粒度的影响较大，不能可靠地反映气候变化。表土微量元素组成以 Rb 含量最高，Pb 含量最低，Ni、Cu、Zn、V 和 Cr 等元素在中部区域含量最高。色度指标中 L^* 和 b^* 的变化区域差异不显著，而 a^* 值自西向东逐渐减小，可能反映了原生矿物中赤铁矿的含量变化。表土 $\delta^{13}C_{org}$ 值变化范围为 –28.1‰ ～ –15.2‰，平均值为 –22.8‰，在中部拉孜至乃东区域表土 $\delta^{13}C_{org}$ 值最高，体现了较高的 C_4 植被信号。表土 $\delta^{13}C_{org}$ 与海拔之间显著相关，海拔 3500 m 以上时，表土 $\delta^{13}C_{org}$ 值的变化主要受温度影响，而海拔 3500 m 以下时，降水是其主控因素，年平均降水量每增加 100 mm，表土 $\delta^{13}C_{org}$ 偏负 0.75‰，这一变化系数在利用沉积物 $\delta^{13}C_{org}$ 进行古降水重建时具有重要潜力。本节较高的表土 $\delta^{13}C_{org}$ 随海拔及温度的变化系数（分别为 –5.1‰/km 和 +0.56‰/℃）归因于该区域较高比例的 C_4 植物，在后续利用沉积物 $\delta^{13}C_{org}$ 定量重建古环境时可能需要避开 C_4 植物的影响。

第 6 章

典型剖面沉积物的理化性质

青藏高原南部的风成沉积为研究“亚洲水塔”地区过去的气候变化及大气环流演化提供了良好的载体。如第 4 章所述，雅鲁藏布江中上游地区风成沉积集中堆积于不同区域。具体而言，雅鲁藏布江上游地区主要发育风沙沉积，黄土沉积所占比例很小；雅鲁藏布江中游地区，尤其是日喀则宽谷和山南宽谷附近同时发育大量风沙沉积和黄土沉积，其中黄土主要发育于河流南岸，沙丘堆积于河流北岸；雅鲁藏布江中游米林段主要堆积风沙沉积，但在林芝附近也发育较为典型的黄土沉积。在大量野外考察的基础上，本章在雅鲁藏布江中上游地区的主要粉尘堆积区，自西向东选择了 4 个典型的风成沉积剖面［萨嘎西（SGX）剖面、夯仲（HZ）剖面、桑耶（SY）剖面和林芝（LZ）剖面］，系统分析典型剖面沉积物的物理化学性质及物质组成，探讨不同环境指标蕴含的潜在古气候意义及其对大气环流的指示。

上述 4 个风成沉积剖面的详细地层描述见第 3.3 节、年代结果见第 7.2.2 小节，在此不再赘述。SGX 剖面位于雅鲁藏布江上游附近，由黄土和砂黄土组成，是典型的全新世沉积序列。雅鲁藏布江中游地区选择了位于河流南岸的 HZ 剖面和 SY 剖面，其中 HZ 剖面由黄土、砂黄土、风成砂和古土壤组成，是典型的全新世沉积序列（野外考察结合 OSL 年代结果表明该区域风成沉积缺少晚全新世沉积物，可能受到了流水的侵蚀）；SY 剖面位于 HZ 剖面以东，由黄土、砂黄土和风成砂组成，该剖面发育于全新世以来，也缺少晚全新世沉积物。LZ 剖面位于雅鲁藏布江中下游林芝附近，由砂黄土、黄土和多层古土壤组成，测年结果初步揭示出该剖面是雅鲁藏布江流域较老的典型风成沉积。自西向东的 4 个风成沉积剖面沉积物理化学性质的研究为重建该区域不同时间尺度的古气候历史及大气环流演化过程提供了流域视角的理解。

6.1 磁性特征

6.1.1 磁性矿物类型

磁滞回线的形态特征可以反映磁性矿物类型的相关信息（Thompson and Oldfield，1986；夏敦胜等，2006），天然物质的磁滞特征因磁性矿物成分的不同而产生明显的差异，例如，亚铁磁性矿物（如磁铁矿 / 磁赤铁矿）产生的磁滞回线高而瘦，不完全反铁磁性矿物（如赤铁矿 / 针铁矿）产生的磁滞回线扁而胖（Thompson and Oldfield，1986）。在剖面不同层位选择了代表性样品进行磁滞回线测量，并进行了顺磁矫正，以便更好地突出亚铁磁性矿物和反铁磁性矿物的信息。雅鲁藏布江中上游地区 4 个风成沉积剖面的磁滞回线形态相似，具有细腰的特征，总体形态高而瘦，在 300 mT 左右即趋于饱和（图 6.1 ～图 6.4），指示各剖面风成沉积以低矫顽力的亚铁磁性矿物为主，同时也存在少量的顺磁性矿物。

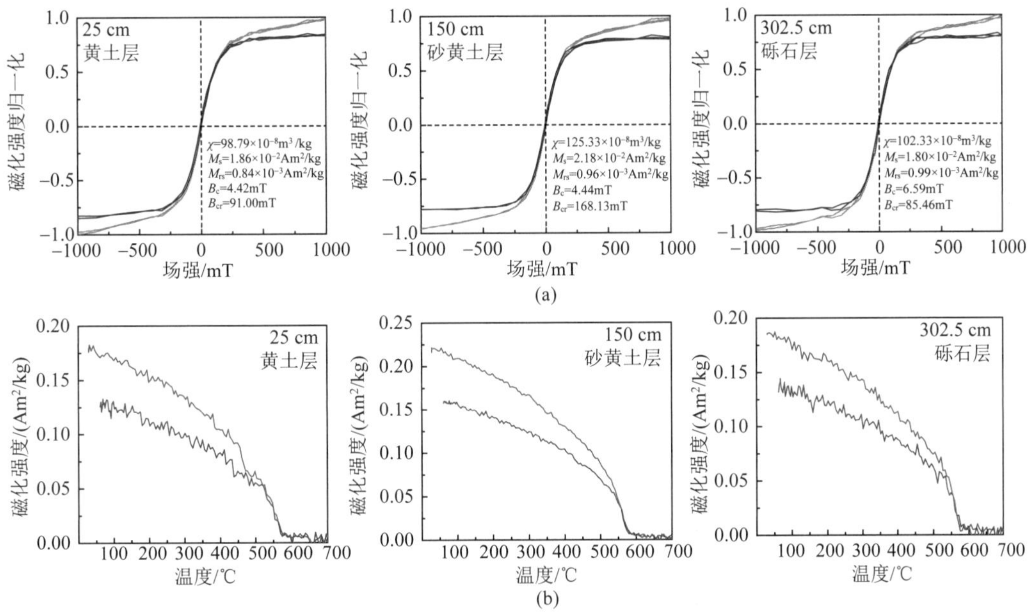

图 6.1　SGX 剖面代表性样品的磁滞回线 (a) 和热磁曲线 (b)

磁化率：χ；饱和磁化强度：M_s；饱和剩余磁化强度：M_{rs}；矫顽力：B_c；剩磁矫顽力：B_{cr}。图 (a) 中灰色曲线代表原始数据，深蓝色曲线代表顺磁校正后的数据；图 (b) 中红色曲线代表加热曲线，蓝色曲线代表冷却曲线

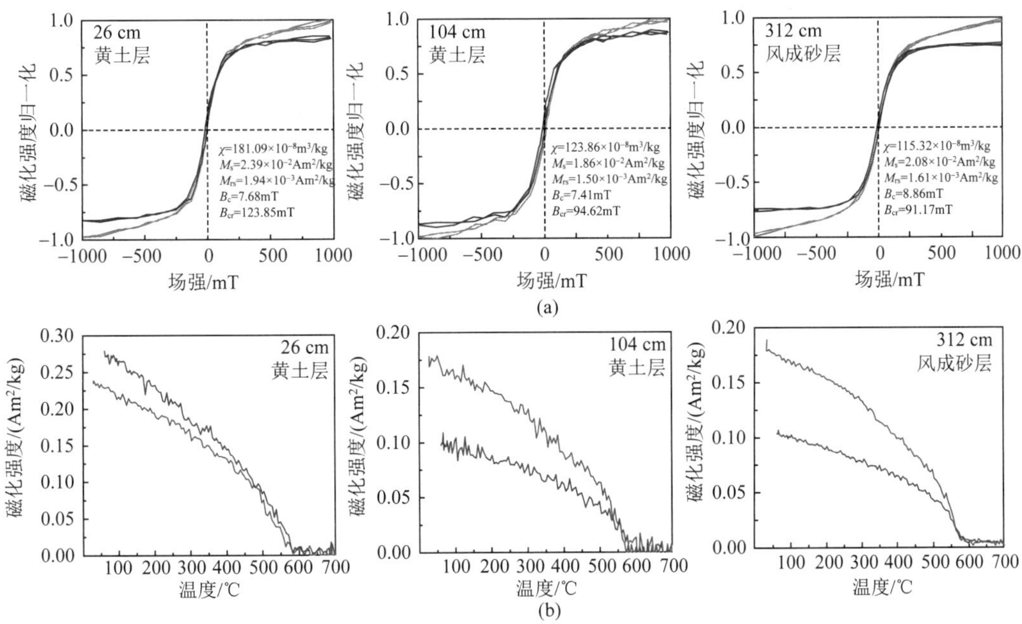

图 6.2　HZ 剖面代表性样品的磁滞回线 (a) 和热磁曲线 (b)

磁化率：χ；饱和磁化强度：M_s；饱和剩余磁化强度：M_{rs}；矫顽力：B_c；剩磁矫顽力：B_{cr}。图 (a) 中灰色曲线代表原始数据，深蓝色曲线代表顺磁校正后的数据；图 (b) 中红色曲线代表加热曲线，蓝色曲线代表冷却曲线

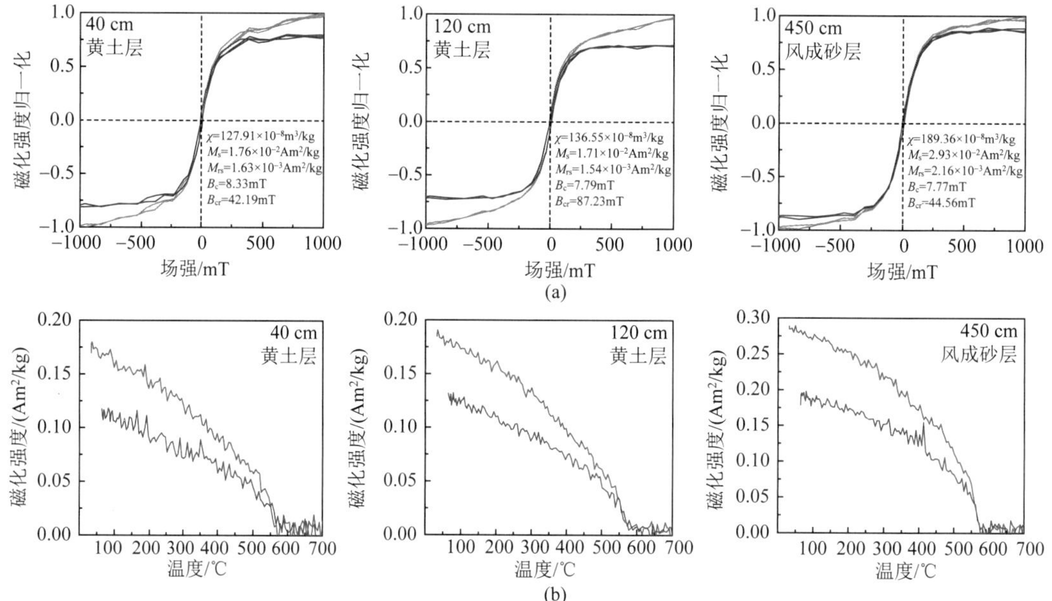

图 6.3 SY 剖面代表性样品的磁滞回线 (a) 和热磁曲线 (b)

磁化率：χ；饱和磁化强度：M_s；饱和剩余磁化强度：M_{rs}；矫顽力：B_c；剩磁矫顽力：B_{cr}。图 (a) 中灰色曲线代表原始数据，深蓝色曲线代表顺磁校正后的数据；图 (b) 中红色曲线代表加热曲线，蓝色曲线代表冷却曲线

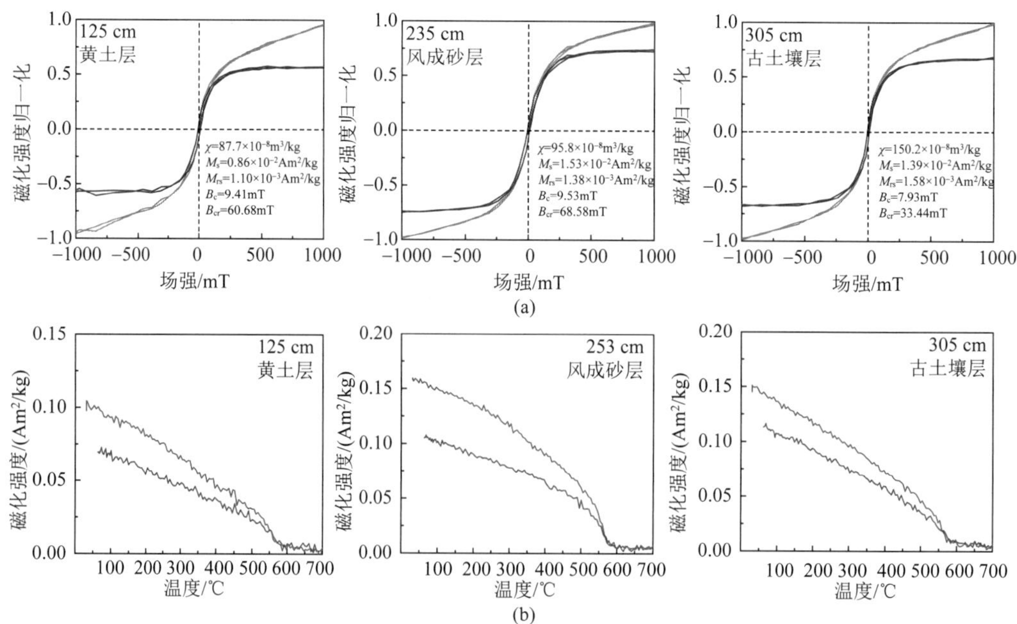

图 6.4 LZ 剖面代表性样品的磁滞回线 (a) 和热磁曲线 (b)

磁化率：χ；饱和磁化强度：M_s；饱和剩余磁化强度：M_{rs}；矫顽力：B_c；剩磁矫顽力：B_{cr}。图 (a) 中灰色曲线代表原始数据，深蓝色曲线代表顺磁校正后的数据；图 (b) 中红色曲线代表加热曲线，蓝色曲线代表冷却曲线

热磁曲线可以有效地对风成沉积序列中的磁性矿物进行鉴别。温度可以扰动磁矩的排列方式，对磁性矿物的磁学性质有重要的影响，因此可以通过磁化强度随温度的变化特征鉴别样品中磁性矿物的种类（Thompson and Oldfield，1986；夏敦胜等，2006；赵爽等，2015）。实际上，磁化强度随温度变化曲线（*M-T* 曲线）反映了样品加热过程中的磁性矿物相变和居里点，进而反映了载磁性矿物的种类。雅鲁藏布江中上游地区 4 个风成沉积剖面的 *M-T* 曲线显示，磁化强度均在居里温度 580℃附近急剧下降，接近 0，指示样品中磁性矿物以磁铁矿为主（图 6.1 ～图 6.4）。除 HZ 剖面的表土层沉积物外，所有剖面的典型沉积物样品的冷却曲线均位于加热曲线下方，表明加热过程中存在强磁性矿物向弱磁性矿物的转化（Liu et al.，2005b）。然而，表土样品的冷却曲线位于加热曲线上方则可能是由于沉积物中的有机质在加热过程中消耗氧气，从而产生一个相对的还原环境，致使含铁硅酸盐矿物或者黏土类矿物、水铁矿和针铁矿等转化为磁铁矿造成的（邓成龙等，2007）。

总体而言，磁滞回线和 *M-T* 曲线共同指示雅鲁藏布江中上游地区风成沉积物的磁学性质由亚铁磁性矿物控制，同时磁滞回线还表现出了顺磁性矿物的特征。

6.1.2　磁性矿物含量

四个风成沉积剖面的 χ_{lf} 结果（表 6.1）表明，雅鲁藏布江中游山南宽谷地区的风成沉积剖面（HZ 剖面和 SY 剖面）的磁化率值（χ_{lf}）最高，平均值为 132.29×10^{-8} m^3/kg；雅鲁藏布江上游 SGX 剖面磁化率值次之，平均值为 101.90×10^{-8} m^3/kg。然而，雅鲁藏布江中游气候相对暖湿的 LZ 剖面磁化率值最低，平均值仅 86.00×10^{-8} m^3/kg，甚至低于雅鲁藏布江上游气候相对冷干的 SGX 剖面，推测这可能受到了母质或风力作用的影响，较弱的风力携带的原生磁性矿物的含量较低，LZ 剖面沉积物平均粒径和砂组分含量相对于其他剖面明显偏低（见 6.2 节）较好地证明了这一点。总体上，除 LZ 剖面外（至少沉积于全新世以前，见 7.2.2 小节），雅鲁藏布江全新世风成沉积剖面的磁化率特征表明中游相对于上游地区磁性矿物含量较高。4 个风成沉积剖面的 SIRM 结果（表 6.1）表明，雅鲁藏布江中游地区风成沉积物中的亚铁磁性矿物和不完全反铁磁性矿物的含量（平均值为 1182.15×10^{-5} Am^2/kg）明显高于上游地区（平均值为 617.68×10^{-5} Am^2/kg）。

四个风成沉积剖面的 χ_{fd} 结果（表 6.1）表明，SP/SD 磁性矿物的含量自西向东有逐渐增加的趋势，指示成壤强度自西向东逐渐增加。雅鲁藏布江中游林芝地区风成沉积的 χ_{fd} 超过了中游山南宽谷地区的一倍，甚至是上游地区的 5 倍之多。4 个风成沉积剖面的 χ_{ARM} 结果（表 6.1）表明，雅鲁藏布江中游山南宽谷地区风成沉积的 SD 磁性颗粒含量最多，中游林芝地区次之，上游地区最低。然而，发现 LZ 剖面 χ_{ARM} 的最大值明显高于其他剖面，表明 χ_{ARM} 的波动较大，成壤作用仍然最强。χ_{fd} 与 χ_{ARM} 的这种类似的空间变化表明，雅鲁藏布江中上游地区风成沉积的成壤强度自东向西逐渐降低，SP/SD 和 SD 磁性颗粒的含量显著减少。

表 6.1 雅鲁藏布江中上游地区 4 个典型风成沉积剖面的磁性矿物含量

磁学参数	SGX 剖面			HZ 剖面			SY 剖面			LZ 剖面		
	平均值	最小值	最大值	平均值	最小值	最大值	平均值	最小值	最大值	平均值	最小值	最大值
χ_{lf}/ (10^{-8} m^3/kg)	101.90	59.79	177.71	135.69	96.91	194.95	128.89	45.64	242.09	86.00	16.30	228.40
SIRM/ (10^{-5} Am^2/kg)	617.68	414.38	959.63	1451.87	1211.12	1976.17	912.42	491.72	1373.48	1174.84	128.96	2528.83
χ_{fd}/ (10^{-8} m^3/kg)	0.74	0.08	2.58	2.98	0.23	8.45	2.78	0	6.73	3.92	0.10	14.20
χ_{ARM}/ (10^{-8} m^3/kg)	79.27	51.23	118.94	257.34	137.09	519.17	237.91	112.00	381.17	216.59	14.7	702.9
HIRM/ (10^{-5} Am^2/kg)	15.62	4.87	23.91	55.90	0.48	163.01	26.95	3.37	89.84	24.82	1.43	68.64
S-ratio	0.94	0.91	0.98	0.92	0.82	1	0.94	0.82	0.99	0.95	0.78	1

注：表中 SGX 剖面各磁学参数值未包含砾石层数据。

四个剖面的 HIRM 平均值介于 15.62×10^{-5} ～ 55.90×10^{-5} Am^2/kg，其中山南宽谷 HZ 剖面的 HIRM 值较大，指示山南宽谷剖面中高矫顽力的磁性矿物浓度高，而上游 SGX 剖面高矫顽力的磁性矿物浓度低（表 6.1）。4 个剖面的 S-ratio 平均值介于 0.92 ～ 0.95，指示以低矫顽力的磁性矿物为主，而 S-ratio 的最小值和最大值显示，SGX 剖面中基本为低矫顽力的磁铁矿和磁赤铁矿，而其他三个剖面中均含有少量的高矫顽力的赤铁矿和针铁矿。

SGX 剖面 χ_{lf} 和 SIRM 值随深度变化的趋势基本一致（图 6.5）。0 ～ 220 cm 处，随深度的增加，二者含量总体呈增加趋势，220 ～ 360 cm（除砾石层外）处，随深度的增加，二者含量逐渐减少。随深度的增加，χ_{fd} 值无明显变化，其平均值为 0.74×10^{-8} m^3/kg，指示该剖面成壤作用微弱，几乎无 SP 颗粒生成，这可能与风成沉积物堆积时期该区域降水量较少有关，低于成土细粒亚铁磁性矿物开始积累的降水量阈值。而 χ_{ARM} 与 χ_{lf} 和 SIRM 的变化基本一致，这表明剖面磁性矿物的浓度可能主要受粉尘携带的原生 SD 磁性颗粒控制。HIRM 总体随深度的增加逐渐增加，指示风成粉尘所携带的赤铁矿含量逐渐增加。S-ratio 随深度并无明显变化，其值均大于 0.9，指示剖面沉积物以低矫顽力的磁性矿物为主。

HZ 剖面 χ_{lf} 和 SIRM 值随深度变化的趋势也基本一致，除上部 50 cm 呈现高值外，古土壤层 (330 ～ 400 cm) 呈现出了相对的高值（图 6.5）。χ_{lf} 与 χ_{ARM} 的变化趋势一致，均在剖面上部和古土壤层呈现出了明显的高值，表明成壤作用导致 SP 和 SD 颗粒含量明显增加。HIRM 在 0 ～ 300 cm 呈低值，而在 300 ～ 400 cm 呈高值，这与 S-ratio 值的变化相反。总体上，0 ～ 300 cm 沉积物中的主要磁性矿物为低矫顽力的磁铁矿和磁赤铁矿，而 300 ～ 400 cm 包含相对较多的高矫顽力的赤铁矿和针铁矿。

SY 剖面 χ_{lf} 和 SIRM 值随深度变化的趋势也基本一致，砂黄土层附近 (144 ～ 186 cm) 表现为明显的高值，而在风成砂层 (322 ～ 426 cm) 表现出明显的低值（图 6.5）。χ_{fd} 与 χ_{ARM} 的变化大体一致，总体上表现为黄土层高值，而在砂黄土层和风成砂层为低值。HIRM 随深度的增加有逐渐增加的趋势，与 S-ratio 值的变化正好相反，表明剖面整体以低矫顽力的磁铁矿和磁赤铁矿为主，但含有少量的高矫顽力的赤铁矿和针铁矿。

LZ 剖面 χ_{lf} 和 SIRM 值随深度变化的趋势也基本一致，整体表现出了古土壤层相对高值，而砂黄土、黄土和风成砂则是相对的低值（图 6.5）。χ_{fd} 和 χ_{ARM} 的变化与 χ_{lf} 和 SIRM 值随深度变化相似，均为古土壤层高值而其他层位低值，这表明土壤发育过程中产生的 SP 和 SD 颗粒控制着沉积物磁性矿物浓度的变化。HIRM 随深度的增加逐渐增加，在不同层位中并无明显的变化。S-ratio 值随剖面深度的增加呈减小趋势，除个别地层外，整体以低矫顽力的磁铁矿和磁赤铁矿为主。

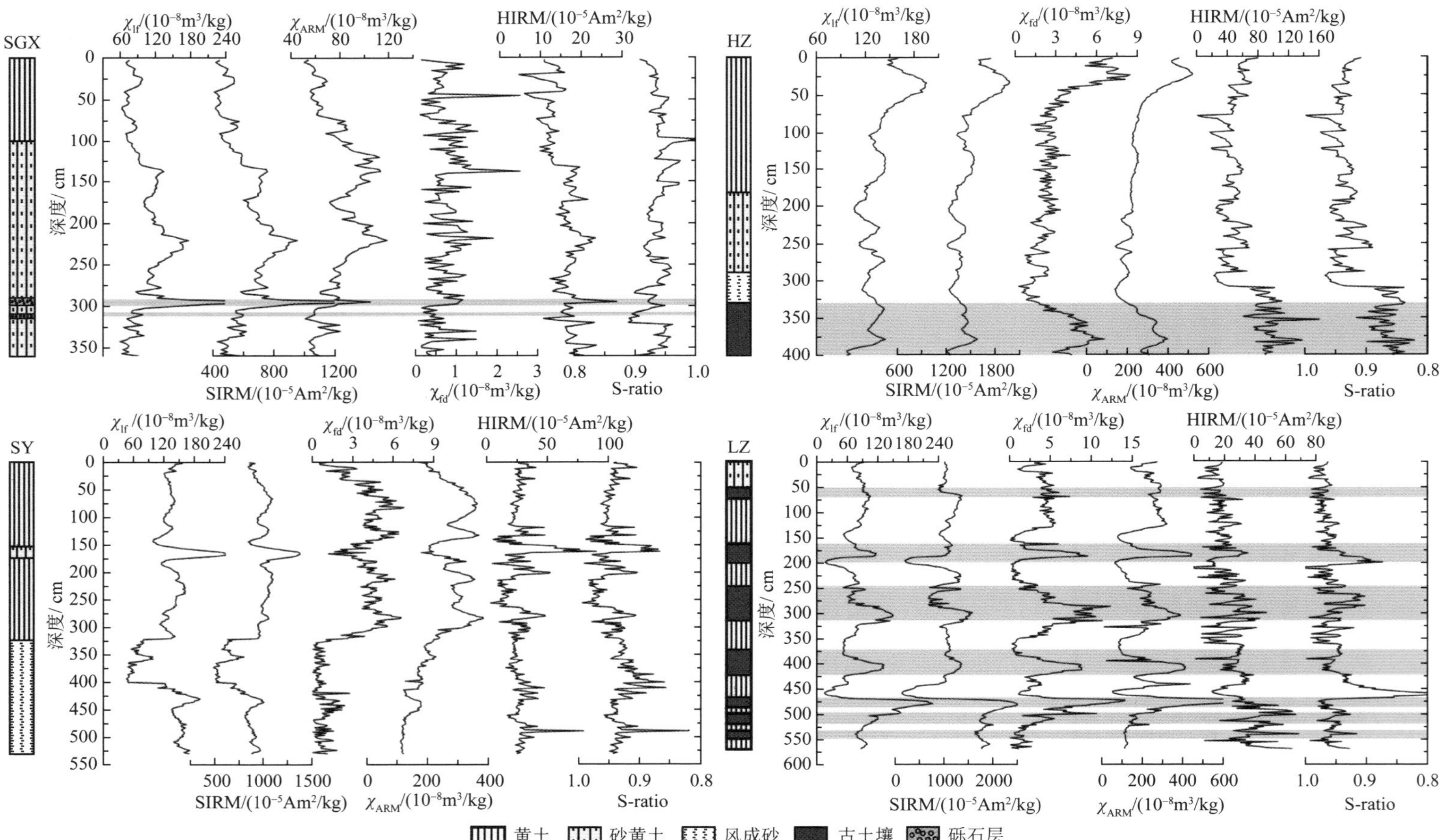

图 6.5 雅鲁藏布江中上游地区 4 个典型风成沉积剖面磁学参数随深度的变化

6.1.3　磁性矿物粒径

如 5.1.3 小节所述，百分比频率磁化率（$\chi_{fd}\%$）、χ_{ARM}/χ_{lf} 和 $\chi_{ARM}/SIRM$ 均可以间接地指示磁性矿物的粒径大小（King et al.，1982；Dearing et al.，1997；赵爽等，2015）。表 6.2 表明，4 个剖面的 $\chi_{fd}\%$ 平均值和最大值自西向东逐渐增加，其中 LZ 剖面的 $\chi_{fd}\%$ 平均值甚至超过了 SGX 剖面的 5 倍，最大值可达 10.28%，指示雅鲁藏布江中上游地区风成沉积物中的 SP 颗粒含量自西向东逐渐增加，成壤作用逐渐增强。4 个剖面的 χ_{ARM}/χ_{lf} 和 $\chi_{ARM}/SIRM$ 值在空间上均表现出了相似的趋势，即自西向东 SP/SD 附近颗粒的亚铁磁性矿物含量逐渐增加，粒径逐渐变细。

表 6.2　雅鲁藏布江中上游地区 4 个典型风成沉积剖面的磁性矿物粒径

磁学参数	SGX 剖面			HZ 剖面			SY 剖面			LZ 剖面		
	平均值	最小值	最大值	平均值	最小值	最大值	平均值	最小值	最大值	平均值	最小值	最大值
$\chi_{fd}\%/\%$	0.74	0.11	3.37	2.16	0.19	4.72	2.15	0	5.46	4.37	0.10	10.28
χ_{ARM}/χ_{lf}	0.80	0.56	1.21	1.88	1.15	3.15	2.01	0.70	4.02	2.61	0.19	7.23
$\chi_{ARM}/SIRM/$ $(10^{-3}m/A)$	0.13	0.10	0.19	0.17	0.11	0.28	0.26	0.12	0.36	0.21	0.02	0.63

注：表中 SGX 剖面各磁学参数值未包含砾石层数据。

就单个剖面而言（图 6.6），SGX 剖面 $\chi_{fd}\%$ 几乎均低于 2%，即细粒 SP 磁性矿物的含量很少或几乎不含 SP 颗粒，不能真实地反映剖面磁性矿物粒径大小（Dearing，1999；夏敦胜等，2006）。χ_{ARM}/χ_{lf} 和 $\chi_{ARM}/SIRM$ 随深度的变化趋势一致，共同指示了细粒磁性矿物相对含量的变化，在 45 ～ 142.5 cm 表现出了高值，即更多的细粒 SD 磁性颗粒。HZ 剖面 $\chi_{fd}\%$、χ_{ARM}/χ_{lf} 和 $\chi_{ARM}/SIRM$ 随深度的变化趋势一致，总体表现出古土壤层为高值，风成砂、砂黄土及黄土层值依次逐渐升高且剖面上部 30 cm 最高，指示成壤作用生成的 SP 和 SD 颗粒逐渐增多，磁性矿物总体粒径逐渐变细。SY 剖面 $\chi_{fd}\%$、χ_{ARM}/χ_{lf} 和 $\chi_{ARM}/SIRM$ 随深度的变化趋势基本一致，在黄土层表现出了高值，而在砂黄土层，特别是风成砂层表现出了低值，表明黄土层也受到了成壤作用的影响，生成了一定量的 SP 和 SD 颗粒。在 322 ～ 550 cm 深度，$\chi_{fd}\%$、χ_{ARM}/χ_{lf} 和 $\chi_{ARM}/SIRM$ 随深度的变化并不一致，$\chi_{fd}\%$ 均小于 2%，指示成壤作用微弱，χ_{ARM}/χ_{lf} 和 $\chi_{ARM}/SIRM$ 在 340 ～ 428 cm 表现出了高值，指示该层含有更多的 SSD 或 SD 磁性矿物。LZ 剖面 $\chi_{fd}\%$、χ_{ARM}/χ_{lf} 和 $\chi_{ARM}/SIRM$ 随深度也表现出了相似的变化，在古土壤层及其附近呈高值，而在黄土层、砂黄土和风成砂层表现为低值，这表明古土壤层中 SP 和 SD 颗粒较多，沉积物磁性矿物粒径变细。

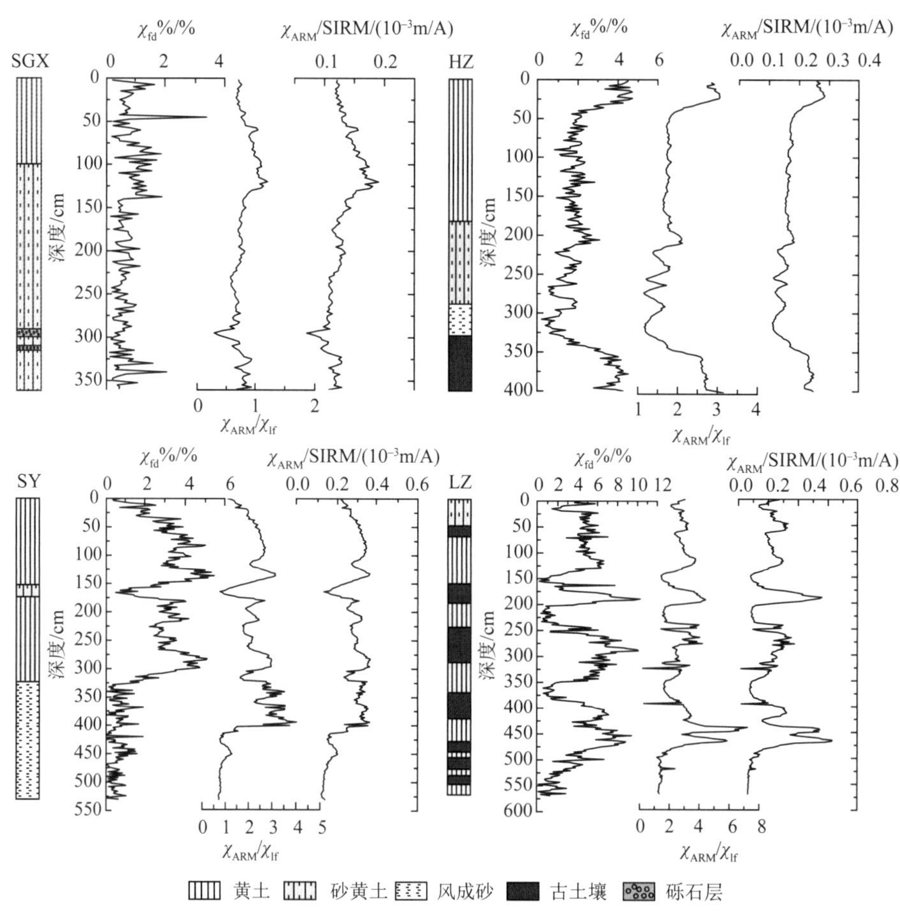

图 6.6 雅鲁藏布江中上游地区 4 个典型风成沉积剖面磁性矿物粒径随深度的变化

6.2 粒度特征

6.2.1 各粒级含量的变化

在沉积物粒度研究中，常用的粒度参数指标包括平均粒径、中值粒径和各种粒级的百分含量（成都地质学院陕北队，1978），其中黏土组分：＜4 μm，粉砂组分：4～63 μm（其中，极细粉砂：4～8 μm，细粉砂：8～16 μm，中粉砂：16～31 μm，粗粉砂：31～63 μm），砂组分：＞63 μm。平均粒径表示沉积物颗粒粒径的算数平均值，中值粒径为沉积物样品体积占比达到 50% 时的粒径，二者均可反映样品的总体粗细状况，反映了搬运介质（风动力）的平均动能。

SGX 剖面风成沉积物以砂组分为主，含量范围为 37.6% ～ 88.4%（平均含量为 59.6%）；粉砂组分次之，含量范围为 8.4% ～ 52.3%（平均含量为 33.3%）；黏土组分含量最低，含量范围为 2.8% ～ 12.3%（平均含量为 7.1%）（图 6.7）。除砾石层外，沉积物平均粒径和中值粒径自下向上逐渐变细，与砂组分（＞ 63 μm）的变化完全一致，而与中粉砂（16 ～ 31 μm）和粗粉砂（31 ～ 63 μm）的变化完全相反（图 6.7），这表明砂组分是控制剖面平均粒径变化的主要粒级组分。黏土、极细粉砂和细粉砂的变化一致且自下而上呈逐渐增加的趋势，其中 125 cm 处含量明显增加。平均粒径和中值粒径的这种变化与地层的变化（风成砂—砂黄土—黄土）相符，总体呈逐渐减弱的趋势，考虑到 SGX 剖面物源并未发生变化（见下文 8.2.3 小节），推断雅鲁藏布江中上游地区全新世近地表风动力逐渐减弱。值得注意的是，平均粒径和砂组分（＞ 63 μm）的含量在 62.5 cm 处（参考下文 7.2.2 小节可知，此处堆积年代约为 2 ka BP）明显增加，这可能与高原地区人类活动存在一定的联系。

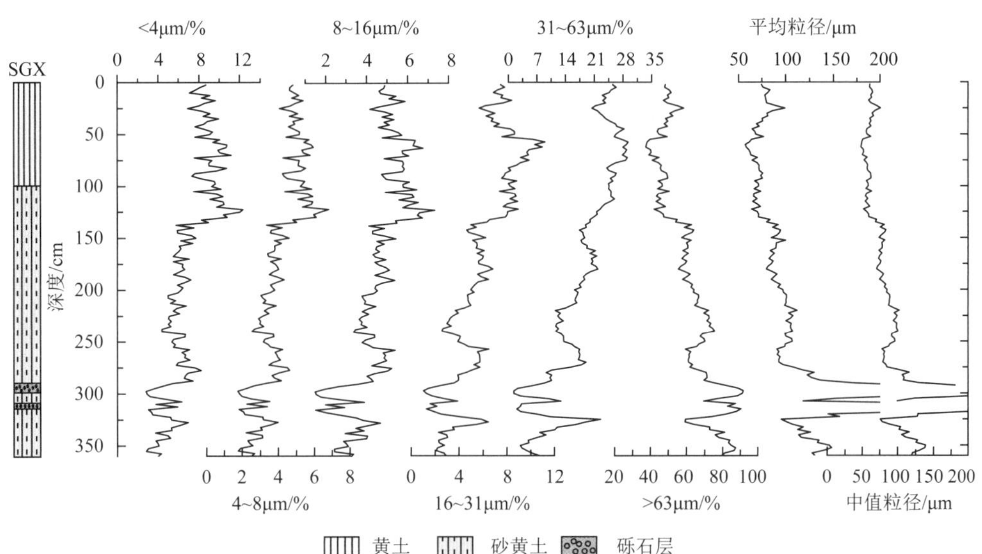

图 6.7　SGX 剖面沉积物粒度随深度的变化

HZ 剖面风成沉积物以粉砂组分为主，含量分布范围为 47.7% ～ 69.4%（平均含量为 55.9%），其中粗粉砂含量最高，平均含量为 28.8%；砂组分次之，含量分布范围为 13.3% ～ 46.4%（平均含量为 34.5%）；黏土含量组分最低，含量分布范围为 5.9% ～ 18.5%（平均含量为 9.6%）（图 6.8）。平均粒径和中值粒径在古土壤层（330 ～ 400 cm）呈低值，即粒径较细；0 ～ 330 cm，平均粒径和中值粒径自下而上呈微弱的减小趋势，这与地层（风成砂—砂黄土—黄土）的变化一致（图 6.8）。平均粒径和中值粒径的变化与砂组分和粗粉砂组分（二者的总含量为 63.3%）呈明显的正相关关系（图 6.8），而与黏土组分及极细粉砂、细粉砂和中粉砂含量的变化呈明显的负相关关系，这表明粗颗粒含量的变化是造成剖面沉积物总体粒径变化的主要原因。

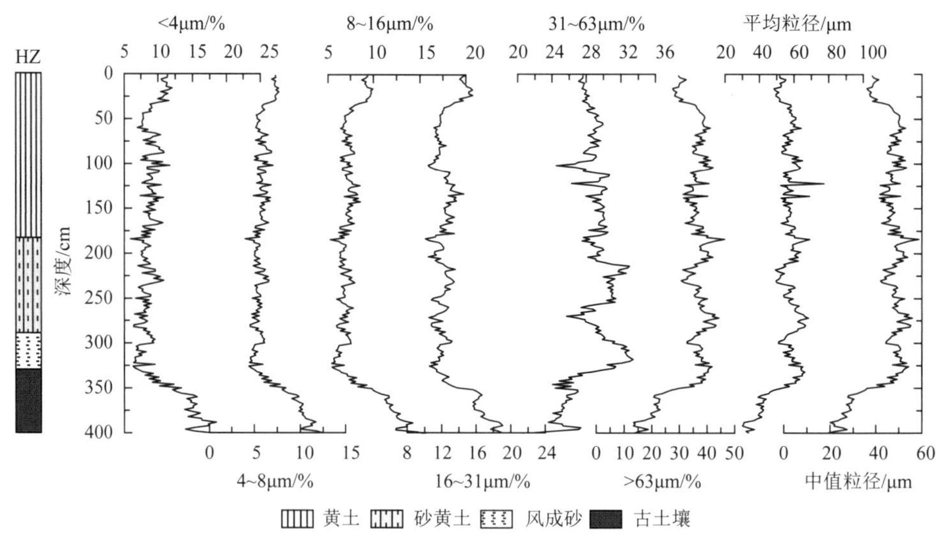

图 6.8 HZ 剖面沉积物粒度随深度的变化

SY 剖面风成沉积物以砂组分为主，含量分布范围为 12.8% ～ 97.5%（平均含量为 48.3%）；粉砂组分次之，含量分布范围为 2.3% ～ 73.7%（平均含量为 43.1%）；黏土组分含量最低，分布范围为 0.2% ～ 19.4%（平均含量为 8.7%）（图 6.9）。平均粒径和中值粒径在 322 ～ 450 cm 呈现出了明显的高值，平均粒径分别为 291.4 μm 和 265.3 μm；450 ～ 530 cm 粒径次之；0 ～ 320 cm 自下而上呈微弱的增加趋势，沉积物粒径的平均值最低（图 6.9）。平均粒径和中值粒径的这种变化与砂组分（＞ 63 μm）的变化呈明显的正相关关系，而与黏土组分和粉砂组分（除 31 ～ 63 μm 之外）的变化呈明显的负相关关系（图 6.9），表明砂组分含量的变化是控制剖面沉积物总体粒径变化的主要原因。

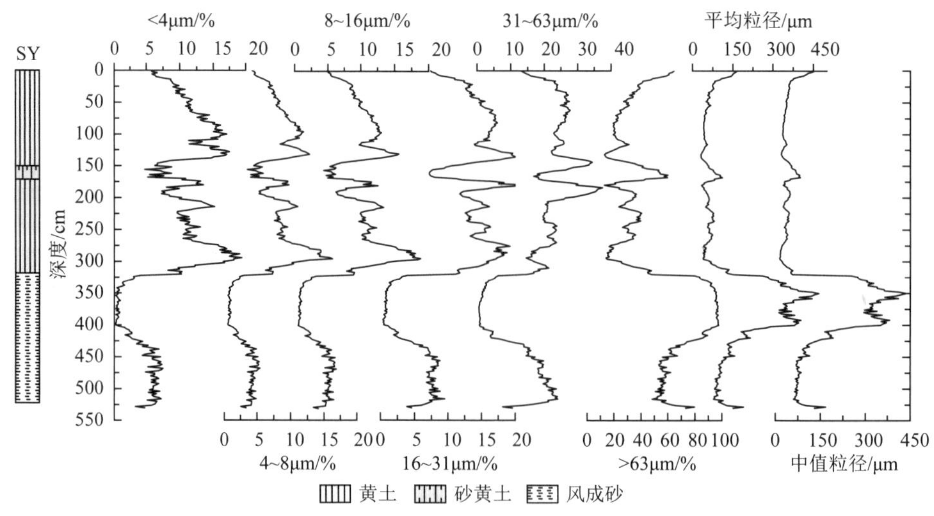

图 6.9 SY 剖面沉积物粒度随深度的变化

LZ 剖面风成沉积物整体以粉砂组分为主，含量分布范围为 63.9% ～ 78.6%（平均含量为 74.8%），其中粗粉砂（31 ～ 63 μm）的含量最多，含量范围为 19.1% ～ 40.6%（平均含量为 31.8%）；砂组分次之，含量分布范围为 8.0% ～ 24.9%（平均含量为 14.9%）；黏土含量相对最低，含量分布范围为 5.5% ～ 18.7%（平均含量为 10.3%）。总体来说，平均粒径和中值粒径的变化在古土壤层呈现出相对的低值，而在砂黄土、黄土和古土壤层呈现出了相对的高值（图 6.10）。这种变化与中粉砂、粗粉砂和砂组分的含量（三者的总含量为 68.8%）呈明显的正相关关系，而与细粉砂、极细粉砂和黏土含量呈明显的负相关关系，表明剖面粗颗粒含量的变化控制着剖面沉积物总体粒径的变化。

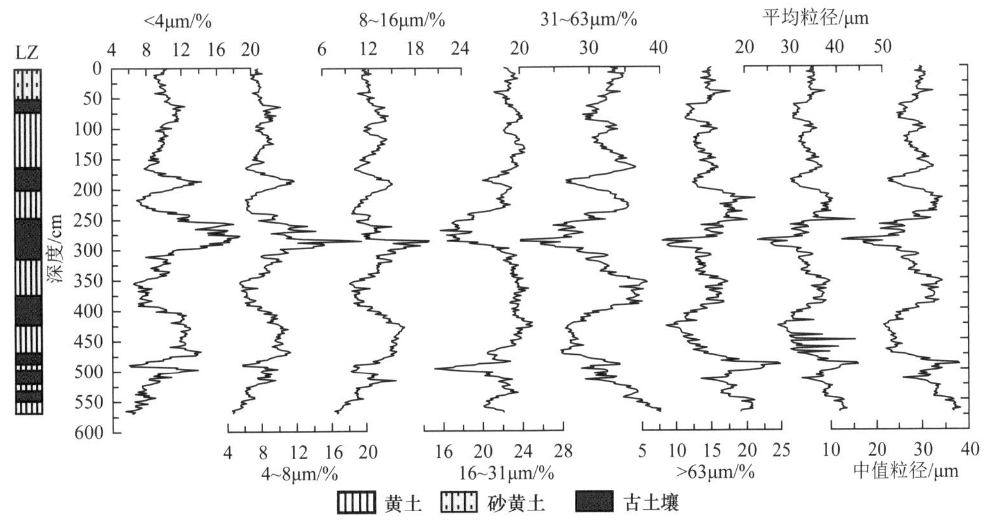

图 6.10　LZ 剖面沉积物粒度随深度的变化

6.2.2　粒径 - 标准偏差法提取环境敏感粒度组分

现代与地质历史时期的沉积物往往是不同物源或沉积动力过程的组合，全样的粒度参数只能近似地反映沉积物粒度的总体特征，不能反映地质历史时期真实的沉积环境（徐树建等，2006）。因此，如何从粒度数据中提取相对独立的、与沉积过程相关的组分，以及如何从沉积物粒度的研究中提取敏感的环境替代指标，进而探讨粒度指标的沉积学意义，成为风成沉积古环境研究中的关键。目前对沉积物粒度分布进行多组分分离的最常用的数学方法是 Boulay 等（2003）提出的粒级 - 标准偏差法，这种获得环境敏感粒度组分的方法已经被广泛应用于黄土、海洋沉积物和湖泊沉积物的研究中（Prins et al.，2000；徐树建等，2006）。对每一粒级所有样品数据计算标准偏差，并以粒级为横坐标，以标准偏差为纵坐标做粒级 - 标准偏差图，图中峰值对应粒径变化显著的组分，标准偏差越大，指示产生该粒级的搬运动力或沉积环境变化越大，而谷值则代表对应粒径变化不显著，对环境变化不敏感。

采用粒级－标准偏差法对4个风成沉积剖面的环境敏感粒级进行提取，结果表明，就SGX剖面、HZ剖面和SY剖面三个全新世剖面而言，曲线的变化趋势具有明显的相似性，主要呈双峰分布，可分为细和粗两个环境敏感组分，但不同剖面风成沉积物之间的环境敏感组分存在较大的差异（图6.11）。这种差异反映了雅鲁藏布江河谷粉尘沉积环境的区域差异和复杂性，一方面可能受控于雅鲁藏布江中上游地区风动力的区域差异，另一方面局部环境因素加剧了大尺度环流的复杂性。不同于中国北方黄土高原地区，复杂的局地环境造成了环境敏感组分的差异性，常用环境指标在该区域使用时需要慎重。LZ剖面前期年代测试结果显示光释光信号存在饱和，表明该剖面年代较老（见7.2.2小节），粒级－标准偏差曲线与前三个剖面不同，呈现出了三峰模式。三个全新世剖面的粗敏感粒度组分的标准偏差明显高于细敏感组分，LZ剖面除众数粒径为642.8 μm外（含量较低），较粗的敏感粒级（48.0 μm）也高于细敏感组分（8.1 μm）。总体来说，粗颗粒的含量可能是较敏感的粒度指标，对沉积环境的变化响应更加直接。

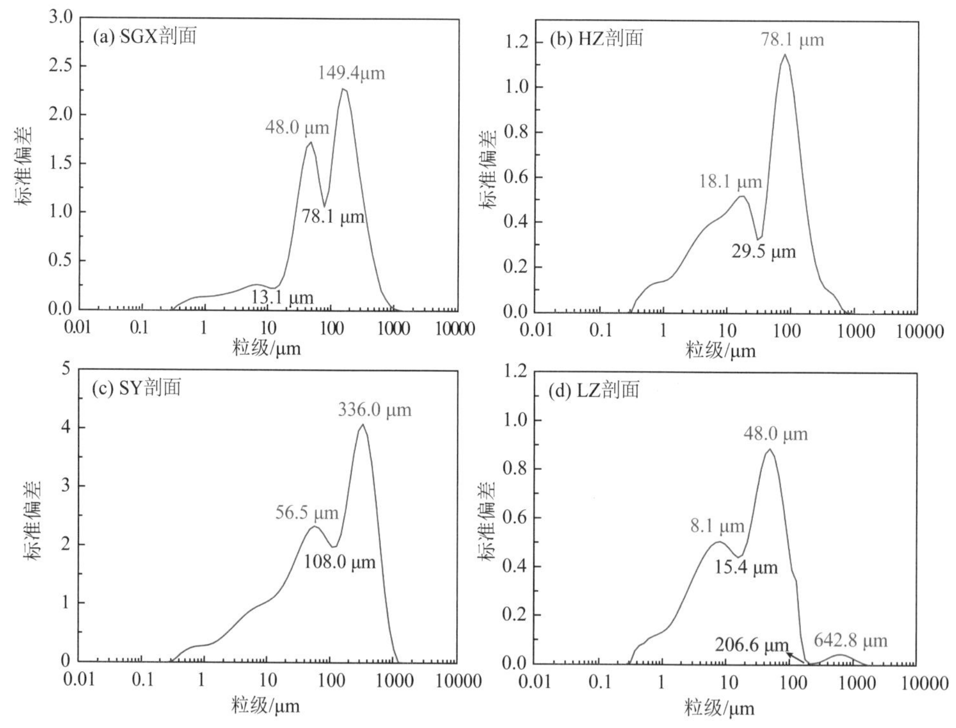

图6.11　4个典型风成沉积剖面的粒级－标准偏差曲线

红色数值代表峰值，蓝色数值代表谷值

风成沉积物粒度主要受控于源区范围、风力强度和风化作用三个因素（丁仲礼等，1999）。不同的粒度组成具有不同的环境意义，不同剖面各组分的含量所代表的不同环境意义需要进一步探讨。

如图6.11所示，SGX剖面存在三个标准偏差峰值，所对应的粒度组分分别为

0.3 ～ 13.1 μm、13.1 ～ 78.1 μm 和 78.1 ～ 1229.6 μm。细敏感粒度组分 0.3 ～ 13.1 μm 的中值粒径为 4.6 μm［文中各组分的中值粒径和平均粒径的计算方法见 Blott 等（2001）］，这一组分通常被认为是受到了成壤作用和中纬度西风的共同影响（Gao et al.，2022）。由于 SGX 剖面风化成壤作用很弱（χ_{fd}% 值低于 2%，见 6.1 节），因此认为该组分很可能是大气中较为稳定的背景粉尘，反映了中纬度西风环流的信息。13.1 ～ 78.1 μm 和 78.1 ～ 1229.6 μm 两个组分呈现出了相反的变化趋势（图 6.12）。通过分析各组分含量与相应的平均粒径之间的相关性可以有效地辨识气候敏感组分（葛本伟和刘安娜，2017；程良清等，2018）。然而，这两个组分与相应的平均粒径之间的相关性结果表明二者之间的相关性大致相同，指示这两个组分对气候变化的响应程度类似。此外，二者随深度的变化呈现出了镜像对应关系。这些结果表明 13.1 ～ 78.1 μm 和 78.1 ～ 1229.6 μm 两个组分可能反映了同一风动力，前者为粉尘传输过程中的较细组分含量的变化，而后者为较粗组分含量的变化。

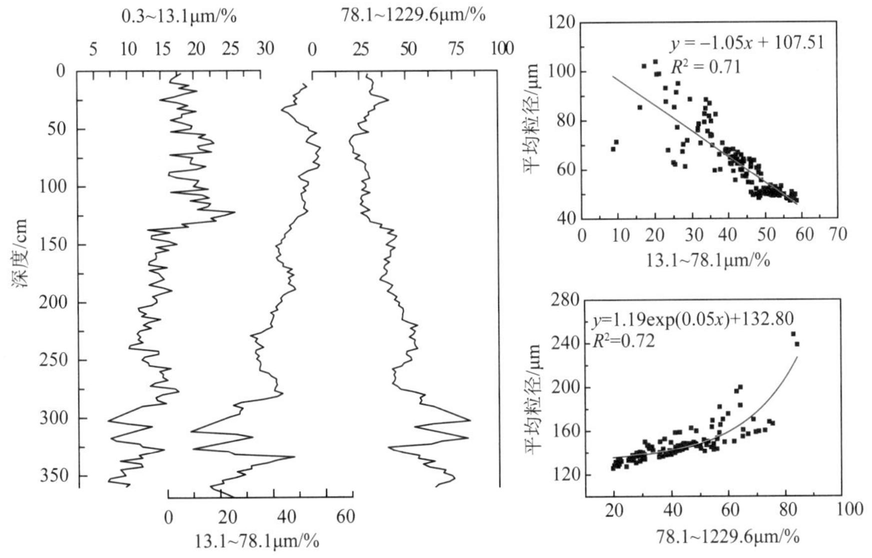

图 6.12　SGX 剖面不同粒级组分随深度的变化及各组分含量与其平均粒径的相关性

HZ 剖面存在两个明显的标准偏差峰值，分别为 0.3 ～ 29.5 μm（平均含量 40.3%）和 29.5 ～ 756.0 μm（平均含量 59.7%）组分，二者呈现出了明显的镜像关系（图 6.13）。这两个敏感组分与相应的平均粒径之间均呈现出了明显的相关性，且相关程度大致相同（$R^2_{组分1}$=0.70；$R^2_{组分2}$=0.71），表明这两个组分可能对气候变化的响应程度类似。如上所述，细组分含量 0.3 ～ 29.5 μm（平均粒径为 9.4 μm）中可能包括了成壤生成的和中纬度西风产生的细颗粒组分，因此粗组分含量可以更加明确地指示近地表风动力的变化。粗组分 29.5 ～ 756.0 μm 含量的变化与 HZ 剖面沉积物平均粒径变化的一致性也说明了粗组分在反映近地表风动力方面的可靠性。

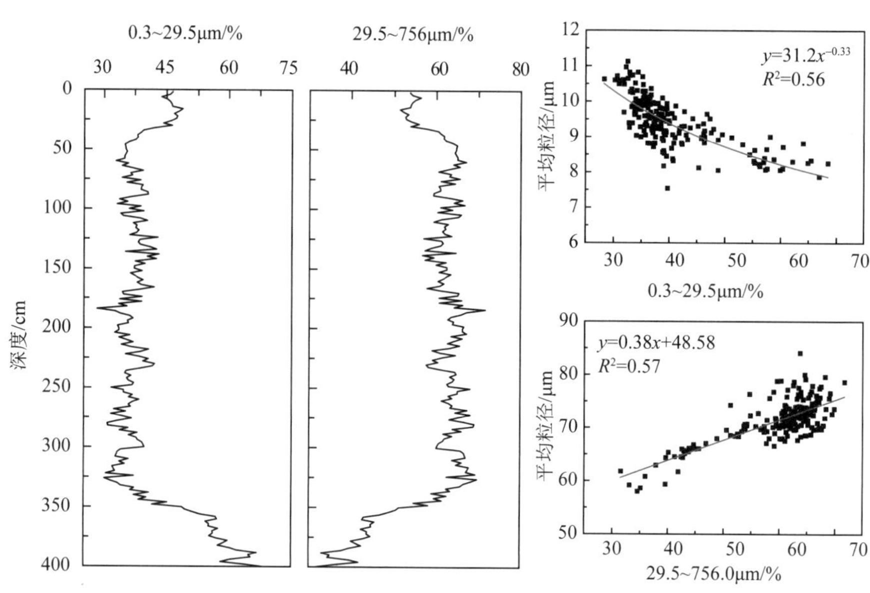

图 6.13　HZ 剖面不同粒级组分随深度的变化及各组分含量与其平均粒径的相关性

SY 剖面也存在两个明显的标准偏差峰值，分别为 0.3 ～ 108.0 μm（平均含量 40.3%）和 108.0 ～ 1229.6 μm（平均含量 59.7%）组分，二者呈现出了明显的镜像关系（图 6.14）。为了识别两个组分对气候响应的敏感程度，分析了各组分与相应平均粒

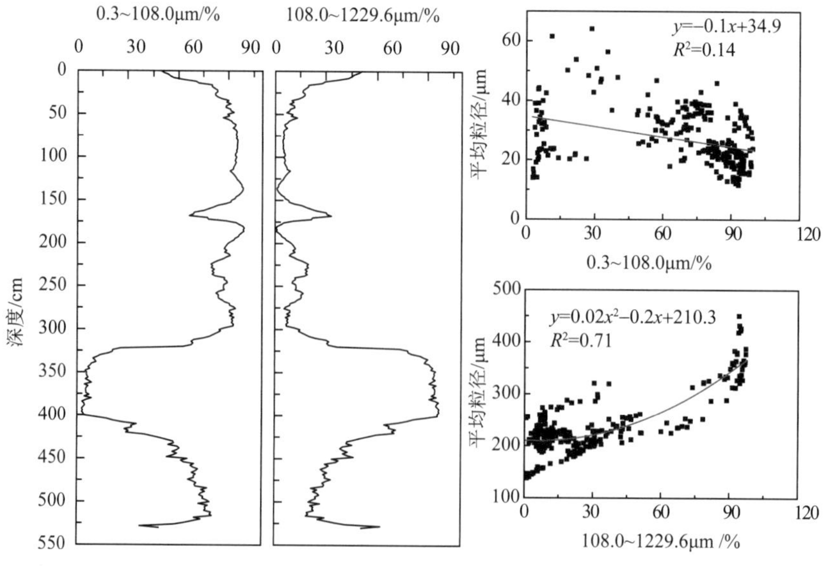

图 6.14　SY 剖面不同粒级组分随深度的变化及各组分含量与其平均粒径的相关性

径之间的相关性，结果表明，粗组分（108.0 ～ 1229.6 μm）与对应的平均粒径之间具有相同且明显的变化趋势，表明粗组分是对环境最为敏感的颗粒组分，可能反映了近地表风的变化，而细组分的变化则受到了粗颗粒含量的影响。这可能是由于成壤生成的大量的细颗粒组分影响了细组分（0.3 ～ 108.0 μm）指示的风动力的单一性。

LZ 剖面存在三个明显的标准偏差峰值，对应细组分 0.3 ～ 15.4 μm（平均含量 34.4%）、中组分 15.4 ～ 175.7 μm（平均含量 65.6%）和粗组分 175.7 ～ 1700.6 μm（平均含量 0.05%）三个粒度组分。图 6.15 显示，粗组分主要在风成砂和砂黄土层中出现，而在古土壤层中很少出现，可能记录了地质历史时期的尘暴事件。细组分和中组分表现出了相反的变化趋势，呈明显的镜像关系（图 6.15）。这两个组分与相应的平均粒径之间的相关性显示，中组分（15.4 ～ 175.7 μm）与其对应的平均粒径之间的相关性明显高于细组分（0.3 ～ 15.4 μm），这可能表明中组分对气候变化较为敏感，反映了近地表风的变化，而细颗粒组分的变化可能受到了中颗粒组分以及成壤作用产生的细颗粒物质的影响。

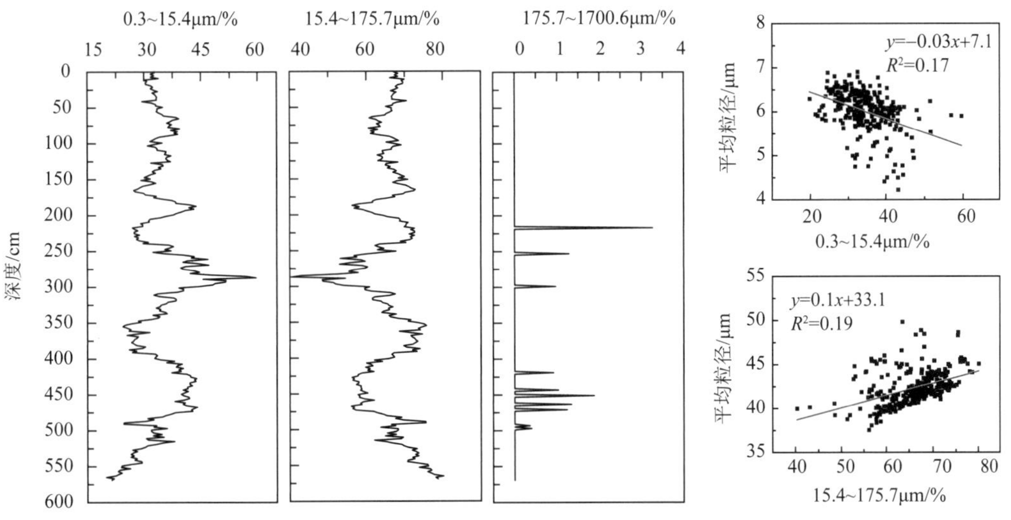

图 6.15 LZ 剖面不同粒级组分随深度的变化及各组分含量与其平均粒径的相关性

6.2.3 粒度端元分离结果

沉积物的沉积过程也是物质的混合过程，代表多种沉积过程的粒度组分混合后，在粒度频率曲线上表现为多峰分布的形态（Rea and Hovan，1995；Weltje，1997；Dietze et al.，2012）。作为多种沉积过程混合的沉积物，黄土中包含混合信息的粒度数据可以分解到若干由特定动力机制分选而来的端元（EM）（李帅，2018；刘浩，2018）。分离出来的这些粒度亚组分可以具体地揭示古大气环流以及古环境演化的历史，端元分离方法也逐渐发展成熟并得到了应用（Sun et al.，2004；Vandenberghe，2013）。

采用 Paterson 和 Heslop(2015) 改进的粒度端元分析方法，基于参数函数对整体粒度数据进行拟合处理，得到较为“纯净”的动力组分，即“参数端元方法”。为了确定合适的端元数量，Paterson 和 Heslop(2015) 引入原样品与拟合结果丰度之间的相关性 (R_1^2)、角度偏差 (θ) 和端元间的相关性 (R_2^2) 等参数，当 R_1^2 和 θ 趋于稳定，同时端元间的相关性 R_2^2 最低时，则该端元数值为最佳拟合端元数。为了数据处理的便捷，Paterson 和 Heslop(2015) 开发了端元处理的 Analysize 程序，可在 MATLAB 2014a 以上版本的软件中运行，其中包括多种参数端元计算方法，本节选择 Gen. Weibull 参数方法对风成沉积物的粒度进行端元处理。根据上述端元分离原则，将粒度端元模型的端元数量确定为 4 个，此时 R_1^2 值为 0.995(在 99.5% 的置信度上)，随后不再变化，表示总体拟合程度较好。从角度偏差来看，当端元数量为 4 时，角度偏差低于 5，且端元间的相关性整体较低 ($R_2^2 < 0.2$) (图 6.16)。4 个端元组分 EM1、EM2、EM3 和 EM4 对应的众数粒径分别为 8.1 μm、66.4 μm、127.0 μm 和 243.0 μm，随年代的变化见图 6.17。

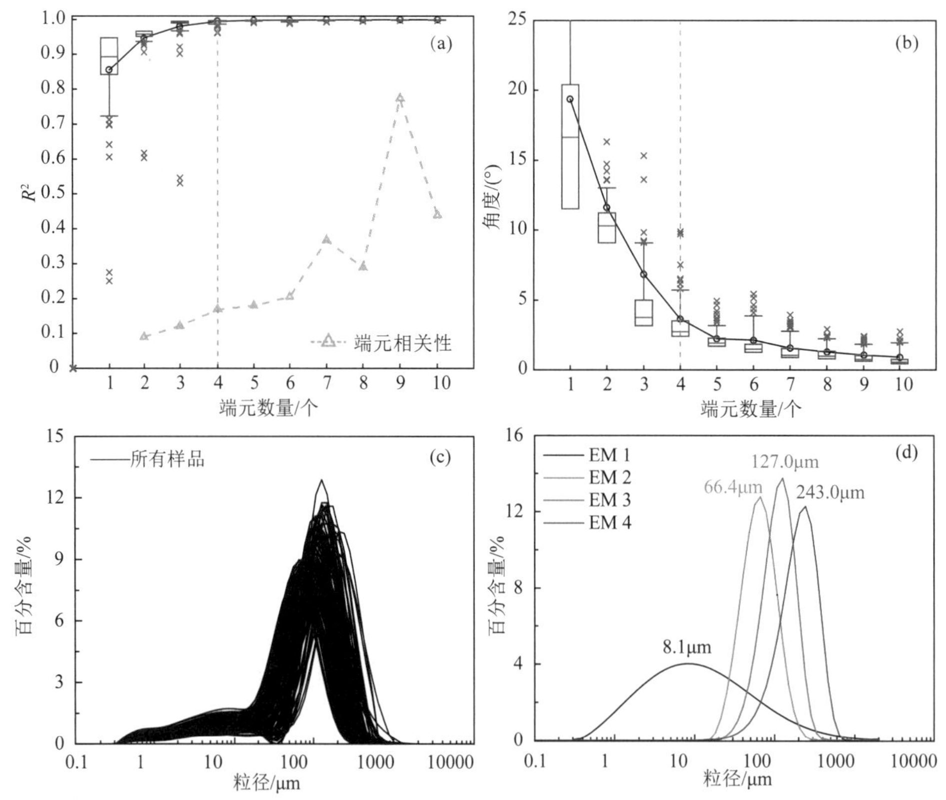

图 6.16　SGX 剖面参数化粒度端元数量的选取

Vandenberghe(2013) 通过归纳前人在东亚、中亚和欧洲黄土的粒度特征，分析了各组分众数粒径对应的沉积环境和动力过程。EM1 组分 (8.1 μm)：对应 Vandenberghe (2013) 提出的 1.c.2(2 ～ 10 μm) 的组分类型，该组分在黄土高原 (Vandenberghe et al.，

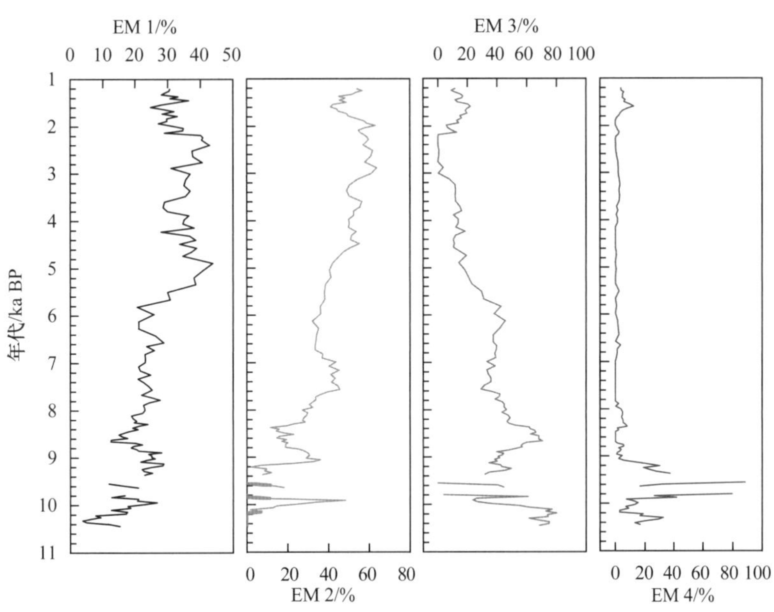

图 6.17　SGX 剖面沉积物粒度端元的变化

2004；Lebbink，2010）、青藏高原东北部（Qiao et al.，2006）和欧洲东部（Kovács，2008）黄土中也可以被辨识出来。这种极细粉尘主要不是由成壤作用形成的，而主要是风力远源搬运产生的（Lu et al.，2001；Guo et al.，2002；Vandenberghe et al.，2004），但通常被认为是受到了远源风力搬运（中纬度西风）和成壤作用的共同影响。由于 SGX 剖面风成沉积物的成壤作用极其微弱（见 6.1 节），因此 EM1 组分并不是在成壤风化作用中产生的，而主要是大气粉尘中较为稳定的背景值，反映了中纬度西风环流的信息（详细分析结果见 8.2.5 小节）。EM2 组分（66.4 μm）和 EM3 组分（127.0 μm）呈明显的镜像关系，这与 SGX 剖面的粒级 - 标准偏差分析结果一致（见 6.2.2 小节），即这两个组分可能反映了同一风动力的不同方面，可能共同反映了近地表风的变化。EM2 组分对应于 Vendenberghe(2013) 提出的 1.a 组分（约 75 μm）类型，该组分在河流阶地风成沉积物的粒度端元中较为常见，在中国湟水河（Vriend and Prins，2005；Vandenberghe et al.，2006）、黄河（Prins et al.，2009），塞尔维亚的多瑙河（Bokhorst et al.，2011），以及美国密西西比河（Jacobs et al.，2011）的河流阶地附近堆积的黄土沉积物中均为主要组分。EM2 的平均粒径为 58.7 μm，而平均粒径为 20 ～ 70 μm 的粉砂组分，在一般的尘暴中可上升至近地表几百米以内，搬运距离大概在 1000 km 以内，即 EM2 可能为河流沉积物近距离悬移搬运的组分。EM3 为高原近地表风的主要反映，EM2 则为近地表风（EM3）搬运过程中携带的相对细小的颗粒的变化。EM4 组分（243.0 μm）可能记录了高原尘暴的变化。综上所述，SGX 剖面沉积物的粒度端元分析揭示出雅鲁藏布江上游地区全新世以来，中纬度西风（EM1）逐渐增强，特别在约 6 ka BP 呈现出了明显的增加；近地表风强度（EM3）逐渐减弱；尘暴活动（EM4）在早全新世整体较强，而在中晚全新世整体较弱，在约 1.5 ka BP 有微弱的增加，这可能与人类活动造成的风沙活动增加有关。

根据端元分离原则，将 HZ 剖面粒度端元模型的端元数量确定为 2 个，此时 R_1^2 值为 0.99（在 99.0% 的置信度上），随后变化很小，表示总体拟合程度较好。从角度偏差来看，当端元数量为 2 时，角度偏差低于 5，且端元间的相关性几乎为零，即两个端元之间影响很低；而当端元数量为 3 时，两个端元之间的相关性急剧增强（$R_2^2 > 0.5$）（图 6.18）。

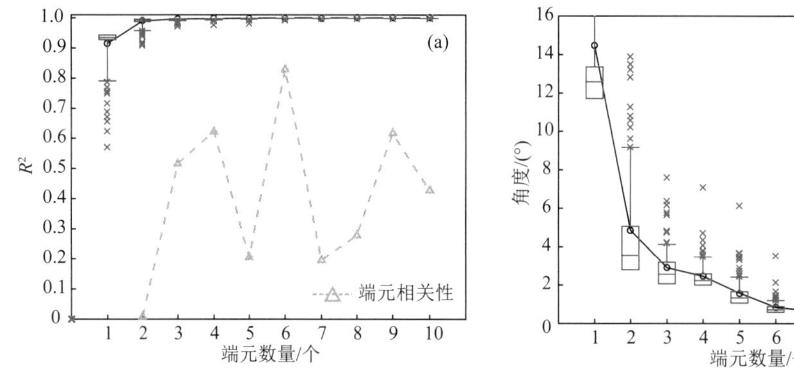

图 6.18　HZ 剖面参数化粒度端元数量的选取

分离出的端元组分 EM1 和 EM2 对应的众数粒径分别为 11.2 μm 和 56.5 μm（图 6.19）。根据 Vandenberghe（2013）的分类，HZ 剖面的 EM1 类似于 1.c.2（2 ～ 10 μm）的组分类型，即包含了高空西风远源运输的背景粉尘，但由于 HZ 剖面有较强的成壤作用（见 6.1 节），因此该组分是高空西风背景粉尘与成壤作用生成的细颗粒物质的叠加，致使该组分粗于 SGX 剖面 EM1（众数粒径为 8.1 μm）。EM2 组分对应 Vandenberghe（2013）提出的 1.b.1 的组分类型（44 ～ 65 μm），该组分类型总体上靠近沙漠源区，搬运距离相对有限，为数十千米。Sun 等（2003）在黄土高原的现代沙尘中提取出了相似的粒度组分，认为主要是由春夏季尘暴从近源搬运。以色列南部的内盖夫沙漠（Negev desert）中也提取出了该组分，属于近源搬运（沉积物从尼罗河裸露的三角洲吹至附近沙丘）(Crouvi et al., 2008)。因此，推断 EM2 组分可能反映了高原近地表风搬运的 HZ 剖面附近近源沉积物的变化。图 6.19 中端元的变化与粒级 - 标准偏差分析出的两个敏感组分的变化完全一致，这也表明了端元分离的可靠性。HZ 剖面沉积物粒度端元分析结果表明，10.5 ～ 9.8 ka BP 古土壤发育，近地表风较弱，至 9.8 ka BP 左右达到最大，9.8 ～ 5.6 ka BP 地层由风成砂向砂黄土和黄土转变，近地表风逐渐减弱，其中 6 ka BP 近地表风明显减弱。

根据端元分离原则，将 SY 剖面粒度端元模型的端元数量确定为 5 个，此时 R_1^2 值为 0.99（在 99.0% 的置信度上），随后变化很小，表示总体拟合程度较好。从角度偏差来看，当端元数量为 5 时，角度偏差低于 5，且端元间的相关性较低（图 6.20）。分离

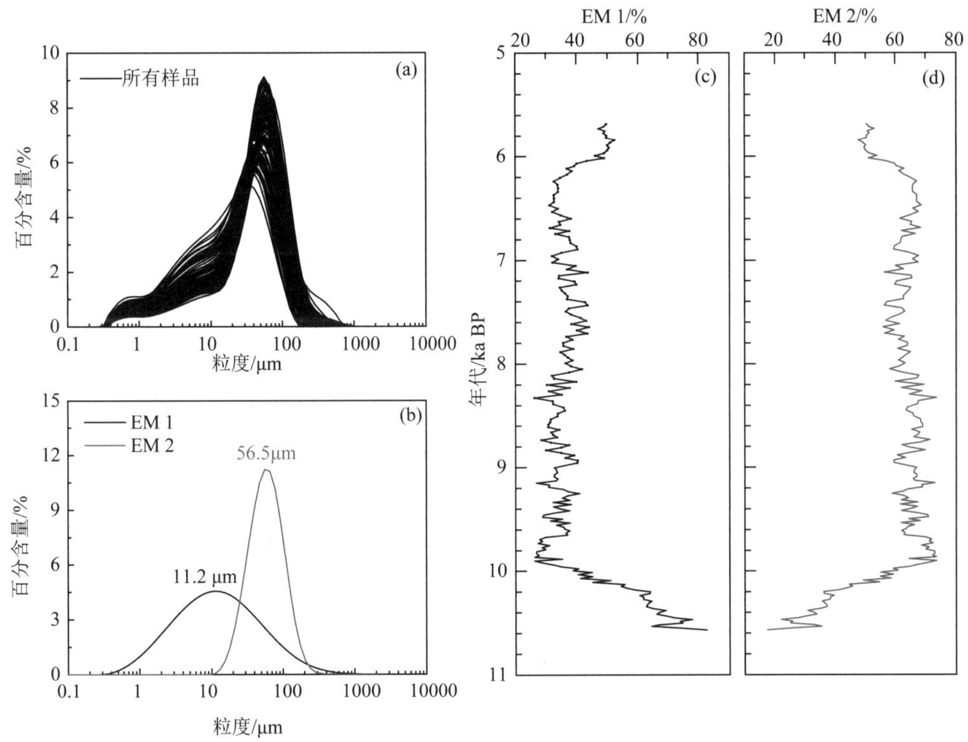

图 6.19　HZ 剖面沉积物粒度端元及其变化

出的 5 个端元组分 EM1、EM2、EM3、EM4 和 EM5 对应的众数粒径分别为 11.2 μm、48.0 μm、108.0 μm、243.0 μm 和 464.8 μm（图 6.20）。根据 Vandenberghe（2013）的分类，HZ 剖面的 EM1（11.2 μm）类似于 1.c.2（2 ～ 10 μm）的组分类型，即在高空西风远源运输的背景粉尘的基础上，由于 SY 剖面有较强的成壤作用（见 6.1 节），该端元并不能很好地反映单一的动力条件。EM2（48.0 μm）对应 Vandenberghe（2013）提出的 1.b.1 的组分类型（44 ～ 65 μm），可能反映了河流沉积物近距离悬移搬运的组分，即指示了近地表风的强度变化。EM3（108.0 μm）、EM4（243.0 μm）和 EM5（464.8 μm）可能反映了不同程度的尘暴的产生过程，众数粒径越粗，尘暴动力越强。

总体来看，SY 剖面沉积物粒度端元分析揭示出近地表风（EM2）在 11 ～ 10 ka BP 较强，10 ～ 8.4 ka BP 最弱且维持不变，8.4 ka BP 以来近地表风整体逐渐增强；风动力较弱的尘暴（EM3）在约 9.5 ka BP 以前较强，而在约 9.5 ka BP 以后较弱，尽管在约 7 ka BP 存在尘暴的强爆发；风动力中等的尘暴（EM4）在约 8 ka BP 以前较强，以后较弱且变化不大；风动力较强的尘暴（EM5）在 9.6 ～ 8.2 ka BP 较强，以后并不存在；EM3、EM4 和 EM5 的变化表明，早全新世尘暴较强，中晚全新世尘暴较弱甚至消失（图 6.21）。

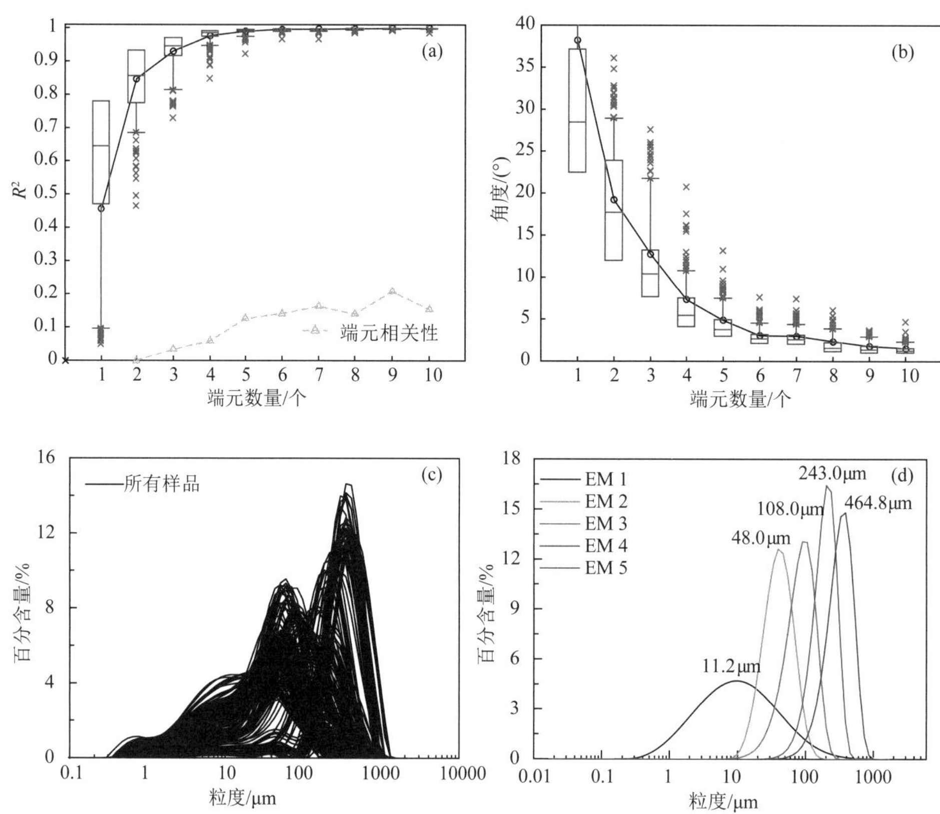

图 6.20　SY 剖面参数化粒度端元数量的选取

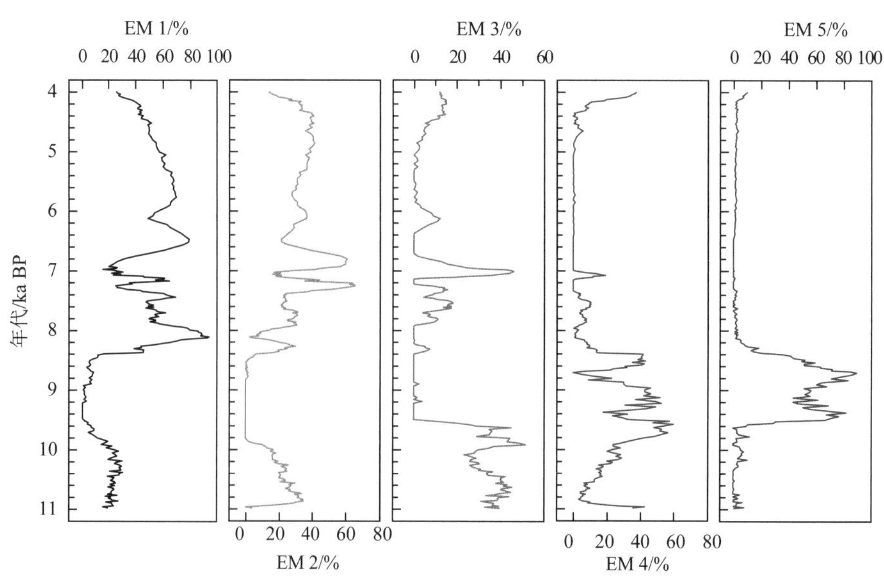

图 6.21　SY 剖面沉积物粒度端元及其变化

根据端元分离原则，我们将 LZ 剖面粒度端元模型的端元数量确定为 2 个，此时 R_1^2 值为 0.991（在 99.1% 的置信度上），随后变化很小，表示总体拟合程度较好。从角度偏差来看，当端元数量为 2 时，角度偏差低于 5，且端元间的相关性最低（图 6.22）。分离出的 2 个端元组分 EM1 和 EM2 对应的众数粒径分别为 8.1 μm 和 40.8 μm（图 6.23）。

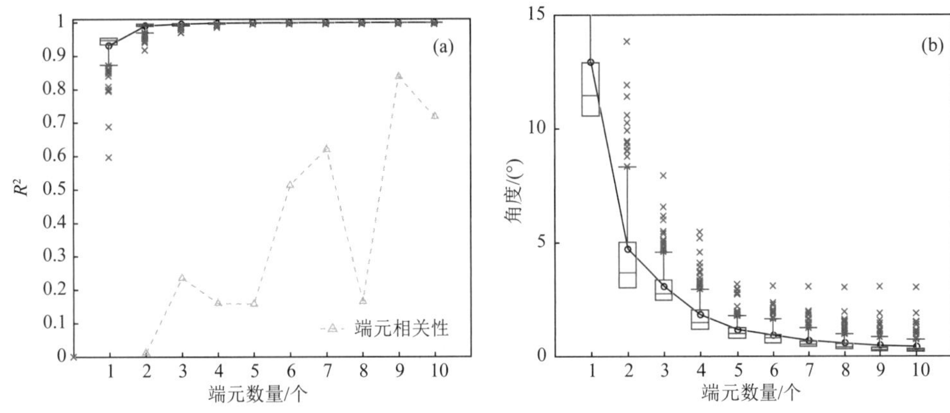

图 6.22　LZ 剖面参数化粒度端元数量的选取

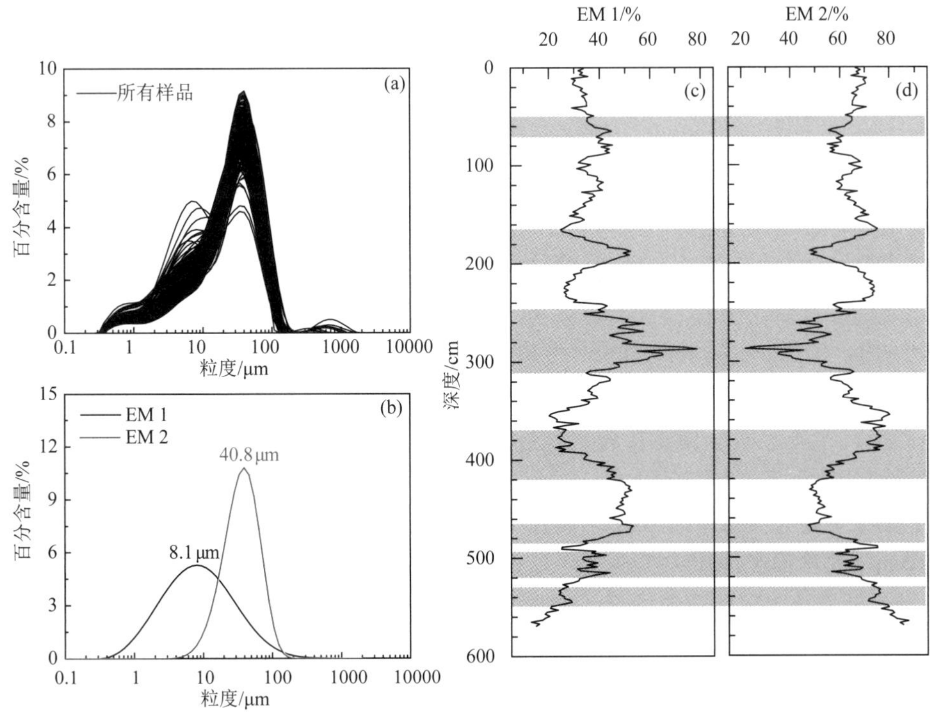

图 6.23　LZ 剖面沉积物粒度端元及其变化（灰色阴影代表古土壤层）

根据 Vandenberghe(2013) 的分类，LZ 剖面的 EM1(8.1 μm) 类似于 1.c.2(2 ～ 10 μm) 的组分类型，即包含了高空西风远源运输的背景粉尘，但由于 LZ 剖面成壤作用较强（见 6.1 节），因此该组分是高空西风背景粉尘与成壤作用生成的细颗粒物质的叠加。基于该剖面 χ_{fd}、χ_{fd}% 和 EM1 的相似性，认为成壤产生的细颗粒组分是控制 EM1 变化的主要原因。EM2(40.8 μm) 类似于 Vandenberghe(2013) 提出的组分 1.b.2(35 ～ 40 μm) 和组分 1.b.1(44 ～ 65 μm)，可能反映了河流沉积物近距离悬移搬运的沉积物，即指示了近地表风的强度变化。由图 6.23 可以看出，LZ 剖面成壤作用在古土壤中明显强于黄土，而近地表风在黄土中明显强于古土壤，即冰期近地表风较强，成壤作用弱，而间冰期成壤作用强，近地表风动力较弱。

6.3 元素特征

6.3.1 常量元素含量及组成

雅鲁藏布江中上游地区 4 个典型风成沉积剖面常量元素随深度的变化如图 6.24 所示。

SGX 剖面各常量元素含量在地层中的变化主要表现为：SiO_2 和 K_2O 在地层 185 ～ 360 cm 段呈高值，至 185 cm 处其值降低，随后呈微弱的增加趋势（自下往上，下同）；Al_2O_3 和 Fe_2O_3 的含量在地层中呈逐渐增加的趋势，这可能与地层上部黄土中对应的易溶元素的淋溶有关，造成了 Al 和 Fe 元素相对富集（尚媛等，2013)；CaO 和 Na_2O 的含量在地层 185 ～ 360 cm 段呈低值，至 185 cm 处其值增加，随后呈减小趋势，这可能反映了干湿变化。因为 Ca 和 Na 元素属于化学性质较为活泼的元素，在干旱条件下容易富集而在湿润条件下容易淋失（陈渭南等，1994)；MgO 随地层的变化并不明显。TiO_2、P_2O_5 和 MnO 也呈逐渐增加的趋势 [图 6.24(a)]。

HZ 剖面各常量元素在地层中的变化主要表现为，SiO_2 在地层中无明显变化；Al_2O_3、Fe_2O_3、K_2O、TiO_2、P_2O_5 和 MnO 的含量在地层下部古土壤层中呈高值，这可能与古土壤层湿热的环境条件相关，造成了元素的淋溶和富集；CaO 和 Na_2O 的含量在古土壤层中呈低值，而在 0 ～ 330 cm 中逐渐减少，二者的变化整体表明了剖面的干湿变化，其中古土壤层的低值是在湿热条件下 Ca 和 Na 元素淋溶造成的；MgO 的含量在地层中逐渐降低 [图 6.24(b)]。

SY 剖面各常量元素在地层中的变化主要表现为 Al_2O_3、Fe_2O_3、CaO、MgO、TiO_2、P_2O_5 和 MnO 的含量在地层中的变化一致，在砂黄土和风成砂层总体呈低值，至 300 cm 左右处增加至最高，随后逐渐减小；SiO_2、K_2O 和 Na_2O 含量的变化正好相反，在砂黄土和风成砂层总体呈高值，至 300 cm 左右处减小至最低，随后逐渐增加 [图 6.24(c)]。

LZ 剖面各常量元素在地层中的变化主要表现为 Al_2O_3、Fe_2O_3、K_2O、MgO、TiO_2、MnO 的含量在地层中的变化一致，在古土壤层中整体表现为高值，而在黄土、砂黄土和风成砂层整体表现为低值；SiO_2、CaO、Na_2O 和 P_2O_5 的含量在古土壤层中整体表现为低值，在黄土、砂黄土和风成砂层整体表现为高值 [图 6.24(d)]。

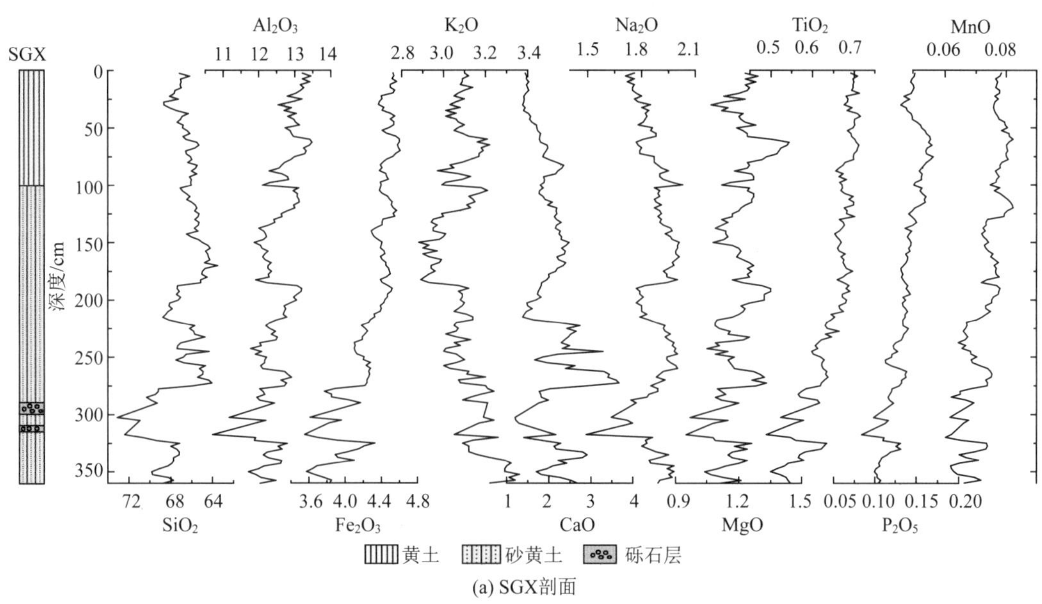

(a) SGX剖面

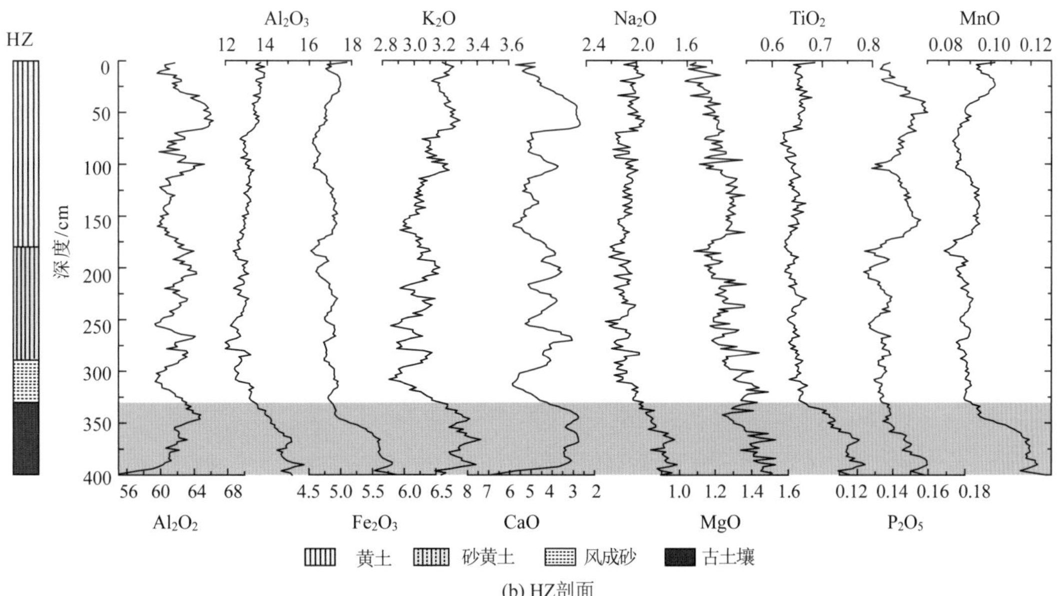

(b) HZ剖面

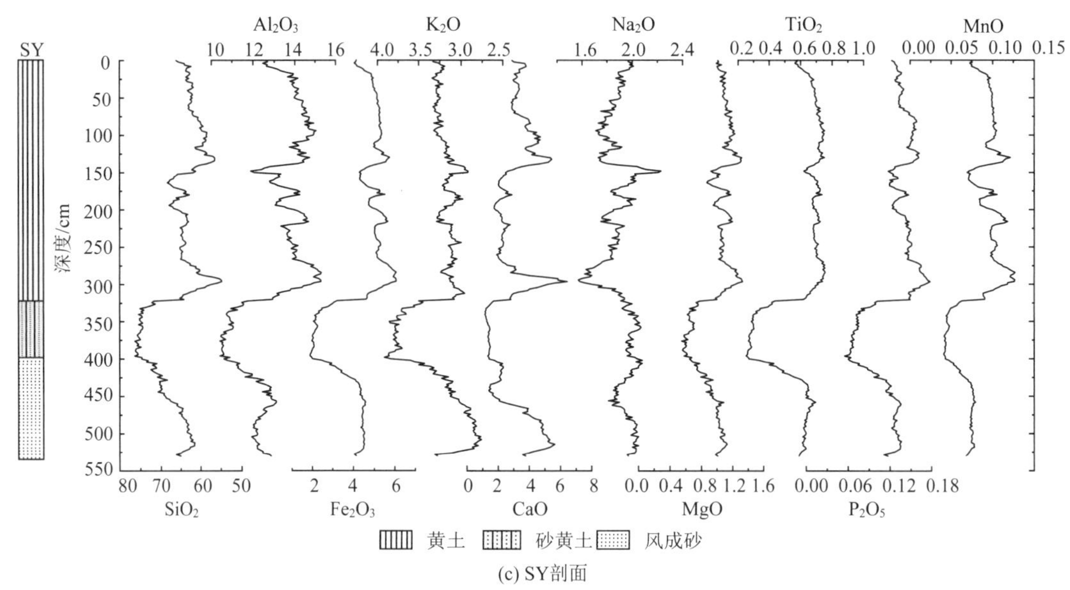

(c) SY剖面

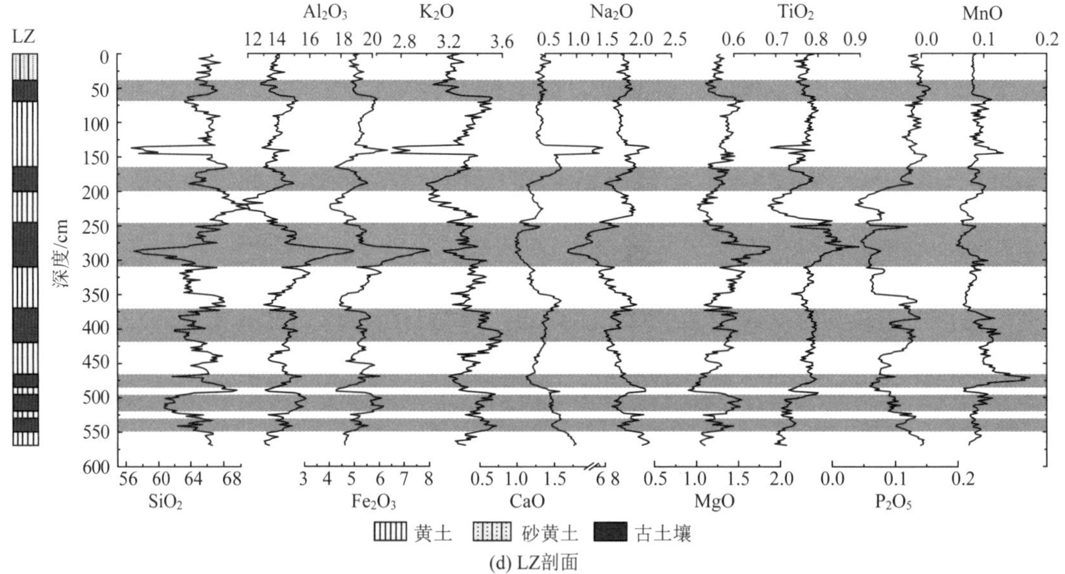

(d) LZ剖面

图 6.24　雅鲁藏布江中上游地区 SGX、HZ、SY 和 LZ 剖面常量元素随深度的变化（单位：%）

表 6.3 统计了雅鲁藏布江中上游地区自西向东 4 个风成沉积剖面的常量元素丰度。结果表明，雅鲁藏布江中上游地区风成沉积物的平均化学组成相似，以 SiO_2（均值范围为 61.26% ～ 66.80%，平均 64.68%）和 Al_2O_3（均值范围为 12.55% ～ 14.21%，平均 13.31%）为主，其次为 Fe_2O_3（均值范围为 4.30% ～ 5.25%，平均 4.76%）和 K_2O（均值范围为 3.09% ～ 3.31%，平均 3.18%），CaO、Na_2O 和 MgO 的含量接近，均值范围为 1.00% ～ 4.61%（平均 1.94%），TiO_2、P_2O_5 和 MnO 的含量最低，均值范围为 0.07% ～ 0.77%（平均 0.30%）。

表 6.3　雅鲁藏布江中上游地区不同剖面风成沉积物常量元素含量　（单位：%）

剖面	参数	SiO_2	Al_2O_3	Fe_2O_3	K_2O	CaO	Na_2O	MgO	TiO_2	P_2O_5	MnO
SGX	范围	63.5 ～ 73.12	10.7 ～ 13.48	3.55 ～ 4.61	2.88 ～ 3.36	1.20 ～ 3.67	1.49 ～ 2.03	0.95 ～ 1.44	0.49 ～ 0.71	0.08 ～ 0.22	0.06 ～ 0.08
	均值	66.80	12.55	4.30	3.09	2.04	1.87	1.20	0.65	0.14	0.07
HZ	范围	51.95 ～ 68.34	11.98 ～ 15.97	4.53 ～ 6.39	2.63 ～ 3.42	1.41 ～ 10.14	1.66 ～ 2.25	1.03 ～ 1.67	0.62 ～ 0.79	0.12 ～ 0.16	0.08 ～ 0.18
	均值	61.26	13.40	5.04	3.10	4.61	2.01	1.30	0.67	0.14	0.10
SY	范围	54.81 ～ 76.40	10.41 ～ 15.30	1.89 ～ 6.07	2.76 ～ 3.92	1.15 ～ 6.44	1.57 ～ 2.23	0.55 ～ 1.33	0.25 ～ 0.76	0.05 ～ 0.18	0.04 ～ 0.13
	均值	65.40	13.09	4.46	3.23	2.94	1.90	1.00	0.61	0.13	0.08
LZ	范围	56.68 ～ 70.84	11.65 ～ 18.81	4.05 ～ 8.00	2.72 ～ 3.60	0.98 ～ 7.61	0.86 ～ 2.15	0.9 ～ 1.88	0.68 ～ 0.90	0.04 ～ 0.16	0.06 ～ 0.17
	均值	65.27	14.21	5.25	3.31	1.43	1.67	1.30	0.77	0.10	0.09
中国黄土	均值	66.40	14.20	4.81	3.01	1.02	1.66	2.29	0.73	0.15	0.07
上部陆壳	均值	66.00	15.20	5.00	3.40	4.20	3.90	2.20	0.50	0.50	0.06

注：SGX 剖面不包含两层砾石层数据。中国黄土数据引自陈骏等（2001），上部陆壳数据引自 Taylor 和 McLeennan（1985）。

四个风成沉积剖面的 Al_2O_3、K_2O、CaO、Na_2O、MgO 和 P_2O_5 含量大多低于上部陆壳各氧化物含量，指示上述 6 个氧化物含量相对上部陆壳呈亏损状态；TiO_2 和 MnO 的含量均高于上部陆壳，指示这两个氧化物含量相对上部陆壳呈富集状态；而 SiO_2 和 Fe_2O_3 的含量与上部陆壳相比并无明显亏损和富集，SiO_2 含量除 SGX 剖面略高于上部陆壳含量 (66%) 之外，其余剖面均低于上部陆壳含量，HZ 和 LZ 剖面 Fe_2O_3 含量略高于上部陆壳含量，SGX 和 SY 剖面 Fe_2O_3 含量低于上部陆壳含量。实际上，中国黄土各常量元素的含量代表了风成沉积经历长期搬运和分选之后的平均状态，可能也代表了上部陆壳的含量（陈骏等，2001）。

6.3.2 常量元素 UCC 标准化

雅鲁藏布江中上游地区 4 个风成沉积剖面的常量元素经上部陆壳 (UCC) 平均化学成分标准化后的结果如图 6.25 所示，不同剖面常量元素相对于 UCC 平均化学成分 (Taylor and McLennan，1985) 存在不同程度的亏损和富集。

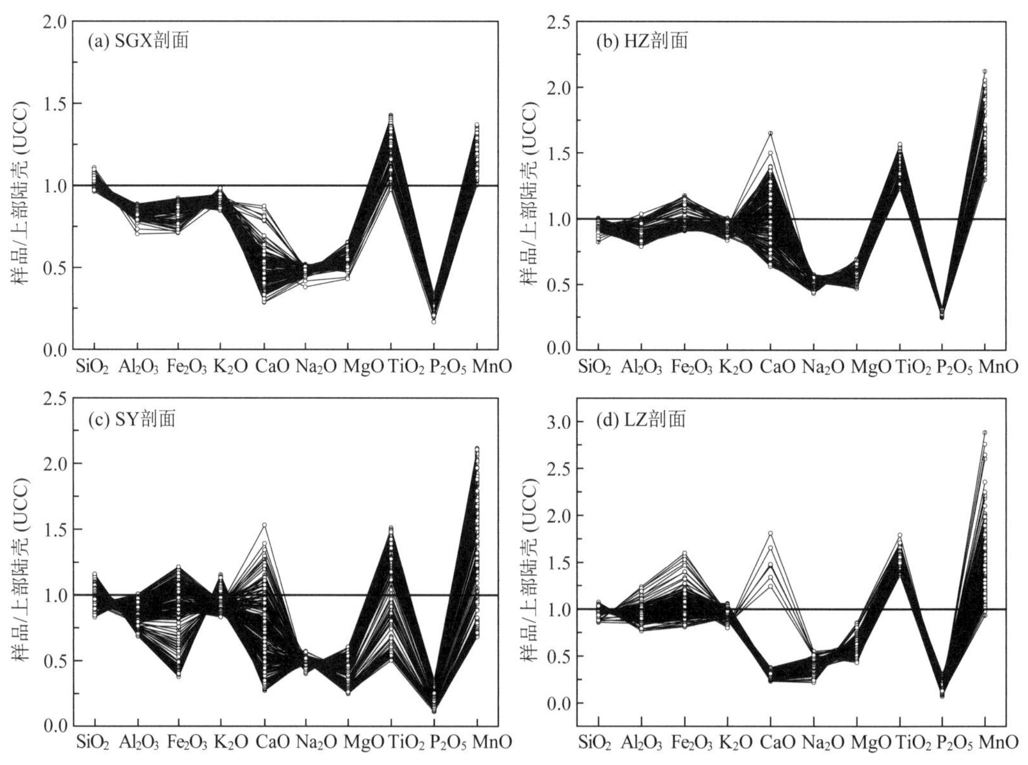

图 6.25 雅鲁藏布江中上游地区 4 个剖面常量元素 UCC 标准化

具体地，SGX 剖面中 SiO_2 含量几乎和 UCC 相同且变化范围十分狭窄，反映了雅鲁藏布江上游风成沉积物与广大的上部陆壳之间的成因联系；Al_2O_3、Fe_2O_3、K_2O、CaO、Na_2O、MgO 和 P_2O_5 的含量均低于 UCC 平均含量，即上述元素存在明显的亏损特征，特别是 CaO、Na_2O、MgO 和 P_2O_5 四种氧化物含量明显偏离 UCC 平均含量，表明雅鲁藏布江上游风成沉积物可能遭受了较为强烈的侵蚀和搬运，不稳定元素淋失；TiO_2 和 MnO 的含量高于 UCC 平均含量，这可能是由于 Ti 元素和 Mn 元素通常较为稳定，在沉积物搬运过程中易于富集。

HZ 剖面中 SiO_2、Al_2O_3、Fe_2O_3 和 K_2O 的含量与 UCC 相近且变化幅度较小，CaO 含量在 UCC 附近波动，但变化幅度较大，也在一定程度上表明了雅鲁藏布江中游沉积物与上部陆壳之间的成因联系；Na_2O、MgO 和 P_2O_5 三种氧化物含量明显低于 UCC 平均含量，即雅鲁藏布江中游风成沉积物同样遭受了较为强烈的侵蚀和搬运，不稳定元素淋失；TiO_2 和 MnO 的含量高于 UCC 平均含量，但变化幅度较大。相似地，SY 剖面中 SiO_2、Al_2O_3、Fe_2O_3、K_2O 和 CaO 的含量与 UCC 相近，但变化幅度较大（明显大于 HZ 剖面中各元素的变化）；Na_2O、MgO 和 P_2O_5 三种氧化物含量明显低于 UCC 平均含量，即沉积物在侵蚀作用下元素明显亏损；TiO_2 和 MnO 的含量在 UCC 附近波动，但变化幅度较大。

LZ 剖面中 SiO_2、Al_2O_3、Fe_2O_3 和 K_2O 的含量与 UCC 相近且变化幅度较小，指示了雅鲁藏布江中游林芝地区风成沉积物与上部陆壳之间的成因联系；CaO、Na_2O、MgO 和 P_2O_5 四种常量元素明显低于 UCC 平均含量，表明雅鲁藏布江中游林芝地区风成沉积物受到了强烈的淋溶和迁移，元素整体亏损；TiO_2 和 MnO 的含量高于 UCC 平均含量，但变化幅度较大。

总体来看，相比于 UCC 平均含量，雅鲁藏布江上游风成沉积物（以 SGX 剖面为代表）受到了较为强烈的长期侵蚀和搬运，元素具有明显的亏损特征，元素变化幅度较小；雅鲁藏布江中游地区风成沉积物（以 HZ 剖面、SY 剖面和 LZ 剖面为代表）与上部陆壳之间存在明显的成因联系，受到侵蚀和淋溶过程的影响，沉积物元素同样存在迁移淋失特征，可能由于短距离搬运、风成物质混合不均，各常量元素大多在 UCC 附近波动且变化幅度较为明显。

6.3.3　微量元素含量及组成

雅鲁藏布江 4 个典型剖面微量元素随深度的变化如图 6.26 所示。SGX 剖面各微量元素含量在地层中的变化（自下往上，下同）主要表现为，Ba、Co、Ni 和 Rb 元素呈逐渐减少的趋势，V、Y、Zn 和 Zr 元素呈逐渐增加的趋势，而 Cr、Cu 和 Sr 元素的变化并不明显［图 6.26(a)］。HZ 剖面：Ba、Cr、Cu、Ni、V 和 Sr 元素呈逐渐减少的趋势，在古土壤层中含量较高；Rb 和 Zn 元素在古土壤层中呈高值，而在其他层位呈低值且无明显变化；Co 元素总体呈增加的变化趋势，在古土壤中呈相对低值；Y 和 Zr 元素并无明显变化［图 6.26(b)］。SY 剖面：Cr、Cu、Ni、V、Y、Zn 和 Zr 元素的变化一致，0 ～ 300 cm 逐渐减少，而在砂黄土和风成砂层中呈相对的低值；Co、Rb 和 Sr 元素相反，在 0 ～ 300 cm 呈微弱的增加趋势，而在砂黄土和风成砂层中呈相对的高值；Ba 元素在地层中先增加后减少［图 6.26(c)］。LZ 剖面：Cr、Cu、Ni、Rb、V 和 Zn 元素在古土壤层中呈高值，而在黄土、砂黄土和风沙层呈低值，Zr 元素反之，其他元素无明显变化［图 6.26(d)］。

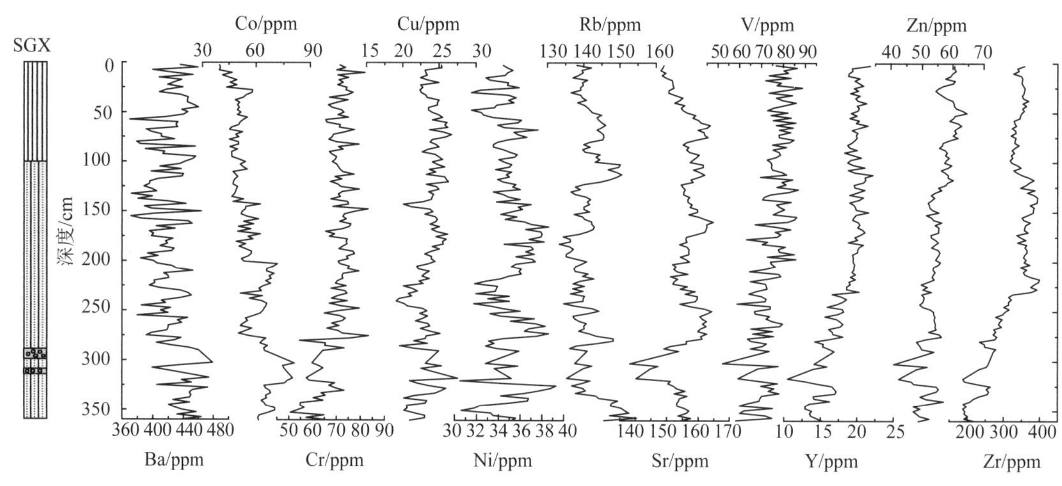

(a) SGX剖面

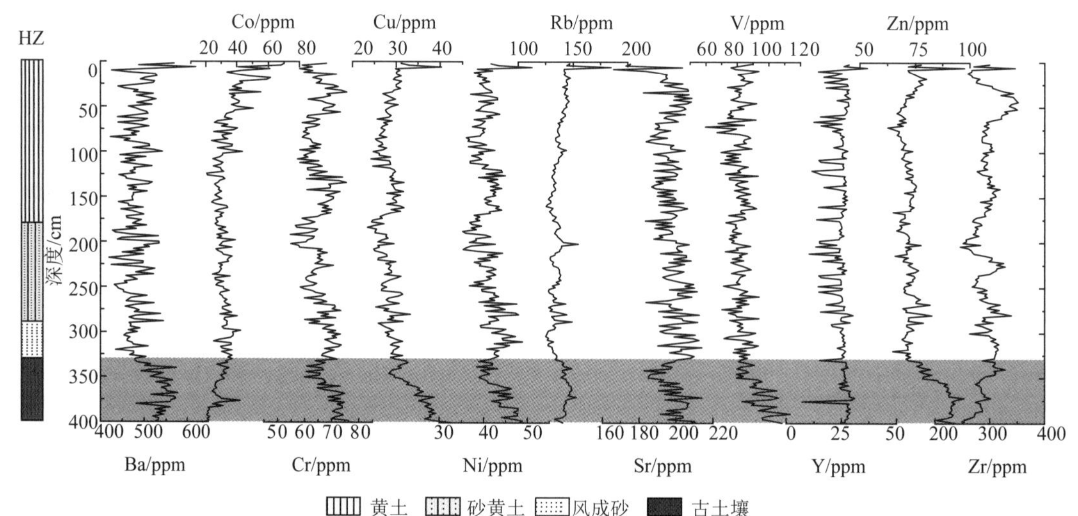

(b) HZ剖面

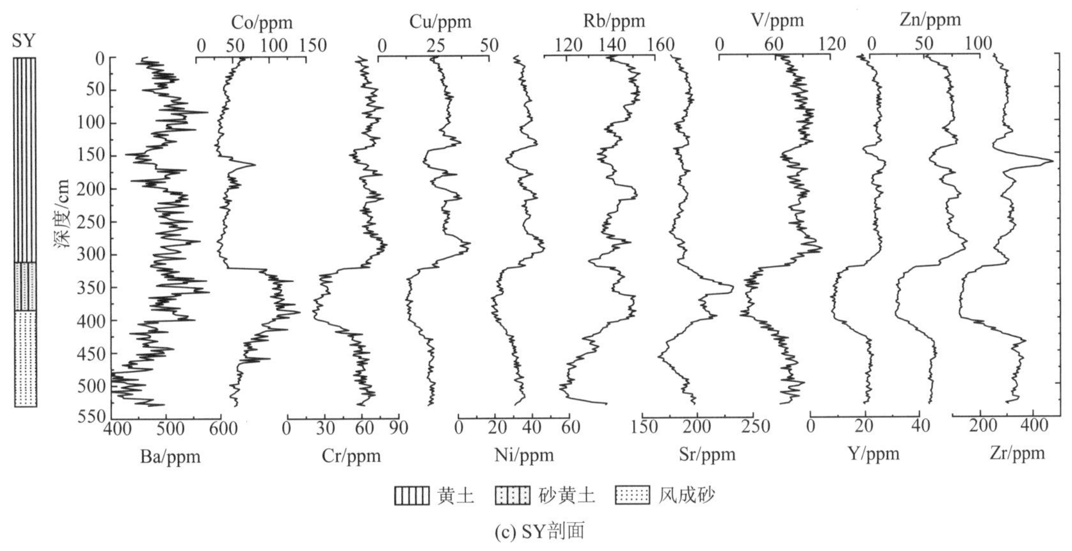

(c) SY剖面

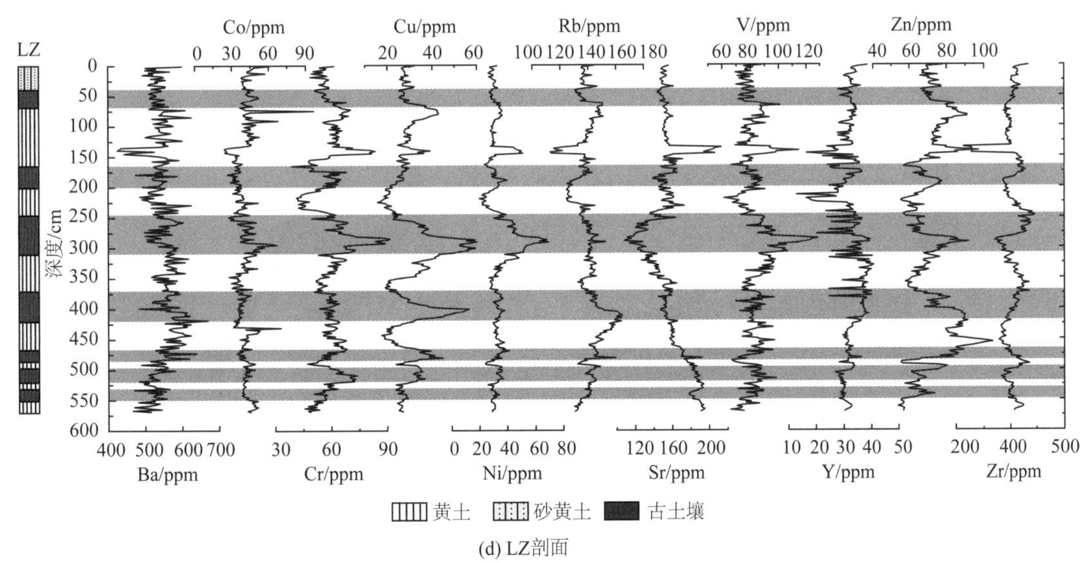

(d) LZ剖面

图 6.26　雅鲁藏布江中上游地区 4 个剖面微量元素随深度的变化

6.3.4　微量元素 UCC 标准化

雅鲁藏布江中上游地区 4 个风成沉积剖面的微量元素经上部陆壳平均化学成分标准化后的结果如图 6.27 所示，不同剖面微量元素与 UCC 平均化学成分（Taylor and McLennan，1985）的亏损和富集程度相似。整体上，微量元素 Co、Cr、Ni、Rb、V 和 Zr 相比于 UCC 平均化学组成呈富集状态，Ba 和 Cu 元素与 UCC 相近，Sr、Y 和 Zn 元素相比于 UCC 明显亏损，表明雅鲁藏布江中上游地区风成沉积物可能遭受了较为强烈的侵蚀和搬运，Sr 等易迁移元素流失，Rb 等不易迁移的元素富集。此外，雅鲁藏布江上游地区风成沉积物（以 SGX 剖面为代表）各微量元素相对于 UCC 的变化幅度明显集中，而雅鲁藏布江中游地区风成沉积（以 HZ 剖面、SY 剖面和 LZ 剖面为代表）各微量元素的波动幅度相对分散。上述结果表明，雅鲁藏布江中上游地区整体受到了较为强烈的侵蚀和搬运，易溶性元素流失；雅鲁藏布江中游地区相对上游地区风成沉积物混合不均一，导致各常量元素相对于 UCC 平均含量波动较大。

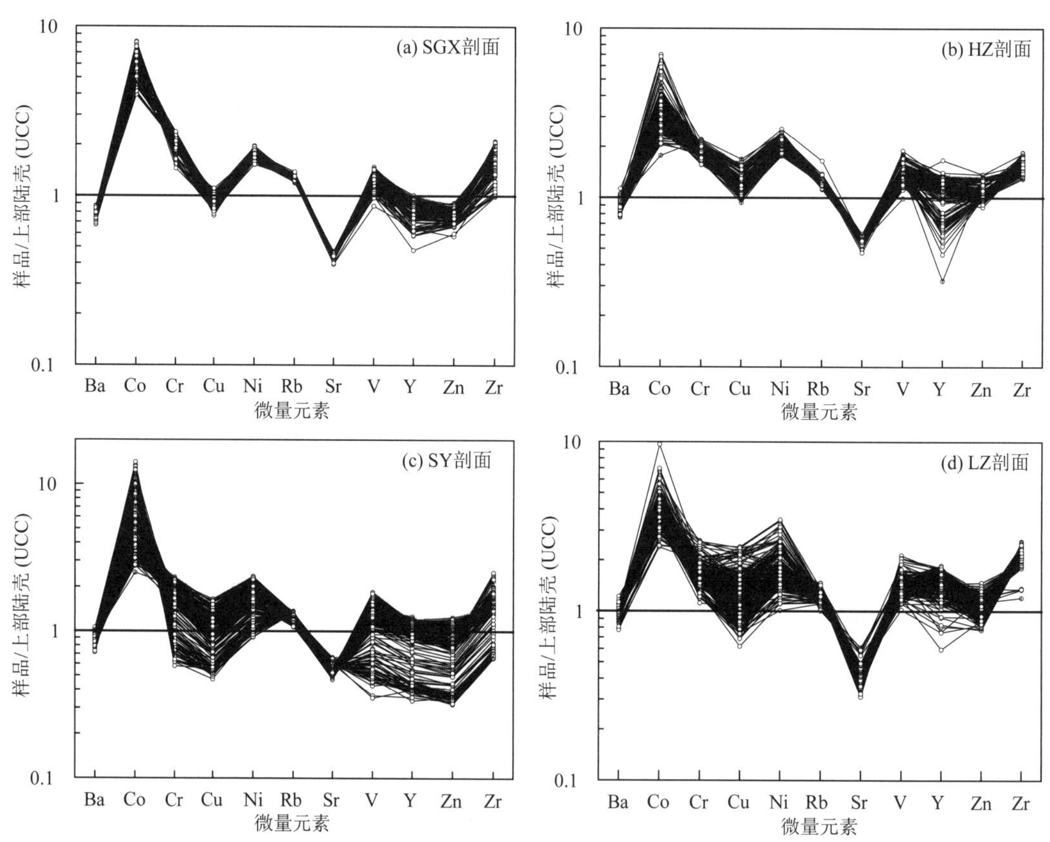

图 6.27 雅鲁藏布江中上游地区 4 个剖面微量元素 UCC 标准化

6.3.5 地球化学元素及相关图解揭示的化学风化特征

1. 化学风化指标

风化程度的强弱与气候环境的变化密切相关，通常化学风化程度的强弱与温度和降水相关 (Nesbitt and Young，1982；陈骏等，2001)。地层中化学元素及其比值的变化实际上反映了地层沉积环境的演化过程，被广泛应用于古气候研究。如前所述，尽管雅鲁藏布江表土沉积物的化学风化指标存在明显粒径效应，而 Yang 等（2021）的研究表明雅鲁藏布江中上游地区风成沉积剖面的 Rb/Sr 值和 Na/K 值无明显的粒径效应，仍可以较好地反映气候变化的信息。鉴于 CIA 值与 Rb/Sr 值和 Na/K 值的变化具有良好的相似性，本节使用这 3 种化学风化指标揭示研究区风成沉积记录的化学风化强度的变化。

具体而言，SGX 剖面风成沉积物 CIA、Rb/Sr 和 Na/K 3 个参数值随地层的变化一致（图 6.28），在剖面底层（185 cm 以下）虽有波动，但化学风化程度整体较强，185 cm 处化学风化强度明显降低，185 cm 以上化学风化强度逐渐增强。HZ 剖面风成沉积物 3 个化学风化指标变化整体一致，剖面底部古土壤层（330 cm 以下）化学风化强度呈高值，风成砂层化学风化强度明显降低，随后化学风化强度自下而上逐渐增加。SY 剖面风成

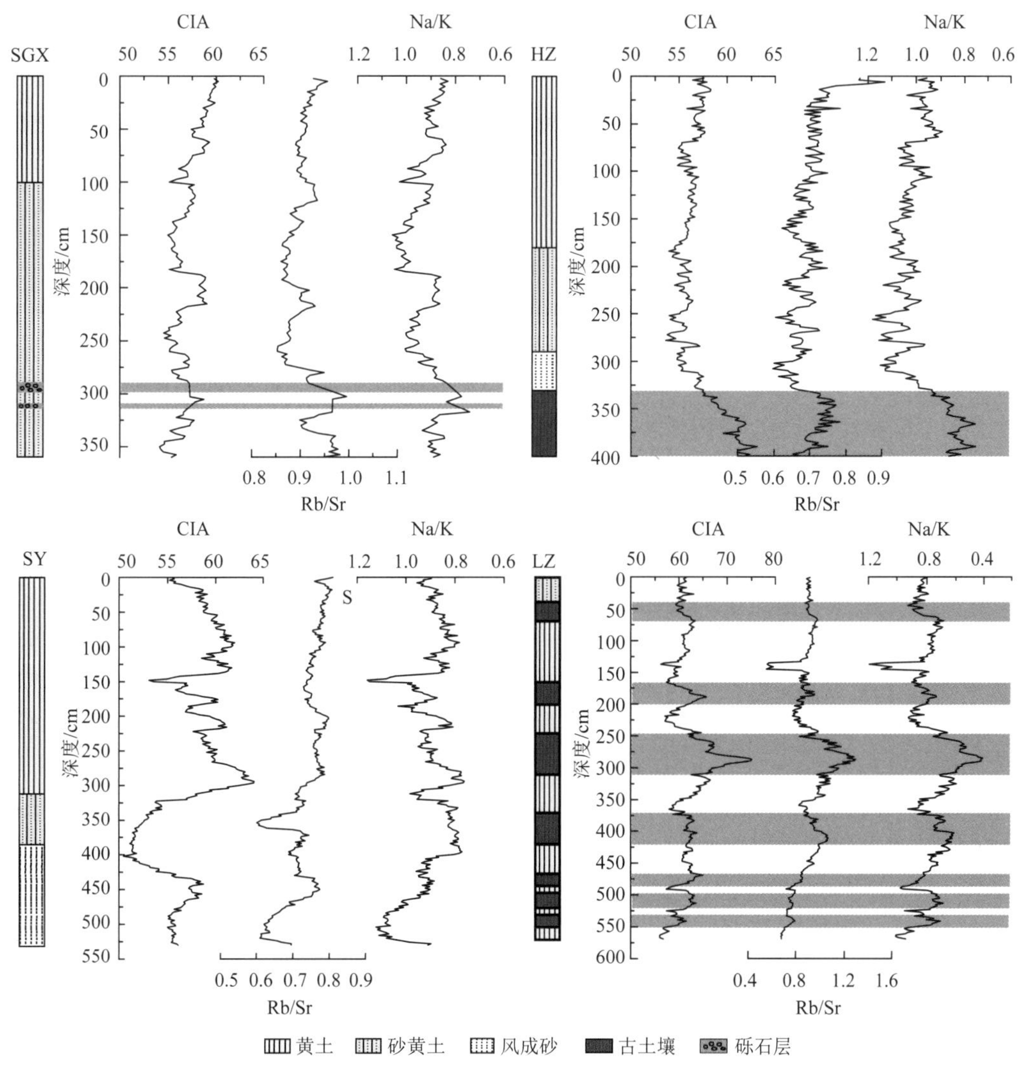

图 6.28　雅鲁藏布江中上游地区 4 个剖面的化学风化特征

沉积物3个化学风化指标反映的风化强度的变化趋势并不一致。CIA值在剖面底部（300 cm以下）呈低值，300 cm左右CIA值最高，随后CIA值自下而上逐渐降低，反映了化学风化强度弱—强—弱的变化趋势；Rb/Sr值随剖面逐渐增加，即化学风化强度逐渐增强；Na/K值在400 cm以下呈高值，400 cm左右呈低值，随后比值自下而上逐渐增高，反映了化学风化强度弱—强—弱的变化趋势。CIA值和Na/K值反映的风化强度的变化趋势大体一致，而与Rb/Sr的变化明显不同，这可能是由于Rb/Sr值受到了其他因素，如物质来源和更强的粒度效应的影响（Xiong et al.，2010）。LZ剖面风成沉积物3个化学风化指标反映的风化强度呈现出了一致的变化趋势，风化强度在古土壤层整体较高，在风成砂、黄土和砂黄土层整体呈低值，特别是第三层古土壤层风化强度最高。

上述剖面3个化学风化参数的变化实际上反映了地质历史时期气候的变化，如温湿组合的演化历史。尽管化学风化强度的变化可能受到了局部沉积环境的影响（如SY剖面），但LZ剖面化学风化强度与古土壤分布的一致性表明上述3个风化指标是反映气候变化的可靠指标。结合SGX剖面和HZ剖面的年代结果（详细年代结果见7.2.2小节及“数据说明”部分），可以推断雅鲁藏布江中上游地区早全新世化学风化强度较高，中全新世化学风化强度降低，随即逐渐增强的变化趋势，进而反映了全新世气候的干湿变化。

2. A-CN-K图解

根据长石淋溶实验、矿物稳定性热力学及质量平衡原理，Nesbitt和Young（1982）提出的A-CN-K三角模型可以反映大陆化学风化趋势以及化学风化过程中主成分和矿物的变化（图解的详细介绍见5.3.1小节）。将雅鲁藏布江中上游地区4个风成沉积剖面的沉积物化学组成分析结果分别投影在A-CN-K三角图中，并与上部陆壳（UCC）、陆源页岩及中国黄土的分析结果进行对比。从图6.29中可以看出，4个风成剖面的沉积物组合点均分布在UCC的风化趋势线上，其中SGX剖面风成沉积物的组合点集合位于UCC与中国黄土之间，CIA值多低于60；HZ剖面和SY剖面风成沉积物的组合点也位于UCC与中国黄土之间且部分样品接近中国黄土，CIA值部分低于60，但也有部分样品CIA值在60～70；LZ剖面风成沉积物的组合点位于中国黄土与陆源页岩附近，甚至部分样品超过了陆源页岩的风化结果，CIA值多数在60～80。这些特征首先反映了雅鲁藏布江上游附近SGX剖面风成沉积物物质组成的高度均一性，其化学组成受到的风化过程较为一致，而雅鲁藏布江中游地区（HZ剖面、SY剖面和LZ剖面）风成沉积物化学组成及经历的风化过程有所差异；此外，也说明雅鲁藏布江上游风成沉积物在相对干旱的气候条件下缺乏有效的化学风化过程，所经历的化学风化处于大陆风化的低级阶段，而雅鲁藏布江中游地区风成沉积物在气候条件逐渐变好的趋势下，化学风化多处于大陆风化的中等阶段，化学风化程度明显强于上游风成沉积物。

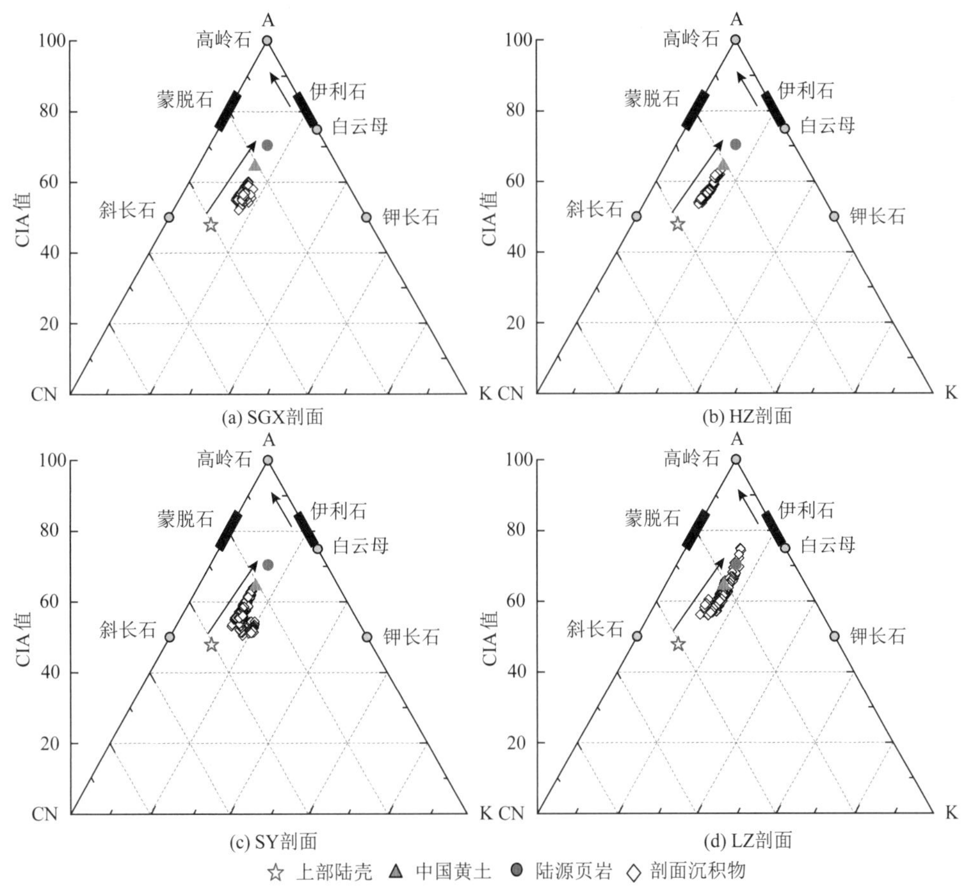

图 6.29　雅鲁藏布江中上游地区 4 个剖面风成沉积物的 A-CN-K 三角图

上部陆壳和陆源页岩数据引自 Taylor 和 McLennan（1985），中国黄土数据引自陈骏等（2001）

A：Al_2O_3；CN：CaO^*+Na_2O；K：K_2O

3. A-CNK-FM 图解

A-CN-K 图解通过碱金属元素和 Al 元素含量反映化学风化程度和矿物学变化，但无法反映其他金属元素的迁移特征和风化过程（董治宝等，2011）。A（Al_2O_3）-CNK（$CaO^*+Na_2O+K_2O$）-FM（Fe_2O_3+MgO）图解通过指示 Fe 和 Mg 元素的组成差异来反映沉积风化过程中元素的迁移和富集过程（Nesbitt and Young，1989；Fedo et al.，1995；董治宝等，2011）。图解中 FM 值的大小可以预测风化过程中含 Fe 和含 Mg 矿物的分解及元素流失方向。A-CNK-FM 图解（图 6.30）指示结果显示，雅鲁藏布江上游 SGX 剖面风成沉积物各元素的组成保持了高度的稳定性；雅鲁藏布江中游 HZ 剖面风成沉积物各元素组成同样较为一致，而 SY 剖面和 LZ 剖面中含 Fe 和 Mg 的组成变化较大，特别是 LZ 剖面风成沉积物碱金属含量和 Al 含量的变化均较大。这与 A-CN-K 图解所表达的结果相似，即雅鲁藏布江上游地区由于气候寒冷干旱，风化程度较弱，风成沉积物的化学组成具有很好的均质性，接近上部陆壳化学组成平均含量；而雅鲁藏布江中游，特别是林芝地区气候温暖湿润，化学风化程度普遍强于上游地区，同时含 Fe、Mg 等元素的铁镁质矿物（黑云母 + 角闪石）、碱金属和含 Al 矿物物理化学稳定性较差、矿物解理较为发育，导致矿物在沉积搬运过程中由于机械作用易于破碎和风化，造成剖面沉积物各元素组分较为分散，部分样品接近中国黄土甚至超过陆源页岩平均化学组成。

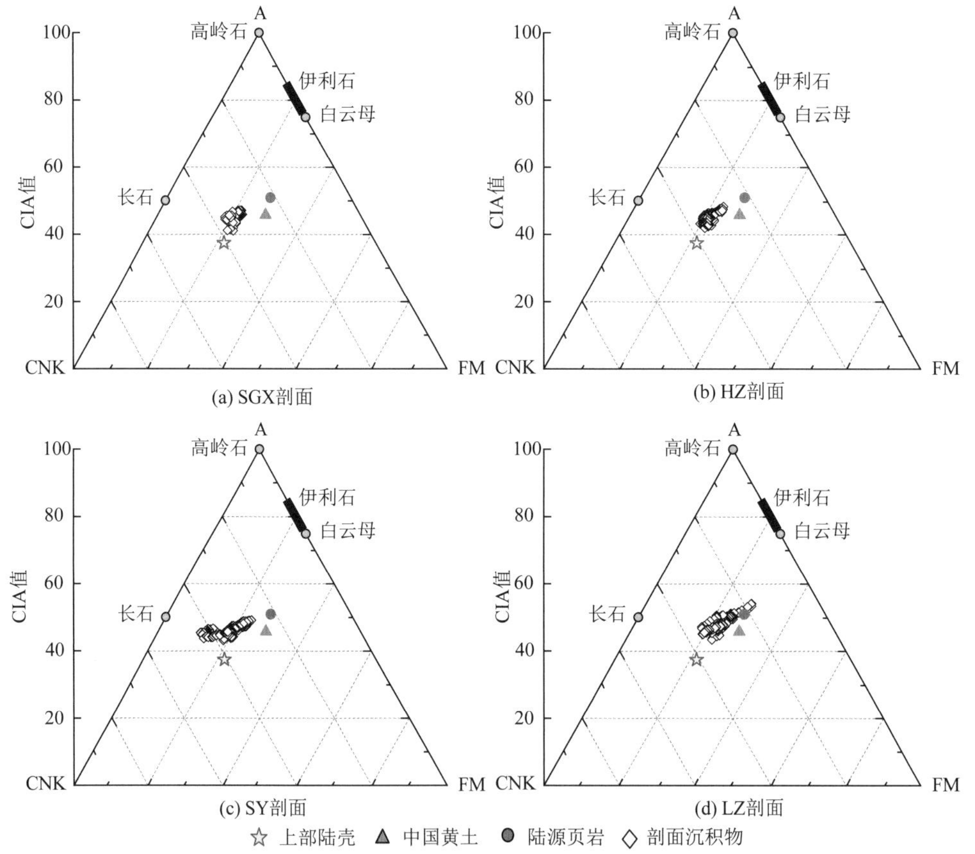

图 6.30 雅鲁藏布江中上游地区 4 个剖面风成沉积物的 A-CNK-FM 三角图

上部陆壳和陆源页岩数据引自 Taylor 和 McLennan (1985)，中国黄土数据引自陈骏等 (2001)

A：Al_2O_3；CNK：$CaO^*+Na_2O+K_2O$；FM：Fe_2O_3+MgO

6.4 色度特征

雅鲁藏布江中上游地区风成沉积物色度特征及其古气候意义尚缺乏报道。本节采用 CIELAB 表色系统的色度参数来表征土壤颜色，探讨雅鲁藏布江中上游地区 4 个风成沉积剖面沉积物的色度变化及其古气候意义，为研究青藏高原南部气候变化提供参考。

SGX 剖面 L^* 值的变化范围为 52.6 ～ 64.9，平均值为 56.2，亮度值自下而上逐渐降低；a^* 值的变化范围为 2.0 ～ 3.4，平均值为 2.8，红度值自下而上呈波动式逐渐增加趋势；b^* 值的变化范围为 9.4 ～ 13.4，平均值为 11.4，黄度值在剖面地层中并无明显变化趋势；b^*/a^* 值的变化范围为 3.5 ～ 5.6，平均值为 4.2，其比值与红度值随地层的变化相反，呈逐渐降低的趋势（图 6.31）。色度参数及其指示意义的详细解释见 5.4.1 小节。L^* 指示剖面全新世以来有机质 / 碳酸钙含量逐渐增加，气候趋于暖湿，a^* 通常指示赤铁矿含量有微弱的增加趋势，即剖面温度全新世以来呈微弱变暖趋势，b^* 通常指示气候在三段高值区较为湿润。然而，色度指标反映的这种气候变化信息与元素指标指示的化学风化强度的变化并不一致，表明雅鲁藏布江中上游地区色度等指标的气候指示意义较为复杂，仍有待进一步挖掘。因此，该区域古气候重建需要多指标共同论证。

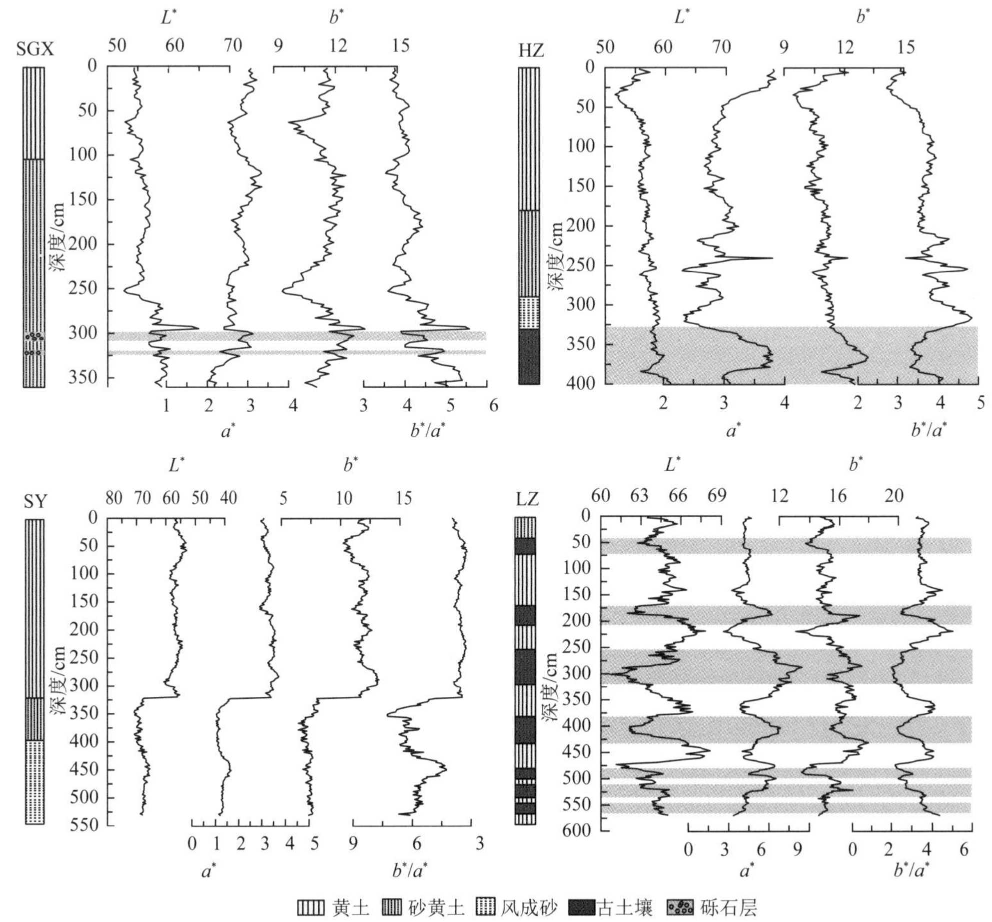

图 6.31　雅鲁藏布江中上游地区 4 个剖面风成沉积剖面亮度（L^*）、红度（a^*）和黄度（b^*）的变化

HZ 剖面 L^* 值的变化范围为 51.6 ～ 60.9，平均值为 56.7，亮度值自下而上逐渐降低；a^* 值的变化范围为 2.3 ～ 3.9，平均值为 3.0，红度值在古土壤层中呈高值，风成砂层呈

低值，随后逐渐增加；b^* 值的变化范围为 9.4 ～ 13.2，平均值为 11.0，黄度值总体呈逐渐降低趋势。b^*/a^* 值的变化范围为 2.7 ～ 4.8，平均值为 3.7，其比值在古土壤层呈低值，风成砂层呈高值，随后逐渐降低（图 6.31）。L^* 指示剖面早中全新世以来有机质 / 碳酸钙含量逐渐增加，气候趋于暖湿；a^* 指示早全新世赤铁矿含量较多，温度较高，至 330 cm 处温度突然降低，随后温度逐渐增高；b^* 指示气候逐渐干旱，早全新世湿度最强。总体来说，早全新世气候温暖湿润，随后至中全新世气候趋于暖湿。

SY 剖面 L^* 值的变化范围为 52.9 ～ 70.8，平均值为 61.1，亮度值在剖面 322 cm 以下呈高值，在 322 cm 以上呈低值；a^* 值的变化范围为 1.0 ～ 3.7，平均值为 2.5，红度值在 322 cm 以下呈低值，在 322 cm 以上呈高值；b^* 值的变化范围为 6.4 ～ 13.2，平均值为 10.1，黄度值与红度值变化一致，在 322 cm 以下呈低值，在 322 cm 以上呈高值；b^*/a^* 值的变化范围为 3.2 ～ 7.3，平均值为 4.4，其比值在 322 cm 以下呈高值，在 322 cm 以上呈低值（图 6.31）。总体来说，早全新世 (322 cm 以下）气候寒冷干旱，中全新世 (322 cm 以上）气候温暖湿润。

LZ 剖面 L^* 值的变化范围为 60.7 ～ 68.2，平均值为 64.6，亮度值在古土壤层中呈低值，在黄土层和砂黄土层呈高值；a^* 值的变化范围为 2.6 ～ 8.5，平均值为 5.0，红度值在古土壤层中呈高值，而在黄土层和砂黄土层呈低值；b^* 值的变化范围为 13.1 ～ 18.0，平均值为 15.6，黄度值在地层中并无明显的变化规律；b^*/a^* 值的变化范围为 2.0 ～ 5.0，平均值为 3.2，其比值在古土壤层中呈低值，在黄土层和砂黄土层呈高值（图 6.31）。总体来说，古土壤层气候暖湿，黄土层和砂黄土层气候冷干。

上述结果表明，L^* 和 a^* 能够较好地分别反映有机质含量和赤铁矿含量的变化，进而反映气候变化的信息，与剖面地层对应良好，而 b^* 的变化对气候信息反映不够灵敏。必须指出的是，对于更长时间尺度的黄土—古土壤序列而言，色度指标可以较好地指示气候变化，而对于短时间尺度，如全新世期间的沉积剖面，色度指标对气候变化的响应比较复杂，需要其他环境指标辅助论证。在进行古环境重建时，有必要结合现代过程及多种指标进一步明确各色度参数的指示意义，进而可靠地反演地质历史时期的气候环境变化。

6.5 剖面沉积物的理化性质对比及成因分析

在上述分析的基础上，本节着重探讨雅鲁藏布江中上游地区 4 个风成沉积序列剖面（自西向东依次为 SGX 剖面、HZ 剖面、SY 剖面和 LZ 剖面）的理化性质（包括环境磁学、粒度、地球化学和色度等指标）差异及其可能的成因。

反映成壤作用强弱的磁学性指标 χ_{fd}、χ_{ARM} 和 $\chi_{fd}\%$ 表明，风成沉积的成壤强度自西向东逐渐增强，SP/SD 附近的磁性颗粒和 SD 磁性颗粒的含量显著增加。然而，雅鲁藏布江中游地区 (HZ 剖面和 SY 剖面）沉积物的 χ_{lf} 最高，雅鲁藏布江上游的 SGX 剖面次之，而雅鲁藏布江中下游附近气候相对暖湿的 LZ 剖面最低，甚至低于气候相对冷干的 SGX 剖面。LZ 剖面低的 χ_{lf} 值并不符合该剖面强的成壤作用，这可能是由原生磁性矿物含量较低造成的，表明物源（或母质）对沉积物磁性的显著贡献。可以看出，雅鲁藏布江风成沉积物的磁学性质受成壤和物源的共同影响，尽管前者的贡献自西向东逐渐增加，但后者的贡献在不同区域可能存在差异。考虑到雅鲁藏布江中上游地区的广大区域及沉积物的近源成因，物源贡献的这种差异并不难理解。因此在利用沉积物的磁性参数重建古气候时，需要选取反映成壤作用强弱的指标而排除原生磁性矿物的影响。

就沉积物的粒度组成而言，4 个风成沉积剖面均以砂组分（> 63 μm）或砂组分与粉砂组分（4 ~ 63 μm）为主，与平均粒径的变化一致，表明粗颗粒含量的变化控制雅鲁藏布江中上游地区沉积物总体粒径的变化。4 个风成沉积剖面的环境敏感粒级提取结果表明，SGX 剖面、HZ 剖面和 SY 剖面 3 个全新世剖面存在细和粗两个环境敏感组分，而长时间尺度的 LZ 剖面存在三个环境敏感粒级，沉积时间的差别和复杂的局地环境可能造成了环境敏感组分的差异性。尽管存在差异，4 个剖面粗敏感粒度组分的标准偏差普遍明显高于细敏感组分，也指示粗颗粒的含量可能是较敏感的粒度指标，对沉积环境的变化响应更加直接。沉积物粒度端元分析结果表明，SGX 剖面可分离出 4 个端元组分，其中 EM1（8.1 μm）组分反映了中纬度西风环流的信息，EM2 组分（66.4 μm）和 EM3 组分（127.0 μm）可能共同反映了近地表风的变化，EM4 组分（243.0 μm）可能记录了高原尘暴的变化；HZ 剖面可分离出 2 个端元组分，其中 EM1（11.2 μm）是高空西风背景粉尘与成壤作用生成的细颗粒物质的叠加，而 EM2（56.5 μm）可能反映了高原近地表风的变化；SY 剖面可分离出 5 个端元组分，EM1（11.2 μm）可能反映了成壤和中纬度环流的信息，EM2（48.0 μm）可能反映了近地表风的强度变化，EM3（108.0 μm）、EM4（243.0 μm）和 EM5（464.8 μm）可能反映了不同程度的尘暴的产生过程；LZ 剖面可分离出 2 个端元组分，其中 EM1（8.1 μm）是高空西风背景粉尘与成壤作用生成的细颗粒物质的叠加，EM2（40.8 μm）反映了近地表风的强度变化。由于河谷区域环境的影响，不同地区沉积物粒度的组成、敏感组分粒径及沉积物端元组成存在差异，但仍可以看出粗颗粒组分受环境的影响较为单一，是反映近地表风强度的有效指标，而细粒径组分可能受到多种环境因素，如成壤作用和中纬度西风的影响，反映了叠加的环境信号。因此，在利用沉积物粒度反映具体气候信息时需要准确提取相应的粒度信号。

相比于 UCC 化学成分平均含量，雅鲁藏布江上游附近 SGX 剖面的元素具有明显的亏损特征且变化幅度较小，这可能受到了较为强烈的长期侵蚀和搬运作用，雅鲁藏布江中游地区 HZ 剖面、SY 剖面和 LZ 剖面的元素同样存在迁移淋失特征，但大多数常量元素在 UCC 附近波动且变化幅度较为明显，这可能是由短距离搬运、风成物质混合不均造成的，反映了河谷风成沉积物与上部陆壳之间存在明显的成因联系。微量元素也表现出了相似的规律，SGX 剖面各微量元素的变化幅度相对较小，而 HZ 剖面、SY 剖面和 LZ 剖面各微量元素的波动幅度相对较大，指示了雅鲁藏布江上游地区经历了长期的侵蚀和搬运，沉积物成分较为一致，而雅鲁藏布江中游搬运距离较短、物质混合不均，且受气候变化影响更为明显，元素波动较大。沉积物化学风化强度的变化可能受到了局部沉积环境的影响，如 SY 剖面不同风化强度指标之间甚至存在差异。

A-CN-K 图解和 A-CN-K 图解共同指示了自西向东逐渐增强的化学风化作用，这与研究区气候变化一致。

色度参数 L^* 和 a^* 可能较好地反映了有机质含量和赤铁矿含量的变化，与剖面地层对应较好，而 b^* 的变化对气候信息反映不够敏感。对于更长时间尺度的黄土—古土壤序列而言，色度参数可以很好地指示研究区气候变化，而对于短时间尺度，如全新世沉积剖面，受区域沉积环境的影响，色度参数对气候变化的响应比较复杂，需要其他环境指标辅助论证。

6.6 本章小结

本章系统分析了雅鲁藏布江中上游地区自西向东 4 个典型风成沉积剖面的磁学、粒度、元素和色度特征，探讨了不同指标蕴含的古环境信息，为青藏高原南部地区古气候、古环境重建提供了参考。主要得出如下初步结果。

(1) 雅鲁藏布江各剖面风成沉积物的磁滞回线形态高而瘦，在 300 mT 左右即趋于饱和，指示剖面沉积物以低矫顽力的亚铁磁性矿物为主。热磁曲线显示磁化强度在居里温度 580℃附近急剧下降，即指示样品中强磁性矿物以磁铁矿为主。S-ratio 表明除低矫顽力的磁铁矿和磁赤铁矿外，沉积物中还包含了少量的高矫顽力的赤铁矿和针铁矿。总体而言，风成沉积物的磁性颗粒以亚铁磁性矿物为主，同时包含部分顺磁性矿物。雅鲁藏布江中游地区的磁性矿物浓度通常高于上游地区，成壤强度自东向西也逐渐降低，SP/SD 边界的磁性颗粒和 SD 磁性颗粒的含量显著减少，进而导致磁性矿物粒径逐渐变粗。

(2) 总体而言，以砂组分为主的粗颗粒组分控制着剖面平均粒径的变化，反映了近地表风的变化趋势。粒级 – 标准偏差法提取的粒度环境敏感组分大致可分为细和粗两个敏感组分（二者在不同剖面中的具体粒径区间存在差异），且粗敏感粒度组分的标准偏差明显高于细敏感粒度组分，这也表明粗颗粒含量的变化是较敏感的粒度指标，对风动力的响应更加直接。对于 3 个全新世风成沉积剖面而言，粗颗粒组分的变化并无明显的一致性，这表明局地因素可能是影响粒度对风动力响应的重要因素，而对于长时间尺度的 LZ 剖面而言，粗颗粒组分的变化受局地因素的影响较小，可以很好地反映中游地区环境的变化。剖面粒度的端元分离也表明粗颗粒组分是高原近地表风的主要反映，同时揭示出沉积物粒度可能包含高空西风和高原尘暴的信号。

(3) 雅鲁藏布江中上游地区风成沉积物的化学组成具有相似性，以 SiO_2（平均 64.68%）和 Al_2O_3（平均 13.31%）为主，其次为 Fe_2O_3（平均 4.76%）和 K_2O（平均 3.18%），CaO、Na_2O 和 MgO 的含量接近（平均 1.94%），TiO_2、P_2O_5 和 MnO 的含量最低（平均 0.30%）。雅鲁藏布江上游风成沉积物受到了强烈的侵蚀和搬运，具有明显的亏损特征；雅鲁藏布江中游地区风成沉积物同样受到了侵蚀和搬运的影响，元素存在亏损淋失特征，可能由于短距离搬运、风成物质混合不均，各常量和微量元素大多在 UCC 附近波动且变化幅度明显大于上游地区。A-CN-K 图解和 A-CNK-FM 图解也表明雅鲁藏布江上游风成沉积物的物质组成高度均一，处于大陆风化的低级阶段，而雅鲁藏布江中游风成沉积物的物质组成相对复杂，处于大陆风化的中等阶段，其化学风化程度存在差异且明显强于上游地区。

(4) 色度参数 L^* 和 a^* 可以较好地反映有机质和赤铁矿含量的变化，进而反映气候的变化，而 b^* 的变化在反映气候变化方面具有不确定性。然而，不同指标的指示意义需要具体分析。通常来说，对于长时间尺度的黄土—古土壤序列而言，色度参数可以很好地指示气候变化，而对于短时间尺度，如全新世的风成沉积剖面，色度参数对气候的响应较为复杂，受物源和气候的共同影响，需要其他环境指标共同指示区域气候变化。

第7章

风成堆积物年代

7.1 粉尘堆积的常用测年方法

雅鲁藏布江中上游地区地表粉尘堆积的测年研究工作大致可以追溯到20世纪90年代（靳鹤龄等，1998，2000a，2000b），主要涉及黄土地层对比、古地磁、热释光(thermoluminescence，TL）和常规 ^{14}C 测年等方法，后来热释光和常规 ^{14}C 测年方法逐渐被光释光（OSL）和加速器质谱碳十四（AMS ^{14}C）测年方法所取代（Sun et al.，2007；Kaiser et al.，2009a，2009b；Lai et al.，2009）。此外，还有采用电子自旋共振测年（electron spin resonance，ESR）等其他测年手段的少量报道（祝嵩，2012）。然而，古地磁无法给出年代结果的绝对数值，只能通过古地磁结果与标准极性柱特征时间的对比，进而获得大致的沉积年代。ESR测年误差相对较大，不易获得较精准的绝对年龄，但其具有更宽的测年范围（介于 10^3 ～ 10^6 年），多用于＞200 ka BP的沉积物测年。

在诸多测年手段中，对于＜200 ka BP的沉积物，目前常采用OSL测年与AMS ^{14}C 测年。上述两种方法以测年结果相对精准的优势，被作为第四纪环境变化研究中最常用的两种测年手段（Lowe and Walker，1997）。OSL测年对有机碳含量贫乏的风成沉积地层尤为适用，并表现出极大的优越性（Bateman，2019）；AMS ^{14}C 测年主要优点在于测年的精度更高，但对于有机碳含量较低的地层测量适用性较低。因此，两种测年方法经常被结合使用，以达到相互补充验证的目的。但是由于雅鲁藏布江中上游地区各河段侵蚀作用强烈，地表过程复杂（Dong et al.，2017），不同河谷段降水量、植被覆被状况及风成沉积面积等也存在很大差异（沈渭寿和李海东，2012；董治宝等，2017）。上述自然环境特征对测年的结果也会产生不同程度的影响。例如，在植被盖度相对丰富的藏东南雅鲁藏布江河谷段，由于乔木、灌丛等植被盖度丰富，其相对较新的根系势必对放射性碳十四测年的结果造成一定影响，而河谷内黄土、风沙等风成物质则可能因为搬运距离相对较短而影响样品释光信号的晒退，导致释光测年误差增大。因此，在粉尘堆积测年研究中，需要根据研究目标、局地粉尘堆积环境和沉积特征等要素，选择适当的测年方法。雅鲁藏布江中上游地区地表粉尘堆积年代已有的OSL和AMS ^{14}C 测年数据存在较高的一致性（图7.1），进一步表明了这两种测年方法在地表粉尘年代研究中的有效性（Lai et al.，2009）。总体上，上述两种测年方法在雅鲁藏布江中上游地区地表粉尘堆积年代的测定及环境考古研究等方面都获得了较为广泛的应用（Sun et al.，2007；Kaiser et al.，2009a；Lai et al.，2009；Liu et al.，2015；Ling et al.，2020a）。因此，本章在区域粉尘堆积年代的论述方面，重点围绕OSL和AMS ^{14}C 两种测年结果进行了梳理与分析。尽管如此，为了更好地认识区域内粉尘堆积的较老年代从而厘清河谷粉尘堆积的地质背景，对诸如古地磁、ESR等其他测年结果也进行了初步讨论。

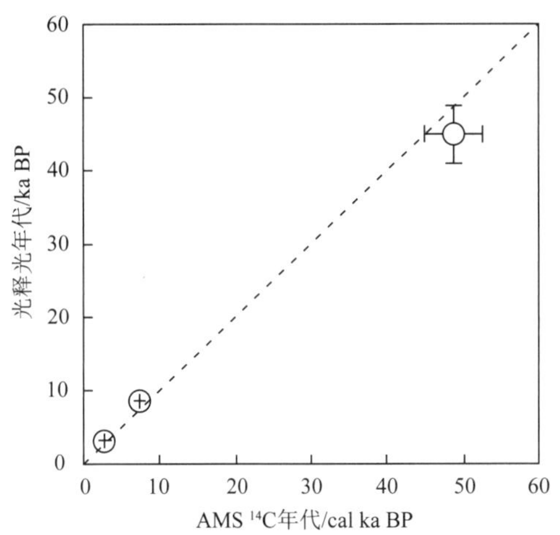

图 7.1　光释光与 AMS ^{14}C 测年结果的比对关系
修改自 Lai 等（2009）

7.2　粉尘堆积的年代

7.2.1　古地磁、ESR 年代及最老粉尘堆积

由于古地磁和 ESR 测年可以测定雅鲁藏布江中上游地区堆积时间较老的黄土等地表粉尘物质的年代，因此被用于堆积年代下限的界定，以确定该区域较老粉尘堆积物的年代。然而，目前雅鲁藏布江中上游地区的古地磁和 ESR 测年的应用及研究数据比较少（靳鹤龄等，1998，2020；祝嵩，2012）。谢通门黄土剖面成为目前报道的雅鲁藏布江中上游地区粉尘堆积年代最老的黄土序列（图 7.2）（靳鹤龄等，1996，1998，2000a，2000b），该剖面的磁倾角和磁极性柱特征显示，其记录了 4 次磁性倒转事件，分别对应里纹廷事件（磁性倒转出现在第三层古土壤底部，其热释光年代为 330±31 ka BP）、安比拉事件（0.48 ～ 0.46 Ma BP）、B/M 界面（0.73 Ma BP）和后哈拉米洛事件（0.76 ～ 0.80 Ma BP），且与黄土高原黄土地层有很好的可比性（刘东生，1985）。因此，谢通门黄土的古地磁年代表明，日喀则宽谷段的黄土最老可以追溯到中更新世时期。但同处于日喀则宽谷东端的大竹卡阶地上厚 20 余米黄土剖面（底部为砾石）的磁倾角、磁偏角及磁性柱的特征并未显示出明显的极性倒转（图 7.3，据杨胜利等未发表数据），即没有检测到 B/M 界面的存在，推测该黄土剖面的沉积年代应小于 0.78 Ma BP。综合古土壤发育层的比对关系，以及大竹卡 T3 ～ T5 阶地下伏的钙质砂岩地层的 ESR 年龄（563±49 ka）（祝嵩，2012），可以推测大竹卡阶地上覆的黄土等风成沉积的年代至少应小于钙质砂岩地层的 ESR 年龄，即其最早可追溯到约 500 ka BP。但需要指出的是，上述两种测年方法展示的结果还反映

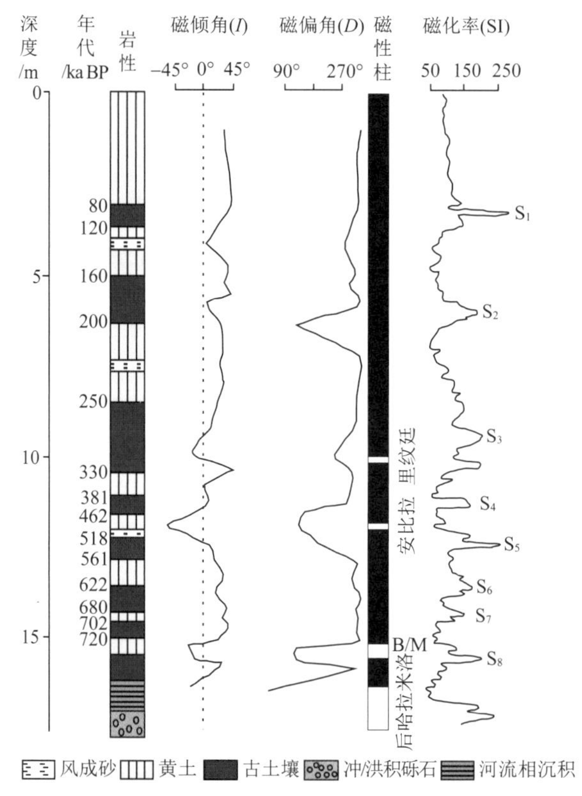

图 7.2　雅鲁藏布江中游地区谢通门黄土剖面磁性地层柱状图

修改自靳鹤龄等（1998）

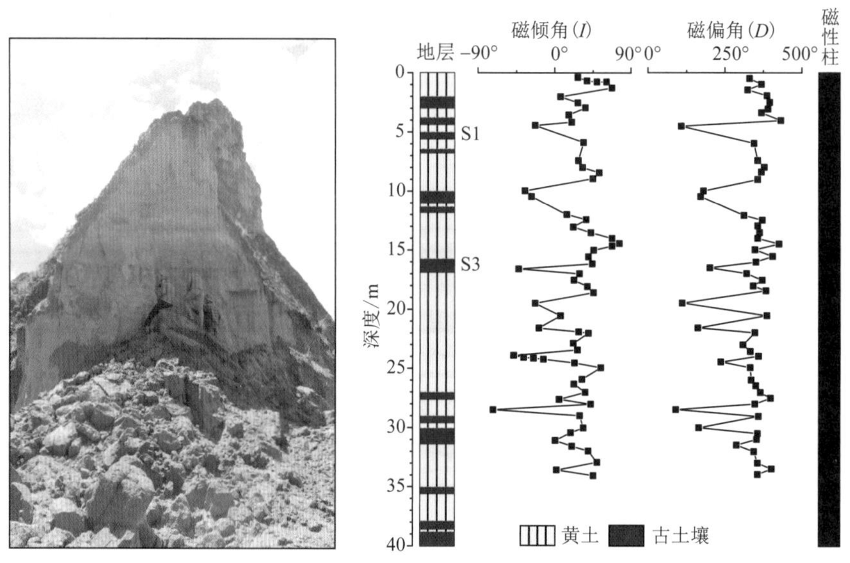

图 7.3　雅鲁藏布江中游地区大竹卡黄土剖面岩性及磁学特征

出雅鲁藏布江同一河谷段不同地貌单元上的黄土堆积年龄可能也存在较大差异。

此外，雅鲁藏布江河谷的桑日和加查等河段 T7、T8 阶地上的砂质红土，多认为是红色的风化壳（图 7.4）。这种砂质红土的 ESR 年代为 604±78 ka BP，而 T8 阶地砂物质的 ESR 年代为 684±92 ka BP，而上覆盖黄土的 ESR 年代为 382±49 ka BP（祝嵩，2012）。诸如此类的黄土或黄土状堆积在雅鲁藏布江河谷的高阶地上有比较相似的沉积构造特征，因此应属于同一年代沉积而成的粉尘堆积。T9 及以上的古阶地上多为基岩且未发现类似黄土或黄土状的堆积物，因此，雅鲁藏布江中上游地区较老的黄土堆积应主要分布在 T9 以下的古阶地面上，其堆积年代介于 563 ～ 382 ka BP 的中更新世时期。总体来看，雅鲁藏布江中上游河谷黄土沉积的最老年代大致可追溯到中更新世时期。

图 7.4　雅鲁藏布江河谷加查段古阶地上的砂质红土及黄土状沉积物

鉴于中更新世及以前的沉积物测年数据相对较少，为更好地理解沉积较老的粉尘堆积与区域地质构造活动的关系等，未来还应加强 ESR 和铀系等适用于较老粉尘堆积年代测试的研究工作，以丰富较老地质时期粉尘沉积物的年代数据。但目前相较于中更新世及更老粉尘堆积的测年方法、精度和结果样本数而言，晚更新世以来的年代材料更为丰富，也与人类生存环境及气候变化研究关系更为密切。因此，依据上述测年方法的适用性讨论结果，下文重点对 OSL 和 ^{14}C/AMS ^{14}C 等方法的测年数据进行论述。

7.2.2　晚更新世以来粉尘堆积年代的分布特征

1. 粉尘堆积年代处理方法

雅鲁藏布江中上游地区河谷内受流水、冰川和风蚀作用的影响，地表侵蚀过程强烈，造成中上游地区的粉尘堆积过程在很多地方是不连续的，其年代分布存在某阶段缺失的现象 (Sun et al.，2007；Ling et al，2020a)，从而导致在雅鲁藏布江中上游地区很难用某个单一剖面去重建一定时段内相对连续完整的时间序列。为了更好地解决这一问题，通常采用年代累积概率密度的方法进行研究 (Lai et al.，2009；凌智永等，2019；Ling et al.，2020a)。年代累积概率密度分布是将看似分散的年代数据进行归一化处理的一种方法 (Lang，2003；凌智永等，2019)，具体方法如下，将风成沉积各年代结果视为呈正态分布的数据，代入概率密度函数公式：

$$f(x,\mu\sigma)=\frac{1}{\sqrt{2\pi\sigma}}\mathrm{e}^{-\left|\frac{(x-\mu)^2}{2\sigma^2}\right|} \tag{7.1}$$

式中，x 为要计算其概率密度的数值；μ 为某年代数据的值；σ 为年代的误差值。最后将每个年代数据在某年代节点的概率密度值进行累加，并可以根据求出的全部年代分布的累积概率密度值绘制出年代分布的累积概率密度曲线。累积概率密度值在某阶段越大，反映了该时期的粉尘堆积过程就越强烈，相反粉尘堆积的程度就越弱。该曲线可以与其他古气候记录曲线进行对比分析，以获得年代分布趋势与太阳辐射、湿度、季风等风力系统强弱变化等环境要素之间的联系，并可据此讨论控制风成沉积的古气候机制（凌智永等，2019)。

2. 粉尘堆积年代数据集成

为了更好地理解雅鲁藏布江中上游地区不同区域黄土、风沙等地表粉尘的堆积年代分布，一方面开展了 9 个不同剖面样品的光释光测年工作，共获得 36 个年代数据，其中 6 个年代数据为非风成堆积的测年结果（图 7.5)；另一方面对该区域已发表的数据进行收集，用于分析年代分布特征。对于已发表的数据主要按照如下原则进行收集：①尽可能多地收集相关年代数据，涵盖整个雅鲁藏布江中上游地区的不同河段；②所收集的风成沉积剖面、年代等信息较全，确保年代数据可靠；③涉及古土壤及冲淤积沙层的年代，若其层位很薄且为风成沉积的中间夹层，也近似认为其属于风成沉积年代收集的范畴。以此标准共收集 27 个不同地点的不同沉积剖面，包含 72 个风成沉积的年代数据，涉及 OSL、TL、常规 ^{14}C 和 AMS ^{14}C 等几种年代类型（表 7.1)。因此，目前数据集主要集成了中上游地区涉及粉尘堆积的 102 个年代数据（表 7.1 和表 7.2)。

3. 粉尘堆积年代的分布

对雅鲁藏布江中上游地区 102 个粉尘堆积物（黄土、古土壤、风成砂）的年代进行统计分析，发现这些年代都处于 130 ka BP 以来，对应深海氧同位素 (marine isotope stages，MIS)5 阶段以来，其中 MIS 1 阶段有 70 个测年结果，MIS 2 有 10 个测年结果，其余 3 个阶段粉尘堆积年代的数量都在 10 个以下［图 7.6(a)］。这可能与雅鲁藏布江中上游地区具有较强的侵蚀环境有关，使得相对较老的粉尘堆积不易于保存，导致越老的粉尘堆积保存下来的越少 (Sun et al.，2007；Dong et al.，2017；凌智永等，

2019）。因此，年代越老的粉尘堆积被研究的概率就越小，获得的年代结果也越少。

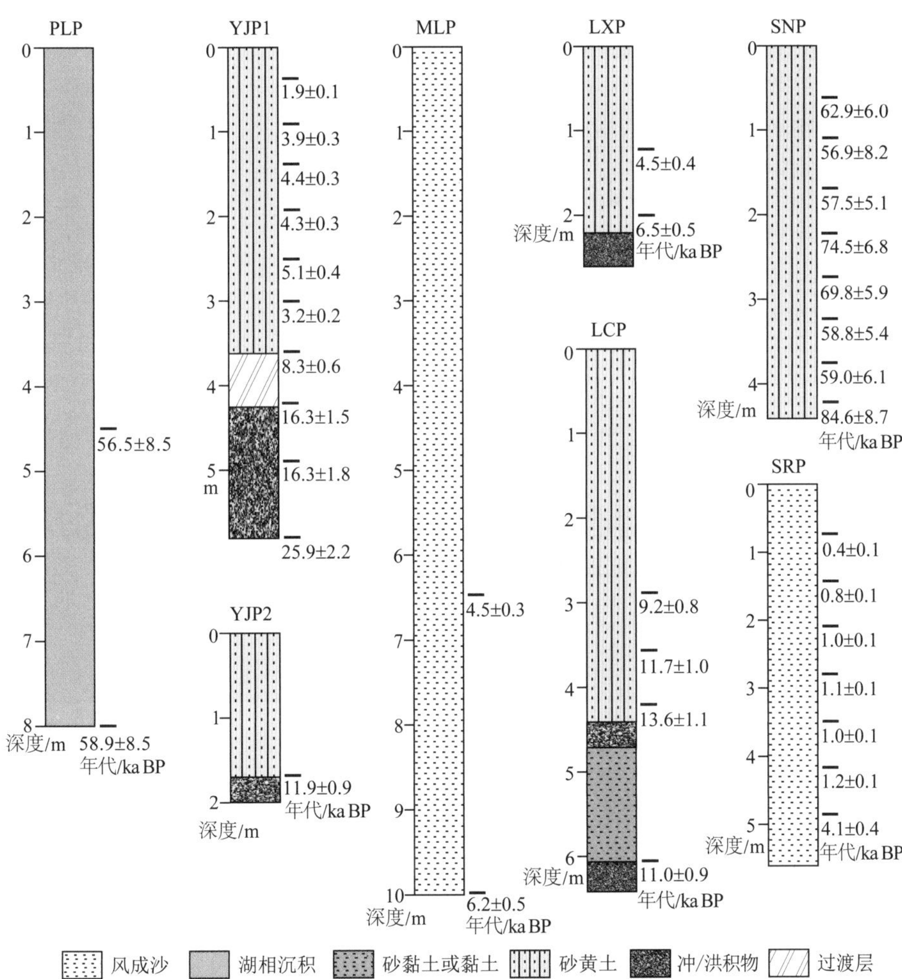

图 7.5　雅鲁藏布江河谷不同粉尘堆积剖面的岩性及 OSL 年代

PLP：帕龙藏布沉积剖面；YJP1 和 YJP2：林芝沉积剖面；MLP：米林沉积剖面；LXP：朗县沉积剖面；LCP：日喀则沉积剖面；SNP：山南沉积剖面；SRP：桑日沉积剖面

从区域上看，山南宽谷段的沉积物测年研究相对较为深入，测年结果有 45 个；其次是日喀则宽谷，年代数为 22 个；米林宽谷有 15 个；其余区域，如马泉河宽谷段、喜马拉雅山北麓的朋曲河谷、雅鲁藏布江支流帕龙藏布河谷的年代数据都不足 10 个。一方面，这与中上游地区地表粉尘堆积分布的广泛程度有关；另一方面，研究程度较高的区域人口分布稠密，也可能是因为风沙活动与人类生存环境之间的关系备受研究者关注。但从区域研究均衡及深入理解河谷粉尘堆积空间分布差异特征的视角出发，还应加强研究薄弱区的粉尘堆积测年工作。

表 7.1　雅鲁藏布江中上游地区已发表的粉尘堆积年代

编号	东经	北纬	海拔 /m	地貌部位	深度 /cm	年代 /ka BP	测年方法	沉积物类型	参考文献
1	89°33′	29°19′	3800	河流阶地	360	2.7±0.2	OSL	黄土	Sun 等（2007）
2	88°55′	29°19′	3920	河流阶地	380	11±1.2		黄土	
3	89°51′	29°16′	3970	低山山麓	580	13±1.4		黄土	
4	95°30′	30°08′	3070	低山山麓	29	25.5±4.0	TL	风成砂	Lehmkuhl 等（2000）
5	89°49′	29°44′	4571	山麓侧碛堤	42	4.4±0.13	^{14}C	古土壤	
6					70	8.8±3.9	TL	黄土状土	
7	89°51′	29°46′	4835	山麓终碛堤	34	2.3±0.06	^{14}C	古土壤	
8					50	7.8±1.2	TL	黄土状土	
9	88°54′	29°19′	3889	河流阶地	65	12.4±0.9	OSL	砂黄土	吴海峰等（2016）
10					75	12.3±1.2		砂黄土	
11	90°54′	29°25′	3819	河流阶地	40	13.7±1.2		砂黄土	
12					50	12.7±1.1		砂黄土	
13					80	13.2±1.3		砂黄土	
14					120	13.7±1.2		砂黄土	
15	83°47′	29°52′	4600	河谷山麓	201	2.5±0.17	^{14}C	砂质古土壤	Li 等（2016b）
16					221	3.3±0.06	^{14}C	砂质古土壤	
17					240	4.6±0.89	OSL	风成砂	
18					258	7.6±0.04	^{14}C	砂质古土壤	
19					300	23.9±5.4	OSL	风成砂	
20	29°38′	91°06′	3660	河谷山麓	50	2.9±0.2	OSL	风成砂	Kaiser 等（2009a，2009b）和 Lai 等（2009）
21					180	4.1±0.4		风成砂	
22					280	6.7±0.5		风成砂	
23	90°43′	29°21′	3603	河谷山麓	280	8.5±0.7		风成砂	
24	90°54′	29°26′	3597	河谷山麓	130	7.7±0.8		风成砂	
25					250	14.3±1.6		风成砂	
26					340	18.8±2.0		风成砂	
27	90°54′	29°22′	3820	河谷山麓	70	14.4±1.1		风成砂	
28					300	19.8±1.9		风成砂	
29					650	23.9±2.1		风成砂	
30					1000	21.3±1.8		风成砂	
31	90°45′	29°21′	3536	河流阶地	130	17.2±1.4		风成砂	

续表

编号	东经	北纬	海拔 /m	地貌部位	深度 /cm	年代 /ka BP	测年方法	沉积物类型	参考文献
32	91°49′	29°47′	3894	河流阶地	130	28.2±3.1	OSL	风成砂	Kaiser 等（2009a，2009b）和 Lai 等（2009）
33					350	81±7		风成砂	
34					600	82±8		黄土	
35					800	118±11		黄土	
36	91°40′	29°45′	3840	河谷山麓	160	34.1±3.0		黄土	
37					320	45±4		黄土	
38					400	63±7		黄土	
39	91°03′	29°40′	3707	河谷山麓	330	32.3±3.2		风成砂	
40					590	69±7		黄土	
41					850	82±8		黄土	
42	91°38′	29°48′	3778	低山山麓	600	79±8		黄土	
43					800	103±11		黄土	
44	87°41′	28°27′	4060	河流阶地	22	0.4±0.05	OSL	风成砂	Pan 等（2014）
45					164	2.4±0.2		风成砂	
46					248	7.5±0.28		风成砂	
47	87°49′	28°32′	4063	山前坡地	26	0.58±0.38		风成砂	
48					170	3.7±0.51		风成砂	
49					210	6.6±0.04	^{14}C	砂质古土壤	
50					268	12.8±0.06	^{14}C	砂质古土壤	
51	88°07′	28°16′	4335	山坡洼地	8	4.9±0.13	AMS ^{14}C	砂质古土壤	
52					24	5.1±0.23		砂质古土壤	
53	89°32′	29°20′	3797	河流阶地	98	3.2±0.3	OSL	黄土	Hu 等（2018）
54					170	7.9±0.9		黄土	
55	94°22′	29°39′	3298	河谷低山台地	230	29.4±2.7	OSL	黄土	Liu 等（2015）
56					400	36.5±3.2		弱成古土壤	
57					500	39.5±3.4		黄土	
58	96°48′	29°26′	3948	河谷山麓	40	0.62±0.09	OSL	黄土	Zhang 等（2015a）
59					130	2.91±2.0		黄土—古土壤	
60					160	4.86±0.36		古土壤	
61					180	6.19±0.45		黄土	
62					220	6.66±0.53		黄土	

续表

编号	东经	北纬	海拔 /m	地貌部位	深度 /cm	年代 /ka BP	测年方法	沉积物类型	参考文献
63	89°17′	29°23′	3856	河流阶地	65	2.23±0.1	^{14}C	风成砂	Zheng 等（2009）
64					165	3.58±0.13	^{14}C	砂质古土壤	
65					235	5.69±0.1	^{14}C	砂质古土壤	
66					355	8.56±0.7	TL	风成砂	
67	91°43′	29°15′	3561	河流阶地	157	5.9±0.2	OSL	砂黄土	郑影华（2009）
68					657	8.5±0.6	OSL	风成砂	
69	90°41′	29°19′	3600	河谷山麓	43	4.3±0.1	^{14}C	冲淤沙层	靳鹤龄等（1998）和 Li 等（1999）
70					70	5.15±0.1		冲淤沙层	
71					125	5.57±0.13		冲淤沙层	
72					209	7.83±0.13		冲淤沙层	

表 7.2　雅鲁藏布江中上游地区本研究不同剖面的 36 个 OSL 测年结果

序号	样品号	经纬度 / 海拔	深度 /m	Th/ppm	U/ppm	K/%	剂量率 /（Gy/ka）	等效剂量 /Gy	年代 /ka BP
1	**PLP-01**	29°58′4.1″N，95°21′48.9″E /2562 m	4.5	18.12±0.6	1.93±0.3	2.25±0.05	4.14±0.27	233.9±28.7	56.5±8.5
2	**PLP-02**		8.0	16.21±0.8	2.52±0.4	2.92±0.04	4.55±0.34	268.2±33.0	58.9±8.5
3	YJP1-1	29°27′20.2″ N，94°28′09.5″ E /2943 m	0.4	15.06±0.8	1.45±0.3	2.05±0.04	3.62±0.26	6.8±0.1	1.9±0.1
4	YJP1-2		0.9	15.23±0.8	1.65±0.3	2.04±0.04	3.65±0.26	14.2±0.2	3.9±0.3
5	YJP1-3		1.4	15.28±0.8	1.73±0.3	2.05±0.04	3.66±0.27	16.2±0.2	4.4±0.3
6	YJP1-4		1.9	15.69±0.8	1.93±0.3	2.09±0.04	3.76±0.27	16.0±0.2	4.3±0.3
7	YJP1-5		2.5	17.60±0.8	1.80±0.3	2.23±0.04	3.97±0.29	20.4±0.4	5.1±0.4
8	YJP1-6		3.0	17.05±0.8	1.92±0.3	2.13±0.04	3.85±0.28	12.5±0.2	3.2±0.2
9	YJP1-7		3.6	18.22±0.8	3.64±0.4	2.17±0.04	4.41±0.32	36.6±1.0	8.3±0.6
10	**YJP1-8**		4.3	15.95±0.8	2.94±0.4	2.24±0.04	4.10±0.30	36.8±3.5	16.3±1.5
11	**YJP1-9**		4.8	11.87±0.7	2.00±0.4	2.17±0.04	3.48±0.27	56.8±4.3	16.3±1.8
12	**YJP1-10**		5.6	10.10±0.7	2.01±0.4	2.19±0.04	3.36±0.26	84.1±3.5	25.1±2.2
13	YJP2		1.7	10.94±0.7	1.64±0.3	2.07±0.04	3.34±0.24	36.8±1.0	11.0±0.9
14	MLP-1	29°07′08.0″N，93°46′41.0″E /3004 m	6.5	13.56±0.7	1.74±0.3	2.07±0.04	3.42±0.26	15.3±0.2	4.5±0.3
15	MLP-2		10.0	12.90±0.7	1.77±0.3	2.11±0.04	3.37±0.26	20.7±0.3	6.2±0.5
16	LXP-1	29°04′00.4″ N，92°47′57.7″ E /3172 m	1.3	12.51±0.7	1.90±0.3	2.34±0.04	3.76±0.27	18.6±0.2	4.9±0.4
17	LXP-2		2.0	10.09±0.7	1.32±0.3	2.42±0.04	3.48±0.26	22.6±0.5	6.5±0.5

续表

序号	样品号	经纬度 / 海拔	深度 /m	Th/ppm	U/ppm	K/%	剂量率 /(Gy/ka)	等效剂量 /Gy	年代 /ka BP
18	SNP-1	29°16′53.3″N，91°56′59.6″E /3598 m	0.6	17.07±0.8	1.90±0.3	2.26±0.04	4.10±0.29	257.9±16.5	62.9±6.0
19	SNP-2		1.1	18.02±0.8	1.95±0.3	2.26±0.04	4.15±0.29	236.3±29.5	56.9±8.2
20	SNP-3		1.7	24.30±0.9	2.58±0.4	2.21±0.04	4.71±0.34	270.9±13.9	57.5±5.1
21	SNP-4		2.2	25.23±0.9	2.37±0.4	2.34±0.04	4.82±0.35	358.8±20.2	74.5±6.8
22	SNP-5		2.7	18.77±0.8	2.31±0.4	2.17±0.04	4.42±0.32	308.8±13.2	69.8±5.9
23	SNP-6		3.2	36.29±0.9	2.69±0.4	2.23±0.04	4.95±0.42	290.9±15.9	58.8±5.4
24	SNP-7		3.7	29.45±0.9	2.56±0.4	2.45±0.04	5.57±0.40	328.5±24.4	59.0±6.1
25	SNP-8		4.2	25.08±0.9	2.71±0.4	2.44±0.04	4.25±0.31	359.2±26.3	84.6±8.7
26	SRP-1	29°15′42.0″N，91°59′14.2″E /3553 m	0.7	14.18±0.7	2.07±0.4	2.16±0.04	4.06±0.30	1.7±0.1	0.4±0.1
27	SRP-2		1.4	15.36±0.8	2.05±0.4	2.22±0.04	4.18±0.31	3.4±0.1	0.8±0.1
28	SRP-3		2.1	17.30±0.8	1.81±0.3	2.29±0.04	4.29±0.31	4.2±1.1	1.0±0.1
29	SRP-4		2.8	17.20±0.8	1.97±0.3	2.24±0.04	4.26±0.31	4.7±0.1	1.1±0.1
30	SRP-5		3.5	20.13±0.9	2.22±0.4	2.24±0.04	4.53±0.34	4.6±0.1	1.0±0.1
31	SRP-6		4.2	16.52±0.8	2.14±0.4	2.29±0.04	4.26±0.32	5.2±0.2	1.2±0.1
32	SRP-7		4.9	14.82±0.7	1.83±0.4	2.35±0.04	4.07±0.30	16.9±1.0	4.1±0.4
33	LCP-1	29°23′13.9″N，89°19′31.6″E /3815 m	2.9	16.21±0.7	2.41±0.4	2.61±0.04	4.60±0.34	42.5±1.6	9.2±0.8
34	LCP-2		3.6	17.08±0.9	2.32±0.4	2.62±0.04	4.58±0.34	53.4±2.1	11.7±1.0
35	LCP-3		4.2	20.96±0.8	2.75±0.4	2.64±0.04	5.12±0.37	68.8±2.8	13.6±1.1
36	**LCP-4**		6.1	14.09±0.7	2.49±0.4	2.53±0.04	4.36±0.33	47.8±2.0	11.0±0.9

注：含水量按 10±5% 估算；1~2、10~21、36 对应的样品为非风成沉积物。

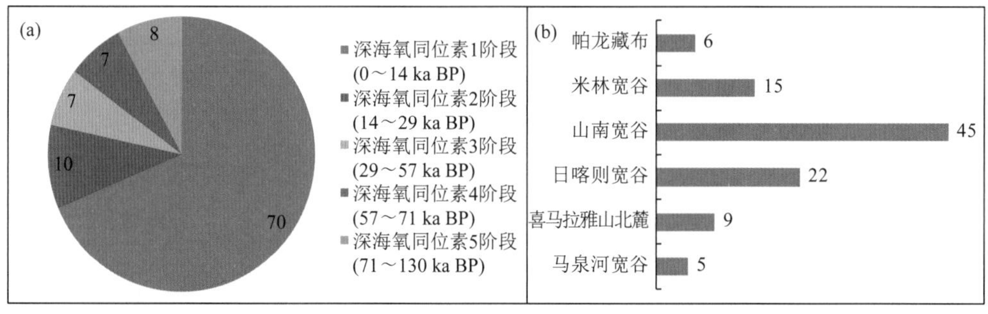

图 7.6　雅鲁藏布江中上游地区粉尘堆积年代的分布特征

此外，采用概率密度统计方法对上述 102 个粉尘堆积的年代数据进行归一化处理，结果表明雅鲁藏布江中上游地区风成砂、黄土和古土壤三类沉积物有 80% 形成于 MIS 3（大约 50 ka BP）以来，其中 69% 形成于 MIS 1（约 14 ka BP）以来，黄土主要自约

48 ka BP 开始堆积，略早于风沙沉积（约 26 ka BP），古土壤则主要在 13 ka BP、8 ka BP、6 ka BP 和 2 ka BP 左右发育，代表了相对短的气候适宜期（图 7.7）。总体上，雅鲁藏布江风成沉积主要形成于末次冰盛期（LGM）以来的地质时期，该阶段之前风成沉积鲜有遗存。这可能与青藏高原整体处于侵蚀环境有关，LGM 以后气候逐渐变暖，冰川消融侵蚀作用加强，导致大多数前期的风成沉积未被保存（凌智永等，2019），而 Sun 等（2007）认为植被对粉尘的捕获是黄土沉积的重要条件，LGM 时期干冷的气候环境不利于植被的生长和粉尘的沉积（Sun et al.，2007）。LGM 以后和早全新世以来印度夏季风强度较大导致了雅鲁藏布江环境的暖湿化，进而使植被覆盖增加，从而可以有效地捕获风成沉积物，而 LGM 以前黄土的缺失可能是由地表低密度的植被覆盖而未能俘获大量粉尘物质造成的，或者可能是由于黄土在间冰期—冰期旋回过程中更容易受到冰水作用的侵蚀而难以保存，且地质时期的地表物质再循环过程在第四纪的冰期—间冰期旋回中常有发生，最终导致更老的风成堆积难以保存下来。此外，一系列研究认为 32.3 ～ 13.2 ka BP 期间，雅鲁藏布江中上游地区由于冰碛物堵塞河道，在日喀则和贡嘎附近存在广泛的堰塞湖（Liu et al.，2015；Hu et al.，2018），这可能制约了风成沉积的发育，也解释了雅鲁藏布江中上游地区 LGM 之前风成沉积的普遍缺失。雅鲁藏布江中上游地区风成沉积的年代多形成于 LGM 以后，主要发育于晚冰期（约 14 ka BP）以来（凌智永等，2019；Ling et al.，2020a）。根据目前已发表的沉积物测年结果，除在日喀则附近

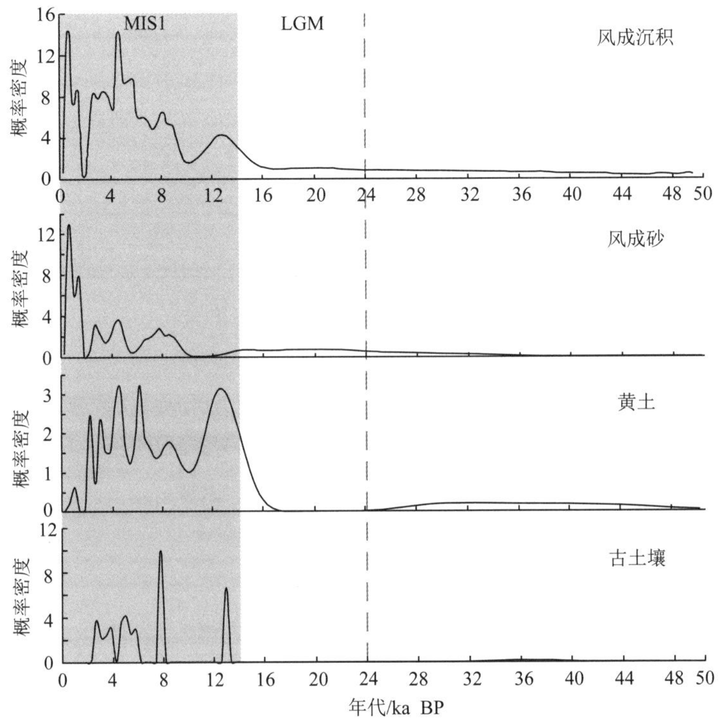

图 7.7　雅鲁藏布江中上游地区风成沉积年代概率密度曲线
修改自 Ling 等（2020a）

的谢通门发现存在约 800 ka BP 的风成沉积序列外（靳鹤龄等，1996，1998，2000b），较老的风成沉积主要在雅鲁藏布江支流拉萨河河谷内集中分布（Kaiser et al.，2009a；Lai et al.，2009），其他区域鲜有发现。

对于雅鲁藏布江中上游地区的风沙沉积物而言，其堆积年代则可能更新，多为几千年甚至几百年以来堆积的产物。雅鲁藏布江河谷中沙丘堆积体的 TL 和 ^{14}C 测年结果表明，江心洲与河漫滩上新月形沙丘和灌丛沙丘等的形成年龄多为几百年，如米林新月形沙丘形成于 0.33±0.1 ka BP；河流阶地上的新月形沙丘链、横向沙丘等类型的形成年龄在 10 ka 以内；而谷坡上发育的爬坡沙丘则可能更老，如贡嘎附近垂直爬升高度约 400 m 的爬坡沙丘的年龄可达 48.7±2.4 ka，米林卧龙镇附近垂直爬升高度约 200 m 的爬坡沙丘的年龄可达 29±3 ka，而接近雅鲁藏布江附近的古风成沙丘年龄一般为 10 ka 以内（Li et al.，1999）。从谷底到谷坡，随着沙丘活动性逐渐减弱，沙丘形成年龄趋于变老（图 7.8）。

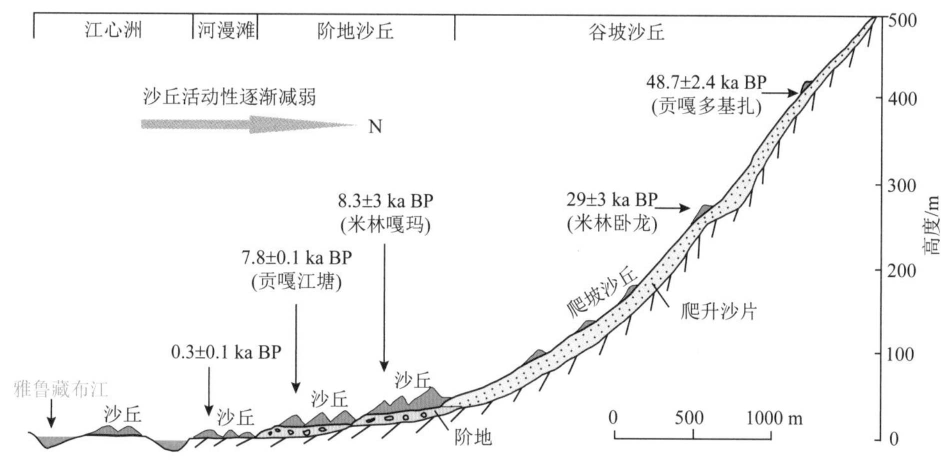

图 7.8 雅鲁藏布江河谷风沙沉积物堆积年代示意图

修改自 Li 等（1999）

4. 典型风成沉积序列的年代控制（验证）

对雅鲁藏布江中上游地区自西向东采集的 4 个典型风成沉积剖面（剖面地层详细描述见第 3.3 节）进行了 OSL 年代学测定（表 7.3）。SGX 剖面、HZ 剖面和 SY 剖面沉积物石英颗粒单片剂量法测定的结果表明，三个剖面均堆积于全新世期间，而位于雅鲁藏布江中下游地区林芝附近的 LZ 剖面 185 cm 和 420 cm 处沉积物的 pIRIR（200，290）测年结果表明，二者的 D_e 分别为 1546.69±97.38 Gy 和 1640.79±75.83 Gy，对应 D_e 的线性及指数拟合均指示释光信号已经饱和，超出了 pIRIR 的测年上限，二者的表征年龄分别为 304.86±21.10 ka 和 340.80±19.28 ka。因此，必须指出的是所测得的年代存在严重的低估，测年结果可能并不准确，但可以间接表明 LZ 剖面的沉积年龄至少大于 300 ka。

表 7.3 雅鲁藏布江中上游地区 4 个典型风成沉积剖面的 OSL 测年结果

剖面	深度 /cm	等效剂量 /Gy	U/ppm	Th/ppm	K/%	Rb/ppm	剂量率 /(Gy/ka)	年代 /ka BP
SGX	25	5.8±0.3	2.05±0.3	15.16±0.8	2.06±0.04	136.52±6	3.68±0.15	1.58±0.10
	50	7.4±0.3	1.87±0.3	15.34±0.8	2.03±0.04	135.17±6	3.66±0.15	2.03±0.13
	75	12.3±0.8	2.09±0.3	15.66±0.8	2.10±0.04	128.04±5	3.75±0.15	3.28±0.24
	100	14.8±0.8	2.33±0.3	14.41±0.8	2.11±0.04	126.26±5	3.71±0.15	4.00±0.26
	125	18.5±1.1	2.06±0.3	15.59±0.8	2.00±0.04	135.03±6	3.54±0.15	5.22±0.39
	150	28.5±1.1	2.53±0.4	19.96±0.9	2.04±0.04	134.05±6	4.02±0.17	7.09±0.41
	200	28.7±0.7	2.08±0.3	15.37±0.8	1.98±0.04	136.59±6	3.54±0.15	8.10±0.39
	250	27.2±0.8	1.55±0.3	12.12±0.7	2.04±0.04	116.07±5	3.28±0.14	8.30±0.43
	275	30.4±1.1	1.88±0.3	13.91±0.8	2.04±0.04	139.43±6	3.44±0.15	8.84±0.50
	305	31.8±2.1	1.75±0.3	10.00±0.7	2.15±0.04	125.13±5	3.27±0.14	9.71±0.77
	325	32.7±1.8	2.32±0.3	13.58±0.8	2.07±0.04	138.78±6	3.52±0.15	9.29±0.65
HZ	25	24.6±0.0	3.39±0.4	18.76±0.9	2.29±0.04	134.1±6	4.37±0.18	5.62±0.23
	50	27.0±1.0	2.39±0.3	23.20±1.2	2.12±0.04	133.46±6	4.16±0.17	6.49±0.35
	100	28.5±1.9	3.14±0.4	16.55±0.9	2.15±0.04	139.56±6	3.89±0.16	7.32±0.57
	200	32.7±0.9	2.54±0.4	20.61±1.0	2.14±0.04	134.02±6	4.03±0.17	8.10±0.41
	300	35.5±1.1	2.32±0.3	18.50±0.9	2.05±0.04	141.31±6	3.69±0.15	9.64±0.50
	325	32.4±1.3	2.27±0.3	15.61±0.8	1.83±0.04	126.82±5	3.35±0.14	9.69±0.57
	400	38.2±1.7	2.48±0.3	17.75±0.9	2.14±0.04	132.21±6	3.73±0.16	10.24±0.63
SY	40	17.6±0.3	2.47±0.3	19.59±1.0	2.24±0.04	148.65±6	4.08±0.17	4.30±0.19
	140	29.5±0.7	2.49±0.3	18.52±0.9	2.18±0.04	133.53±6	3.95±0.16	7.48±0.35
	240	27.6±2.8	2.59±0.4	17.45±0.9	2.14±0.04	134.13±6	3.77±0.16	7.32±0.81
	340	32.0±0.8	2.30±0.3	13.84±0.8	2.69±0.04	144.52±6	4.04±0.17	7.93±0.39
	410	37.8±1.7	2.03±0.3	13.31±0.8	2.42±0.04	130.47±6	3.68±0.16	10.23±0.64
	480	40.7±1.7	2.24±0.3	16.80±0.9	2.11±0.04	110.57±5	3.64±0.15	11.17±0.67
	530	38.8±1.9	2.35±0.3	17.30±0.9	2.27±0.04	119.37±5	3.65±0.15	10.63±0.68
LZ	185	1546.98±97.41	3.62±0.4	20.82±1.0	2.15±0.04	130.37±5	5.07±0.17	304.86±21.10
	420	1641.02±75.85	2.21±0.3	18.85±0.9	2.5±0.04	150.69±5	4.82±0.15	340.80±19.28

注：SGX 剖面、HZ 剖面和 SY 剖面采用石英单片再生剂量法测定，LZ 剖面使用 pIRIR 法测定，测定方法见 3.4.1 小节。

在已有 OSL 测年结果的基础上，利用 R 语言开发的 Bacon 软件包（Blaauw et al., 2011）建立了 SGX、HZ 和 SY 3 个典型风成沉积剖面的年代 – 深度模型，如图 7.9 所示。上述 3 个全新世典型风成沉积剖面的 OSL 测年进一步证实了概率密度分布曲线分析结果的可靠性，即风成沉积大多堆积于 MIS 1 以来；LZ 剖面的测年结果也与 7.2.1 小节中雅鲁藏布江最老黄土沉积年龄近似。总体来说，雅鲁藏布江河谷年轻的风成沉积保存较为广泛，而较老的风成沉积总体保存较少，大多堆积于利于沉积且不易被侵蚀的

地貌部位，如支流阶地等。

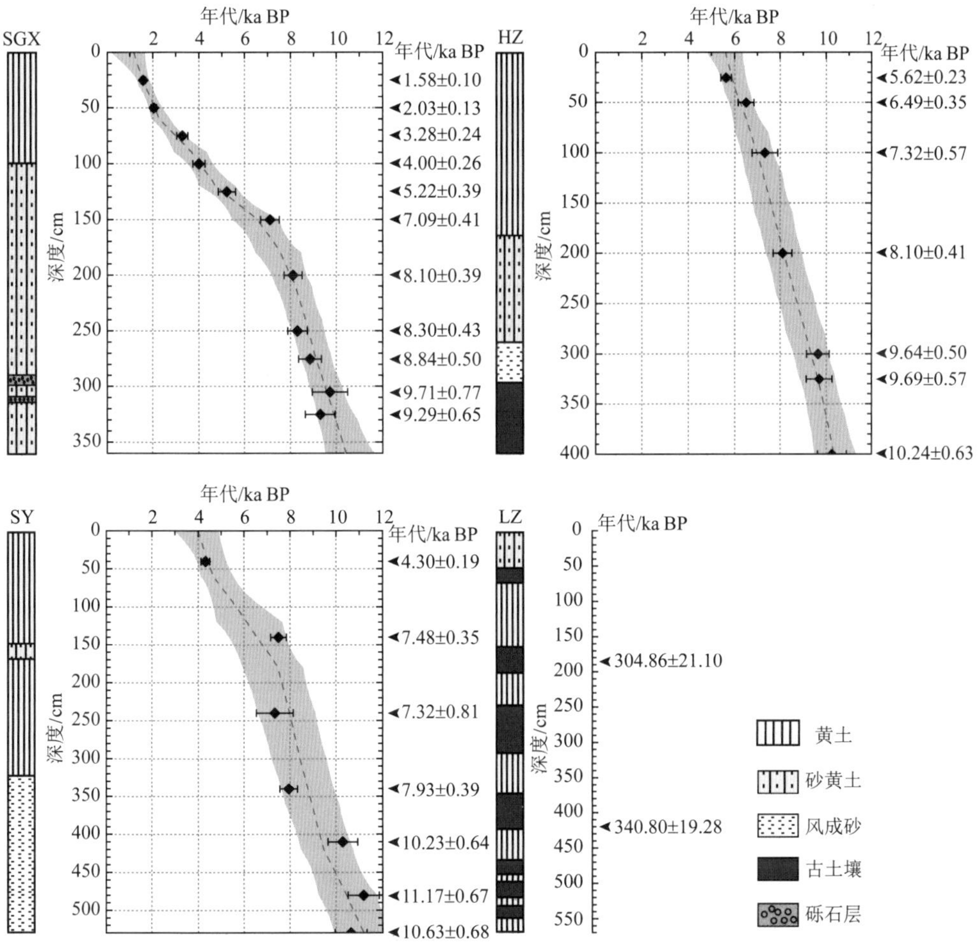

图 7.9　雅鲁藏布江中上游地区典型风成沉积剖面的地层及贝叶斯年代－深度模型

7.3　粉尘堆积年代的空间异质性

雅鲁藏布江中上游地区地貌类型复杂多样（杨逸畴等，1982；杨逸畴，1984），气候类型，尤其是降水，自东向西存在明显差异（董治宝等，2017；Dong et al.，2017）。一方面，不同气候状况造成了地表植被类型、盖度和干湿条件的差异，进而影响风沙活动的强弱。另一方面，区域降水和地貌状况差异会形成不同的侵蚀环境及粉尘堆积场（凌智永等，2019），导致不同河谷段粉尘堆积的保存环境存在很大差异。因此，不同河谷段下垫面等区域自然环境特征存在显著的差异性，导致不同河谷段粉尘堆积的年代分布也存在空间差异。

雅鲁藏布江中上游地区不同河谷段的地表粉尘堆积年代的累积概率分布显示了明显的时空分异特征（图 7.10）。其中，以山南宽谷段（主要是拉萨河谷内）的粉尘堆积年代最老，大致保留了末次冰期以来的地表粉尘沉积，大致可分为 92 ～ 52 ka BP、40 ～ 11 ka BP、11 ka BP 以来的三个堆积阶段，且以全新世以来堆积最为强烈。马泉河宽谷风成沉积年代分布与帕龙藏布河谷有相似的年代概率分布，但马泉河存在 2 ka BP 以来的沉积缺失，这一现象同样存在于日喀则宽谷和米林宽谷。喜马拉雅山北麓河谷地区主要保存了晚冰期（约 14 ka BP）以来的粉尘堆积。日喀则宽谷主要保留了末次冰消期至全新世（18 ～ 2 ka BP）以来的粉尘堆积。可以看出，雅鲁藏布江中上游地区粉尘堆积年代分布存在空间异质性，即粉尘堆积发生和保存状况存在空间差异。总体而言，除拉萨河谷和林芝河谷等部分峡谷地区分布较老的风成沉积序列外，其他区域的风成沉积年龄相对较为年轻，自东向西风成沉积堆积厚度趋于变小，粉尘堆积年龄也趋于年轻（图 7.11）。

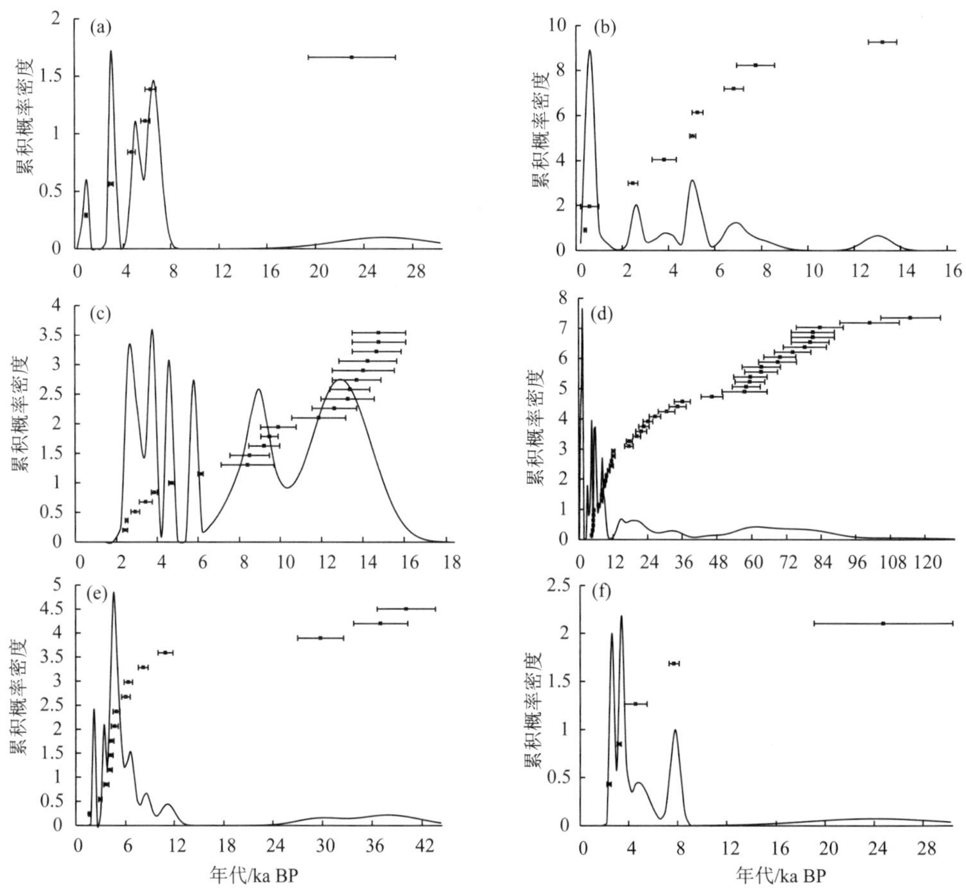

图 7.10 雅鲁藏布江中上游地区不同河谷段粉尘堆积的年代分布

(a) 马泉河宽谷；(b) 喜马拉雅山北麓；(c) 日喀则宽谷；(d) 山南宽谷；(e) 米林宽谷；(f) 帕龙藏布

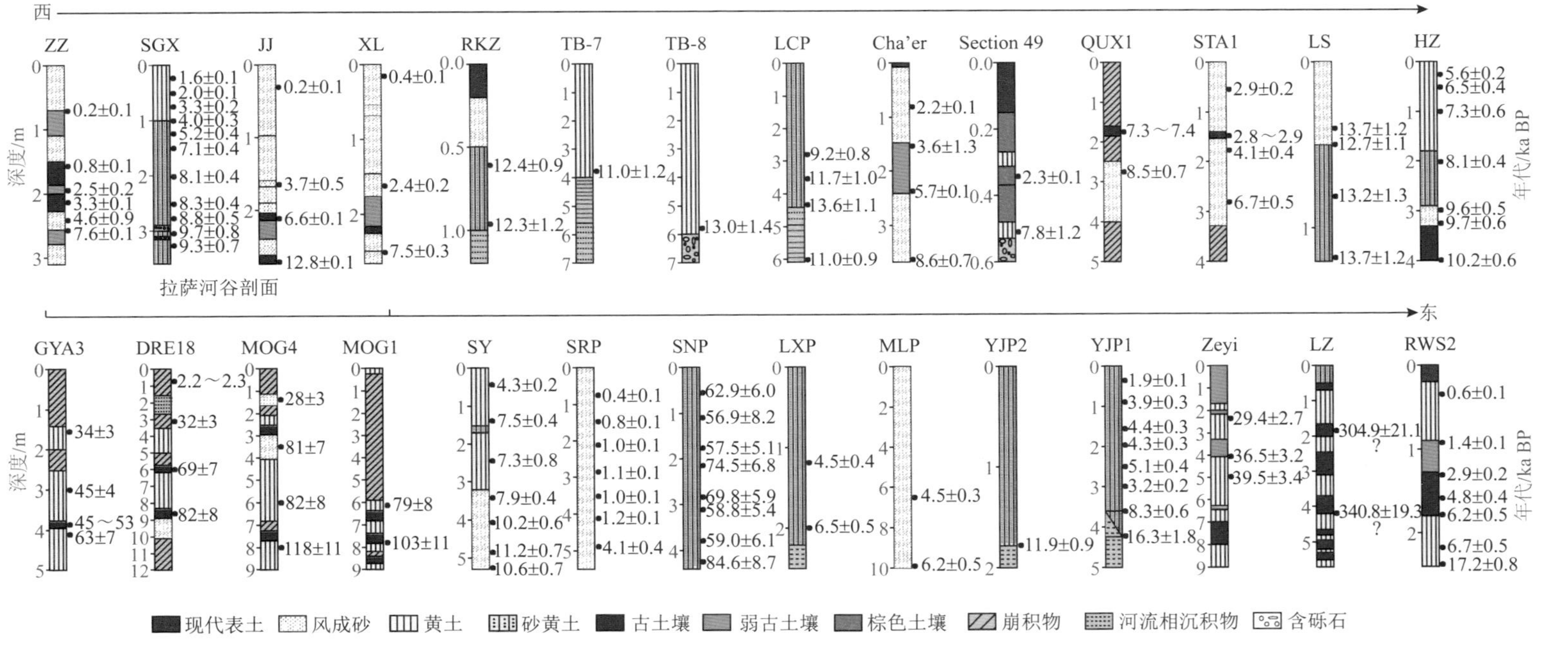

图 7.11　雅鲁藏布江河谷自西向东风成沉积剖面及其形成年代

ZZ 剖面年代数据引自 Li 等（2016b）；JJ 和 XL 剖面年代数据引自 Pan 等（2014）；LS 和 RKZ 剖面年代数据引自吴海峰等（2016）；TB-7 和 TB-8 剖面年代数据引自 Sun 等（2007）；Cha'er 剖面年代数据引自 Zheng 等（2009）；Section 49 剖面年代数据引自 Lehmkuhl 等（2000）；STA1、QUX1、MOG1、MOG4、DRE18 和 GYA3 剖面年代数据引自 Kaiser 等（2009a）和 Lai 等（2009）；Zeyi 剖面年代数据引自 Liu 等（2015）；RWS2 剖面年代数据引自 Zhang 等（2015）；YJP1、YJP2、MLP、LXP、SNP、SRP、LCP、SGX、HZ、SY 和 LZ 剖面年代数据来源于本书

河流地貌也是影响该区域粉尘分布的一个重要因素。雅鲁藏布江河谷不同河谷段构造活动的显著差异（Zhang，1998，2001）导致了不同区域河流地貌存在很大差异，进而影响粉尘堆积的物源供给状况及不同堆积场发育的差异性，并最终影响不同河段的粉尘堆积过程，进而导致不同区域存在空间差异。地表过程的强烈程度也是影响某一区域地表粉尘堆积能否较好保存的重要控制因素。例如，喜马拉雅山北麓的朋曲河谷内由于山地冰川消融产生的冰水侵蚀作用等地表过程强烈，相对较老的粉尘堆积很难在这种环境里长期保存。这也符合前人提出的雅鲁藏布江河谷粉尘主要堆积于末次冰消期（13 ～ 11 ka BP）以来的观点，粉尘堆积属于冰川碎屑来源（Sun et al.，2007）。

7.4　粉尘堆积年代的影响因素

雅鲁藏布江中上游地区地表粉尘堆积的年代范围跨度较大，较早的可以追溯到 MIS 5 阶段（Kaiser et al.，2009a；Lai et al.，2009），甚至可以追溯到早更新世末期或中更新世初期（靳鹤龄等，1998，2000a），并被认为是青藏高原隆升过程中印度夏季风衰退的体现。更多的研究结果表明，青藏高原面上大多数地区风成沉积的强烈堆积时段主要发生在晚冰期和全新世早期（Stauch，2015；Qiang et al.，2016），响应了太阳辐射变化及“新仙女木”（Younger Dryas，YD）事件（图 7.12）。总体上，雅鲁藏布江中上游地区地表粉尘堆积年代的统计结果为，自 LGM 开始概率密度曲线逐渐升高，表明粉尘堆积逐渐加强，且主要发育于晚冰期（14 ka BP）以来的不同时段［图 7.12(a)］，与青藏高原面其他区域相似。此外，雅鲁藏布江中上游地区地表粉尘堆积年代对 YD 事件有较好的记录（凌智永等，2019；Ling et al.，2020a），与青藏高原东北部灌丛沙丘发育过程记录的 YD 事件（凌智永等，2018）也存在较好的一致性，表明 LGM 以来整个青藏高原面上不同类型的风成沉积可能存在对古气候响应的同步性。

雅鲁藏布江中上游地区风成沉积的年代分布与其他气候指标曲线对比结果表明，风成沉积的强烈堆积发育与全球气候事件并非简单的对应关系，而是存在更为复杂的响应模式（图 7.12）。由于第四纪以来荒漠区风成沉积信息载体对古气候的记录本身就存在时空的复杂性（Lancaster et al.，2013），加之雅鲁藏布江中上游地区地貌状况复杂且受不同风力系统控制，风成沉积在指示古气候环境方面更具有复杂性，雅鲁藏布江中上游地区风成沉积的发生时间和过程与全球经典气候记录的复杂对应关系恰好反映了这一特征。

雅鲁藏布江中上游地区风成沉积的发育伴随着高原隆升与印度夏季风盛衰演化过程而发生，一方面中上游地区丰富的碎屑物质为区域风成沉积发育提供了物源基础，另一方面青藏高原隆升削弱了印度夏季风降水的影响，促成了风成沉积发育所需的干冷气候条件（靳鹤龄等，1996，1998，2000a；路晶芳等，2008），是青藏高原隆升的构造运动与季风环流演化共同作用的结果。尤其是 80 ka BP 前后，青藏高原已隆升至接近现代高度，大气环流格局已经基本确立，形成更加干燥、寒冷的气候，雅鲁藏布江宽谷段阶地、山麓出现稳定的黄土堆积或风沙沉积，且多形成于 LGM 以后，是印度

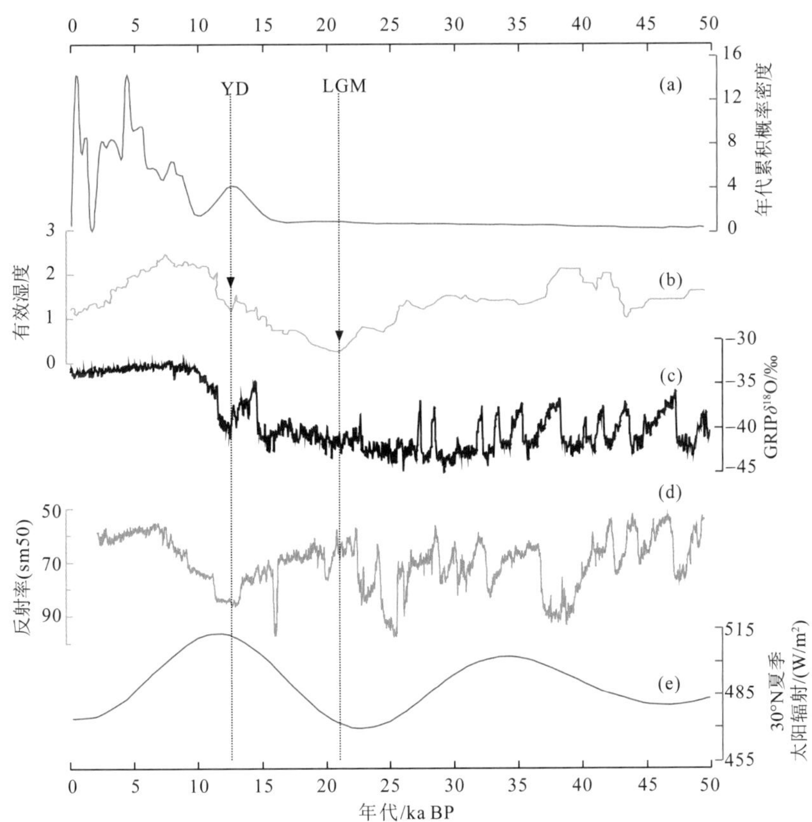

图 7.12　雅鲁藏布江中上游地区风成沉积年代概率密度分布与其他古气候记录对比

(a) 该区域风成沉积年代累积概率密度分布；(b) 亚洲中部平均有效湿度（Herzschuh，2006）；(c) 格陵兰 GRIP δ^{18}O 记录（Johnsen et al.，2001）；(d) 阿拉伯海沉积物反射率（Deplazes et al.，2013）；(e) 30° N 夏季太阳辐射（Berger and Loutre，1991）

夏季风衰弱和干旱气候形成的指示（靳鹤龄等，2000b）。整个雅鲁藏布江深大断裂带形成于青藏高原隆升过程，催生了高山峡谷景观，呈现出复杂的地貌特征（Wang et al.，2014），其复杂的地形及下垫面状况也影响河谷内风成物质的堆积过程。例如，雅鲁藏布江中下游河段谷坡凹凸起伏、河谷多狭窄而弯曲，该区域风成沉积除受大区域古气候影响外，更多受地貌、植被等局地环境因素的控制，记录了更为复杂的环境信息。

青藏高原湖泊记录的印度夏季风的最弱期（20 ～ 11 ka BP）也可以达到 30° N 附近（Hou et al.，2017），全新世时期更是可以控制雅鲁藏布江北部念青唐古拉山等地（Bird et al.，2014），从而影响当时雅鲁藏布江中上游地区的古气候环境状况。因此，河谷内风成沉积过程与区域古气候变化存在密切的联系，记录和响应了区域乃至全球气候变化过程。总体而言，自 LGM 以后 30° N 夏季太阳辐射强度逐渐增强（Berger and Loutre，1991），气候变暖，亚洲中部平均有效湿度和格陵兰 GRIP δ^{18}O 含量逐渐升高（Johnsen et al.，2001；Herzschuh，2006），而雅鲁藏布江中上游地区粉尘堆积增强，与有效湿度、格陵兰冰芯 $\delta^{18}O$ 含量记录的气候变化趋势不同，仅响应了太阳辐射和阿拉伯海记录的气候变化趋势 (Deplazes et al.，2013) (图 7.12)。该时段雅鲁藏布江中上游地区风成沉积的发育可能仅反映了太阳辐射、印度夏季风的增强信号。在 YD 时期，雅鲁藏布江风成沉积发育正好对应了亚洲中部平均有效湿度低值和格陵兰冰盖记录的寒冷气候期，可能更多记录的是中纬度西风增强的信号。而在约 8 ka BP 后的全新世大暖期，雅鲁藏布江中上游地区风成沉积强烈发育与全新世大暖期的暖湿气候背景相悖 (Dong et al.，2017)，这可能由于太阳强辐射驱动的印度夏季风增强、副热带高压北移，将降水中心向高原北部推进，从而导致雅鲁藏布江中上游地区降水减少，促使雅鲁藏布江中上游地区风成沉积发育 (凌智永等，2019)。因此，该时期河谷内风成沉积的广泛发育可能并非指示大区域的干旱气候，相反更可能指示了印度夏季风增强的信号。此外，强劲的印度夏季风越过喜马拉雅山这个巨大的冷源后，在雅鲁藏布江河谷形成强劲的下沉气流，强烈的“焚风效应”导致雅鲁藏布江干河谷的形成，这可能是促使雅鲁藏布江中上游地区风成沉积发育的另一因素。总体而言，雅鲁藏布江中上游地区不同时期的风成沉积对古气候的响应存在差异，高山河谷环境中发育的风成沉积除了受区域气候影响外，还受到许多局地环境因素的影响，致使风成沉积与古气候环境之间的关系复杂。

7.5 本章小结

(1) 雅鲁藏布江中上游地区粉尘堆积伴随高原的隆升与印度夏季风强弱变化发育，主要包括风沙沉积和黄土沉积两大类，多相伴存在。总体来说，自西向东风沙沉积逐渐减少，黄土沉积逐渐增加，沿河谷走向呈带状不连续分布的格局。同一区域内形成了黄土堆积在上、风沙堆积在下的“二元”沉积结构模式。受局地气候环境、地形地貌及下垫面状况等多因素共同制约，不同河流区段的地貌单元有很大差异。

(2) 空间上，除拉萨河谷存在较老风成沉积外，其他区域风成沉积较为年轻，且自东向西风成沉积堆积厚度趋于变小，形成年龄也趋于年轻。时间上，雅鲁藏布江中上游地区风成沉积多形成于 LGM 以来的地质时期，主要发育于晚冰期 (14 ka BP) 以来的不同时段。更早的风成沉积遗存鲜见，仅风沙沉积在 LGM 阶段有少量分布，与青藏高原面上其他区域风成沉积的堆积年代比较一致。这可能主要与青藏高原整体处于侵蚀环境有关，LGM 以后气候逐渐转暖，高原面上冰川消融可能将原有的风成沉积侵蚀搬运带入河流，使更早的风成沉积大多数未被保存下来。此外，雅鲁藏布江河谷 13 ka BP 多有堰塞湖存在，在一定程度上限制了河谷内早期风成沉积的发育过程。随着堰塞湖消亡，大量河湖相及冲 / 洪积碎屑沉积物暴露于地表，丰富的碎屑物质可能为 LGM 后雅鲁藏布江河谷风成沉积发育提供了物质来源。

(3) 雅鲁藏布江不同河流区段风成沉积发育的空间模式不同，粉尘堆积的年代存在显著的空间异质性。西部河谷多属于盛行风场的沉积发育模式；东部中下游段风成沉积是多因素叠加后形成的复杂发育模式，属于局地风场沉积发育模式。气候环境、植被盖度等下垫面概况、地形地貌、构造活动及冰水侵蚀等地表过程共同制约了区域粉尘堆积的发育及保存。不同发育模式下形成的风成沉积对环境的指示意义存在较大差异，其沉积发育过程可能不只是简单地反映了区域干旱的气候条件。雅鲁藏布江中上游段风成沉积可能揭示了印度夏季风 - 中纬度西风强弱变化及其相互作用过程，而雅鲁藏布江中下游风成沉积可能是印度夏季风叠加了局地环境与下垫面等诸多因素而发生的综合自然过程。

(4) 雅鲁藏布江中上游地区 LGM 以来的风成沉积受区域及全球古气候环境共同控制，波动变化剧烈。中上游地区不同时期的风成沉积对 30° N 夏季太阳辐射、印度夏季风及中纬度西风的变化信号指示作用有所差异。但对 YD 等全球的气候冷事件有较好的记录，其沉积过程与青藏高原面上其他区域风成沉积既存在对全球古气候响应的同步性，又表现出其区域独特性。雅鲁藏布江中上游地区风成沉积的堆积过程与全球气候变化并非简单的对应关系，其对全球变化呈现出较为复杂的响应模式，这表明高山河谷环境中发育的风成沉积除了受区域气候影响外，还受局地环境的影响，导致风成沉积物对古气候环境的响应复杂。

第8章

粉尘活动历史与环境演化

基于对雅鲁藏布江中上游地区风成沉积物及其分布、表土沉积物及典型剖面沉积物的理化性质、风成堆积物年代等沉积物基本特征的深刻认识，本章着重深入了解青藏高原南部粉尘活动时空演化历史、变化规律、控制因素及与气候变化和人类活动的关系，进一步探讨高原南部更长时间尺度上（如全新世期间）的粉尘活动及其在区域和全球气候变化中的意义。8.1 节聚焦现代粉尘活动，利用气象站风速数据分析近 35 年以来的近地表风变化，同时通过采集的地表沉积物确定临界起沙风速，深入分析起沙风变化及其影响因素。8.2 节聚焦全新世环境演化历史，利用古粉尘记录揭示更长时间尺度的粉尘活动及其驱动机制。

结合现代粉尘活动及全新世古环境重建，目的在于系统认识高原地区不同时间尺度的粉尘演化驱动机制及其气候环境效应，理解粉尘与区域乃至全球气候变化的耦合过程，为青藏高原地区人类活动提供气候环境背景。

8.1 雅鲁藏布江中上游地区现代近地表风沙活动

青藏高原是地球上最重要的地理单元之一。其独特的地形地貌特征和气候环境条件，加之人类活动的影响，使得高原地区荒漠化过程正在不断加剧（Kaiser et al.，2009a；Dong et al.，2017）。风成沉积物在青藏高原地区的干旱盆地、洪积扇、河流阶地、湖滨和山坡等地广泛发育（Dong et al.，2017）。作为亚洲重要的粉尘源区之一，青藏高原地区的粉尘释放对东亚乃至北半球的生态、大气和海洋环境有着深远的影响（Fang et al.，2004；Xu et al.，2018）。雅鲁藏布江河谷是青藏高原风成沉积物分布的一个典型区域（Yang et al.，2020b；Ling et al.，2020a）。由于河谷具备粉尘形成的环境条件，包括丰富的沙源、强劲的风力以及适合沉积物堆积的场所（李森等，1997），黄土和风沙沉积物广泛分布在河谷内，尤其是中上游地区宽谷段。随着气候的变化和人类活动的加剧，雅鲁藏布江中上游地区风沙化土地面积逐渐增加，1975 ～ 2008 年平均增长速率为 7.65 km^2/a（Shen et al.，2012）。在干季，宽谷内的河床和洪积扇沉积物裸露，在风力作用下沉积物被侵蚀，形成了强烈的风沙活动天气，对高原生态环境造成了严重影响，危及了航空运输的安全和当地居民的生活（Zhang et al.，2022）。例如，受风沙活动的影响，雅鲁藏布江上游的仲巴县自 1960 年以来经历了 3 次搬迁（孙明等，2010）。尽管 20 世纪 50 年代以来，人类干扰大大加速了青藏高原部分地区沙质荒漠化的发展，但由于青藏高原上人口的分布具有小而集中的特点，因此这些干扰的影响程度总体很小，自然因素或气候变化是影响生态环境演化的主要驱动力（Dong et al.，1999；Zou et al.，2002；Wang et al.，2016；Dong et al.，2017；董治宝等，2017）。

近地表风是导致土地沙漠化的重要因素，在地表沉积物的风蚀、搬运和堆积过程中发挥了重要的作用（董治宝等，2011），同时也是影响风沙活动和荒漠化的关键气候要素。许多学者利用遥感技术对雅鲁藏布江中上游地区的荒漠化土地进行了监测（李森等，2004；孙明等，2010；袁磊等，2010；李海东等，2011；Shen et al.，2012），讨论了沙地演化及其可能的自然驱动因素，如温度和降水，但缺乏对中上游地区风动力状况的深入分析，仅讨论了平均风速的变化。尽管风速的平均值可以反映风动力环境的整体趋势，但不能提供风沙运动的详细内容，因为风速与风沙输送强度之间的关系是非线性的（董治宝等，2011）。输沙势（drift potential，DP）是评估风沙强度的一个有效指标，代表了近地表风的潜在输沙能力，在风沙研究中得到了广泛的应用。Cui 等（2017）讨论了中国北方沙地近地表风的时空变化，为区域沙漠化防治提供了参考。Yang 等（2019a）的研究表明输沙势与沙丘的移动速率密切相关，是反映风沙活动强度的重要参数。因此，雅鲁藏布江中上游地区输沙势的综合分析是必要的。然而，目前尚缺乏关于雅鲁藏布江中上游地区近地表风及其输沙势的详细讨论和分析。

为了提供关键的信息，在野外考察的基础上，结合雅鲁藏布江中上游地区 11 个气象站 1980 ～ 2015 年的近地表风数据，分析了近地表风和输沙势的时空变化。基于综合分析结果，讨论了近地表风与中上游地区风沙地貌格局及风沙输送的关系。这些结果将为青藏高原地区风沙研究者提供参考数据，有助于流域风沙危害的预防和控制。更重要的是，这些研究结果将为青藏高原南部地表粉尘的形成与发展提供一定的参考，同时也将加深对高海拔干旱半干旱地区的风沙过程的理解。

8.1.1　现代气候背景与风沙活动

雅鲁藏布江中上游地区自西向东气候类型为干旱、半干旱和湿润气候，年平均降水量为 251 ～ 580 mm，年平均潜在蒸发量为 2293 ～ 2734 mm（Liu et al.，2019）。基于雅鲁藏布江中上游地区附近 2001 ～ 2015 年气象站日平均温度数据，年平均气温在 3.9 ～ 9.2℃，其中雅鲁藏布江西部月平均气温为 1 月 –7.3℃至 7 月 14.8℃，东部月平均气温为 1 月 1.1℃至 7 月 17.4℃。土壤类型包括高寒草甸土、高寒草原土、山地灌丛草原土和草原土。植被以砂生槐、紫花针茅和固沙草为主。由于气候干冷，生态环境脆弱，植被覆盖度低，风蚀强烈（Liu et al.，2019）。本节用于分析近地表风时空变化的 11 个气象站位置如图 8.1 所示。

雅鲁藏布江自西向东贯穿青藏高原南部大部分区域，河床平均海拔超过 4000 m。雅鲁藏布江河谷属于高原负地形，上游河流切割深度在 0 ～ 150 m，而下游河流切割深度可达 2000 m（李森等，1997；Shen et al.，2012）。河谷宽窄相间，黄土沉积和沙丘在流域内广泛分布，黄土主要发育于末次冰盛期以来，沙丘相对年轻，主要形成于几百至上千年前（李森等，1997；Ling et al.，2020a）。河谷低地主要发育典型的风沙地貌，如新月形沙丘及沙丘链等，而在谷坡上发育爬坡沙丘、沙片和黄土沉积（Li et al.，1999）。风成沉积物主要堆积于河流宽谷地区，即马泉河宽谷、日喀则宽谷、山南宽谷和米林宽谷中，面积可达 2737 km^2，其中 55.5% 处于移动和半固定状态（Shen et al.，2012）。地表粉尘在冬、春季可被吹扬至河谷以上 1000 m 的高度，区域风沙活动极为明显（图 8.2）。

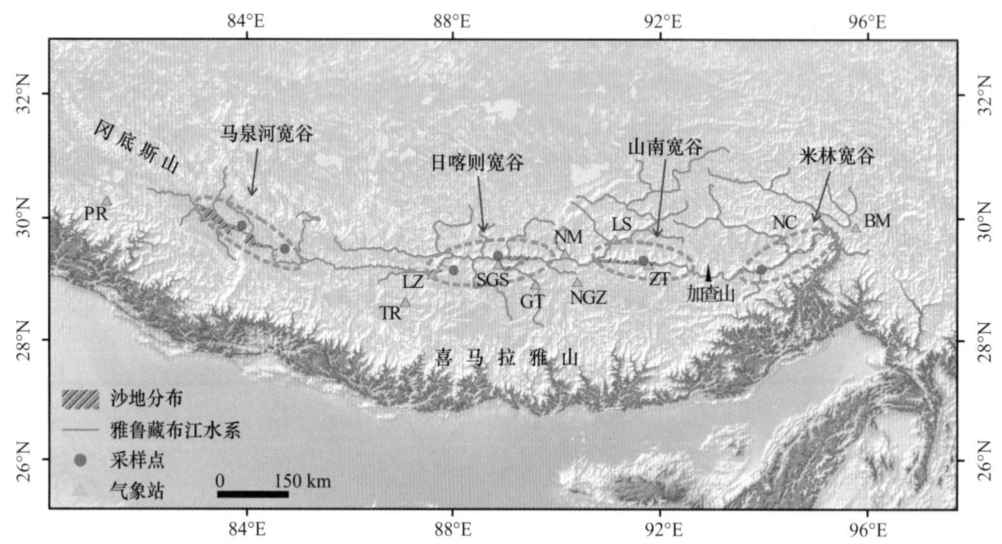

图 8.1 雅鲁藏布江中上游地区主要的沙地分布、附近气象站及采样点位置

采样点自西向东依次命名为 Site 1 ~ Site 6，其中 Site 6 数据引自周娜等 (2011)。气象站及其简写：普兰 (PR)；定日 (TR)；拉孜 (LZ)；日喀则 (SGS)；江孜 (GT)；尼木 (NM)；浪卡子 (NGZ)；拉萨 (LS)；泽当 (ZT)；林芝 (NC)；波密 (BM)

图 8.2 雅鲁藏布江中上游地区明显的风沙活动

(a) 农田；(b) 公路；(c) 机场；(d) 黄土；(e) 沙丘；(f) 风沙流

图片摄于 2019 年 11 月 15 ~ 28 日。蓝色箭头指示河流的位置，白色箭头指示输沙方向

8.1.2　数据来源与质量控制

1. 风速数据

风环境数据来源于国家气象科学数据中心（NMIC，http://data.cma.cn），获取了 1980 ～ 2015 年雅鲁藏布江中上游地区附近 11 个气象站的风环境数据，具体位置如图 8.1 所示。为了确保各气象站之间统计期的一致性，整体选择了 1980 年 1 月 1 日至 2015 年 12 月 31 日的风环境数据。风环境原始数据包括日平均风速、日最大风速和风向，其中日平均风速为每日四次（2:00、8:00、14:00 和 20:00）测定的 10 min 平均风速的平均值，日最大风速为每日连续 10 min 平均风速的最大值，数据观测高度均为距离地面 10 m。

本节使用平均风速和最大风速表征风环境的变化。基于近地表沉积物颗粒启动的临界风速的重要性选择了风速数据的三个参数：总风速、起沙风速和起沙风频率。总风速是所有测定风速的时间加权总和，被用于分析总体的风环境变化。起沙风速是使沙粒起动的临界风速，即等于或大于临界风速的所有风速。起沙风频率是研究期内起沙风速占所有风速的比例。为了分析风环境的空间变化，使用普兰站反映马泉河宽谷风环境，使用定日站、拉孜站、日喀则站和江孜站反映日喀则宽谷风环境，使用尼木站、浪卡子站、拉萨站和泽当站反映山南宽谷风环境，使用林芝站和波密站反映米林宽谷风环境。上述气象站除日喀则站、拉萨站、泽当站和林芝站外，其余各气象站均缺失 1980 ～ 2006 年的日最大风速及风向数据，为方便对比分析，主要计算 2007 ～ 2015 年的输沙势。

2. 质量控制和均一性检验

上述 11 个气象站属于国家标准气象站，所有数据均经过了严格的人工核查和质量控制，各项数据的适用率普遍在 99% 以上，数据的正确率均接近 100%（Cui et al.，2017，2019）。为了确保数据的质量，国家气象科学数据中心对 1980 ～ 2010 年的气象数据执行了一系列质量检测，包括气候极限和允许值检查、极值检查、内部一致性检查、时间一致性检查、空间一致性检查和人工检查与矫正。对 2011 ～ 2015 年的气象数据采用了严格的三级（站点—省—国家）质量控制，这些措施都在很大程度上保证了数据的质量。

然而，长期的气候数据可能由于仪器和观测环境的人为变化而存在不均一性，这将导致气候变化趋势评估的不确定性（Azorin-Molina et al.，2014）。为了进一步检测风速数据序列的可靠性，采用标准正态均一性检验方法（Alexandersson，1986）用来检测气候数据序列的非均一性和断点（Wu et al.，2018a）。首先，根据何冬燕等（2012）提出的标准，建立了检验统计量 T_k 用于均一性检验。其次，建立了参考函数 Q_i，并计算新的标准参考序列 Z_i。最后，构建检验统计量 T_k 进行均一性检验。将 T_k 的最大值定义为 T_0。根据刘小宁等（2000）给定的临界值，T_0 的临界值为 8.10（n=36，$P < 0.05$）。如果 $T_0 > 8.10$，则数据集中包含断点，反之数据集是均一的。结果表明，T_0 在 4.97 ～ 7.44，均小于 8.10，指示本节中使用的风速数据均一且可靠。

8.1.3 临界起沙风速与输沙势计算

1. 临界起沙风速的确定

临界起沙风速是沙颗粒输送所需的临界风速值，是预测输沙、粉尘释放和荒漠化等过程的关键要素（Li et al.，2019）。前人使用 5 m/s 作为雅鲁藏布江中上游地区的起沙风速（Liu et al.，2019），但该风速普遍用于中国北方低海拔地区的沙漠及沙地，而对高海拔地区的雅鲁藏布江中上游地区可能并不适用。Bagnold（1941）认为临界起沙风速主要受风沙颗粒粒度的影响。野外移动风洞实验表明空气密度是影响风沙颗粒启动的另一个重要因素（Han et al.，2014，2015）。同等条件下，空气密度越低，近地表风的输沙能力越弱，且 Bagnold 的经验参数 A 随空气密度而变化（Han et al.，2015），见式(8.3)。

为了确定研究区的临界起沙风速，采集了四个宽谷地区的典型新月形沙丘沉积物表层（0 ～ 2 cm）样品，每个宽谷选择 1 ～ 2 个沙丘，共 39 个样品。粒度分析在兰州大学西部环境教育部重点实验室完成。利用 Malvern Mastersizer 2000 测定了沙丘沉积物的粒度分布，详细的实验方法见 3.4.3 小节。新月形沙丘沉积物主要采集于迎风坡脚、迎风坡下部和上部、沙丘脊部、背风坡上坡和下坡、背风坡脚和丘间地。使用各宽谷沉积物粒度的平均值用于分析，同时确定了各宽谷地区的平均空气密度（史培军，2019）。

起沙风速的计算公式如下：

$$U_t = 5.75U^* \times \lg(Z/Z_0) \tag{8.1}$$

$$U^* = A\,[(\rho_s - \rho/\rho) \times g \times d]^{0.5} \tag{8.2}$$

$$A = 0.05 + 0.03\rho_a \tag{8.3}$$

式中，U_t 为沙粒临界起沙风速，m/s；U^* 为临界摩阻风速，m/s；Z 为所测启动风速的高度（10 m）；Z_0 为地表粗糙度，接近沙粒直径的 1/30，m；ρ_s 为沙粒密度，2650 kg/m^3；ρ_a 为空气密度，kg/m^3；g 为重力加速度，9.80 m/s^2；d 为沙粒粒径，mm；A 为随空气密度变化的经验系数。由于雅鲁藏布江中上游地区地理环境具有复杂性，计算了四个宽谷地区的真实临界起沙风速，自西向东临界起沙风速逐渐降低（表 8.1）。

表 8.1 雅鲁藏布江中上游地区四个宽谷地区的平均海拔、空气密度、系数 A、沙丘砂的平均粒度以及每个宽谷地区对应的临界起沙风速

参数	宽谷			
	马泉河	日喀则	山南	米林
平均海拔 /m	5000	4000	3700	3000
空气密度 /(kg/m^3)	0.74	0.82	0.85	0.91
系数 A	0.072	0.075	0.076	0.077

续表

参数	宽谷			
	马泉河	日喀则	山南	米林
平均粒度 /mm	0.29 (n=14)	0.24 (n=14)	0.25 (n=7)	0.13 (n=41)
临界起沙风速 /(m/s)	8.0	7.2	7.3	5.4

注：n 代表沙丘样品的数量。米林段平均粒径数据引自周娜等 (2011)。为了更好地反映风对沙丘砂的影响，在计算平均粒径时，排除了丘间地的样品。A 是式 (8.3) 中的经验系数，取决于研究区各宽谷的空气密度 (Han et al.，2015)。

2. 输沙势的计算

为了更好地反映风沙运动的详细信息，风能环境的评价采用 Fryberger 和 Dean(1979) 的输沙势计算方法 (表 8.2)，评价参数包括输沙势 (DP)、合成输沙势 (resultant drift potential，RDP)、合成输沙方向 (resultant drift direction，RDD) 以及方向变率 (RDP/DP)，其中 DP 表征根据风速观测资料计算出的相对输沙率，单位为矢量单位 (VU)；RDP 是输沙玫瑰图中各个方向输沙势的矢量合成，单位为矢量单位 (VU)；RDD 则为合成输沙势的方向，反映沙搬运的总体方向；RDP/DP 为方向变率，其值越小，起沙风的变率越大。输沙势的计算方法如下：

$$\mathrm{DP} = U^2\ (U - U_t)\ t \tag{8.4}$$

式中，U 为地表以上 10 m 高度所测得的最大风速，单位为节；U_t 为 10 m 高度的起沙风速，单位为节；t 为起沙风速出现次数占总观测次数的百分数。其他相关各参数的详细计算方法见 Zhang 等 (2015)。尽管这种方法存在一定的局限性，但全球沙海风能环境的研究表明了其应用价值，得到了广泛的应用 (Zhang et al.，2018b)。四季划分为：春季 (3 ～ 5 月)、夏季 (6 ～ 8 月)、秋季 (9 ～ 11 月) 和冬季 (12 月至次年 2 月)。为了进一步了解 DP 的空间变化，使用克里金插值分析了 DP 在整个中上游地区的变化。为此，利用 Google Earth 提供的雅鲁藏布江中上游地区数字地图，使用 GIS ArcMap 软件 (www.esri.com) 10.2 版的分析工具功能在气象站之间进行插值。

表 8.2 基于输沙势和方向变率的风能环境的划分

DP/VU	风能环境	RDP/DP	方向变率	对应的风况类型
＜ 200	低	＜ 0.3	高	复杂或钝双峰型
200 ～ 400	中	0.3 ～ 0.8	中	钝双峰型或锐双峰型
＞ 400	高	＞ 0.8	低	宽单峰型或窄单峰型

8.1.4 风环境的总体特征

表 8.3 分析了雅鲁藏布江中上游地区平均风速和最大风速的三个重要参数的年平

均值，结果表明雅鲁藏布江中上游地区风环境呈现出了明显的时空差异。空间上，自西向东，平均风速和最大风速的三个参数，即总风速、起沙风速和起沙风频率的平均值均呈减小趋势。平均风速的三个参数在马泉河宽谷明显高于日喀则宽谷，而最大风速的总风速在马泉河宽谷和日喀则宽谷并无明显差异，这主要是因为平均风速代表了风环境的整体状态，而最大风速仅部分反映风环境变化。

时间上，除马泉河宽谷夏季仍存在较高的总风速、起沙风速及起沙风频率外，雅鲁藏布江中上游地区总风速、起沙风速及起沙风频率均在春季和冬季较高，且通常春季最高，夏季和秋季较低。马泉河宽谷平均风速和最大风速的总风速在夏季最高、冬季最低，而起沙风速在夏季最低、冬季最高，这表明近地表风对沉积物的实际影响可能会受到总风速信息的干扰。此外，总风速、起沙风速和起沙风频率的季节变化表现出了一定的相似性，表明起沙风速和起沙风频率可能是控制总风速变化的重要因素，但二者对风环境变化的贡献尚不清楚。

表 8.3　雅鲁藏布江中上游地区平均风速（1980 ~ 2015 年）与最大风速（2007 ~ 2015 年）各参数的平均值

类型	时间	马泉河宽谷			日喀则宽谷			山南宽谷			米林宽谷		
		V_t	V_s	F	V_t	V_s	F	V_t	V_s	F	V_t	V_s	F
平均风速	全年	3.3	9.8	0.3	2.1	8.8	0.3	2.0	8.5	0.2	1.6	6.3	0.1
	春	3.3	9.3	0.2	3.0	8.2	0.5	2.4	8.0	0.2	1.9	6.4	0.2
	夏	3.7	9.3	0.1	1.7	—	—	1.7	—	—	1.4	—	—
	秋	3.1	9.2	0.1	1.7	9.0	0	1.6	—	—	1.4	5.8	0.02
	冬	3.0	10.0	0.7	2.2	9.0	0.6	2.1	8.7	0.4	1.7	5.9	0.1
最大风速	全年	7.0	9.5	18.2	7.0	9.6	36.7	5.6	8.8	12.1	4.8	6.5	30.8
	春	7.4	9.6	24.2	8.1	9.7	55.5	6.3	8.8	20.2	5.3	6.6	44.3
	夏	7.9	9.4	26.3	6.4	8.8	24.5	5.4	8.6	7.9	4.5	6.5	24.2
	秋	6.6	9.4	9.6	5.9	8.9	21.6	4.9	8.6	4.9	4.4	6.3	20.0
	冬	6.2	9.7	12.2	7.4	10.0	44.7	5.6	8.8	15.3	4.8	6.5	34.2

注：V_t 为总风速（m/s），V_s 为起沙风速（m/s），F 为起沙风频率（%），“—”为无起沙风。

8.1.5　风速的变化趋势

1980 ～ 2015 年雅鲁藏布江中上游地区平均风速整体呈现明显的减小趋势（$P <$ 0.01），但不同区域减小幅度存在差异，其中马泉河宽谷平均风速下降趋势最为明显 [−0.25 m/(s·10a)]，米林宽谷平均风速下降程度最小 [−0.13 m/(s·10a)]（图 8.3）。除雅鲁藏布江上游马泉河宽谷外，平均风速随时间的变化大致可以划分为两个阶段，

即 1980 ～ 2004 年平均风速呈不同幅度的下降趋势，而 2005 ～ 2015 年平均风速则呈逐渐上升趋势，其上升幅度分别为 0.7 m/(s·10a)（日喀则宽谷，$P < 0.01$）、0.5 m/(s·10a)（山南宽谷，$P < 0.05$）、0.3 m/(s·10a)（米林宽谷），与最大风速的变化大体一致。平均风速的季节变化也表现出了明显的减小趋势和季节差异（图 8.4）。总体上，风速的最大降低速率出现在春季［0.25 m/(s·10a)］，速率最低值出现在夏季［0.13 m/(s·10a)］。然而，最大风速的变化趋势和季节差异并不明显（图 8.4），这可能是由于最大风速仅反映了整体风速的部分变化。

雅鲁藏布江中上游地区 2005 ～ 2015 年平均风速的总体趋势与最大风速的变化趋势大体一致（图 8.3 和图 8.4），这表明最大风速显著地影响了风环境的总体变化。为了探讨最大风速对风环境总体变化的贡献，使用了 Cui 等 (2017) 的经验式：

$$C_{max} = T_{max}/4T_{mean} \tag{8.5}$$

式中，C_{max} 为最大风速的贡献，%；T_{max} 和 T_{mean} 分别为最大风速和平均风速的变化幅度（斜率），m/(s·a)；$4T_{mean}$ 为每日四次测定的日平均风速。需要注意的是，该公式仅对于平均风速与最大风速具有相似映射关系的风速数据集成立，而对于其他特征的数据集可能是无效的。这种贡献在站点之间存在差异，介于 47.6% ～ 94.5%，平均值为 62.6%（表 8.4），即最大风速的变化平均占据了风环境变化的 62.6%。

表 8.4　最大风速对风环境变化的定量贡献　（单位：%）

气象站	贡献值				
	全年	春季	夏季	秋季	冬季
日喀则	47.6	94.5	51.5	65.2	48.9
拉萨	90.6	65.8	50.8	49.0	50.8
泽当	59.5	60.3	53.7	60.6	66.9
林芝	66.1	48.8	58.5	94.5	69.1

注：为了更好地描述这种贡献，分析了四个具有长时间统计期的气象站数据（1980 ～ 2015 年）。

图 8.3 也表明总风速的变化通常伴随着起沙风速和起沙风频率的变化，但二者对总风速的潜在贡献并不清楚。为了定量起沙风速和起沙风频率对风环境的影响，通过多元线性回归比较了最大风速和平均风速的起沙风速和起沙风频率的回归系数的大小，发现起沙风速的回归系数在 –0.104 ～ 0.139($P > 0.05$)，而起沙风频率的回归系数在 0.557 ～ 0.989($P < 0.05$)，通过了显著性检验。因此，起沙风频率的变化是使平均风速减小的主导因素。

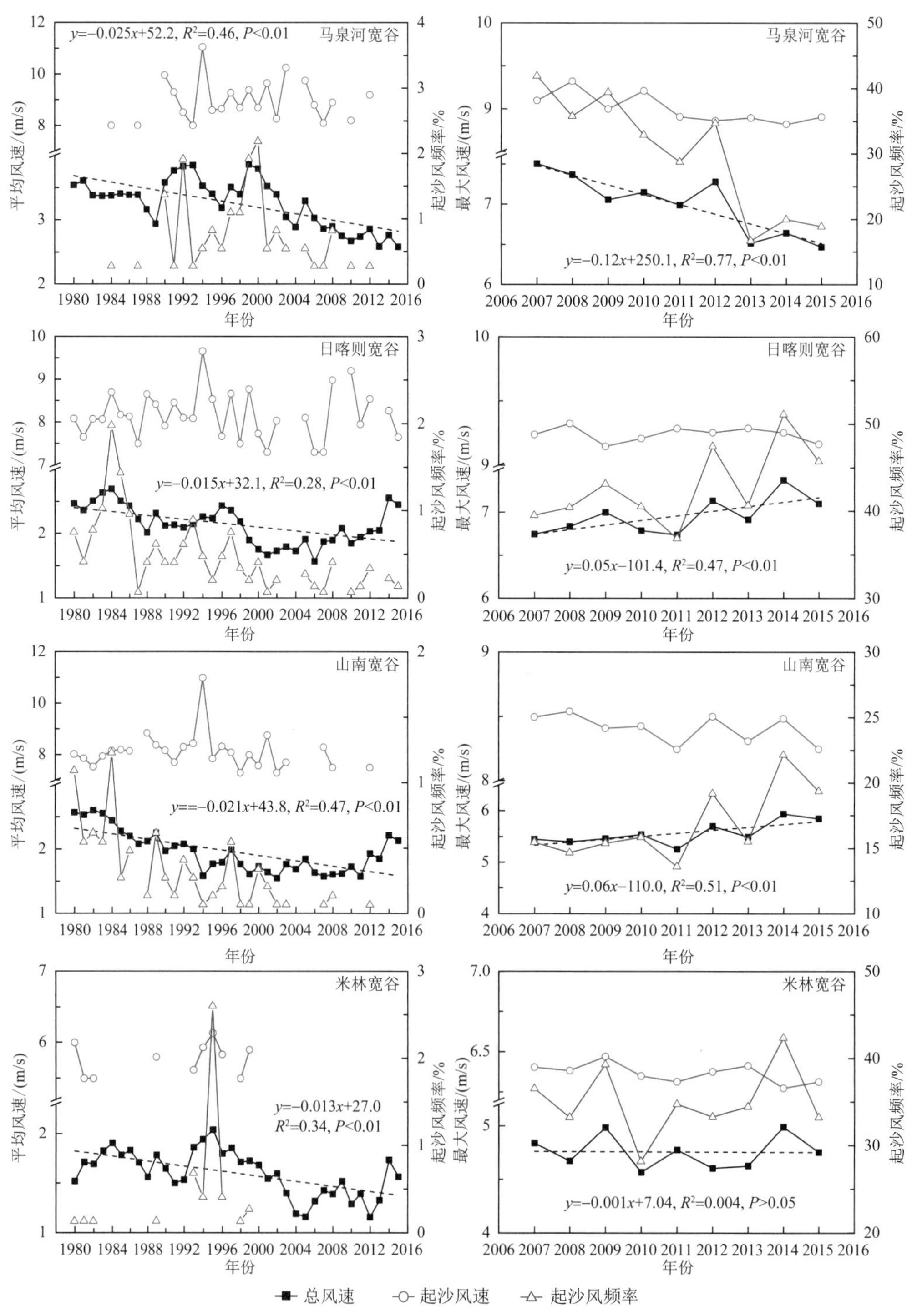

图 8.3 雅鲁藏布江中上游地区各宽谷段平均风速和最大风速各参数随时间的变化

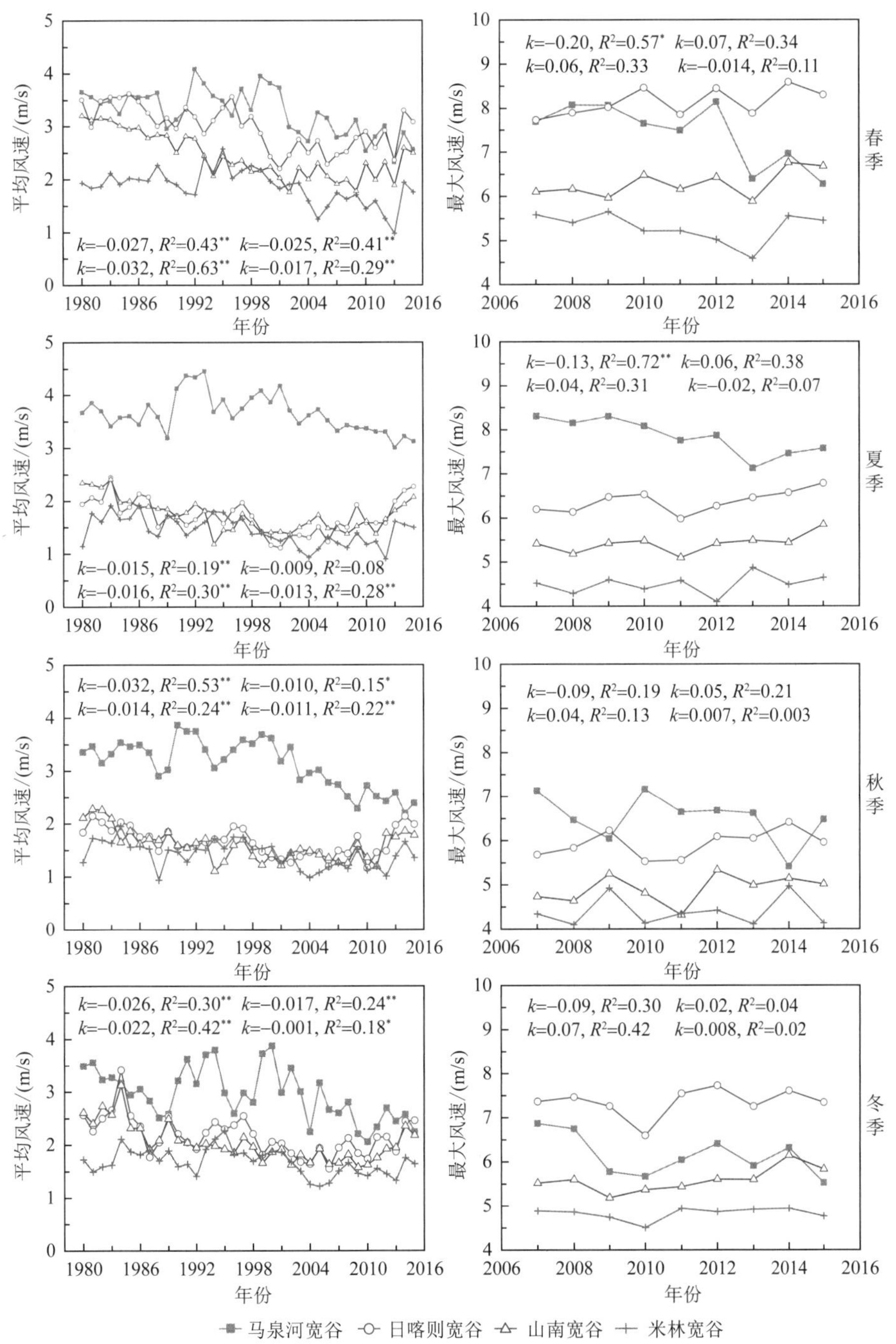

图 8.4　雅鲁藏布江中上游地区各宽谷段平均风速和最大风速的季节变化

k 为回归斜率，代表风速的长期变化；R^2 代表拟合度；** 为 $P < 0.01$，* 为 $P < 0.05$

8.1.6 输沙势的时空变化

尽管平均风速和最大风速的变化反映了雅鲁藏布江中上游地区近地表风环境的总体状况，但并没有提供关于输沙活动及风向的详细信息。基于最大风速的贡献，计算了衡量风沙活动强度的重要指标，即输沙势，不仅可以将其用于评价风能环境的相对强弱，而且可以评价风环境的方向组成。

1. 输沙势的空间变化

四个宽谷地区的风能环境存在差异（图 8.5）。根据表 8.2 中风能环境的划分标准，马泉河宽谷 DP 为 200 ～ 400 VU，因此该区域属于中等风能环境；日喀则宽谷（DP 远大于 400 VU）属于高风能环境；山南宽谷和米林宽谷（DP ＜ 200 VU）属于低风能环境。日喀则宽谷为低方向变率（RDP/DP>0.8），呈宽单峰型风环境，而其他宽谷则为中等方向变率，为钝或锐双峰型风环境，这也解释了 DP 的空间差异。RDD 指示输沙方向为北至东南，雅鲁藏布江中上游地区自西向东输沙方向（自正北方向）呈顺时针方向旋转。

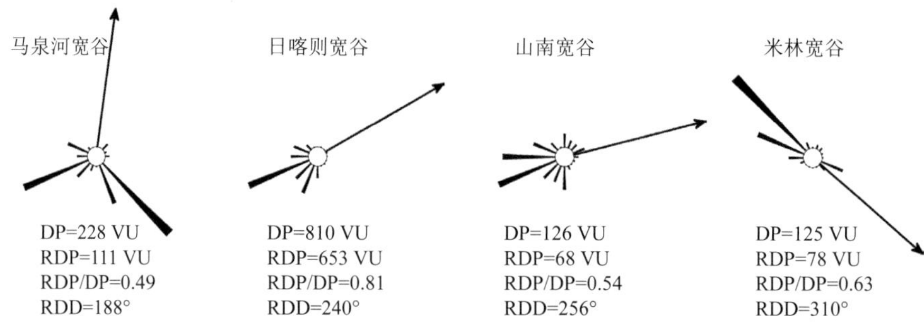

图 8.5 雅鲁藏布江中上游地区宽谷段的风能环境

为了进一步了解雅鲁藏布江中上游地区的风环境特征，详细分析了研究区 11 个气象站的风能环境（图 8.6）。结果表明，定日站和拉孜站属于高风能环境，特别是定日站（DP=2163 VU）；普兰站、江孜站和浪卡子站属于中等风能环境；其他气象站 DP 小于 200 VU，属于低风能环境。尽管各气象站风能环境不同，DP 自西向东呈逐渐减小的趋势，这种变化趋势得到了 DP 的克里金插值结果的支持（图 8.6）。方向变率多为中等，但其值变化较大（0.1 ～ 0.9），其中尼木站方向变率最高，而定日站和波密站为低方向变率。RDD 值表明 72.7% 的输沙方向为东北方向，其中波密站为东南方向，尼木站为西北偏北方向，林芝站为正西方向。RDP/DP 和 RDD 都表明雅鲁藏布江中上游地区的近地表风向及其变率在空间上相对一致，但仍存在明显的局地特征。

2. 输沙势的时间变化

四个具有长时间序列的气象站的风环境数据表明，除林芝站的 RDP 外，1980 ～ 2015 年雅鲁藏布江中上游地区的 DP 和 RDP 呈显著的指数递减趋势（图 8.7）。然而，

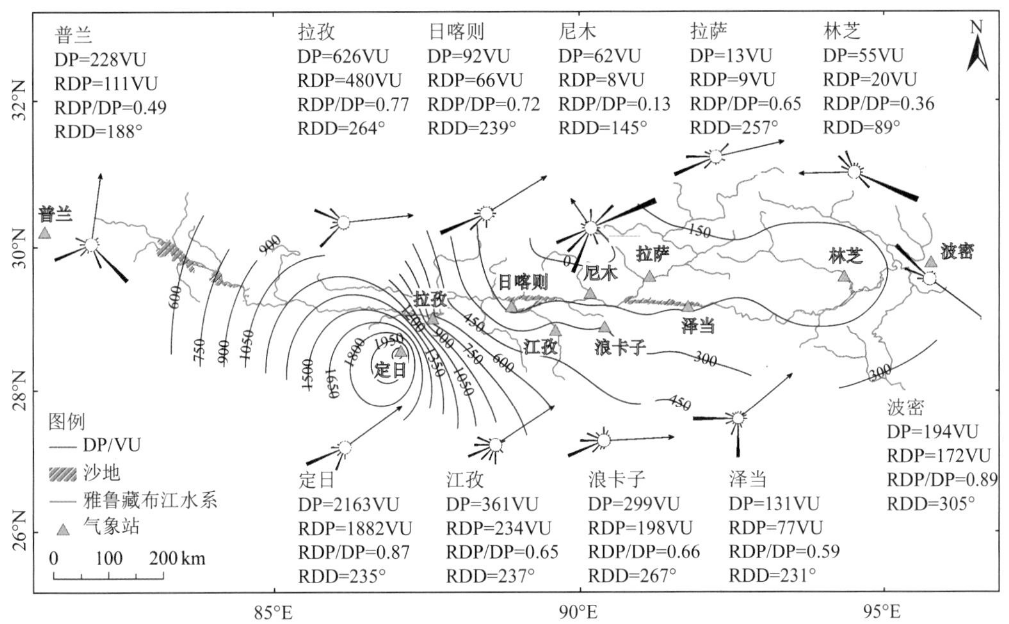

图 8.6　雅鲁藏布江中上游地区 11 个气象站的风能环境及输沙势（DP）的克里金插值结果

四个气象站的 RDP/DP 和 RDD 并无统计学上的明显变化。日喀则站和泽当站的 RDP/DP 的变化相对较小，其平均值分别为 0.71±0.10 和 0.57±0.13。拉萨站 RDP/DP 呈较明显的增加趋势（R^2=0.20，$P < 0.01$），表明输沙方向从多向单一方向转变；林芝站 RDP/DP 先增大（R^2=0.50，$P < 0.01$）后减小（R^2=0.36，$P < 0.05$），表明输沙方向发生了明显的变化。RDD 的变化在日喀则站最小（240°±11°）；在拉萨站和泽当站为中等（分别为 263°±30° 和 207°±31°）；林芝站显著减小（R^2=0.53，$P < 0.01$），标准偏差最大（±93°），表明雅鲁藏布江下游地区的输沙方向复杂。

图 8.7 表明不同气象站之间相同输沙参数的变化是大体相似的。例如，拉萨站 DP 和 RDP 的变化与泽当站（R^2=0.60 和 0.23，$P < 0.01$）之间的相关性强于林芝站（R^2=0.12，$P < 0.05$；R^2=0.05，$P > 0.05$）；拉萨站 RDP/DP 的变化与林芝站呈弱而显著的相关性（R^2=0.17，$P < 0.05$），表明中上游地区风能环境的变化可能存在空间一致性和差异性，这也得到了四个宽谷地区风环境变化的支持。例如，日喀则宽谷和山南宽谷地区的 DP 变化存在显著的正相关，而米林宽谷和其他三个宽谷的 DP 和 RDP 的变化呈弱或负相关关系［图 8.8(a) 和 (b)］；山南宽谷和米林宽谷的 RDP/DP 之间存在显著的正相关关系［R^2=0.59，$P < 0.05$；图 8.8(c)］；四个宽谷 RDD 之间的相关性是弱或不显著的［图 8.8(d)］，这可能是由复杂的地形引起的。总体上，这些参数的特征表明雅鲁藏布江中上游的风能环境响应相似的驱动力，尤其是在雅鲁藏布江中游地区，而雅鲁藏布江下游地区则明显不同。

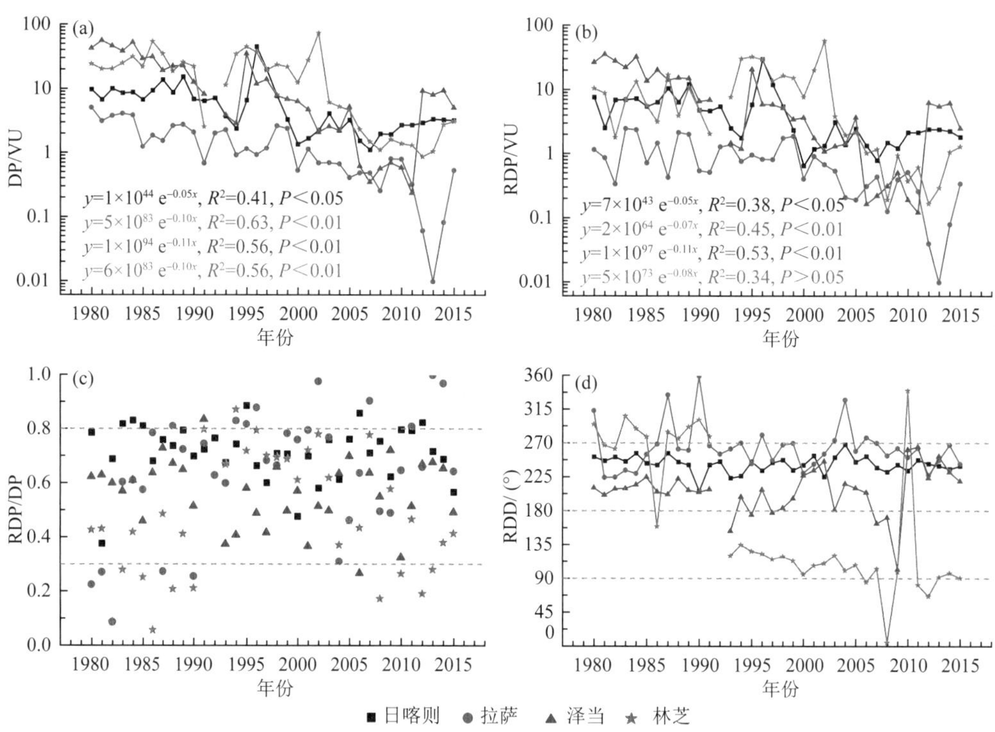

图 8.7 雅鲁藏布江中上游地区 1980 ~ 2015 年日喀则、拉萨、泽当和林芝气象站风能环境随时间的变化

图 (c) 和 (d) 中虚线表示表 8.2 中定义的风能边界

此外，雅鲁藏布江中上游地区风能环境呈现出了明显的季节变化（图 8.9）。除马泉河宽谷外（夏季 DP 高于冬季），DP 和 RDP 在冬季和春季高于夏季和秋季。冬季 RDP/DP 值通常最高，属于低至中等方向变率，输沙方向单一，而夏季 RDP/DP 值通常较低，属于中等至高方向变率，输沙方向复杂，这与 DP 的季节变化一致。RDD 的季节变化在各宽谷之间也不同，其中马泉河宽谷春季 RDD 为东北方向，冬季逆时针向西北偏北方向旋转；日喀则和米林宽谷，RDD 在所有季节相对一致，分别为东北偏东和东南偏东方向；山南宽谷夏季 RDD 为东南偏南方向，而其他季节为东北偏东方向。

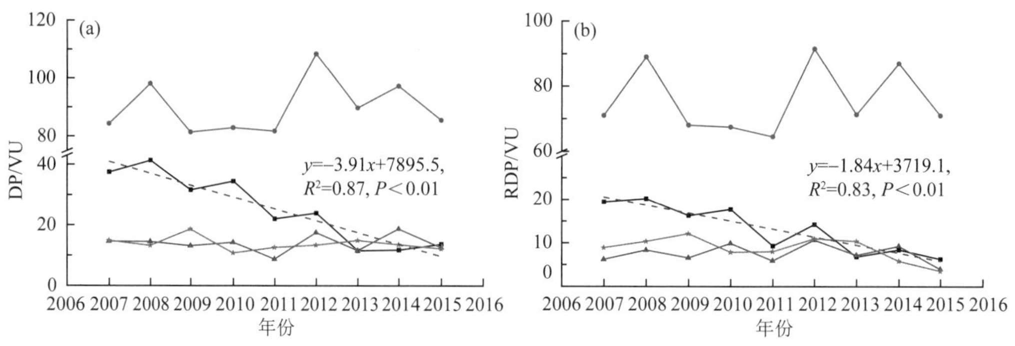

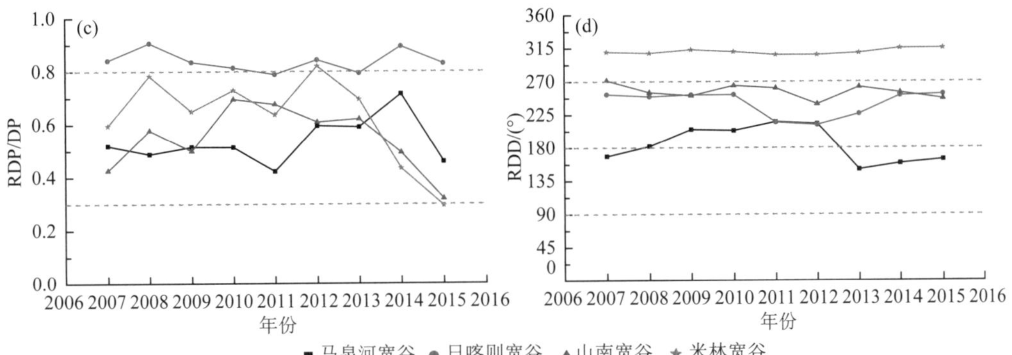

图 8.8　雅鲁藏布江中上游地区 2007 ~ 2015 年四个宽谷段风能环境的变化

(c) 和 (d) 中的虚线表示表 8.2 中定义的风能边界

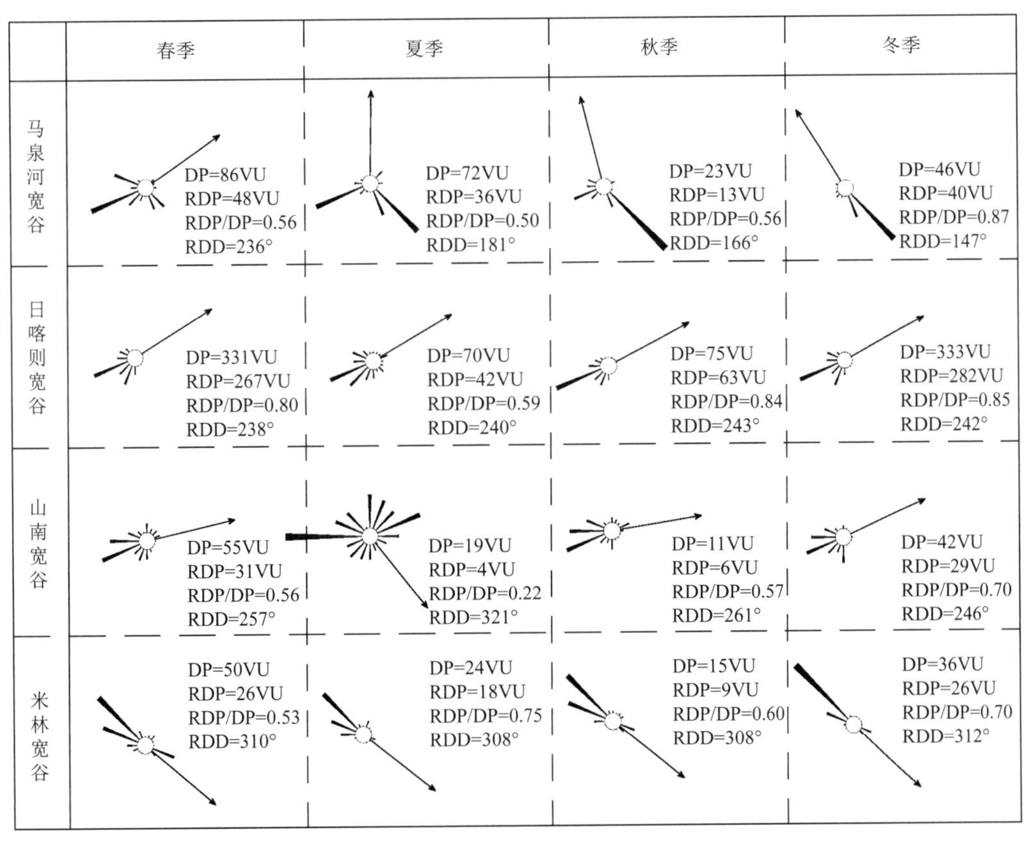

图 8.9　雅鲁藏布江中上游地区四个宽谷段风能环境的季节变化

8.1.7 风环境与风沙地貌格局

DP 及其相关参数与雅鲁藏布江中上游地区风沙地貌格局密切相关，发现 DP 与雅鲁藏布江中上游地区沙地面积之间在统计学上存在中等程度的相关性（图 8.10），表明 DP 是控制沙地发育及空间分布的重要因素。日喀则宽谷 DP 值最大，但该区域沙地面积却较小，这表明沙地面积的空间分布至少部分是由其他因素造成的。排除日喀则宽谷数据后，DP 与沙地面积之间则存在更强的相关性 (R^2=0.92，$P < 0.001$；图 8.10)，这可能是由于日喀则上风向的峡谷显著地改变了风向及风速，进而影响了 DP。此外，物源供应也是影响风成沉积物堆积的重要因素 (Zhang et al.，2015b，2018b)。董治宝等 (2017) 认为沙源的有效性控制了青藏高原沙地的分布特征，如沙地分布及动态演化和风沙地貌等。雅鲁藏布江河谷中广泛分布的辫状水系为风沙沉积物的发育提供了丰富的物源供应。日喀则宽谷辫状水系宽度为 8 ～ 10 km，而马泉河宽谷辫状水系宽度可达 25 km，这也解释了日喀则宽谷高 DP 值对应的较低的沙地面积（图 8.10）。

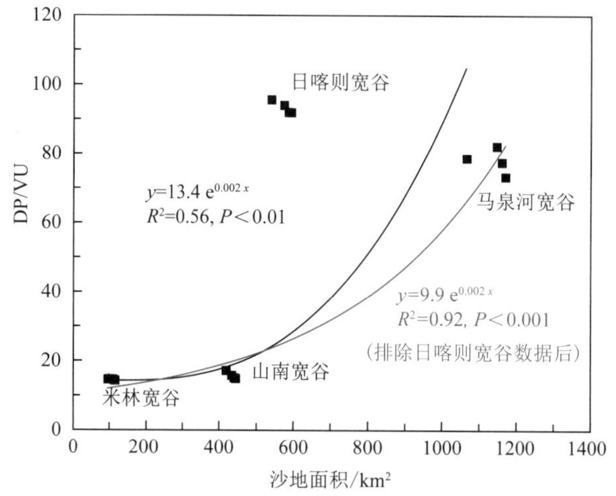

图 8.10 雅鲁藏布江中上游地区沙地面积与 DP 之间的相关性

沙地面积数据引自 Liu 等 (2019)

RDD 也显著影响了雅鲁藏布江中上游地区沉积物分布格局。RDD 数据表明 72.7% 的输沙方向为东北方向（图 8.6），这与中上游地区沙丘的空间分布方位一致。风成沙主要发育在谷坡，特别是河流北岸（董治宝等，2017）。在西南风的作用下，爬坡沙丘和沙片可以爬升至河流北岸山坡上，在风力作用下甚至可爬行 6 km，可达到世界最高海拔风成沙所在位置 (Dong et al.，2017)。风沙地貌的空间分布与 RDD 的季节变化总体一致（图 8.9）。加查山以西，风沙地貌主要分布在河流北岸，以东则分布在河流南岸。

为了进一步分析 RDD 对河谷沙丘的影响，分析了 RDD 与沙丘走向（从 Google Earth 影像中获取）之间的相关性，发现当地 RDD 与沙丘走向呈显著的正相关关系，二者之间存在平均 2° ～ 17° 的夹角［图 8.11(a)］。然而在一些区域，RDD 垂直于沙丘走向，甚至与沙丘走向相反。基于中上游地区的广泛区域及复杂的地形［图 8.11(b) ～ (e)］，这种复杂的相关性并不难解释。尽管中上游地区整体的风沙运动特征由风环境决定，但中上游地区地形复杂，无法对该区域的风沙运动进行单一的整体描述，其结果与中国北方低海拔沙漠或沙地的结果有所不同。

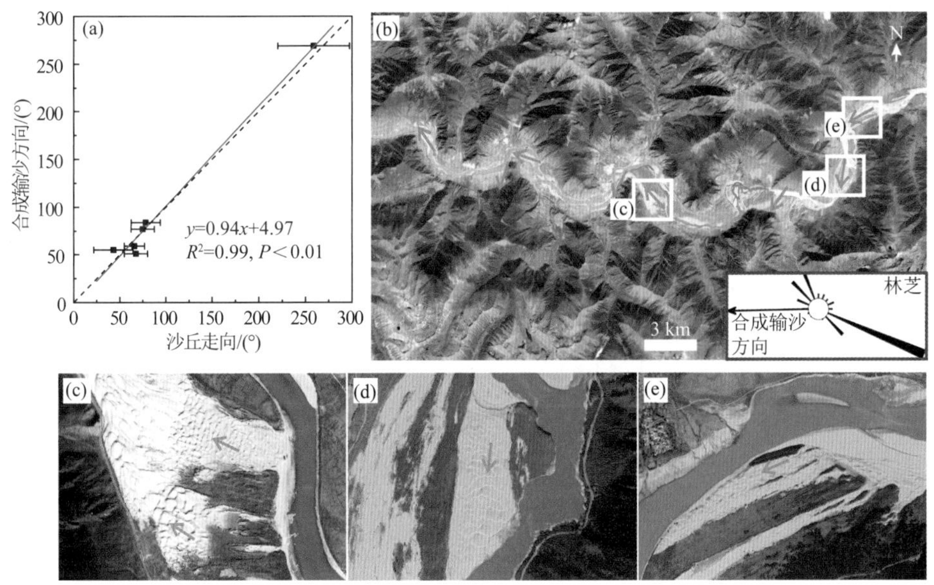

图 8.11　合成输沙方向与沙丘走向的相关性（虚线为 1:1 线）(a) 以及林芝气象站输沙玫瑰图及米林宽谷复杂的沙丘走向（橘色箭头）(b) ～ (e)

图 (b) 的中心坐标为 29°08′43.06″ N，93°45′56.28″ E，影像来源于 Google Earth

8.1.8　风环境与风沙输送

沉积物的粒度特征不仅反映了风对源区物质运移和分选的影响，也反映了地形和植被等地表特征对风沙运动的影响 (Zhang and Dong，2015)。各粒径组分颗粒的比例表明，极细砂和细砂的含量自西向东呈微弱增加趋势，而中砂和细砂的含量呈逐渐减少趋势（表 8.5)，即雅鲁藏布江中上游地区平均粒径自西向东逐渐降低。粒度分布与起沙风速之间的相关性 (R^2=0.28 ～ 0.73) 显著强于与 DP 之间的相关性 (R^2=0.007 ～ 0.32)，这可能是由于平均风速可以更好地反映风环境的总体变化特征，而 DP 是基于最大风速计算的，仅能反映风环境变化的部分信息。随着起沙风速的逐渐增加，极细砂和细砂的比例逐渐降低，而中砂和粗砂的比例逐渐增大（图 8.12)，与 Yang 等 (2019b) 的风洞实验结果一致。董治宝和李振山 (1998) 的研究表明，粉砂和黏粒（＜ 0.05 mm) 之间的凝聚力，以及沉积物中大颗粒的比例较高，使得粉砂和黏粒含量难以被风侵蚀，这也可能是粉砂和黏粒含量与起沙风速之间并不存在明显相关性的原因。研究结果表明强劲的起沙风将近地表极细砂和细砂沉积物吹蚀，在地表残留中砂和粗砂，导致河谷新月形沙丘的粒径表现出一定的空间变化。

表 8.5　雅鲁藏布江河谷典型沙地新月形沙丘的粒度特征

研究样区	粒度组分 /%					平均粒径 /mm	分选系数	偏度	峰度
	粉砂和黏粒（< 0.063 mm）	极细砂（0.063 ～ 0.125 mm）	细砂（0.125 ～ 0.25 mm）	中砂（0.25 ～ 0.50 mm）	粗砂（0.50 ～ 2.00 mm）				
Site 1	6.39	14.41	27.64	35.67	15.88	0.30	1.01	0.21	1.29
Site 2	6.74	4.81	42.05	42.22	4.18	0.25	0.90	0.25	1.70
Site 3	16.66	13.57	40.02	27.38	2.37	0.19	1.74	0.54	2.19
Site 4	4.74	12.61	35.15	35.60	11.90	0.28	0.95	0.10	1.04
Site 5	8.36	10.44	38.59	36.43	6.18	0.25	1.20	0.32	1.87
Site 6	10.16	30.00	56.47	3.16	0.23	0.13	0.92	0.35	2.07

注：粒度参数及其相关划分标准的计算方法见 Folk 和 Ward (1957)。Site 1 ～ Site 6 的具体位置见图 8.1，其中 Site 6 中沙丘粒度数据引自周娜等 (2011)。

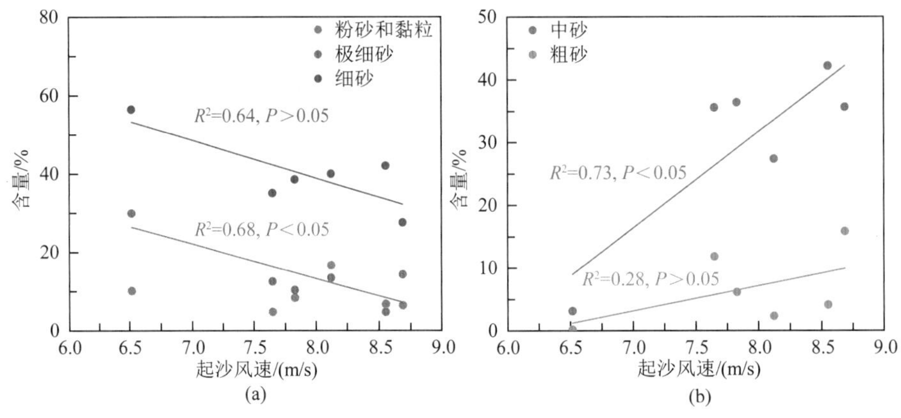

图 8.12　不同粒度组分的百分含量与起沙风速之间的相关性

雅鲁藏布江中上游地区 59% 的沉积物分选较差，33% 的沉积物分选较好，表明输沙时间和距离整体较短，沉积物未经历良好的分选。其中 49% 为正偏、41% 为极正偏，表明沉积物主要由粗组分组成。此外，56% 为极尖锐峰态、21% 为尖锐峰态、21% 为中等尖锐峰态，表明沉积物粒度分布较为集中，至少有一部分颗粒直接进入风沙环境而没有发生任何变化。沉积物的这些特征是由如下几个因素造成的：①沙丘主要发育于山体附近或者山体之间（如拉孜地区），搬运距离较短，限制了风对风成沉积物的充分分选。②河流枯水期暴露的大量粗颗粒河流砂为河流附近的沙丘提供了充足的物质来源（李森，1997；Li et al.，1999），与基于 Sahu (1964) 公式计算的沉积环境描述完全一致（表 8.6）。研究区新月形沙丘主要形成于河流环境 (53.9%) 和浅海环境 (25.7%)，基于浅海环境与湖泊环境的相似性，可以将浅海环境重新定义为湖泊相环境。如上所述，沉积物的特征总体受风环境的控制，具有一定的空间变化规律。然而，由于地形和物质来源的影响，近地表风动力对风成砂的影响相比于中国北方低海拔沙漠而言更为复杂。

表 8.6　雅鲁藏布江中上游地区 5 个典型样区新月形沙丘的沉积环境　（单位：%）

研究样区	沉积环境				
	风成环境	湖滨环境	浅海环境	浊流环境	河流环境
Site 1	—	—	10.3	7.7	2.6
Site 2	7.7	—	5.1	—	7.7
Site 3	—	—	—	—	20.5
Site 4	—	—	10.3	5.1	2.6
Site 5	—	—	—	—	20.5
总计	7.7	0	25.7	12.8	53.9

注：Site 1 ～ Site 5 具体位置见图 8.1。基于 Sahu（1964）的判定公式，利用沙丘沉积物的粒度参数确定了不同的沉积环境。“—”表示无数据。

8.1.9　风环境的时空变化及其影响因素

青藏高原南部雅鲁藏布江中上游地区是沙尘远距离传输的重要源区，对中国乃至全球气候有重要的影响（Fang et al.，2004；Han et al.，2008；Ling et al.，2022），地表粉尘甚至可以在很弱的风力下被携带至高空大气中，在西风急流的作用下传输几千千米（Swet et al.，2019）。因此，雅鲁藏布江流域地表粉尘及其动态演化引起了众多风沙学者的关注。

如前所述，1980 ～ 2015 年近地表平均风速在年际尺度和季节尺度均呈减弱趋势，平均降低速率为 0.181 m/(s·10a)。此外，雅鲁藏布江中下游地区平均风速和最大风速在 2005 年以来呈增大趋势（图 8.3 和图 8.4）。事实上，1980 ～ 2004 年风速降低的趋势和 2005 年以来风速的增大趋势也在全球和区域范围内得到了证实。前人研究表明，全球大部分地区的近地表风速在 1950 ～ 2000 年呈下降趋势（Xu et al.，2006；Vautard et al.，2010；Wu et al.，2018b；Zhang and Wang，2020），其中下降最显著的区域为中亚和北美［平均降低速率为 0.11 m/(s·10a)］，其次为欧洲、东亚和南亚地区［平均降低速率为 0.08 m/(s·10a)］，降低速率最低的区域为澳大利亚（Wu et al.，2018b）。近地表风速的这种变化可能主要与大气环流（Wu et al.，2018b）、土地利用和植被变化（Wu et al.，2016；Zha et al.，2016；Zha and Wu，2017）、地表粗糙度（Vautard et al.，2010）以及人类活动（Xu et al.，2006）有关。雅鲁藏布江流域的近地表风速下降速率高于全球陆地平均风速的下降速率［0.14 m/(s·10a)］（McVicar et al.，2012），与前人报道的中国、中国北方沙地以及青藏高原东北部的平均风速下降速率相似（Guo et al.，2011；姜莹莹等，2015；Cui et al.，2017），表明尽管存在区域差异，中国干旱、半干旱区的风速均以相似的速率下降。此外，2000 年以来风速的增大趋势也在全球范围内被报道（Kim and Paik，2015；Zeng et al.，2019；Zha et al.，2019；Zhang and Wang，2020），但造成风速增大的原因很复杂，其中人类活动是重要的影响因素之一。雅鲁藏布江中下游地区人口集中分布，2005 ～ 2015 年人口增加速率为 4.1 万人 / 年，超过 80% 的当地居民以放牧、耕作和砍伐为生（Shen et al.，2012）。植被覆盖度的降低可能导致了地表粗糙度的降低（Vautard et al.，2010），进而引起了近地表风速的增大。

近地表风环境的空间变化表明，尽管 RDP/DP 和 RDD 变化较为一致，但仍存在明显的区域特征；近地表风环境的时间变化表明，雅鲁藏布江中上游地区的近地表风环境响应相似的驱动力，而下游地区则不同。这种区域差异和一致性得到了流域近地表风场的数值模拟结果的支持。具体而言，雅鲁藏布江中上游地区（日喀则宽谷以西）西风盛行，中游地区（山南宽谷附近）的拉萨河口一带转为西北风，随后大体平行于河谷的方向，而山南宽谷以东地区受藏东次高压和河谷下游回流气体的影响出现“东风倒灌”，在米林宽谷与偏西风辐合，在不同地形部位形成复杂的局地风场（Li et al.，1999）。

平均风速和 DP 的时间变化表明，近地表风强度总体呈显著的降低趋势，但这种降低趋势并不符合流域沙地面积的演化。1975 ～ 2008 年以来雅鲁藏布江流域及宽谷地区的沙地面积呈增加趋势，但增加的幅度随时间呈降低趋势（Shen et al.，2012；Liu et al.，2019），这表明尽管近地表风的减弱可能限制了沙地的扩张，但近地表风仍可以为流域沙地的发展提供足够的动力条件。前人研究表明，1975 年以来雅鲁藏布江流域风沙化土地的发展与人类活动、温度的升高以及降水的减少密切相关，而与风速的相关性较弱（Shen et al.，2012）。总体而言，雅鲁藏布江流域干旱、多风的气候为风蚀创造了可能的条件，而人类活动，如放牧等可能极大地加速了沙地的发展。

8.1.10　本节小结

为了符合青藏高原高海拔、低气压环境的真实起沙条件，本节修正了起沙风速公式。基于修正的临界起沙风速，利用研究区及其周边 11 个气象站的观测资料，分析了近地表风环境的时空变化特征，探讨了其与流域风沙环境之间的关系。

雅鲁藏布江中上游地区不同宽谷段的临界起沙风速存在差异，马泉河宽谷、日喀则宽谷、山南宽谷和米林宽谷分别为 8.0 m/s、7.2 m/s、7.3 m/s 和 5.4 m/s。雅鲁藏布江中上游地区风环境呈现出了明显的时空差异。风速和起沙风频率自西向东逐渐减小，冬季和春季通常较高（特别是春季最高），而夏季和秋季通常最低。平均风速随时间显著降低，但降低的幅度存在区域和季节差异。平均风速的变化主要是由起沙风频率的变化引起的。最大风速的变化占平均风速变化的 62.6%，表明最大风速主要导致了风环境的减弱或加强。DP 及其相关参数呈现了明显的时空变化。DP 和 RDP 自西向东逐渐降低；RDP/DP 多为中等变率；RDD 表明合成输沙风向主要为东北向。DP 和 RDP 自 1980 年以来呈现出了明显的指数递减趋势，而 RDP/DP 与 RDD 并没有明显的时间变化。DP 和 RDP 在春季和冬季通常较高，而在夏季和秋季通常较低；RDP/DP 值在冬季较高，属于低至中等方向变率，而夏季 RDP/DP 值较低，属于中等至高方向变率；RDD 的季节变化复杂。上述变化特征表明雅鲁藏布江中上游地区的近地表风环境很可能响应相同的驱动力，而下游地区则明显不同。

风环境与观测到的风沙地貌格局一致。DP 代表风成沉积物发展的动力条件，RDD 控制了风沙沉积物的方向，但输沙方向受到了局部地形变化的影响。沉积物的粒度表现出了空间变化，主要受起沙风速的影响。随着风速的增大，极细砂和细砂的含量减少，而中砂和粗砂的含量增加。然而，风成砂的这种粒度特征受局部沉积物供应的影响较大，受近地表风的改造作用相对较弱。

8.2　雅鲁藏布江中上游地区风成沉积记录的全新世湿度演化历史

青藏高原被称为“亚洲水塔”，青藏高原，特别是其南部地区冰川和湖泊广泛分布，为亚洲许多主要河流，如雅鲁藏布江、恒河和印度河提供了水源，对河流下游地区占世界三分之一人口的生产生活至关重要（Immerzeel et al.，2010）。最近的研究表明，青藏高原南部的冰川、湖泊和植被在过去 30 年内发生了剧烈的变化（Yao et al.，2019；Chen et al.，2020b）。近年来喜马拉雅山地区一些主要的地质灾害，如冰崩和冰川湖溃决洪水频繁发生（Veh et al.，2020），而这些自然景观的变化与大气环流系统携带的降水变化密切相关（Yao et al.，2012）。因此，调查过去更长时间尺度的区域降水 / 湿度变化及其驱动机制是十分必要的。

众多湖泊记录、多种湿度指标的综合分析表明青藏高原南部早全新世气候湿润，晚全新世气候干旱，与印度夏季风的演化密切相关（Chen et al.，2013；Rades et al.，2013，2015；Hudson et al.，2015；Mishra et al.，2015；Chen et al.，2020b）。然而，这种湿度演化模式与青藏高原南部及其周边地区部分湖泊记录的研究结果并不一致。例如，Hou 等（2017）认为青藏高原南部附近令戈错的湖泊沉积物较低的 δD 值指示该区域早全新世降水 / 湿度较高，受到了印度夏季风的显著影响，7.0 ～ 4.5 ka BP 和 3.5 ～ 1.7 ka BP 湿度明显增大，可能与中纬度西风环流带来的水汽有关。Sun 等（2020）发现青藏高原南部晚全新世降水与印度夏季风和中纬度西风环流共同相关。温暖时期，该区域受到了增强的印度夏季风携带的降水 / 湿度的影响；寒冷时期，增强的中纬度西风影响了该区域降水 / 湿度的变化。此外，基于孢粉的降水重建发现青藏高原南部同一纬度全新世期间的降水变化并不一致（Chen et al.，2020b）。总体来说，这种湿度演化模式的冲突可能是由以下两个原因造成的。一方面，青藏高原南部位于印度夏季风和中纬度西风的交汇区（An et al.，2012b；Zhu et al.，2015），因此湿度的变化可能受到了两种大气环流系统的共同影响；另一方面，不同测年方法和指标的指示意义不同是造成湖泊记录降水差异的可能原因。上述问题限制了对青藏高原南部全新世气候变化模式及其驱动机制的理解，该区域全新世期间气候的变化与人类生存环境和文明的发展可能存在密切关系。

青藏高原南部雅鲁藏布江河谷广泛分布的风成沉积是古环境变化和过去大气环流的良好记录（Sun et al.，2007；Ling et al.，2020a）。分析了雅鲁藏布江中上游地区风成沉积剖面（SGX 剖面，海拔 4452 m）的地球化学元素和粒度，旨在更好地理解青藏高原南部全新世湿度演化历史及其对大气环流系统的响应。应用单片再生剂量法进行光释光年代学测定，利用 Bacon 模型建立了可靠的年代框架，结合地球化学元素和粒度指标，重建了青藏高原南部全新世湿度演化历史。基于现有的理论基础和现代大气环流及降水再分析资料，尝试确定青藏高原南部全新世湿度演化的驱动机制，旨在为研究全新世期间印度夏季风和中纬度西风的相互作用及其对区域气候变化和生态环境的保护提供一定的科学依据。

8.2.1 现代气候、沉积序列及湿度指标

雅鲁藏布江自西向东横穿青藏高原南部大部分地区［平均海拔接近 4000m，图 8.13(a)］，宽谷内广泛分布着包括黄土和沙丘在内的风成沉积，而在峡谷段由于缺乏物源供应及强劲的风力，几乎无风成沉积出现（Péwé et al.，1995；杨军怀等，2020）。流域内 102 个风成沉积物年代的概率密度曲线表明尽管风成沉积主要出现于末次冰期以来，但 69% 的风成沉积物发育于约 14 ka BP 以来（Ling et al.，2020a），即风成沉积主要发育于全新世期间。基于研究区及周边气象站近 30 年的气象数据，该区域年平均气温在 3.3 ～ 7.2℃，年平均降水量在 181.4 ～ 379.3 mm。年平均风速在 2.1 ～ 3.3 m/s，风沙活动主要发生于冬春季节（Yang et al.，2020b；Zhang et al.，2022）。研究区附近普兰和尼拉木气象站的现代气象数据表明降水呈明显的双峰模式［图 8.13(b) 和 (c)］，暗示了研究区降水并不完全来源于夏季，而冬季降水占据了总降水量的很大比例。

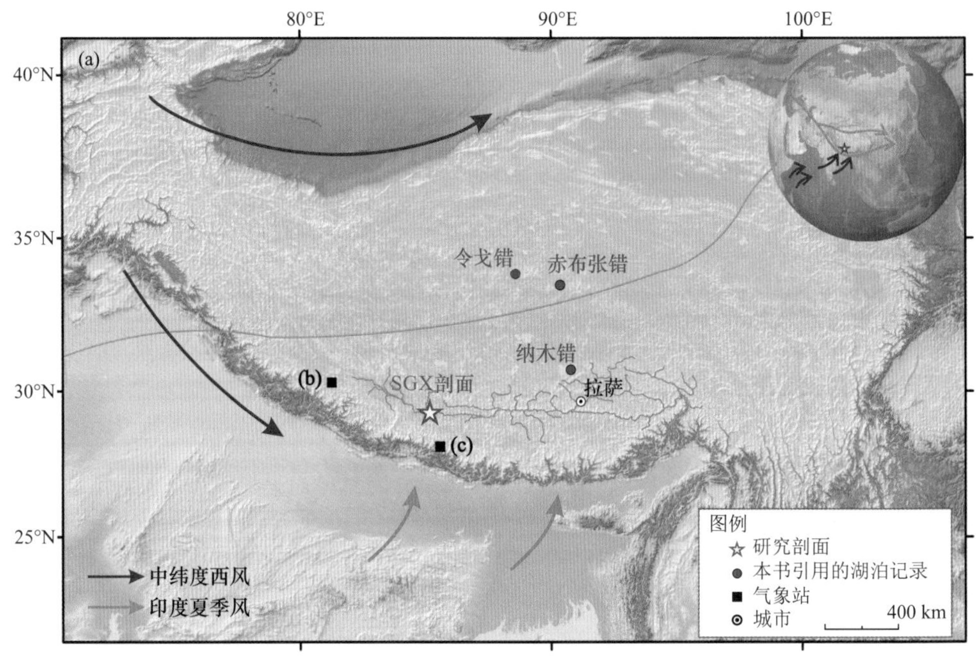

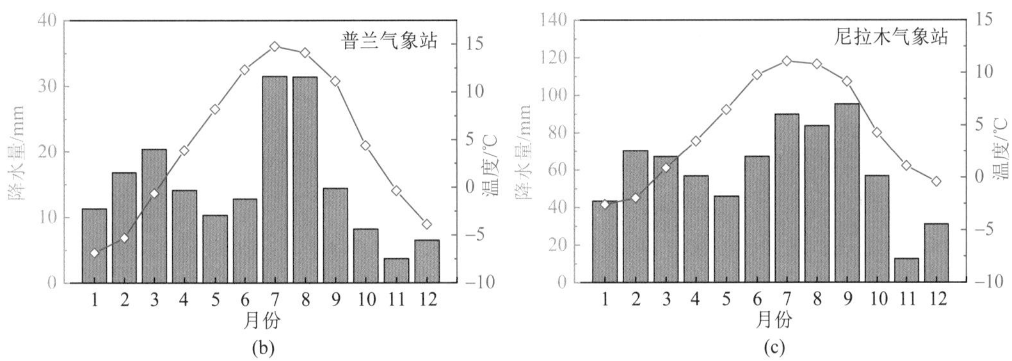

图 8.13　研究区位置及其附近的大气环流系统（a）；普兰气象站（b）和尼拉木气象站（c）近 30 年以来的年平均降水和年平均气温（Chen et al.，2019a）

图 (a) 中绿线为现代夏季风边界线

数据来源于中国气象数据网 http://data.cma.cn/

SGX 剖面（29°19′ N，85°10′ E，4452 m）位于雅鲁藏布江上游地区，处于河流北岸（图 8.14）。剖面厚 360 cm，以 2.5 cm 间隔采样，共计 144 个样品用于沉积物地球化学元素和粒度测定，收集了 11 个光释光样品进行年代学测定。剖面详细的地层描述见 3.3 节，光释光年代、地球化学元素和粒度的测定方法见 3.4 节，实验均在兰州大学西部环境教育部重点实验室完成。SGX 剖面年代序列分析见 7.2.2 小节。同时，采用了 2 个目前应用较为成熟的化学风化指标 Na/K 和 Rb/Sr 来描述风化特征，进而反映剖面相对湿度的变化，而由于 CIA 存在较为明显的粒度效应，本节中未使用。上述化学风化指标反映湿度变化的内在机制详见 5.3.1 小节，此处不再赘述。

图 8.14　雅鲁藏布江河谷 SGX 剖面（a）及其地层（b）

8.2.2 剖面年代学及地球化学元素结果

石英样品 SGX-25（深度为 25 cm）的剂量恢复实验结果如图 8.15 所示。不同预热温度下样品的测定剂量 / 给定剂量（M/G）值在 0.9 ～ 1.1，其比值在 240℃时最接近 1[图 8.15(a)]。样品的循环比在 0.9 ～ 1.1，且回授比小于 5%[图 8.15(b) 和 (c)]，表明测量过程中灵敏度的变化得到了很好的校正，石英的热转移效应可以忽略。因此，采用 240℃预热温度，应用石英再生剂量法进行 D_e 的测定。样品 SGX-200 的自然剂

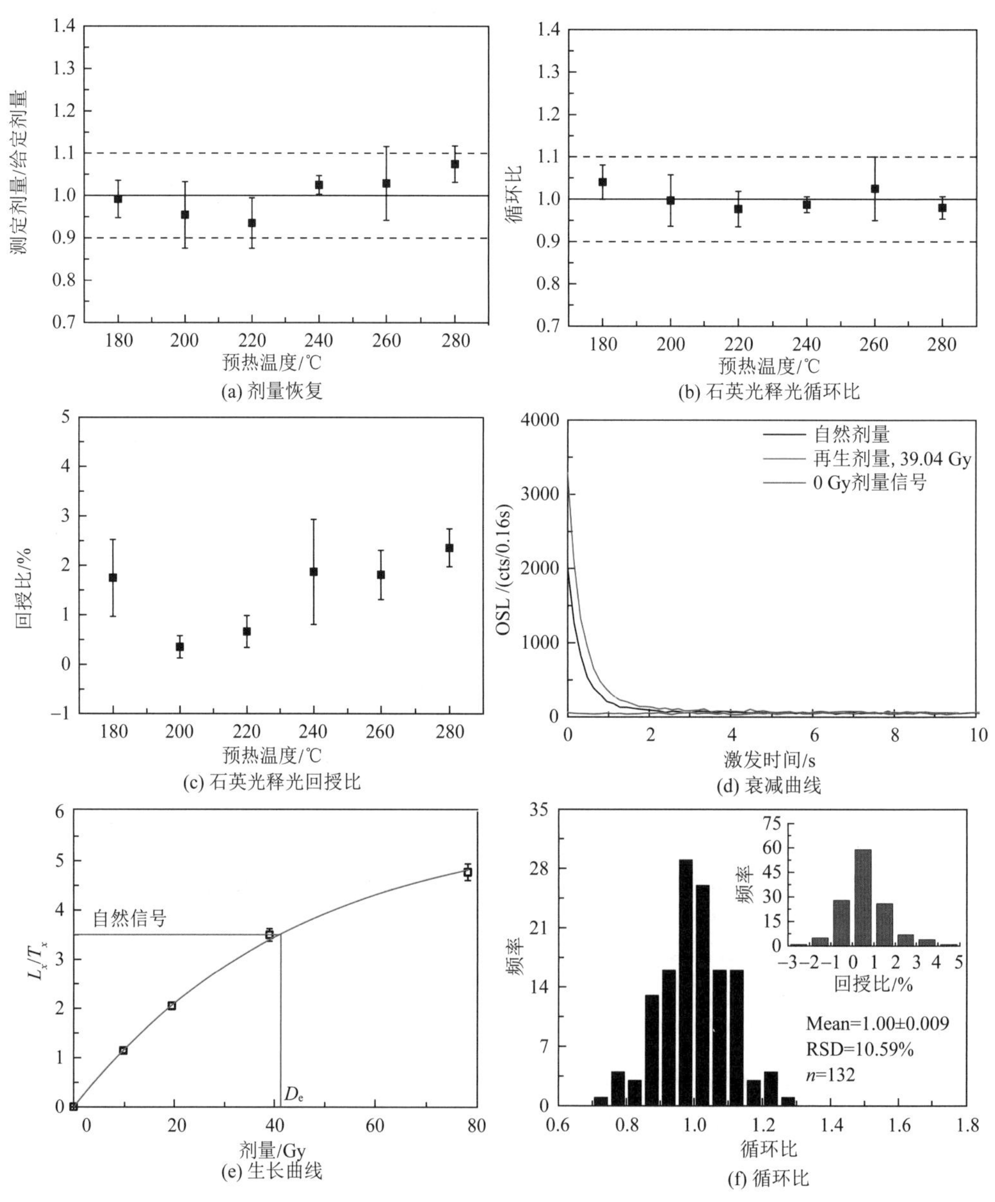

图 8.15 雅鲁藏布江河谷 SGX 剖面的石英光释光特征

量、再生剂量和零剂量如图 8.15(d) 所示。光释光信号在 2 秒内迅速下降至背景值，说明石英光释光信号以快速组分占主导。生长曲线采用单一饱和指数函数拟合，拟合趋势表明，即使在 80 Gy 剂量下，石英光释光的信号仍呈增加趋势，尚未饱和［图 8.15(e)］。11 个石英样品共计 132 片，石英测片的平均循环比为 1.00±0.009，所有石英测片的自然信号回授比低于 5%［图 8.15(f)］。这些释光特征表明单片再生剂量法是适合研究区 D_e 值测定的。剖面详细的年代结果见 7.2.2 小节。

SGX 剖面的 Na/K 在约 7.6 ka BP 呈低值（平均值为 0.888），之后比值迅速增大，随后比值逐渐减小［图 8.16(a)］。Na/K 与 Na_2O 的相关性（R^2=0.75，$P < 0.01$）强于与 K_2O 的相关性（R^2=0.59，$P < 0.01$），表明 Na/K 的变化与风化过程中 Na_2O 含量的变化密切相关。类似地，剖面 Rb/Sr 在约 7.6 ka BP 通常呈高值（平均值为 0.915），在约 7.6 ka BP 后该比值突然降低，随后逐渐增大［图 8.16(d)］。Rb/Sr 的变化趋势与 Rb 元素的相似性（R^2=0.42，$P < 0.01$）高于 Sr 元素（R^2=0.22，$P < 0.01$），这表明 Rb/Sr 的变化更依赖于 Rb 元素的变化。

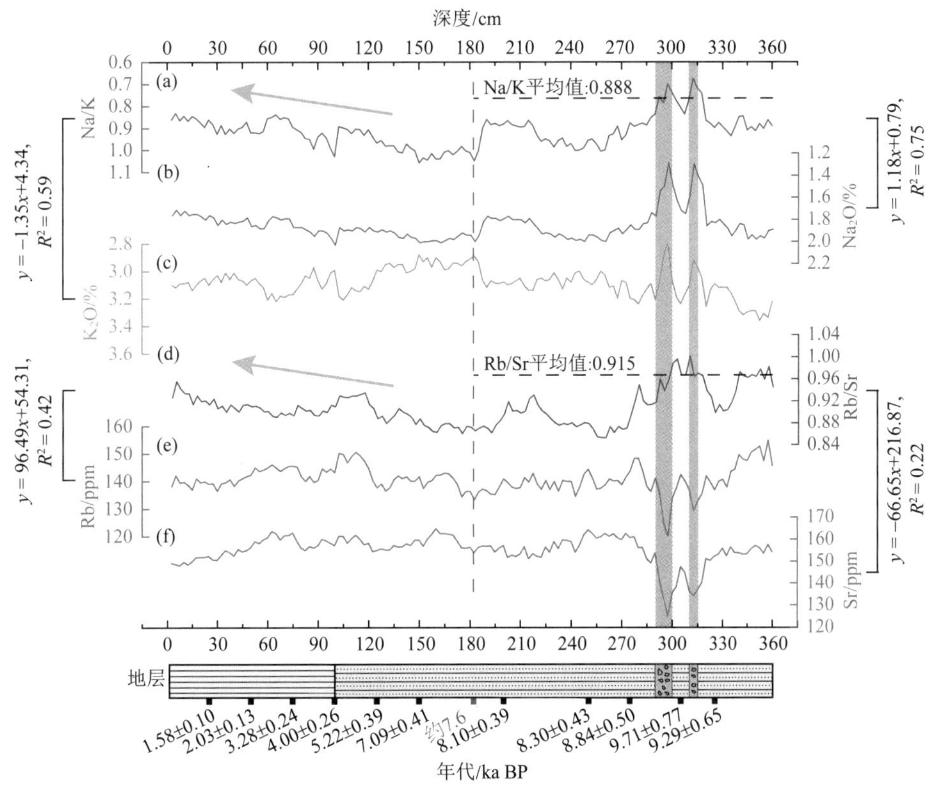

图 8.16 SGX 剖面的地球化学元素及其比值的变化

灰色阴影代表两层砾石层，红色虚线指示风化强度明显变化的边界，黑色虚线表示早全新世期间 Na/K 和 Rb/Sr 的平均值，绿色箭头表示化学风化强度的增大趋势。分析过程中排除了两层砾石层的数据

8.2.3 风成沉积物风化强度变化的气候意义

风成沉积物的地球化学组成往往受到物源、源区化学风化、沙源可用性，以及搬运过程中的沉积物分选和沉积区环境变化等因素的影响（Yang et al.，2020a），这使得地球化学指标的气候解释往往呈现出了复杂化。

Fralick 和 Kronberg 等（1997）提出 Al、Ti 和 Zr 等稳定元素及其比值可以反映源区物质的加权平均化学组成。如果源区物质的组成是变化的，则数据点将在比值图上呈现出散点分布，而不是明显的线性趋势。从 SGX 剖面风成沉积物的 Al-Ti-Zr 比值图来看，数据点沿线性趋势线分布（图 8.17），表明风成沉积物的源区是稳定的。因此，剖面中 Na/K 和 Rb/Sr 的变化并不是由源区物质的变化引起的。

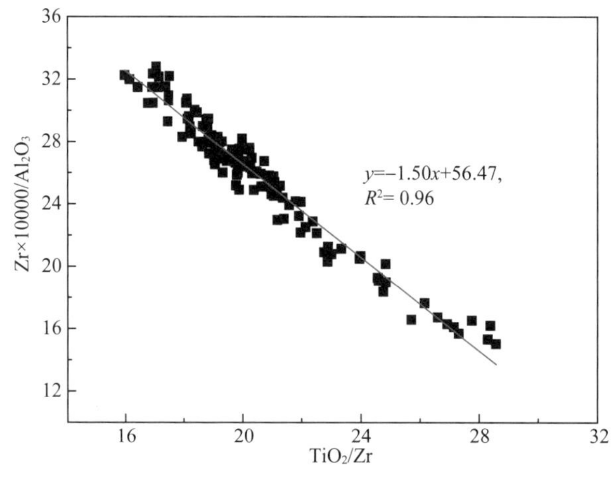

图 8.17　Al_2O_3-TiO_2-Zr 图解

雅鲁藏布江中上游地区风成沉积物的物源尚未完全确定，但已有的地球化学、矿物学和粒度证据表明，该地区的风成沉积物来源以近源为主（刘连友，1997；Sun et al.，2007；Du et al.，2018），与附近的松散沉积物密切相关。这种推论得到了 SGX 剖面及其附近其他松散沉积物的地球化学分析结果的进一步证明。Ti、Al 和 K 的地球化学特征的差异使它们有效地被用于识别不同沉积物的物源（Hao et al.，2010）。图 8.18 表明雅鲁藏布江河谷各种松散沉积物的化学组成是相似的，而与黄土高原的沉积物表现出了明显的差异。可知，源区的化学风化强度实际上反映了沉积区的化学风化强度，因此排除了源区化学风化对剖面地球化学风化的重要控制作用。

沙源可用性也是影响地球化学记录解释的一个可能因素。由于 Na 和 Sr 易于风化，Na/K 和 Rb/Sr 的变化通常取决于 Na 和 Sr 的变化（Dasch et al.，1969；Nesbitt et al.，1980）。因此，Na/K 和 Rb/Sr 被广泛用于指示化学风化强度，进而指示湿度的变化。然而，SGX 剖面中 Rb/Sr 的变化更加取决于 Rb 的变化，并不遵循一般规律。认为这主要是由沙源可用性造成的。在化学风化条件下，更多的源区物质导致源区保留了更多的 Rb 元

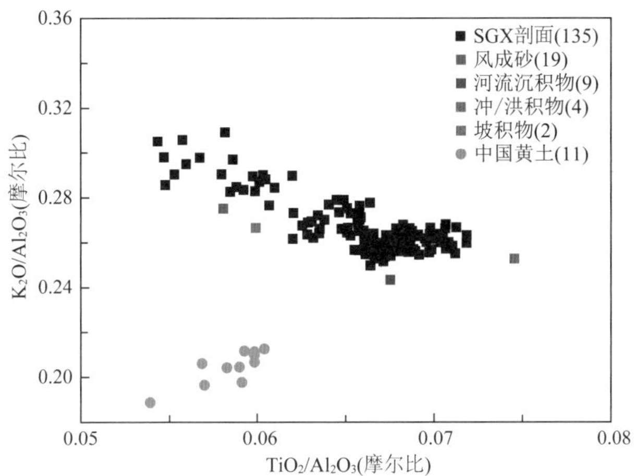

图 8.18　雅鲁藏布江河谷和黄土高原沉积物的 K_2O/Al_2O_3 和 TiO_2/Al_2O_3 图解

雅鲁藏布江河谷各类松散沉积物数据引自 Du 等（2018），黄土高原沉积物样品数据引自 Hao 等（2010）。括号中的数字代表样品的数量，其中风成砂、河流沉积物、冲 / 洪积物和坡积物的数据点为各类型样品的平均值

素，而 Sr 元素大部分被淋溶。这些包含更多 Rb 元素的物质被风力搬运至沉积区，即 SGX 剖面，进而控制了剖面中 Rb/Sr 的变化。尽管 Rb/Sr 的变化可能是由可用的源区物质引起的，它实际上可能反映了源区的化学风化强度的信号，进而反映了研究区的化学风化强度（由于沉积物的近源成因）。Rb/Sr 和 Na/K 变化的相似性也支持这一推论［图 8.16(a) 和 (d)］。

此外，粒度也是影响沉积物地球化学元素的另一个重要因素（Yang et al.，2006；Xiong et al., 2010）。为了确定粒度对沉积物化学元素的影响，分析了不同地球化学元素及其比值（Na/K、Na_2O、K_2O、Rb/Sr、Rb 和 Sr）和不同粒度组分（＜ 4 μm、4 ～ 8μm、8 ～ 16 μm、16 ～ 31 μm、31 ～ 63 μm 和＞ 63 μm）之间的相关关系。图 8.19 表明 Na/K 与各粒级组分之间并不存在相关性（$|r|$=0.01 ～ 0.13，$P > 0.05$），指示 Na/K 受粒度变化的影响很小，主要反映了化学风化强度。Na_2O 在很大程度上决定了 Na/K 的变化（见 8.2.2 小节），Na_2O 与各粒级组分之间的弱相关性间接地支持这一结论。Rb/Sr 与 Sr 元素二者均与各粒级组分之间呈较弱的相关性，但通过了显著性检验（$|r|$=0.04 ～ 0.23 和 0.09 ～ 0.23，$P < 0.05$），而 Rb 元素与各粒级组分之间的相关性是弱且不明显的（$|r|$=0.005 ～ 0.10，$P > 0.05$）。因此，Rb/Sr 与各粒级组分之间的相关性主要是由 Sr 与各粒级组分之间的相关性造成的。考虑到 Rb/Sr 主要取决于 Rb 元素的变化（见 8.2.2 小节），可以得出 Rb/Sr 受粒度效应的影响较小，也可以可靠地反映化学风化强度。Rb/Sr 与 Na/K 变化趋势的相似性也支持这一结论［图 8.16(a) 和 (d)］。

基于上述分析，Na/K 和 Rb/Sr 反映了沉积区化学风化强度的变化，可以看出研究区早全新世化学风化程度相对较强，在约 7.6 ka BP 突然减小，随后在中全新世到晚全新世逐渐增强。

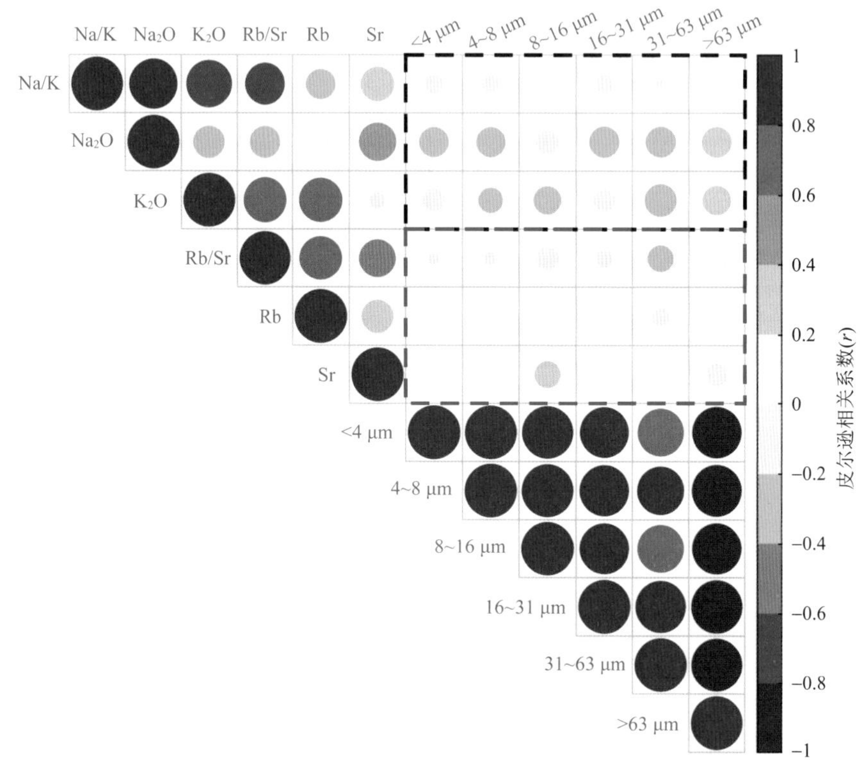

图 8.19 SGX 剖面不同元素及其比值与各粒级组分之间的相关性

为便于对比分析，排除了砾石层的数据

8.2.4 青藏高原南部全新世湿度演化模式

前人通过调查青藏高原南部及其周边地区大量的湖泊沉积记录，利用多种古湿度指标重建了该区域全新世湿度演化历史，探讨了造成这种湿度演化的驱动机制。目前主要提出了以下两种主要假设。

湖泊水位变化作为指示有效湿度的常用代用指标，已经被广泛应用于青藏高原南部的湿度重建。青藏高原南部的昂拉仁错（Hudson et al.，2015）、当惹雍错（Rades et al.，2013，2015）和扎日南木错（Chen et al.，2013）的湖泊水位记录表明高的湖泊水位出现在早全新世，随后中全新世至晚全新世湖泊面积逐渐减小，这与湖泊沉积物记录的湿度演化模式一致（Gasse et al.，1991，1996）。除了湖泊水位以外，碳酸盐稳定同位素记录也被用于重建青藏高原南部的湿度变化，表明早全新世（11.2 ～ 8.5 ka BP）降水最高，随后开始降低（Mishra et al.，2015）。然而，这一结果并没有得到青藏高原南部同一纬度基于孢粉重建的全新世降水结果的支持（Chen et al.，2020b）。为了调和这些矛盾，Chen 等（2020b）在整合不同指标记录的基础上，综述了青藏高原南部全新世的湿度变化，发现青藏高原南部最湿润的阶段出现在全新世早期，而在全新世中期至晚期湿度逐渐降低。尽管基于不同指标的降水重建有某种程度的差异，但仍然可以明显得到早全新世以来持续变干的演化模式（定义为模式Ⅰ）。

赤布张错湖泊沉积物的平均粒径（Zhu et al.，2019）和 C/N（Chen et al.，2021）表明青藏高原南部全新世早期和晚期相对湿润，中全新世相对干旱。纳木错的 Ca 含量和 Fe/Mn 指示青藏高原南部湿度最大值出现在早全新世（10.2 ～ 9.3 ka BP），8 ～ 6 ka BP 较为干旱，随后有效湿度逐渐增大（Zhu et al.，2015）。令戈错植物叶蜡的 δD 记录表明早全新世和晚全新世较为湿润，而中全新世较为干旱（贺跃等，2016；Hou et al.，2017）。总体来说，青藏高原南部及其周边地区的三个湖泊沉积记录（湖泊位置见图 8.13）表明早全新世和晚全新世较为湿润，而中全新世较为干旱（定义为模式Ⅱ）。

如 8.2.3 小节所述，Na/K 和 Rb/Sr 等化学风化指标的变化反映了研究区化学风化强度的变化。结果表明 SGX 剖面化学风化强度在早全新世较高，约 7.6 ka BP 突然降低，随后逐渐增大（图 8.16）。基于 Na、K、Rb 和 Sr 元素化学性质的差异（见 5.3.1 小节）以及 Na/K 和 Rb/Sr 变化的相似性，结合前人的研究结果（Ding et al.，2019；Liu et al.，2020a），这种化学风化强度的变化通常反映了湿度的演化过程，即青藏高原南部的湿度在早全新世较高，约 7.6 ka BP 降低之后呈逐渐降低的趋势。总体来说，这种全新世湿度演化模式与基于湖泊沉积记录的湿度演化模式Ⅱ相似。

8.2.5　全新世冬季中纬度西风和印度夏季风的演化

1. 全新世冬季中纬度西风的演化

中纬度西风（mid-latitude westerlies，WLW）作为主要的大气环流系统，对北半球特别是中亚干旱区和青藏高原部分地区的气候环境变化和人类文明演化起着重要的作用（Ling et al.，2020a，2020b；Chen et al.，2016，2019a）。中纬度西风将地中海、黑海和里海蒸发的水汽输送到中亚干旱区（An et al.，2012a；Wang et al.，2013；Song et al.，2021）和青藏高原南部（Tian et al.，2005；Hou et al.，2017；Sun et al.，2020；Kumar et al.，2021），进而影响了区域降水的变化。许多研究试图从沉积物粒度中提取中纬度西风强度的信息，因为细颗粒物质可以通过中纬度西风进行远距离传输。大量的风成沉积物粒度分析发现 2 ～ 10 μm 颗粒的含量可以用来指示中纬度西风的强度（Sun，2002；Vandenberghe et al.，2013；Jia et al.，2018；Wang et al.，2019a）。

天山北坡和伊犁河谷详细的黄土粒度端元（EM）分析指出，众数粒径为 11 μm（EM2，LJW10 剖面）和 5 μm（EM2，TLD16 剖面）的沉积端元（Jia et al.，2018；Wang et al.，2019a）可以被用来指示中纬度西风的强度，进而发现早至中全新世中纬度西风较弱，而在中至晚全新世中纬度西风较强。尽管这些研究揭示了全新世期间中纬度西风的年平均变化趋势，但中纬度西风的季节变化仍然是不清楚的，特别是冬季中纬度西风的变化。现代气象观测数据和古气候记录均表明冬季中纬度西风对中亚干旱区（Wang et al.，2013；Long et al.，2017）和青藏高原南部（Tian et al.，2005；Schiemann et al.，2009）的降水有重要的贡献。鉴于此，对SGX剖面风成沉积物的粒度组分进行端元分析，试图提取中纬度西风的信号，并结合该剖面已发表的年代框架，重建全新世中纬度西风的演化，探讨可能的驱动机制。

1）粒度端元及大气环流分析

SGX剖面沉积物端元的详细分析结果见6.2.3小节，包括4个粒度端元组分，对应的众数粒径分别为8.1 μm（EM1）、66.4 μm（EM2）、127.0 μm（EM3）和243.0μm（EM4）。结合该剖面已发表的年代结果可知，EM1值在约6 ka BP为低值，而6～1ka BP呈高值。中亚干旱区东部天山北麓的LJW10黄土剖面（43°58′29″ N，85°20′10″ E）的粒度分析指示众数粒径为1.6 μm的EM1主要是由成壤作用生成的，而众数粒径为11 μm的EM2则是由中纬度西风输送的（Jia et al.，2018）。中亚干旱区东部伊犁河谷的TLD16黄土剖面（43°20′99″ N，85°1′4.5″ E）的粒度端元分析表明众数粒径为1 μm的EM1与成壤有关，而众数粒径为5 μm的EM2则与中纬度西风有关（Wang et al.，2019a）。伊犁河谷的另一个黄土剖面（SCZ，43°37′2.34″ N，89°45′31.67″ E）的粒度端元分析表明众数粒径为5.3 μm的EM1和众数粒径为10.5 μm的EM2很可能是由中纬度西风搬运的，在降水的作用下发生沉积（Duan et al.，2020）。因此，可以推断SGX剖面中众数粒径为8.1 μm的EM1与成壤作用和中纬度西风密切相关。

频率磁化率（χ_{fd}）表征了磁性矿物中细粒亚铁磁性颗粒的含量，被用于指示风成沉积中成壤强度（Chen et al.，2016；Gao et al.，2019）。通过比较黄土高原和天山地区的黄土—古土壤序列与雅鲁藏布江上游地区的SGX剖面的χ_{fd}值，发现SGX剖面沉积物的χ_{fd}值（低于2×10^{-8} m^3/kg）明显低于黄土高原和天山地区的古土壤，与风化和成壤强度极其微弱的天山黄土接近（图8.20）。此外，SGX剖面沉积物的CIA值在50～65，CIA和Na/K图解也表明SGX剖面化学风化程度微弱（图8.21）。比较了EM1与反映研究区风化强度的Na/K和Rb/Sr之间的变化（图6.17和图8.16），发现约7.6 ka BP高的风化强度对应EM1的低值，这也暗示了EM1与风化和成壤的强度无关。因此，推断EM1可能反映了中纬度西风的变化。

由现代大气环流模式图可以看出夏季不同海拔的中纬度西风对研究区的影响很小，主要受印度夏季风的影响，特别是在500 hPa和600 hPa高度上（图8.22）。前人研究表明与北半球夏季太阳辐射相关的印度夏季风从早全新世至晚全新世逐渐减小（Wang et al.，2005；Fleitmann et al.，2007），由于研究区目前受印度夏季风影响，因此全新世期间印度夏季风也可能显著地影响了该区域。冬季，中纬度西风在400 hPa、500 hPa和600 hPa高度上均影响了研究区，且冬季中纬度西风明显强于夏季。这些证据表明冬季中纬度西风对EM1的贡献明显强于夏季，因此EM1可以作为冬季的中纬度西风的代用指标，EM1的增大指示了冬季中纬度西风强度的增大。增强的冬季中纬

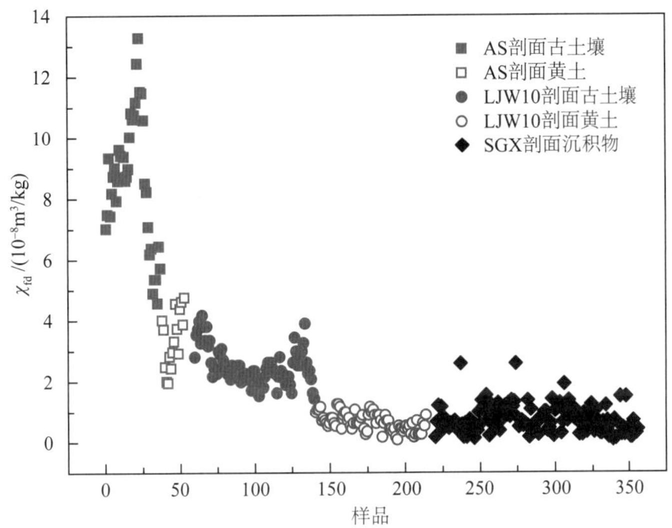

图 8.20　SGX 剖面、天山 LJW10 剖面 (Chen et al.，2016) 和黄土高原 AS 剖面 (Gao et al.，2019) 沉积物 χ_{fd} 的对比

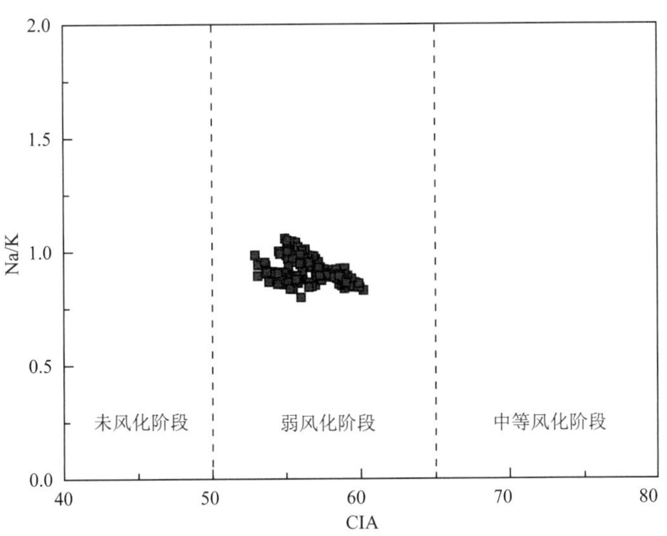

图 8.21　SGX 剖面沉积物 CIA 和 Na/K 散点图

度西风携带了更多的细颗粒沉积物到研究区，这些细颗粒(＜10 μm)随降水沉积到地表，增加了剖面沉积物中细颗粒沉积物的比例，导致了 EM1 的增加。总体来说，EM1 的增大可以指示冬季中纬度西风的增强。

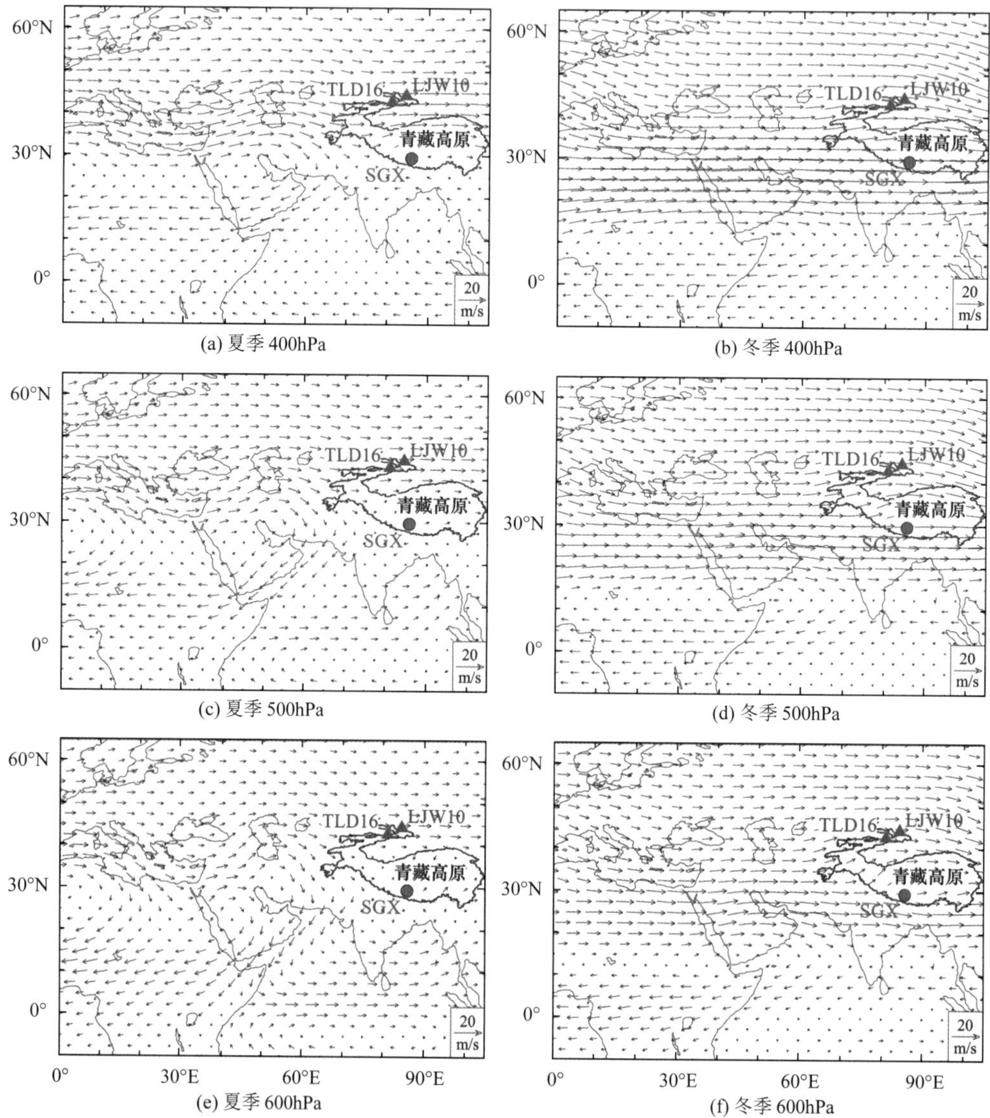

(a) 夏季 400hPa (b) 冬季 400hPa (c) 夏季 500hPa (d) 冬季 500hPa (e) 夏季 600hPa (f) 冬季 600hPa

图 8.22 青藏高原及其周边地区夏季和冬季不同海拔的大气环流

深色闭合曲线代表青藏高原范围；蓝色三角形和红色圆圈代表各剖面位置；大气环流数据来源于美国国家环境预测中心 / 美国国家大气研究中心（NCEP/NCAR Reanalysis 1）

2）冬季中纬度西风的强度变化及其驱动机制

由图 6.17 可知，SGX 剖面 EM1 的低值出现在约 6 ka BP，随后其值迅速增大，这表明冬季中纬度西风在早至中全新世较弱，而在中至晚全新世较强。青藏高原南部 SGX 剖面的 EM1 与中纬度西风主导的中亚干旱区东部天山黄土粒度端元结果的比较发现，天山北坡黄土沉积的粒度分析结果指示中纬度西风在约 6 ka BP 较弱，随后增强

(Jia et al.，2018)，伊犁河谷全新世黄土沉积的粒度分析结果也表明中纬度西风在 6 ka BP 较弱，随后增强 (Wang et al.，2019a) (图 8.23)。可以看出，天山地区黄土粒度指示的中纬度西风变化与青藏高原南部 SGX 剖面的粒度分析结果基本一致。这种一致性有两方面的指示意义：首先，可以证明重建结果是可靠的。其次，冬季中纬度西风对全新世中纬度西风的整体变化有很大的贡献。

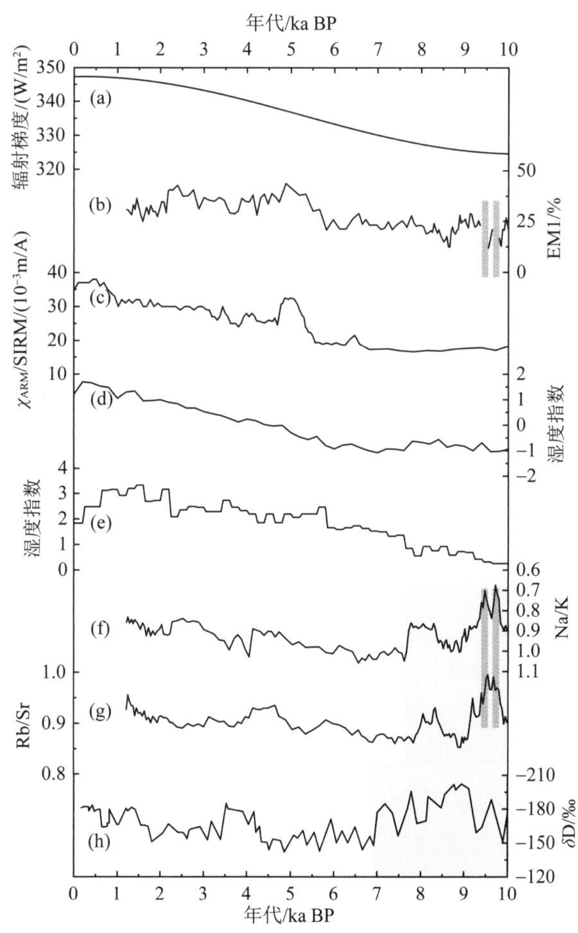

图 8.23　全新世北半球冬季中纬度西风演化及其驱动机制

(a) 低纬度和高纬度之间的太阳辐射梯度，其中低纬度太阳辐射为 0° N、5° N、10° N、15° N 和 20° N 的太阳辐射平均值；高纬度太阳辐射为 60° N、65° N 和 70° N 的太阳辐射平均值；(b) 本节中 EM1 指示的全新世冬季中纬度西风的变化；(c) LJW10 黄土剖面 χ_{ARM}/SIRM 指示的湿度演化趋势 (Chen et al.，2016)；(d) 中亚干旱区湿度变化的记录集成 (Gao et al.，2019)；(e) 新疆地区湿度记录集成 (Wang et al.，2013)；(f) 和 (g) SGX 剖面 Na/K 和 Rb/Sr 指示的湿度演化；(h) 青藏高原中部令戈错 δD 指示的湿度变化 (Hou et al.，2017)。黄色区域代表早全新世受印度夏季风影响的相对湿润的时期

中国内陆 468 个气象站 1960 ～ 2013 年的逐日气温资料揭示了暖冬和冷冬期间中纬度西风的变化，结果显示冷冬期间中纬度西风较弱，而暖冬期间中纬度西风较强

（梁苏洁等，2014）。这表明冬季中纬度西风的变化可能与温度密切相关，而温度的变化与北半球冬季太阳辐射的变化密切相关（Jin et al.，2014）。早全新世至晚全新世，中纬度冬季太阳辐射增加速率快于高纬度冬季太阳辐射，太阳辐射梯度逐渐增大（Chen et al.，2016）。太阳辐射梯度反映了温度梯度，进而指示了中纬度西风强度的变化（Jin et al.，2014）。因此，在全新世早期至中期，较弱的冬季太阳辐射导致高纬度和中纬度之间的经向辐射梯度变小，降低了温度梯度和中纬度西风环流的强度（Jin et al.，2014；Chen et al.，2016）。中全新世至晚全新世期间，逐渐增加的冬季太阳辐射导致中纬度和高纬度之间的经向辐射梯度增大，增加了温度梯度，进而导致中纬度西风的强度增大。

中纬度西风的强度也与副热带高压的强度密切相关，主要受控于低纬和高纬之间的气压梯度力。太阳辐射梯度反映了温度梯度，进而代表了气压梯度（Jin et al.，2014）。从图 8.23 中可以看出，低纬和高纬之间的冬季太阳辐射从中全新世至晚全新世逐渐增加，因此低纬和高纬之间的温度梯度和气压梯度及副热带高压的强度均呈逐渐增大的趋势，导致冬季中纬度西风强度逐渐增大。尽管认为北半球冬季太阳辐射的变化是控制冬季中纬度西风的主要因素，但是北半球冰量和大气 CO_2 浓度对过去冬季中纬度西风的影响并不能完全排除，这可能是导致冬季中纬度西风（EM1）与高低纬太阳辐射梯度并不完全一致的原因。因此，冬季中纬度西风变化的驱动机制需要进一步研究。

3）冬季中纬度西风对区域气候变化的影响

现代观测数据表明，中纬度西风对中亚干旱区降水有重要贡献（Karger et al.，2017），同时也影响了青藏高原南部的降水变化（Tian et al.，2005；Yang et al.，2021）。具体来说，中纬度西风将地中海、黑海和里海的水汽输送到其下风向地区，进而影响了区域降水的变化。较弱的冬季中纬度西风发生在早全新世至中全新世（约 6 ka BP），而较强的冬季中纬度西风发生在中全新世至晚全新世。因此，冬季中纬度西风在中至晚全新世输送的水汽相对早至中全新世要多，进而导致中晚全新世的降水多于早中全新世。天山及周边地区黄土—古土壤序列和湖泊沉积记录（Wang et al.，2013；Chen et al.，2016；Gao et al.，2019；Wang et al.，2019a）均指示早中全新世较干，而中晚全新世较湿，这与全新世冬季中纬度西风的变化大体一致。在青藏高原南部地区，早全新世湿度变化受控于印度夏季风，而中晚全新世逐渐增强的冬季中纬度西风导致了该区域降水的增加（Hou et al.，2017）。

4）小结

现代大气环流模式表明青藏高原南部在冬季主要受中纬度西风的影响，夏季主要受印度夏季风的影响。基于上述结果，对青藏高原南部雅鲁藏布江上游 SGX 剖面的粒度进行了端元分析，揭示出了全新世期间冬季中纬度西风的变化趋势。早全新世至中全新世（约 6 ka BP）冬季中纬度西风较弱，而在中全新世至晚全新世冬季中纬度西风较强，这种变化主要与低纬和高纬之间的太阳辐射 / 温度 / 气压梯度密切相关。

2. 全新世印度夏季风的演化

印度夏季风（或西南季风）作为亚洲季风的重要组成部分，主要通过大规模的水汽输送显著影响南亚地区乃至青藏高原地区农业和社会经济的变化 (Ding and Chan，2005)。深海沉积记录表明印度夏季风最强出现在早全新世，随后逐渐减弱。例如，阿拉伯海的沉积记录 (Overpeck et al.，1996；Böll et al.，2015) 表明 9.5 ～ 5.5 ka BP 印度夏季风最强，对应全新世气候适宜期，中晚全新世印度夏季风减弱；石笋氧同位素记录 (Fleitmann et al.，2003a，2003b) 重建的全新世印度夏季风变化历史表明早全新世 10.3 ～ 8.0 ka BP 最强（石笋快速沉积，石笋同位素偏负），随后逐渐降低，总体响应北半球太阳辐射的变化。更加直接地，印度夏季风的变化与赤道辐合带 (ITCZ) 的位置移动有关 (Fleitmann et al.，2007)，表明早全新世 (11 ～ 8 ka BP) 印度夏季风降水快速增加对应 ITCZ 位置北移，中晚全新世印度夏季风降水逐渐减少，对应 ITCZ 南移。湖泊和泥炭沉积等记录 (Sukumar et al.，1993；Leipe et al.，2014；Mishra et al.，2015) 较为一致地表明早全新世气候湿润，印度夏季风较强，随后气候干旱，印度夏季风减弱。总体来说，全新世印度夏季风的演化规律是相对明确的。上述研究较为一致地揭示了早全新世气候湿润季风较强，随后气候变干且季风减弱的变化趋势，与太阳辐射的变化及其导致的 ITCZ 的南北移动密切相关 (Dykoski et al.，2005；Wang et al.，2005)。

8.2.6　青藏高原南部全新世湿度演化的驱动机制

湖泊沉积的各种古气候记录的综合分析表明青藏高原南部全新世湿度演化模式（模式 I ）与印度夏季风有关。然而，青藏高原南部及其周边地区的赤布张错湖泊沉积物的平均粒度和 C/N 记录、纳木错的 Ca 含量和 Fe/Mn 记录、令戈错的 δD 记录表明该区域早全新世的湿度条件受控于印度夏季风，但在中全新世至晚全新世的特定时段可能受到了中纬度西风的影响（模式 II ）。

为了更好地理解印度夏季风和中纬度西风对研究区湿度变化的影响，使用再分析数据探讨了青藏高原及其邻近区域的平均降水和不同海拔的现代大气环流系统（图 8.24）。结果清晰地显示出，青藏高原南部在夏季主要受印度夏季风驱动的印度洋降水的影响，而在冬季，中纬度西风携带的来自地中海、黑海和里海的水汽影响了青藏高原南部的降水，这种降水的季节变化与现代气象资料数据显示的降水变化一致 [图 8.13 (b) 和 (c)]。此结果与前人研究结果较为一致。Schiemann 等 (2009) 利用再分析数据分析了青藏高原地区中纬度西风的季节变化，表明冬季中纬度西风影响了包括 SGX 剖面在内的青藏高原南部区域，此时中纬度西风强度最大，而夏季中纬度西风北移至青藏高原北部，此时中纬度西风较强且风带明确。中纬度西风带的这种季节性的纬向移动通常伴随着降水及其位置的变化。此外，Tian 等 (2005) 和 Kumar 等 (2021) 追踪了青藏高原南部印度夏季风开始前后的大气运动状态及水汽输送路径，表明印度夏季风盛行期的湿度主要来源于印度洋和阿拉伯海，而在非季风期，大西洋和地中海蒸发的水汽控制了研究区的水分变化。青藏高原南部尼拉木气象站（位置见图 8.13) 连续

1 年的降水稳定同位素的监测表明过量氘（D）的变化与水汽来源的季节变化有关（Tian et al.，2005；Tian et al.，2007；田立德和姚檀栋，2016）。夏季，相对偏负的过量 D 值指示该区域湿度来源于印度夏季风，而在冬季，相对偏正的过量 D 值指示湿度来源于中纬度西风携带的水汽。上述分析说明，与印度夏季风相比，冬季中纬度西风对青藏高原南部水汽供应也有重要的贡献。因此，冬季中纬度西风和印度夏季风的演化对于探讨青藏高原南部全新世湿度演化至关重要，有必要进行如下深入探讨。

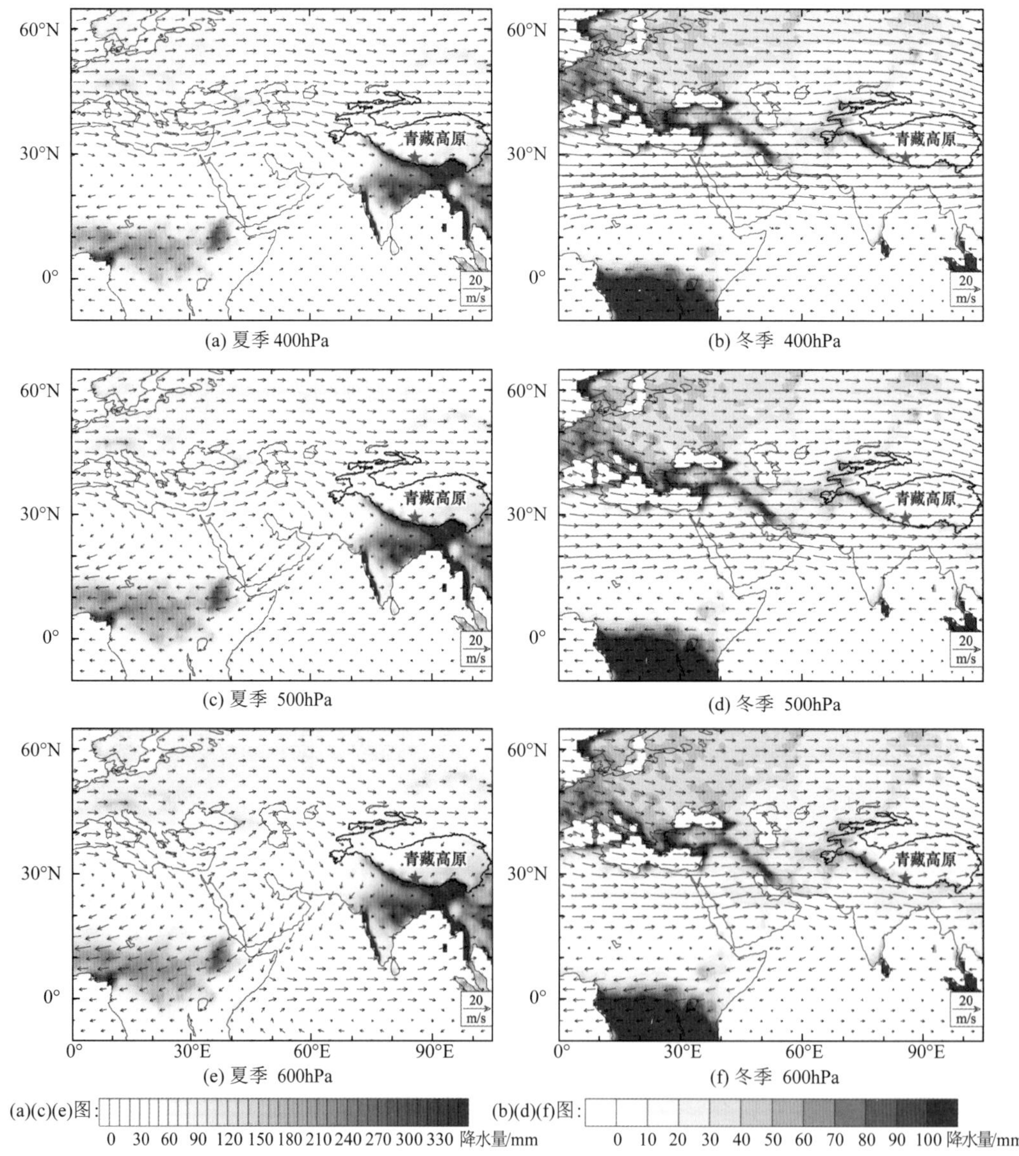

图 8.24 青藏高原及其周边地区夏季和冬季不同海拔的平均降水和大气环流（1948 ~ 2016 年）
降水数据来源于全球降水气候学中心（GPCC），大气环流数据来源于美国国家环境预测中心 / 美国国家大气研究中心（NCEP/NCAR Reanalysis 1）。红色五角星代表 SGX 剖面的位置

在早全新世，青藏高原南部 SGX 剖面相对高的风化强度（即低的 Na/K 和高的 Rb/Sr）表明由于印度夏季风的加强，此时的湿度普遍较高（图 8.16），与前人研究的南亚和东亚季风记录推断大体一致。季风区的大量气候记录表明，印度夏季风强度与赤道辐合带（ITCZ）的平均纬向位置有关，从根本上取决于太阳辐射的变化（Dykoski et al.，2005；Wang et al.，2005）。早全新世，响应较强的夏季太阳辐射，ITCZ 的位置北移，印度夏季风降水带相应北移，研究区降水呈高值。这可能暗示早全新世期间低海拔地区西风的平均位置仍位于剖面的北界。较弱的冬季太阳辐射导致上风向水体，如地中海、黑海和里海（位置见图 8.24）的蒸发量较低；同时导致中高纬之间的经向辐射梯度较小，这进一步使得中纬度西风较弱（Chen et al.，2019a）。SGX 剖面的 EM1 也直接指示了早全新世较弱的冬季中纬度西风（详见 9.2.5 小节）。总体来说，全新世早期青藏高原南部的水汽供应以较强的印度夏季风为主导，冬季中纬度西风的影响可以忽略。

在中全新世至晚全新世，SGX 剖面降低的 Na/K 和升高的 Rb/Sr 表明风化强度增强，进而水汽供应增加。在此阶段，青藏高原南部的湿度变化在很大程度上仍然受控于印度夏季风，因为此阶段的夏季太阳辐射高于现在的夏季太阳辐射，而此时青藏高原南部仍受控于印度夏季风（图 8.24）。响应逐渐减小的夏季太阳辐射，ITCZ 平均位置持续南移，且研究区季风水汽相应下降（Fleitmann et al.，2007）。然而，随着冬季太阳辐射的增强，上风向水体的蒸发和西风的强度同时增大（Chen et al.，2016）。因此，中晚全新世印度夏季风对青藏高原南部水汽的供应受到了增强的冬季中纬度西风的驱动，进而导致了风化强度的增大。

青藏高原南部全新世湿度演化的上述模式受到了高原南部及其周边地区湖泊记录的观测结果的支持（图8.25）。总体来说，早全新世湿度响应较强的夏季太阳辐射呈高值，在约 7.6 ka BP 突然下降，这可能与印度夏季风的减弱相关。随后，湿度增大的趋势表明增强的西风带对青藏高原南部的渗透，凸显了全新世冬季中纬度西风对青藏高原南部印度夏季风水汽输送的调节作用。

8.2.7　本节小结

采用单片再生剂量法进行粗颗粒石英光释光测年，建立了青藏高原南部雅鲁藏布江中上游地区风成沉积序列的可靠年代框架。通过与粒度组分进行比较，进一步评估了 SGX 剖面地球化学指标记录的环境意义。结合石英光释光年代和指标记录重建了研究区全新世湿度演化历史。研究结果进一步揭示了全新世青藏高原南部印度夏季风与冬季中纬度西风的相互作用及其对气候变化的影响。

早全新世，响应高的夏季太阳辐射，ITCZ 的平均经向位置及其响应的雨带北移，因此青藏高原南部受到了印度夏季风驱动的印度洋表面蒸发的水汽的主导，对应风成沉积剖面此阶段低的 Na/K 和高的 Rb/Sr。在约 7.6 ka BP 时，这种高的湿度状况由于印度夏季风的减弱而突然减少。此阶段，冬季中纬度西风对水汽供应的影响可以忽略。中全新世至晚全新世，青藏高原南部的湿度变化仍然受控于印度夏季风，这是因为现代气候受印度夏季风的影响，且此阶段夏季太阳辐射高于现在。此阶段，夏季太阳辐射降低导致 ITCZ 持续南移，印度夏季风输送的降水减少。然而，随着冬季太阳辐射的增加，增强的冬季中纬度西风渗透到了青藏高原南部，进而调节了印度夏季风驱动的水汽供应，造成了 SGX 剖面逐渐降低的 Na/K 和逐渐增加的 Rb/Sr，即化学风化强度逐渐增高。

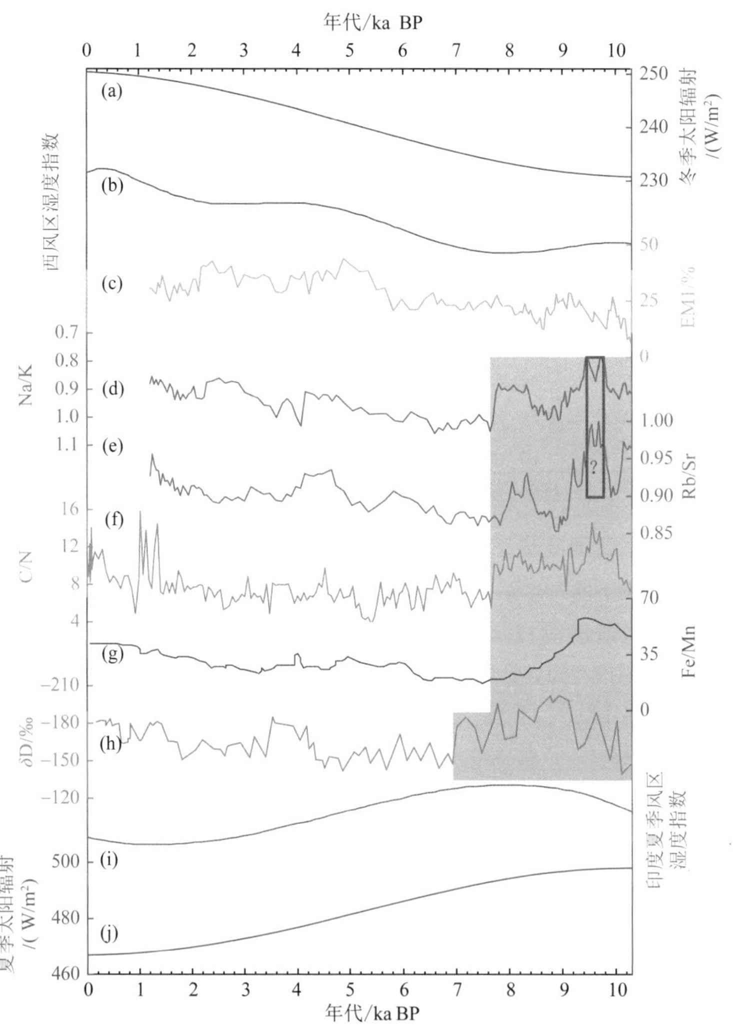

图 8.25 青藏高原南部全新世湿度演化及其驱动机制

(a) 30° N 冬季（12 月至次年 2 月）总太阳辐射；(b) LJW10 剖面磁化率记录的西风核心区全新世湿度指数（Chen et al.，2019a）；(c) SGX 剖面 EM1 指示的冬季中纬度西风的变化趋势；(d) 和 (e) 分别为 SGX 剖面的 Na/K 和 Rb/Sr；(f) 青藏高原中部赤布张错的 C/N 记录（Chen et al.，2021）；(g) 青藏高原南部纳木错的 Fe/Mn（Zhu et al.，2015）；(h) 青藏高原中部令戈错的 δD 记录（Hou et al.，2017）；(i) 印度夏季风区全新世湿度指数（Chen et al.，2019a；Liu et al.，2020b）；(j) 30° N 夏季（6 ~ 8 月）总太阳辐射。蓝绿色的阴影区间代表了记录中早全新世相对湿润的气候条件，红色矩形（含问号）代表 SGX 剖面中砾石层的位置

8.3 本章小结

（1）在修正雅鲁藏布江流域不同宽谷地区起沙风速的基础上，发现研究区近地表风环境存在明显的时空差异。空间上，平均风速和起沙风频率自西向东呈减小趋势；时间上，1980~2015 年平均风速明显降低，且在冬春季节通常呈高值，夏秋季节呈低值，起沙风频率的变化是导致平均风速变化的主要因素。相似地，DP 及其相关参数也呈现出明显的时空差异。空间上，DP 和 RDP 自西向东趋于减小，指示了区域输沙能力的减小趋势；时间上，1980~2015 年 DP 和 RDP 呈指数递减变化，且二者同样在冬春季节呈高值，夏秋季节呈低值。

DP 和 RDP 是影响雅鲁藏布江流域风沙地貌格局的两个重要因子。DP 反映了沉积物输送的动力条件，影响了沉积物粒径的粗细变化，而合成输沙方向控制了河谷风沙沉积物的输沙方向，进而控制了流域风沙地貌的分布格局。然而，流域风沙地貌格局和沉积物粒径的变化受到了区域环境的显著影响。

（2）雅鲁藏布江上游 SGX 剖面沉积物的粒度端元分析揭示了全新世冬季中纬度西风逐渐增强的趋势，特别是在约 6 ka BP 后呈明显的高值，这一变化主要受控于高低纬度之间的太阳辐射、温度、气压梯度。相比冬季中纬度西风，目前作者对全新世印度夏季风变化规律的认识是比较一致的，即全新世印度夏季风逐渐减弱，与夏季太阳辐射的变化密切相关。在此基础上，作者提出青藏高原南部全新世湿度演化主要受控于印度夏季风和冬季中纬度西风的相对强度的变化，根本上取决于 30° N 夏季和冬季太阳辐射的变化。早全新世，响应高的夏季太阳辐射，研究区受到了印度夏季风驱动的印度洋表面蒸发的水汽的主导。在约 7.6 ka BP 时，这种高的湿度状况由于印度夏季风的减弱而突然降低。此阶段，冬季中纬度西风对水汽供应的影响可以忽略。中至晚全新世，夏季太阳辐射持续降低，导致印度夏季风降水逐渐减少。随着冬季太阳辐射的增加，增强的冬季中纬度西风渗透到了该区域，调节了印度夏季风驱动的水汽供应。

第 9 章

气候变化与人类活动的联系

青藏高原古人类生存及古农业人群永久定居的时间是目前学术界关注和争论的热点问题。柴达木盆地冷湖地区史前遗址点沉积物的光释光年代为 37 ～ 28 ka BP(Owen et al.，2006)；青藏高原中部色林错湖盆的尼阿底及高原东北部小柴旦湖的史前人类活动遗址都表明高原早期人类活动大约介于 40 ～ 30 ka BP(黄慰文等，1987；Zhang et al.，2018a)，处于末次冰期的中间阶段 (Yuan et al.，2007)；青藏高原东北部白石崖溶洞夏河人（丹尼索瓦人）下颌骨的发现将青藏高原最早古人类活动的时间界定在 160 ka BP(Chen et al.，2019b)，比之前认为的 40 ～ 30 ka BP(Zhang et al.，2018a) 至少早了 12 万年。基因研究的结果显示西藏人的祖先在 30 ka BP 便已迁至青藏高原，并经历了至少 18 ka 的缺氧环境的自然选择过程 (Su et al.，2000)。Lu 等 (2016) 认为在 60 ～ 40 ka BP 的冰前期青藏高原就已经有了不同的史前人群存在。此外，Zhang 和 Li(2002) 认为青藏高原中部在末次冰期已有古人类活动，且青藏高原不存在大冰盖环境，但近期新的年龄结果显示该遗址点只是全新世早期高原史前人类活动地点之一 (Meyer et al.，2017)。青藏高原东北部的青海湖盆地内火塘的 OSL 和 ^{14}C 年代显示史前人类活动发生在 15 ～ 11.6 ka BP 的末次冰消期 (Madsen et al.，2006；Sun et al.，2017)，与之前认为的该区域 40 ～ 30 ka BP 有古人类活动的结果并不一致 (黄慰文等，1987；Yuan et al.，2007；侯光良等，2017)。Chen 等 (2015a) 认为农业技术的发展促使农业人群于 3.6 ka BP 以后在青藏高原永久定居。总体上，在辽阔的青藏高原面上，不同研究者获得的史前人类活动时间还存在较大的不确定性，但是随着研究点的增多势必能推进有关高原人起源及迁徙进程的认识。

总体上，建立可靠的年代标尺对古人类活动及史前遗址所处的古环境研究是极其重要的 (Kitis and Vlachos，2013；Meyer et al.，2017)。近年来许多研究者用光释光测年的方法重建了史前遗址的年代序列 (Zhang and Li，2002；Meyer et al.，2017) 和古气候状况 (Zhang and Li，2002；Yuan et al.，2007)，并讨论了人与环境的相互作用等方面的科学问题 (Sun et al.，2017)。光释光测年技术在高原古人类活动研究中有着极为重要的作用，被广泛用于解决青藏高原古人类起源与迁徙等一系列科学问题 (Chen et al.，2015a；Li et al.，2017b；Meyer et al.，2017；Sun et al.，2017；Zhang et al.，2018a)。

雅鲁藏布江位于青藏高原南部，河谷内海拔较低，气候环境适宜 (Dong et al.，2017)。从现代人口分布特征来看，中游地区是西藏人口数量分布最集中的区域 (王超等，2019)。在历史时期，生产力水平极其低下，古人类适应和改造自然的能力较低，也必将优先选择气候环境更好、更适宜居住的雅鲁藏布江中游地区作为其繁衍生息的重要场所。因此，雅鲁藏布江中游地区应该是西藏古人类生活的极佳选择地，来自考古学证据的雅鲁藏布江流域人类活动遗址分布特征也反映了这一点 (霍巍等，2015)。但是，由于河谷内存在强烈的侵蚀作用 (Dong et al.，2017；Ling et al.，2020a)，相对缺乏有可靠年代的遗址地层 (王仁湘，1999；陈发虎等，2016)，从而导致目前存在准确年代的遗址点较少，主要有拉萨曲贡遗址、昌果沟遗址和邦嘎遗址等，这些遗址的年代主要集中于 3.5 ka BP(霍巍等，2015)。大量研究表明光释光测年方法对于不同沉积环境中的不同沉积物都有较强的适用性 (Murray and Wintle，2000)，且与 ^{14}C 测年结果有很好的可比性（Lai et al.，2009；Jin et al.，2017），尤其适用于风成沉积物的测年（Lai et al.，2009）。此外，雅鲁藏布江河谷内风成沉积物发育，很多阶地都覆盖有砂黄土、风沙等风成沉积物，因此在河谷内遗址定年方面有着非常大的应用潜力。为了进一步理解雅鲁藏布江河谷史前人类居住的年代，选择了青藏高原东南部林芝列那遗址附近的两个风成剖面进行了光释光测年，同时分析了 100 个地球化学指标样品用于指示古人类活动时期河谷内的气候环境状况。

9.1　遗址概况与古气候记录

雅鲁藏布江介于喜马拉雅山和冈底斯山 - 念青唐古拉山之间，属于青藏高原南部的边缘区，其地理位置在古人类占据青藏高原的迁徙过程中具有重要的作用。林芝位于尼洋曲与雅鲁藏布江交汇区附近（图 9.1），以雪山、宽谷、冲 / 洪积扇、河谷阶地平台及风成堆积为主要景观特征。与青藏高原其他区域相比，该区域相对低的海拔和暖湿的气候条件非常适宜人类活动及居住，在理解全新世适宜期（8 ～ 4 ka BP）新石器古人群占据高原河谷方面有重要意义。考古学者在二十世纪六七十年代早期首先发现了新石器晚期的人类遗存（王恒杰，1975；王仁湘，1999），随后在雅鲁藏布江河谷也开展了大量的研究。

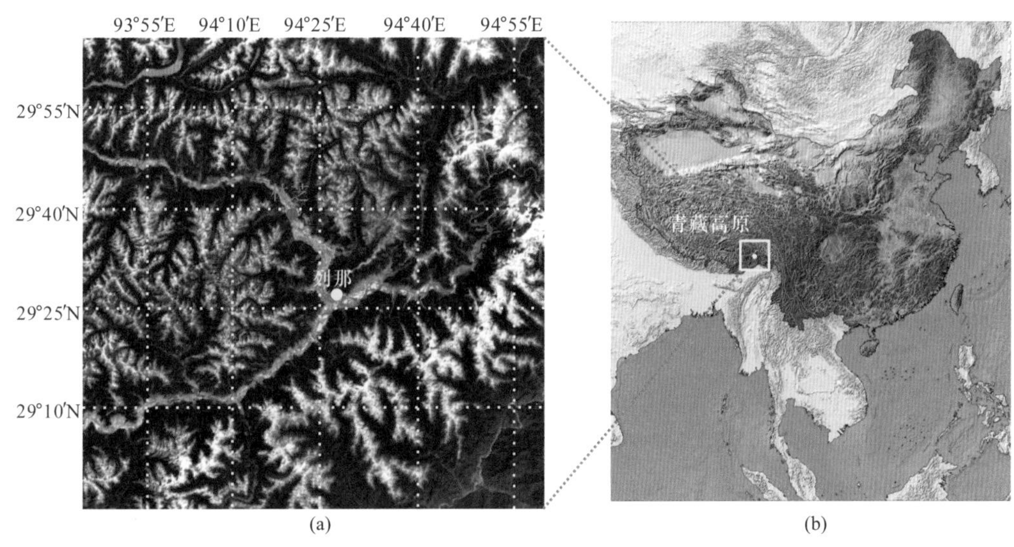

图 9.1　研究区位置（a）及区域卫星影像（b）

列那遗址坐落于尼洋曲与雅鲁藏布江交汇处一个面积约 4 km^2 的阶地上（图 9.2），于 2018 年在雅鲁藏布江风成沉积野外调查过程中被发现。阶地上有很多流水侵蚀的冲沟，考古遗存分散于阶地上不同的风成沉积剖面中，呈不连续分布状态。截至采样之前，该遗址还未被批准发掘，因此在遗址边缘区选择了一个出露较好且沉积完整的剖面进行采样，为探讨该区域人类活动历史提供了可靠的气候背景。

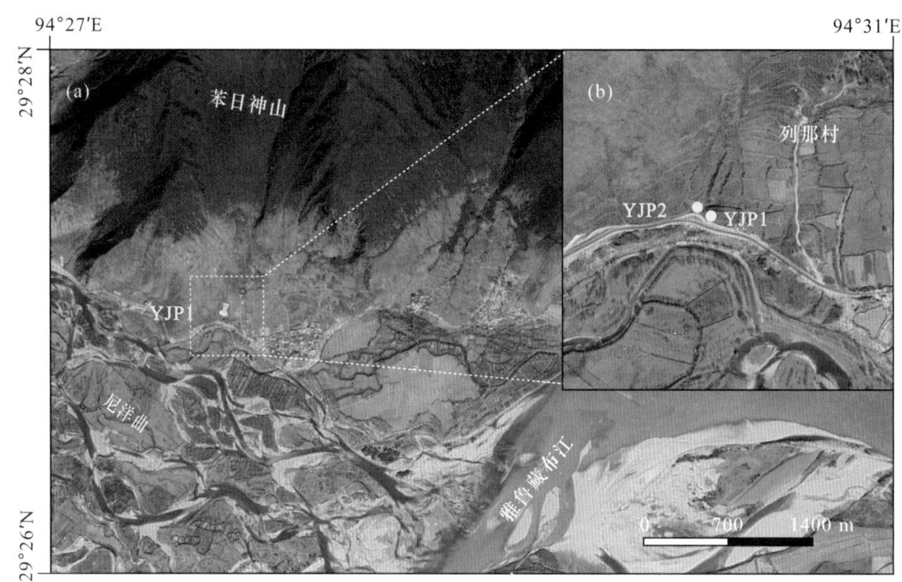

图 9.2　林芝列那遗址所在位置及地貌特征

对雅鲁藏布江和尼洋曲交汇处的两个风成沉积剖面（YJP1 和 YJP2 剖面，29°27′20.15″ N，94°28′9.53″ E）进行了光释光年代样品和沉积环境样品的采集。YJP1 为 580 cm 的砂黄土剖面，黄土下部为河流砂 / 湖相沉积沙，海拔 2944 m，该剖面按沉积特征及地球化学指标参数划分，大致可以划分成三层（图 9.3）。0 ～ 355 cm 为第一层，该层又可以划分成三个亚层：0 ～ 165 cm 为 1-a 层，165 ～ 325 cm 为 1-b 层，325 ～ 355 cm 为 1-c 层。而 1-a 层和 1-b 层之间（110 ～ 175 cm）有一个古人类活动层，层内有陶片、碎骨屑、炭化粟等。含有火塘或火烧遗迹的大量炭屑物质位于第一层底部（在 325 ～ 355 cm 处），对应 1-c 层。第二层（355 ～ 425 cm）为灰棕色风成及湖相混合的沙质沉积层，视为过渡层。第三层（425 ～ 580 cm）为淡灰色的湖相沉积或河流砂沉积层，其颗粒较粗。

YJP2 位于 YJP1 北侧约 50 m，海拔 2945 m，是冲沟的切割剖面，厚度约 245 cm，自上而下依次为砂黄土层、冲 / 洪积砾石层和湖相沉积层。砂黄土层厚约 170 cm，含有许多空洞和蜗牛壳残体。砾石层厚度约 30 cm，下伏河流砂 / 湖相沉积层。从附近更低的断面看，河流砂 / 湖相沉积层可以向下延续到现代河床。

在 YJP1 和 YJP2 采集了 11 个 OSL 样品，其中 10 个样品采自 YJP1，采样位置及深度见图 9.3。在 YJP2 砂黄土层底部（约 170 cm 深度）采集 1 个。以 5 cm 等间距沿 YJP1 剖面自上而下共采集散样 100 个，用于常量和微量元素分析，并计算它们的地球化学参数来指示气候环境状况。收集了 YJP1 古人类活动层中的陶片和骨屑等材料，用于反映古人活动的信息。光释光测年及样品元素测定方法及步骤见 3.4 节，光释光年代的详细结果见表 7.1。

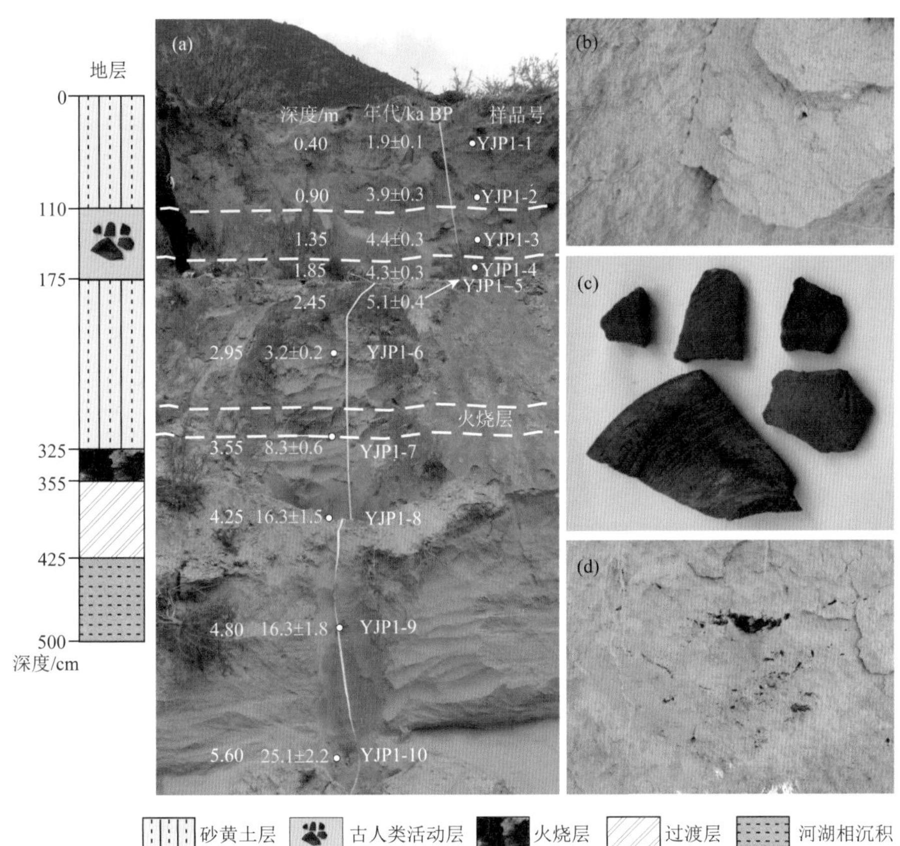

图 9.3　YJP1 剖面及其岩性

(a) 剖面、光释光年代及采样位置；(b) 砂黄土层（110 ～ 175 cm）出露的部分陶器；(c) 灰色陶片和红色陶片；(d) 砂质古土壤层（325 ～ 355 cm）的火灶残体

9.2　年代学及地球化学元素特征

典型样品（YJP1-3）的石英光释光年代特征如图 9.4 所示。光释光信号在第一秒内迅速衰减［图 9.4(a)］，表明石英样品中以快速组分为主。生长曲线表明剂量在 40 Gy 时释光信号仍处于增加趋势，并未饱和［图 9.4(b)］。在单片再生剂量法（SAR）测定中加入零剂量循环以检验热转移的影响。图 9.4(d) 中 0 Gy 再生剂量的衰减曲线指示热转移的影响可以忽略。所有样品的循环比都在 10% 以内，即在 0.9 ～ 1.1。利用预热坪和剂量恢复试验来选择合适的预热温度，并评价 SAR 的适用性。预热坪试验中使用了来自 YJP1-3 样品的 24 份测试样。选择了 6 个预热温度（220℃、240℃、260℃、280℃、300℃和 320℃），其中对 4 份测试样品在每个温度进行了测试。预加热试验结果表明 220℃和 280℃之间的等效剂量变化很小，且测试误差在 280℃以上增大［图 9.4(c)］。因此，

选择了260℃的预热温度进行SAR测试。此外，温度在220℃和280℃之间时，循环比和热转移（即回授比）在可接受的范围之内［图9.4(d)］。剂量恢复实验中，10份测试样品在室温且蓝光下衰退100秒。给定16 Gy的实验剂量，随后进行SAR测定以确定D_e值（平均恢复D_e为15.63 Gy）。给定剂量/测定剂量值接近1，指示已知的实验剂量可以被恢复。

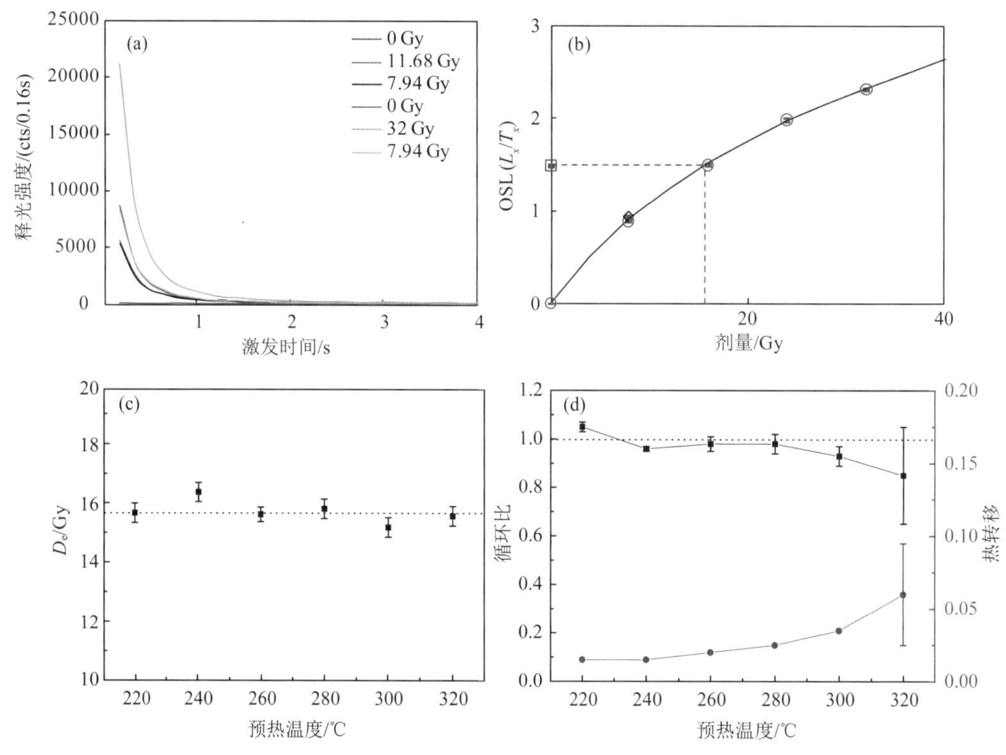

图9.4　典型样品（YJP1-3）的石英光释光特征

从剖面YJP1的年代结果来看，除YJP1-6的年代结果存在倒置外，年代和地层之间存在很好的相关性，即下老上新的特征（图9.3和表9.1）。结合地貌部位、野外观察及沉积物光释光特征分析，造成YJP1-6年代偏小的原因可能是上部较新沉积物崩塌的混入。425 cm以下的沉积层大致对应LGM时期（25.1～16.3 ka BP）。河流砂/湖相沉积物与风成沉积过渡层（425～355 cm）对应晚冰期及早全新世时期（16.3～8.3 ka BP）。从年代结果及沉积速率看，YJP1-7～10，尤其是YJP1-7～8应该存在明显的沉积间断，因其主要为河湖相沉积物，据此推测这也可能是河流水位变化、堵江成湖、冰洪积扇等地表过程造成的，说明当时的水文环境波动较大，指示了相对不稳定的区域气候特征。但整个剖面上部的风成沉积层相对连续。剖面YJP2砂黄土层底部的年龄为11 ka，这表明该地貌部位的风成沉积自早全新世开始堆积。

沉积物地球化学参数可以用来反映环境的干湿状况（Nesbitt and Young，1982；Vital and Stattegger，2000；Li et al.，2014；凌智永等，2016）。一般而言，高的Rb/

Sr、Ba/Sr、$(Al_2O_3+Fe_2O_3)/(RO+R_2O)$、$SiO_2/(RO+R_2O)$ 和 CIA 主要反映温暖或湿润的气候条件。相反，低值则指示干旱或寒冷的气候环境 (Li et al.，2014；凌智永等，2016)。YJP1 剖面沉积物部分元素的地球化学参数见表 9.2 和图 9.5，第一沉积层的地球化学参数均值、变化范围及 CV 的变率比第二沉积层、第三沉积层要高，反映了不同的气候条件或沉积环境。总体上，YJP1 剖面的上述地球化学参数值从上到下呈现先增大后减小的波动趋势。

表 9.1　YJP1 和 YJP2 的释光年代结果及相关剂量参数

样品编号	深度 /m	U/ppm	Th/ppm	K/%	剂量率 /(Gy/ka)	等效剂量 /Gy	年代 /ka BP
YJP1-1	0.40	1.45±0.3	15.06±0.8	2.05±0.04	3.62±0.26	6.8±0.1	1.9±0.1
YJP1-2	0.90	1.65±0.3	15.23±0.8	2.04±0.04	3.65±0.26	14.2±0.2	3.9±0.3
YJP1-3	1.35	1.73±0.3	15.28±0.8	2.05±0.04	3.66±0.27	16.2±0.2	4.4±0.3
YJP1-4	1.85	1.93±0.3	15.69±0.8	2.09±0.04	3.76±0.27	16.0±0.2	4.3±0.3
YJP1-5	2.45	1.80±0.3	17.60±0.8	2.23±0.04	3.97±0.29	20.4±0.4	5.1±0.4
YJP1-6	2.95	1.92±0.3	17.05±0.8	2.13±0.04	3.85±0.28	12.5±0.2	3.2±0.2
YJP1-7	3.55	3.64±0.4	18.22±0.8	2.17±0.04	4.41±0.32	36.6±1.0	8.3±0.6
YJP1-8	4.25	2.94±0.4	15.95±0.8	2.24±0.04	4.10±0.30	36.8±3.5	16.3±1.5
YJP1-9	4.80	2.00±0.4	11.87±0.7	2.17±0.04	3.48±0.27	56.8±4.3	16.3±1.8
YJP1-10	5.60	2.01±0.4	10.10±0.7	2.19±0.04	3.36±0.26	84.1±3.5	25.1±2.2
YJP2	1.70	1.64±0.3	10.94±0.7	2.07±0.04	3.34±0.24	36.8±1.0	11.0±0.9

注：所有样品的含水率按 10%±5% 估算。

表 9.2　YJP1 剖面不同深度层沉积物地球化学参数

层位深度 /cm	统计类型	Rb/Sr	Ba/Sr	$(Al_2O_3+Fe_2O_3)/(RO+R_2O)$	$SiO_2/(RO+R_2O)$	CIA
1-a 层 0～165	数据范围	0.41～0.61	1.56～2.10	1.16～1.32	9.35～10.64	55.91～60.11
	平均值	0.48	1.81	1.24	9.83	57.83
	变异系数	11	8	2	4	2
1-b 层 165～325	数据范围	0.45～0.73	1.67～2.58	1.19～1.41	8.52～10.88	56.41～62.49
	平均值	0.59	2.08	1.25	10.25	57.86
	变异系数	13	11	3	5	2
1-c 层 325～355	数据范围	0.37～0.69	1.35～2.51	1.13～1.38	7.87～9.44	54.87～61.33
	平均值	0.52	1.91	1.29	8.69	58.94
	变异系数	26	24	8	7	4
第 2 层 355～425	数据范围	0.30～0.42	1.23～1.57	1.00～1.19	7.27～7.96	51.44～56.80
	平均值	0.36	1.35	1.07	7.64	53.20
	变异系数	8	7	5	2	3
第 3 层 425～580	数据范围	0.28～0.34	1.20～1.38	0.96～1.02	7.23～7.57	49.43～51.84
	平均值	0.31	1.30	1.00	7.42	50.81
	变异系数	6	4	2	1	1

总体而言，各地球化学参数都呈现出随着深度的变化相似的模式，几个主要和次要的峰值与古人类活动层相对应（图 9.5）。在约 110 ～ 175 cm 深度的古人类活动层，主要地球化学参数值普遍较高，指示一个相对潮湿的气候条件。在该深度沉积层中发现了较多的陶器、骨头碎片，有力地证实了该时期有古人类居住。在 325 ～ 355 cm 深度也有明显的化学风化增强信号，似乎反映了气候从潮湿到干燥的变化。第三沉积层对应的 LGM 时期为河流砂 / 湖相沉积环境，随着河水或湖水消退，一定面积的裸露地表暴露，为古人类活动提供潜在的活动场所。

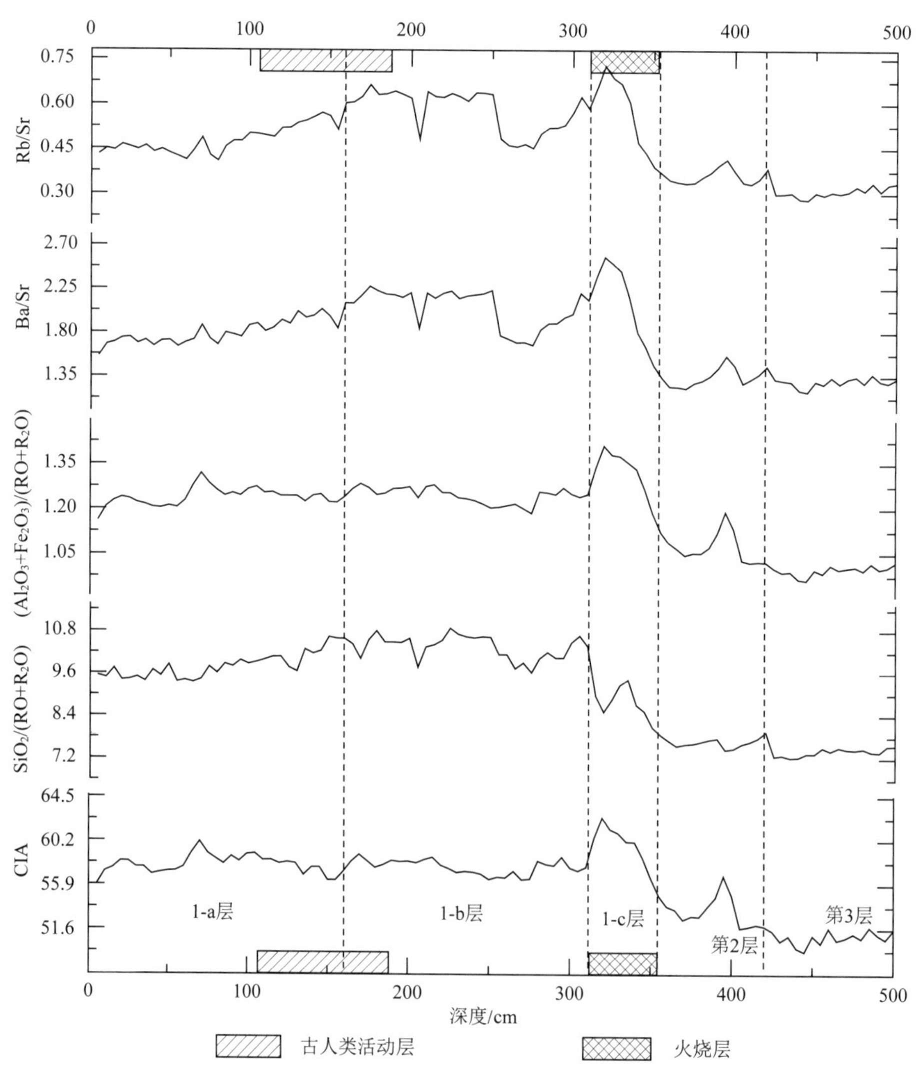

图 9.5　YJP1 剖面沉积物地球化学参数随地层的变化

9.3　OSL 年代指示的最早古人类活动

除 YJP1-6 的年代外，年龄和深度之间具有很好的线性关系，R^2=0.882［图 9.6（a）］，剖面的光释光测年结果为地层提供了很好的年代框架。前人研究已经表明光释光测年可以准确地记录沉积物，特别是风成沉积物的形成年代（Lai et al，2008；Chen et al.，2015a；Meyer et al.，2017），YJP1 剖面沉积物的光释光年代至少提供了 8.3 ka BP 以来可靠的风成沉积年代框架（图 9.6）。在 8.3 ka BP 以来的早全新世时期的 325 ～ 355 cm 火烧地层内未发现与人类活动有关的遗存，暂不能将该层认为是古人类活动层。因此，选取深度 110 ～ 175 cm 含有丰富文化遗存物的地层为该区域古人类活动的起点，大致认定 4 ka BP（涉及文化遗存层的两个光释光样品的测年结果分别为 4.3 ka BP 和 4.4 ka BP）为人类占据该河谷最早的时间。与雅鲁藏布江中上游地区曲贡、昌果沟和邦嘎等遗址的年代 3.5 ka BP 相比（霍巍等，2015），林芝地区的列那遗址（4 ka BP）可以认为是雅鲁藏布江河谷中游 / 中下游最早的人类活动记录。

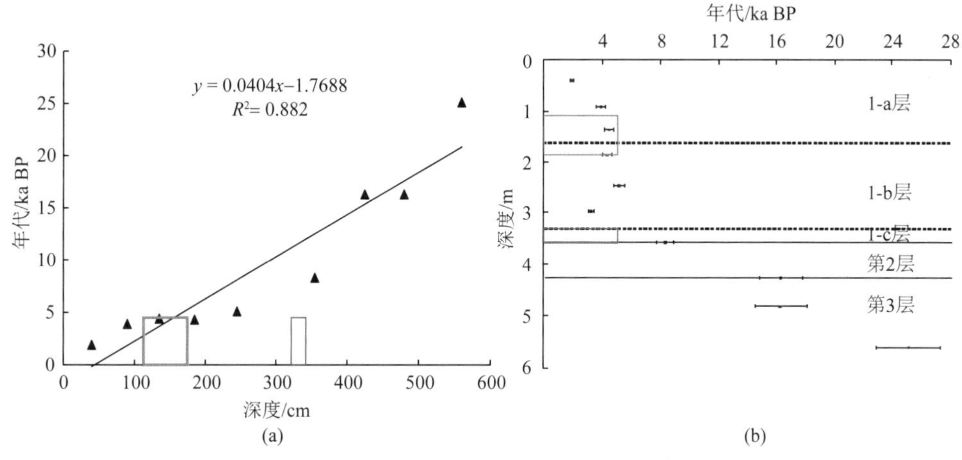

图 9.6　YJP1 剖面年代 - 深度对应关系（a）及主要地层的光释光测年结果（b）

绿色框和红色框分别代表文化层和火烧层

9.4　古环境演化与古人群迁徙过程

列那遗址沉积地层特征及剖面沉积物地球化学参数显示（图 9.3 和图 9.5），林芝地区自 25 ka BP 以来气候发生了较大波动变化。在 8.3 ka BP 的早全新世以前，列那遗址所在地点为河流所在位置，并被河水或堰塞湖所覆盖。剖面下部的沉积地层较好地反映了这种水淹的情况。河流砂 / 湖相沉积层的地球化学参数波动极小，说明其处于相对稳定的沉水环境，而在过渡层 355 ～ 425 cm，地球化学参数逐渐波动。由于该阶段河边陆面经常被水淹或者处于沉水环境中，区域内尚不适合古人类居住或在其上方活动。

8.3 ka BP 以后，列那遗址所在区域河流退却，地表出露，地表逐渐被砂黄土所覆盖，开始发育土壤，为古人类活动提供了适宜的场所。YJP1 剖面的地球化学参数曲线指示了 8.3 ka BP 以来暖湿的环境条件，其中 8.3 ～ 4.3 ka BP 更是该区域全新世以来的气候适宜期。然而，古人类遗存所处地层并未发生在气候最适宜期，说明此时气候不再是主导人类迁徙的决定性因素。4.3 ka BP 以后农业技术的进步及适合高海拔作物生长的驯化技术推动了古人群沿雅鲁藏布江河谷的迁徙。因此，雅鲁藏布江林芝地区列那遗址保存的古人类活动开始于全新世气侯最适宜期末。

Brantingham 等（2001）提出了人类占据青藏高原的“三级跳”模式，并为广大科研工作者所接受（Brantingham et al.，2001，2007；张东菊等，2016）。采集狩猎人群登上高原可能在 25 ～ 15 ka BP 或更早的时期（张东菊等，2016），直到 12 ～ 11 ka BP 的新仙女木时期以后，古人群在青藏高原才开始建造短期或临时居住场所（Brantingham et al.，2010）。8 ka BP 以后的全新世气候适宜期可能是古人类移居青藏高原的一个主要动力。陶片和细石器的发现表明距今 6.6 ka 的新石器时代已经有人类在雅鲁藏布江河谷上游活动（Hudson et al.，2014，2016），这也支持早全新世或中全新世气候暖湿阶段青藏高原古人群的大规模扩张。但是，在 3.6 ka BP 农业技术快速发展与传播以后，古人类才永久定居在青藏高原（Chen et al.，2015a）。

林芝列那遗址中陶片、炭化粟在大约 4 ka BP 的出现表明该区域在一定程度上受到了农业产品的影响，但是还不确定这种农业产品是本土种植的还是远距离交换而来的。但至少能够说明与农业人群相关的古人群在大约 4 ka BP 已经居住于雅鲁藏布江河谷。以前在河谷内其他区域也发现过人头骨、渔网、骨制工具、陶片及动物骨头等古人类遗存，并认为这些遗址可以追溯到新石器晚期（林一璞等，1961；王恒杰，1975），遗憾的是，这些遗存的年代只是依据器物特征进行的间接判断，没有绝对年龄的支撑，但至少都间接反映了古人群在中全新世时期已居住于雅鲁藏布江河谷。此外，林芝地区尼洋曲谷两岸牛、马、羊等脊椎哺乳动物化石的发现，说明该河谷的气候环境条件比较适合居住（王恒杰，1975；王仁湘，1999）。林芝地区尼洋曲、雅鲁藏布江等河谷古人类遗存及文物的发现对理解我国古人群占据并移居青藏高原的过程有重要意义（王恒杰，1975）。有研究发现林芝等高原东南部河谷的文化遗存特征与黄河上游的新石器文化有很好的相似性（王恒杰，1975；石硕，2012），一些石器工具与黄河上游甘肃、青海齐家文化非常接近（王恒杰，1975；王仁湘，1999），可能反映了文化交流、传播及古人类向高原的迁徙扩散。

中至晚全新世时期，青藏高原生态环境不断改善，气候趋于温暖湿润。黄土高原古人群的快速膨胀导致区域环境承载力略显不足，导致狩猎采集人群向人口稀少且资源相对丰富的青藏高原扩散（张东菊等，2016）。大约 6 ～ 4 ka BP 粟作农业从黄河中游向青藏高原东北部的河谷传播，沿着青藏高原东部边缘区向川西高原扩散至海拔 2500 m 的种植极限，并促成古人群在低河谷定居（Chen et al.，2015a）。尽管雅鲁藏布江河谷海拔近 3000 m，超过了粟适合种植的海拔上限，但雅鲁藏布江河谷，尤其是林芝河谷段受印度夏季风控制，温润的气候环境可能适合粟等作物的生长。至少从现代种植结构看，林芝河谷种植了青稞、油菜等多种农作物。例如，在列那遗址对应的历史时期（4.7 ～ 4.3 ka BP），位于青藏高原东南部的澜沧江河谷，海拔约为 3100 m 的卡若遗址就发现了粟、黍农业的存在（D'Alpoim et al.，2013），4 ～ 2.3 ka BP 后，青藏高原古人群迅速扩张，特别是 3.6 ka BP 以后，农业技术的发展与进步、小麦的引进、绵羊等家畜的驯化等，可能促成农业和畜牧养殖业混合经济模式在高原河谷的发展（Chen et al.，2015a；张东菊等，2016）。该时期古人群不断扩张，并最终到达藏南河谷等区域，例如，雅鲁藏布江河谷内的昌果沟遗址和邦嘎遗址就是雅鲁藏布江河谷农耕文明的典型（王仁湘，1999）。此外，列那遗址还发现了大麦等农作物，基于当时的交通条件及高大山脉等地理单元的阻隔，很大程度上可能限制了当时人群的频繁交流与物质交换过程。因此，林芝河谷列那晚全新世遗址的农业遗存极可能为本地种植，或许表明当时可能已经进入了农耕时代。

列那遗址的光释光年代显示出了与周边其他区域相比相对年轻的特点。例如，青海湖遗址（Madsen et al.，2006）、昆仑山北麓遗址（Brantingham et al.，2006）、尼阿底遗址（Zhang et al.，2018a）、卡若遗址（D'Alpoim et al.，2013）及卢纳纳碳遗址（Meyer et al.，2009）都比列那遗址年代老。这一现象可能反映了林芝古人群可能在气候适宜期由周边区域迁徙而来，尤其是在农业技术发展以后。

9.5　雅鲁藏布江河谷现代粉尘与人类活动

与地质历史时期相比，雅鲁藏布江河谷的现代粉尘活动与自然因素（如气候变化）和人为因素（如生产生活、土地利用等）的关系更为密切（金炯等，1994），特别是扬沙、尘暴和浮尘与人类活动息息相关，沙尘活动显著影响了人类生产生活，而人类活动也在很大程度上加速或抑制了粉尘的释放。近几十年来，河谷内大风、扬沙和沙尘暴日数逐年减少，各个季节也均呈减少趋势，且春季减少幅度最大，冬季次之，但浮尘日数自千年之后呈增加趋势（张核真等，2018）。总体上，这种变化一方面与 20 世纪 80 年代以来流域内绿色生态投入力度明显加大有关，区内植树造林成果日渐显现，中上游防护林基本形成，致使流动沙丘明显减少。另一方面，雅鲁藏布江河谷内的暖湿化趋势对风沙活动的减缓也发挥了重要作用。

雅鲁藏布江不同河谷段的现代粉尘（风沙）活动又存在一定的差异性。例如，雅鲁藏布江河源区丰富的风沙物质和强劲的风动力条件被认为是源区风沙化土地发生发展的潜在条件，全球气候变暖，干燥度增大，是源区风沙化土地进一步发展的重要原因（孙明等，2010；Shen et al.，2012）。此外，源区牲畜数量的增加、局部地区的过度放牧以及采矿活动也是造成风沙化土地发展的原因之一（Shen et al.，2012）。因此，政府提出应继续加强草地的科学管理，对部分沙化草地应实施围栏封育等措施，同时还表明对区内采矿活动进行有效的管理。总之，随着人类社会的发展、人口数量的增加及人类改造环境能力的强度不断增大，雅鲁藏布江中上游地区现代粉尘活动与人类活动的关系更为密切，尽管现代气候变化也是影响区内风沙活动的重要因素。

9.6 本章小结

林芝地区的古农业人群活动可以追溯到大约 4 ka BP，是目前所知道的最早活动时间。古人群在林芝地区存在的时间不在全新世气候适宜期，而出现在该时期末，说明此时气候已不是限制古人群迁徙的最主要因素。随着农业技术的发展，适合在高原生长的作物的驯化等可能成了影响古人群迁徙的决定性因素。

不同时期河谷地貌的演化过程对古人类活动有重要影响。全新世早期及以前的地质时期，河谷内洪水或堰塞湖的存在，导致古人群不适合在河谷内活动。中全新世以后，河水的消退致使平坦的阶地面出露，为古人群活动提供了空间场所，而风成沉积的发育为古人类活动或种植农作物、从事农业生产提供了有利的土壤条件。与地质历史时期相比，雅鲁藏布江河谷的现代粉尘活动与人为因素（如生产生活、土地利用等）的关系更为密切。

第 10 章

地表粉尘物源与释放

10.1 风成沉积的物质来源

雅鲁藏布江作为藏南第一大河，位于两大板块的缝合带上，构造运动强烈（Tapponnier et al.，2001），且不同河段因存在着差异隆升过程（Zhang，1998，2001）而呈现出宽谷与峡谷相间分布的串珠状格局（Ling et al.，2020a）。在高原的南部边缘区，雅鲁藏布江宽河谷作为典型的负地形，其谷底平坦，面积相对广阔，这为区域风成砂和黄土等粉尘物质提供了有利的堆积场。宽谷内广泛发育的风成沉积物最初被认为是像湖泊、河流沉积物及冲 / 洪积物一样经原地风化形成；直到 20 世纪 90 年代才被确定为是风成堆积并被大部分研究者所接受（Péwé et al.，1995；Lehmkuhl et al.，2000；Sun et al.，2007；Klinge and Lehmkuhl，2015）。目前，河谷风沙、黄土等粉尘堆积的物源被认为主要来自冰水沉积物、河流沉积物和湖泊沉积物等（Sun et al.，2007；Zhang et al.，2015a；Hu et al.，2018）；是否接受了远源粉尘的输入，以及雅鲁藏布江黄土属于冷黄土还是热黄土还存在疑问（Dong et al.，2017）。

沉积物地球化学特征是确定不同沉积物风化程度、类型及物源的重要手段（Nesbitt and Young，1989；Hu et al.，2016；Eltom et al.，2017；Hatano et al.，2020；Zhang et al.，2021a）；尤其是同位素物源示踪更是显示出绝对的优势（Biscaye et al.，1997；Pettke et al.，2000；Chen et al.，2007；Zhao et al.，2018；Munroe et al.，2020）。因此，沉积物常量、微量地球化学及同位素地球化学手段常被作为有效的物源示踪方法，运用于不同沉积物之间的物源关系研究。

10.1.1 沉积物地球化学特征

1. 常量、微量元素特征

雅鲁藏布江河谷不同类型地表沉积物常量、微量元素组成见表 10.1 和表 10.2。常量、微量元素含量显示所有类型沉积物都以 SiO_2、Al_2O_3 和 Fe_2O_3 等氧化物组分为主，且具有相似的含量特征。其中，Fe_2O_3 的含量在河流沉积物、冲 / 洪积物中变化较大，有两个样品 Fe_2O_3 的含量分别达到了 31.7% 和 35.1%，同时它们来自不同的河段，这可能反映了它们对区域母岩的继承作用。若剔除上述两个异常高含量的样品进行平均，河流沉积物、冲 / 洪积物的 Fe_2O_3 平均含量为 4.1%，与河谷内沙丘 / 沙地（风成砂）和黄土 / 砂黄土等其他类型的沉积物比较近似。沉积物中 CaO、K_2O 和 Na_2O 的含量基本都在 2% 以上，剩余的其他常量元素含量都相对较低。总体来看，不同沉积物中常量元素的分配特征具有明显相似性，仅个别样品存在明显的差异。

表 10.1　雅鲁藏布江中上游地区不同类型沉积物常量元素组成及 CIA 值

沉积物类型	数量/个	参数	SiO_2 /%	Al_2O_3 /%	CaO /%	Fe_2O_3 /%	K_2O /%	MgO /%	Na_2O /%	MnO /%	TiO_2 /%	P_2O_5 /%	CIA
沙丘/沙地	18	最大值	74.20	13.57	6.87	5.22	2.96	1.61	2.47	0.08	0.91	0.35	60.33
		最小值	61.36	9.95	1.23	1.80	2.12	0.47	1.41	0.03	0.21	0.07	46.76
		平均值	68.79	11.27	2.44	3.36	2.59	1.02	2.04	0.05	0.49	0.14	53.90
黄土/砂黄土	6	最大值	69.54	15.54	6.42	5.99	2.82	1.55	2.05	0.09	0.61	0.23	66.03
		最小值	55.49	11.34	1.14	3.71	2.47	1.03	1.47	0.06	0.54	0.08	54.81
		平均值	64.91	13.41	2.78	4.67	2.64	1.24	1.85	0.07	0.58	0.16	59.09
河流沉积物、冲/洪积物	15	最大值	71.70	14.61	13.84	35.06	3.42	5.25	3.11	0.17	2.02	0.59	65.43
		最小值	44.93	5.70	1.33	2.45	1.35	0.76	1.40	0.05	0.36	0.09	42.52
		平均值	60.71	11.28	4.86	8.02	2.32	1.95	2.04	0.09	0.75	0.21	53.51
湖泊沉积物	3	最大值	58.72	13.53	5.77	5.42	3.54	2.84	1.98	0.20	0.85	0.32	56.55
		最小值	55.59	12.88	5.21	4.87	3.21	2.25	1.85	0.10	0.71	0.23	55.83
		平均值	57.66	13.11	5.47	5.07	3.37	2.52	1.90	0.13	0.77	0.27	56.13

与上部陆壳（UCC）常量元素含量（Rudnick and Gao，2003）对比结果显示，雅鲁藏布江中上游地区不同类型的地表沉积物中 SiO_2 和 Al_2O_3 含量与上部陆壳比较接近。除上述两种常量元素外，其他常量元素相对于 UCC 而言或呈现出富集状态，或呈现出相对亏损的状态；但是不同沉积物类型相对于UCC的富集与亏损程度彼此间还存在差异。总体上看，沙丘/沙地沉积物与黄土/砂黄土之间没有明显的差异性，分布相对一致［图 10.1(a)］。

例如，河流沉积物、冲/洪积物 CaO、Fe_2O_3 和 P_2O_5 相对于上部陆壳呈富集状态，而沙丘/沙地、黄土/砂黄土中的 CaO、Fe_2O_3 和 P_2O_5 含量相对于 UCC 通常是亏损的。黄土/砂黄土、河流沉积物、冲/洪积物的 CIA 值比沙丘/沙地、湖泊沉积物高；同时，除湖泊沉积物以外，其他都高于 UCC 平均值。总体上看，雅鲁藏布江中上游地区不同沉积物的风化程度要高于 UCC。

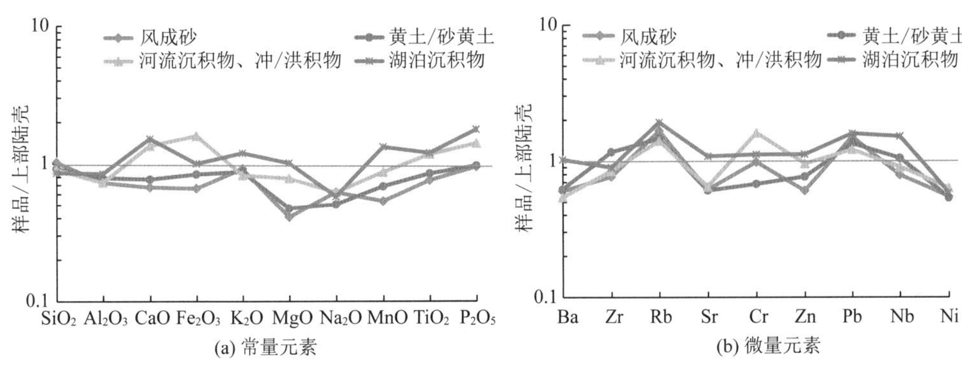

图 10.1　雅鲁藏布江中上游地区不同类型沉积物常量和微量元素均值的上部陆壳标准化
上部陆壳数据引自 Rudnick 和 Gao(2003)

对于雅鲁藏布江河谷地表沉积物微量元素含量而言，Ba、Sr、Zr 和 Rb 是主要构成组分；其余的微量元素组分含量相对较低（表 10.2）。其中，Cr 元素在河流沉积物、冲 / 洪积物中的变率较大，其中有两个样品的含量最高，分别达到了 511.3 ppm 和 553.4 ppm，而这两个样品恰巧是常量元素 Fe_2O_3 含量最高的两个样品；若剔除上述两个样品，该类型沉积物 Cr 含量的均值为 89.9 ppm，与区域内沙丘 / 沙地的含量近似。Cr 含量异常偏高的两个样品可能主要受区域母岩混入的影响。这也指示了雅鲁藏布江不同河段的沉积物存在较大差异性，即不同河段不同类型的沉积物可能继承了区域母岩碎屑的化学风化特征。

表 10.2　雅鲁藏布江中上游地区不同类型沉积物微量元素组成及其比值

沉积物类型	数量 / 个	参数	Ba /ppm	Zr /ppm	Rb /ppm	Sr /ppm	Cr /ppm	Zn /ppm	Pb /ppm	Nb /ppm	Ni /ppm	Rb/Sr
沙丘 / 沙地	18	最大值	421.00	311.64	182.70	275.80	124.09	62.31	34.95	15.37	45.04	1.42
		最小值	332.18	62.95	103.76	131.99	59.67	23.22	19.38	6.07	14.72	0.39
		平均值	382.61	149.46	137.88	199.65	91.40	41.04	25.87	9.57	26.04	0.76
黄土 / 砂黄土	6	最大值	462.28	283.34	148.60	314.82	79.57	68.51	29.45	14.25	46.62	0.95
		最小值	271.11	140.30	77.27	132.41	41.51	14.12	14.22	9.32	16.14	0.35
		平均值	393.11	226.24	120.50	196.51	62.97	51.91	23.08	12.72	25.48	0.67
河流沉积物、冲 / 洪积物	15	最大值	430.21	241.46	195.34	386.96	553.44	173.69	35.64	16.41	71.20	1.21
		最小值	172.93	94.37	52.26	88.73	51.76	10.01	8.42	6.93	5.27	0.20
		平均值	343.15	165.21	115.89	209.48	148.91	64.57	20.77	10.92	30.09	0.63
湖泊沉积物	3	最大值	660.53	204.34	173.28	364.39	106.15	81.97	28.98	20.46	30.18	0.53
		最小值	637.10	146.67	146.35	334.97	101.25	69.75	25.43	14.11	25.38	0.41
		平均值	649.32	174.82	158.99	349.91	103.62	75.68	27.29	18.34	27.83	0.47

雅鲁藏布江中上游地区地表沉积物陆壳标准化结果显示，大部分元素的分配模式具有相似性，都表现出 Rb 和 Pb 相对于 UCC 的富集，而 Cr、Zn 及 Nb 分布较为分散［图 10.1(b)］。沉积物中的 Rb 和 Sr 元素常被用于反映区域自然环境对沉积物的影响程度 (Chen et al.，1998)，将雅鲁藏布江中上游地区地表沉积物的 Rb/Sr 与黄土高原进行对比，结果显示雅鲁藏布江中上游地区地表沉积物的 Rb/Sr 高于黄土高原的黄土，但低于黄土高原的古土壤（黄土 0.42，古土壤 0.82)（表 10.2）。Rb/Sr-CIA 值散点图［图 10.2(a)］显示，风成砂主要落在两个区域，即马泉河宽谷区（右侧红色虚线框内）和其他宽谷区，其中马泉河宽谷区因具有高 Rb/Sr 而不同于其他宽谷，这可能是由蛇绿纹岩和超钾火山岩造成的 (Sun et al.，2007)。此外，其他类型沉积物的数据表现出较为分散的特点，尤其是来自帕龙藏布河谷的冲 / 洪积物及河流沉积物都具有较低的 CIA 值。因此，雅鲁藏布江中上游地区自西向东不同区域之间岩性的变化较大，并导致不同河谷段沉积物的地球化学特征有显著差异，这表明中上游地区不同河谷段的地表沉积物主要继承了区域母岩的地球化学特性。

Ba 和 Sr 元素主要存在于风成沉积物的钾长石和斜长石中，两者在沉积物风化过程中的地球化学特性比较稳定，多会保留母岩碎屑沉积物的丰度。因此，Ba-Sr 含量可被用于指示物源和区分不同的沉积环境（钱亦兵等，1993；Wang et al.，2021）。图 10.2(b) 显示了雅鲁藏布江河谷不同沉积物 Ba-Sr 化学分异特征，结果表明河流沉积物、冲 / 洪积物是所有沉积物类型中最为分散的类型，这可能是因为它们主要受控于不同风化碎屑的地球化学特性，更接近区域母岩的地球化学特征。风成砂、黄土 / 砂黄土的 Ba-Sr 含量分布相对比较集中，可能反映了多源碎屑物在分选后的就近混合过程。而湖泊沉积物主要分布于很小的一个区域，其可能不是风成沉积物主要物源。此外，在之前的野外考察中，发现湖泊沉积的分布范围也是相对有限的，这也间接证明了河谷内风成物质的主要物源不是湖相沉积物。

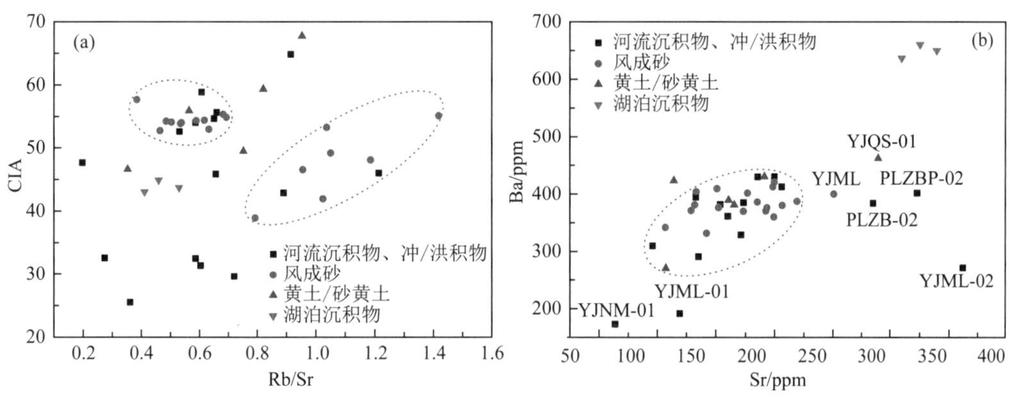

图 10.2　雅鲁藏布江中上游地区不同类型沉积物 Rb/Sr-CIA 散点图和 Ba-Sr 含量关系

(a) Rb/Sr-CIA 散点图；(b) Ba-Sr 含量关系；图中字母、数字组合为样品编号，下同

2. 稀土元素特征

雅鲁藏布江中上游地区不同类型沉积物稀土元素（REEs）的特征值和球粒陨石标准化的分布模式如图 10.3 和表 10.3 所示。所有样品的 Eu 都显示了亏损特征（Eu/Eu^* 变化范围为 0.39 ～ 0.76），轻稀土元素（LREE）相对富集（La_N/Sm_N 的变化范围为 3.32 ～ 4.12），重稀土元素（HREE）相对亏损（Gd_N/Yb_N 的变化范围为 1.39 ～ 2.07）。LREE/HREE 较黄土高原的平均值（7.53）高，因此雅鲁藏布江中上游地区沉积物稀土元素的分馏程度比黄土高原的黄土沉积物要高。

雅鲁藏布江河谷不同沉积物的稀土元素分配模式具有很好的相似性，各样品的分布曲线大致是平行的，总体呈现出 LREE 较陡、HREE 平缓的斜“L”形（图 10.3），指示雅鲁藏布江中上游地区不同地表沉积物的 LREE 相对富集，HREE 相对亏损。经球粒陨石标准化后，Eu 显示出相对弱的负亏损，而 Ce 没有显示出明显的亏损和富集。图 10.3 显示了 La 和 Ce 是 LREE 相对富集的主要贡献者。此外，黄土 / 砂黄土样品的不同 REEs 分布模式相比于风成砂、河流沉积物、冲 / 洪积物更为集中，这反映了黄土具有更均一的物质组成和更高的风化程度。

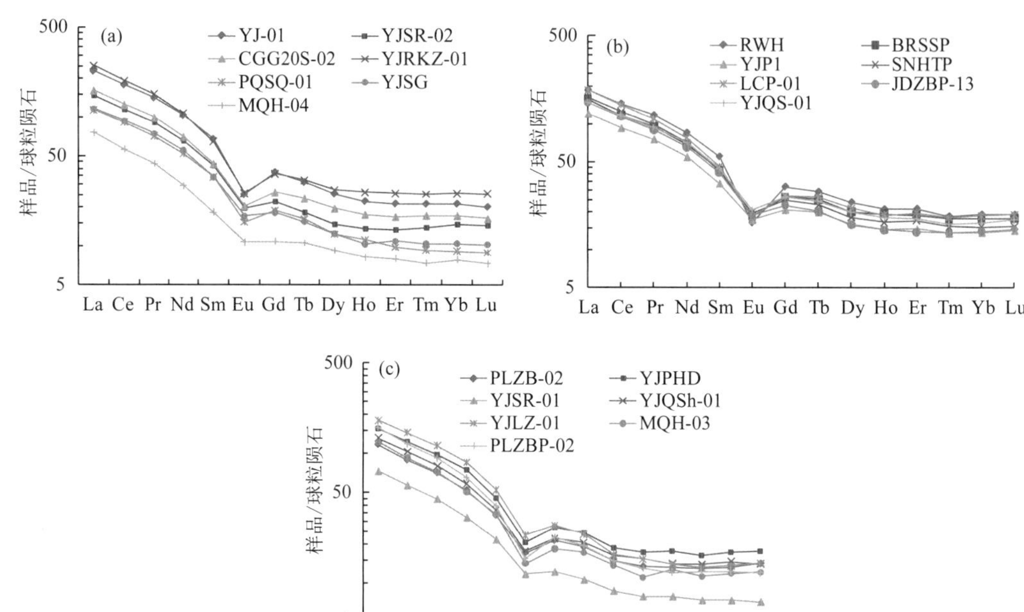

图 10.3　雅鲁藏布江河谷不同沉积物稀土元素球粒陨石标准化的分布模式

(a) 沙丘 / 沙地；(b) 河流沉积物、冲 / 洪积物、湖泊沉积物；(c) 黄土沉积物

球粒陨石标准化数据引自 Masuda 等（1973）

Eu/Eu^*（< 1.0）的亏损主要是由 Eu 进入富钙钾长石导致的，在这个过程中 Eu 会取代 Sr，而 Sr 又会取代 Ca（Mason and Moore，1982）。值得指出的是，不同沉积物中 Eu/Eu^* 的不同多指示了它们有不同的物源（Liu and Yang，2018；Muhs，2018）。雅鲁藏布江河谷黄土的 Eu/Eu^* 介于 0.39 ～ 0.65，比风成砂（0.50 ～ 0.76）和河流沉积物、冲 / 洪积物（0.57 ～ 0.72）要低（表 10.3）。但是不同类型沉积物的 Eu/Eu^* 值分布范围较大，可能反映了雅鲁藏布江不同河谷段沉积物之间的物源差异和空间分异特征。

表 10.3　雅鲁藏布江中上游地区不同沉积物＜ 75 μm 组分稀土元素特征值

样品编号	河谷段	东经	北纬	样品类型	LREE/HREE	Eu/Eu^*	Ce/Ce^*	La_N/Sm_N	Gd_N/Yb_N
YJ-01	米林	94.73°	29.47°		9.8	0.50	0.99	3.37	1.74
YJSR-02	山南	91.98°	29.26°		10.2	0.65	0.99	3.51	1.51
CGG20S-02	山南	91.13°	29.35°		9.0	0.61	0.99	3.72	1.51
YJRKZ-01	日喀则	89.51°	29.36°	沙丘 / 沙地	9.7	0.53	0.99	3.89	1.41
PQSQ-01	喜马拉雅	87.63°	28.45°		10.4	0.60	1.01	3.32	2.07
YJSG	马泉河	85.25°	29.32°		10.4	0.68	1.01	3.36	1.74
MQH-04	马泉河	83.41°	29.95°		9.0	0.76	0.98	4.12	1.39

续表

样品编号	河谷段	东经	北纬	样品类型	LREE/HREE	Eu/Eu*	Ce/Ce*	La_N/Sm_N	Gd_N/Yb_N
RWH	帕龙藏布	96.81°	29.43°	黄土 / 砂黄土	8.8	0.39	0.98	3.38	1.66
YJP1	米林	94.47°	29.45°		8.3	0.65	0.97	3.57	1.51
BRSSP	米林	94.39°	29.65°		8.3	0.55	0.96	3.65	1.49
YJQS-01	山南	92.16°	29.09°		8.5	0.61	1.00	3.34	1.59
SNHTP	山南	91.61°	29.31°		9.6	0.61	0.98	3.90	1.63
LCP-01	日喀则	89.31°	29.38°		9.4	0.52	1.00	4.03	1.43
JDZBP-13	马泉河	85.08°	29.35°		9.9	0.62	0.99	3.60	1.61
PLZB-02	帕龙藏布	95.45°	29.91°	河流沉积物、冲 / 洪积物	8.3	0.64	0.97	3.50	1.63
YJPHD	米林	94.45°	29.45°		9.0	0.58	1.00	3.42	1.54
YJSR-01	山南	91.98°	29.25°		9.1	0.72	0.99	3.37	1.65
YJQSh-01	山南	90.71°	29.35°		8.9	0.62	1.01	3.61	1.51
YJLZ-01	日喀则	87.57°	29.12°		11.5	0.61	1.01	3.43	2.04
MQH-03	马泉河	83.39°	30.00°		9.5	0.57	0.99	3.60	1.54
PLZBP-02	帕龙藏布	95.36°	29.97°	湖泊沉积物	11.0	0.51	0.98	3.39	1.83

注：沉积物稀土元素球粒陨石标准化的球粒陨石数据来源于 Masuda 等（1973）。Eu/Eu* 和 Ce/Ce* 表示铕和铈异常，$Eu^*=(Sm_N \times Gd_N)^{1/2}$，$Ce^*=(La_N \times Pr_N)$（Taylor and McLennan，1985）。

10.1.2　沉积物的风化特征

雅鲁藏布江河谷不同类型沉积物在 A-CN-K 三角图解中与黄土高原和 UCC 等分布在不同的区域［图 10.4(a)］，反映了其彼此之间的风化程度存在明显差异。可以看出，风成砂样品呈现相对集中的分布特征，但黄土样品却较为分散，这可能与它们的碎屑物质来源的差异有关。研究表明，雅鲁藏布江河谷风成砂主要来源于河流沉积物，经风力分选就近沉积而成，同时河流在搬运过程中还可以将河流砂进一步混合，使其地球化学性质趋于均一（刘连友等，1997；马鹏飞等，2021；张焱等，2021；田伟东等，2022；Zhang et al.，2022）。然而，不同河段黄土的物质来源差异较大，有由河谷风沙经风力分选后的细颗粒组分沉积而成的黄土，也有直接由冰碛碎屑细颗粒物直接沉积而成的冰缘黄土（Sun et al.，2007）。因此，它们属于河谷内的风成沉积体系，这种地球化学性质的差异可能揭示了不同类型沉积物物源供给的差异。

雅鲁藏布江中上游地区的冲 / 洪积物、河流沉积物等在三角图解中的分布最为分散，指示了它们的常量元素之间存在较大的分异特征，反映它们处于不稳定的气候及构造环境中（Fedo et al.，1995）。这种分散的特征表明不同区域的河流沉积物的物质来源存在较大差异，就雅鲁藏布江中上游地区的广阔区域而言，这种差异并不难理解。研究区内冲 / 洪积物、河流沉积物与柴达木沙漠、塔克拉玛干沙漠的沉积物大多处于风化的早期阶段，表明这些区域具有较强的物理风化过程，化学风化相对较弱。雅鲁藏布江中上游地区其他类型的沉积物具有相似的 Al_2O_3、Na_2O 和 K_2O 含量，主要处于弱化学风化的初级或中级阶段，其风化的强度弱于黄土高原的黄土。

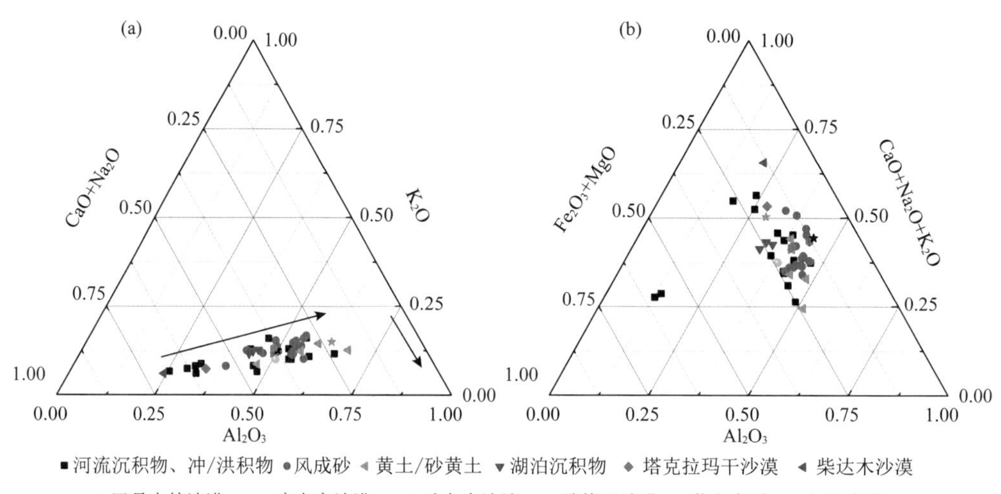

图 10.4　雅鲁藏布江河谷不同沉积物 A-CN-K 三角图解和 A-CNK-FM 三角图解

黑色箭头指示沉积物风化方向。塔克拉玛干沙漠、柴达木沙漠、巴丹吉林沙漠、库布齐沙漠、毛乌素沙地和腾格里沙漠的地球化学数据引自 Zhao 等（2019）；中国黄土高原数据引自 Chen 等（1998）；上部陆壳数据引自 Rudnick 和 Gao（2003）

上述沉积物的 A-CNK-FM 三角图解显示这些沉积物主要分布于图形的中部区域，但有两个 Fe_2O_3 含量高的河流沉积物、冲 / 洪积物样品远离沉积物主要分布区 [图 10.4(b)]，这进一步说明河流沉积物物源，即区域母岩地球化学特性的明显差异。总体上，雅鲁藏布江中上游地区不同河段、不同沉积物常量元素的聚集程度未呈现明显的区域差异。这可能主要是由于河谷内的沉积物大多来自拉萨地块（Sun et al.，2007；Li et al.，2009）。雅鲁藏布江中上游地区不同河段、不同沉积物样品的 Fe_2O_3 和 MgO 总含量存在一定差异性。一方面，这种差异可能受不同河谷段母岩风化碎屑的影响或控制，源区物质的元素贡献不同；另一方面，沉积物中含 Fe 矿物和含 Mg 矿物（如黑云母、角闪石等）的物理及化学稳定性都较差，在沉积物搬运时容易发生裂解，并在沉积与搬运过程中发生机械磨蚀、差异风化等，最终导致不同沉积物具有不同的含量特征。

矿物的成熟度通常被用来指示区域地质过程的综合作用过程。矿物成熟度是指碎屑沉积物中 SiO_2 含量与碳酸盐、长石和岩屑等含量的比值（Blatt et al.，1972；Zhao et al.，2019）。高的比值通常指示沉积物的高成熟度，低的比值用于指示低成熟度，它们大致上可用 $SiO_2/(Al_2O_3+K_2O+Na_2O)$ 和 $SiO_2/(Al_2O_3+K_2O+Na_2O+CaO+MgO)$ 进行表示（Muhs，2004；Zhao et al.，2019）。雅鲁藏布江中上游地区不同类型沉积物的矿物成熟度如图 10.5 所示。

由图 10.5(a) 和 (b) 可知，雅鲁藏布江中上游地区、冲 / 洪积物和河流沉积物的 SiO_2 含量低，其成熟度低于风成砂，也低于中国北方沙漠。这主要与沉积物搬运距离较短，河谷内的地表侵蚀作用和物理风化过程导致区内沉积物未被充分分选有关。雅鲁藏布江河谷地表物质循环过程中，SiO_2 含量较低和 Fe、Mg 含量高的新鲜沉积物可不断地得到补充。对于风沙沉积物样品而言，SiO_2 含量较高，表明它们经过风力的不断分选，将更易于风化的物质组分向沙丘 / 沙地外围进一步搬运，进而堆积形成黄土，而 SiO_2 因抗风化能力强多被保留在原地，进而导致风沙沉积物中 SiO_2 含量呈现增高的趋势。由于雅鲁藏布江河谷黄土沉积物属于近源沉积，在侵蚀、风化、搬运、沉积、再搬运、再沉积过程中新鲜的沉积物极易产生、发生迁移，导致黄土沉积物总体成熟度较低［图 10.5(c)］。

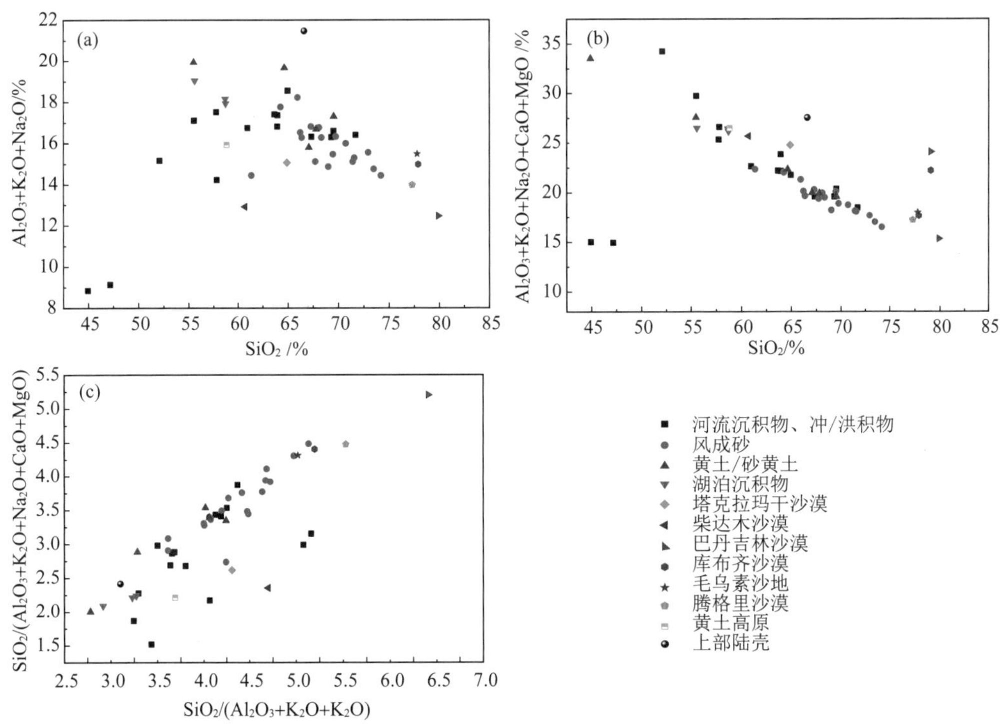

图 10.5　雅鲁藏布江河谷不同沉积物及不同地区的矿物成熟度的对比关系

塔克拉玛干沙漠、柴达木沙漠、巴丹吉林沙漠、库布齐沙漠、毛乌素沙地和腾格里沙漠的地球化学数据引自 Zhao 等 (2019)；中国黄土高原数据引自 Chen 等 (1998)；上部陆壳数据引自 Rudnick 和 Gao(2003)

10.1.3　沉积物的区域自循环

由于超镁铁质岩与花岗岩类岩具有大反差的 Cr/V-Y/Ni 和 Th/Co-Zr/Co，因此上述指标常被用来确定沉积物母岩碎屑的类型 (McLennan，1993；Jiang and Yang，2019)。雅鲁藏布江河谷地表沉积物 Cr/V-Y/Ni 的散点图［图 10.6(a)］可以提供超镁铁质岩碎屑在沉积物中的半定量估算 (Amorosi et al.，2002)。雅鲁藏布江河谷沉积物大部分都显示了相对高的 Y/Ni 和相对低的 Cr/V，且与花岗岩端元比较接近，表明中上游地区不同类型沉积物主要来源于长英质变质岩矿物，即沉积岩中的陆源碎屑岩、硅质岩、火山熔岩及火山碎屑等。

Th 是火成岩中典型的不相容元素，而 Co 则是典型的共存伴生元素，Th/Co 是火成岩化学分异过程的一个指示标志（Taylor and McLennan，1985）。在火成岩化学分异过程中，锆石的存在及循环分选过程可以导致 Th/Co 和 Zr/Co 发生变化，而不遵从火成岩化学分异的正常趋势（McLennan，1993）。雅鲁藏布江河谷的不同沉积物主要分布于两个化学分异趋势之间的区域，且相对更靠近趋势 1［图 10.6(b)］。这反映了上述沉积物经历的沉积物地质循环过程比较弱，指示这些沉积物相对比较新鲜、矿物成熟度低，主要受控于强烈的地表侵蚀过程，不断有新的沉积物混入。

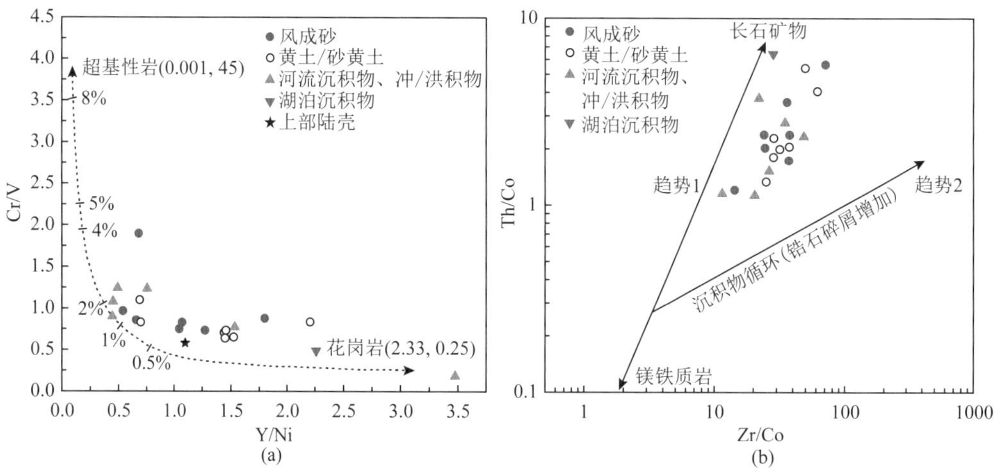

图 10.6　雅鲁藏布江流域不同类型沉积物的 Cr/V-Y/Ni 和 Th/Co-Zr/Co 散点图

(a) 中连接花岗岩端元与超基性岩端元的混合曲线引自 Amorosi 等（2002），其中百分数为样品中超基性组分的百分含量。(b) 中趋势箭头基于 McLennan(1993) 和 Hu 等（2016）。上部陆壳数据引自 Rudnick 和 Gao(2003)

尽管雅鲁藏布江河谷不同地表沉积物稀土元素 REEs 的分配模式较为相似（图 10.3），但不同沉积物的 Eu、Ce 亏损及富集异常还存在较大差异，它们分别指示了不同的氧化还原反应；而 La_N/Sm_N 和 Gd_N/Yb_N 的差异反映了流域内不同沉积物 LREE 和 HREE 的内部分异（图 10.7）。不同沉积物 Eu/Eu^*、Ce/Ce^*、LREE/HREE、Gd_N/Yb_N 和 La_N/Sm_N 变化可能反映了它们经历的物质循环过程不够充分，与黄土高原的黄土存在差异。黄土高原的黄土较为统一的 REEs 特征则反映了其经历了比较充分的物质循环过程（Ding et al.，2001）。

雅鲁藏布江河谷不同沉积物与黄土高原黄土的 Eu/Eu^* 和 Ce/Ce^* 相对于 LREE/HREE 的散点分布差异，反映了雅鲁藏布江沉积物与黄土高原沉积物可能有不同的来源或经历了不同的地表循环过程。例如，风成沉积物由区域地面风经短距离搬运沉积而成（Sun et al.，2007），属于当地的区域性物源，而黄土高原黄土更可能是经风力自远源区域长距离搬运后，经充分混合堆积而成（Zhang et al.，2021a）。

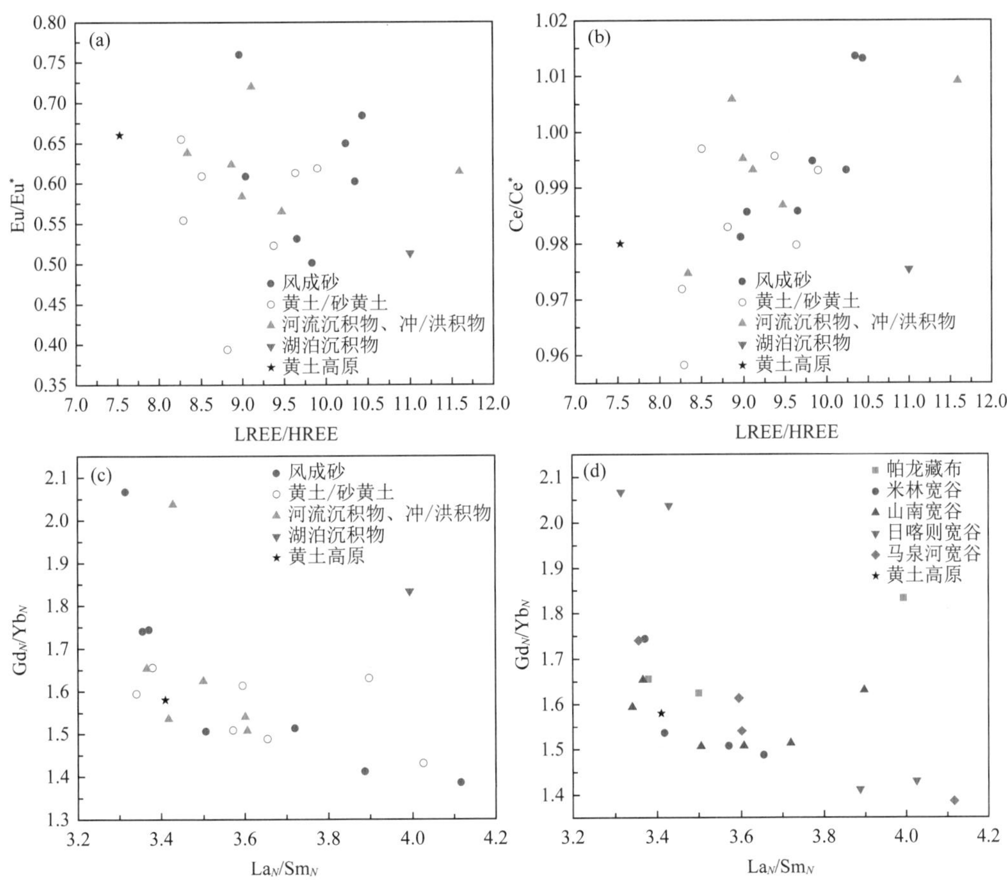

图 10.7　雅鲁藏布江河谷不同类型沉积物 Eu/Eu*-LREE/HREE (a) 和 Ce/Ce*-LREE/HREE (b) 散点图；不同类型沉积物 (c) 及不同河谷段地表沉积物 (d) 的 Gd_N/Yb_N-La_N/Sm_N 散点图

黄土高原数据引自 Ding 等 (2001)

雅鲁藏布江中上游地区地表沉积物按不同类型和不同区域进行比较的结果显示，其 REEs 参数都存在很大差异性（图 10.7 和图 10.8）。来自不同河谷段的同一沉积物类型和同一河谷段内不同类型沉积物的稀土元素特征参数变化范围差别明显。其中，河流沉积物、冲 / 洪积物的类型特征参数点分布相对集中，反映它们的 LREE 和 HREE 分异较弱；而风成砂、黄土等风成沉积物类型的 LREE、Eu/Eu* 和 Ce/Ce* 特征值在风力分选及风化过程中产生了不同程度的分异，相对于河流沉积物、冲 / 洪积物类型的沉积物分化增强。对于不同河谷段而言，沉积物 REEs 特征参数分散的特征可能主要指示了不同的物质分选及混合过程、不同物理及化学风化过程和对区域母岩地球化学特征的继承性。对于风成沉积而言，这种地球化学的空间分异特性表明它们不可能来自同一区域并具有相同的物质供给；这意味着不同区域的风成沉积物在它们所处的河谷段主要靠近源碎屑物的供给。对于雅鲁藏布江河谷不同河段而言，山南宽谷沉积物的 Eu/Eu* 和 Ce/Ce* 的空间分异相对较小，表明该河谷段相对于其他河谷段有更稳定的自然环境和物质循环过程。拉萨河作为雅鲁藏布江山南宽谷段最大的支流，其主要发育于拉萨地块并携带了大量的碎屑物质，致使山南宽谷段接纳了较多的具有相似地球化学特性的沉积碎屑物，加之相似气候环境条件的影响，导致该区域沉积物具有相似的REEs参数。而帕龙藏布、日喀则、米林等宽谷段，除接受了来自拉萨地块的物质输入外，喜马拉雅山岩体碎屑的输入也产生了巨大影响。一方面，来自不同地块的碎屑物在上述河谷内发生混合过程；另一方面，地形及气候类型的复杂性对区域地表过程及沉积物风化也产生了不同程度的影响，导致地球化学特性存在较大的差异。

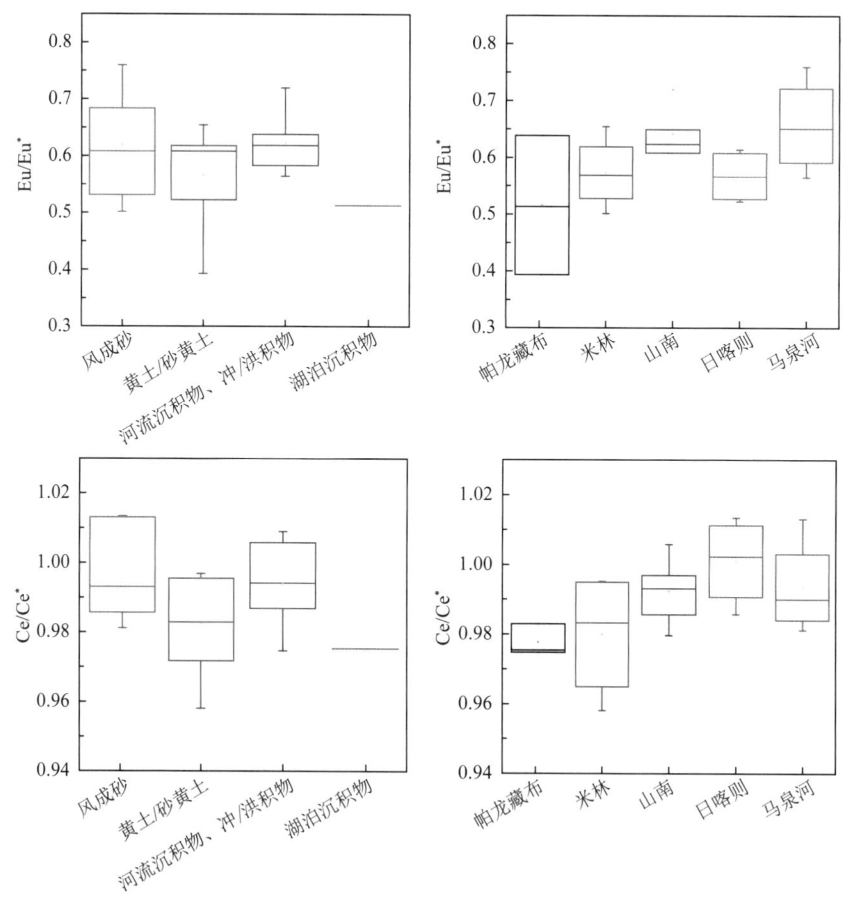

图 10.8　雅鲁藏布江中上游地区不同类型沉积物和不同宽谷段沉积物的 Eu/Eu* 和 Ce/Ce* 变率

总之，雅鲁藏布江中上游地区宽河谷风成沉积物地球化学数据分异的特性表明它们属于区域性局地物源，来自上游地区的河流沉积物对下游不同河谷粉尘沉积的贡献比较小 (Du et al.，2018)。尽管之前的研究中存在雅鲁藏布江中上游地区是否接受了来自中亚粉尘输入的质疑，但事实上这些粉尘物质很难随大气环流越过高原边缘的高大山脉 (Dong et al.，2017)。青藏高原不同区域冰川上的冰雪粉尘 Sr-Nd-Hf 同位素也指示了不同区域存在空间差异，这说明高原面上的粉尘不具有同一物质来源，来自中亚的粉尘很可能仅影响高原北部边缘的山地区域，对辽阔的高原面的影响是有限的，如在塔克拉玛干沙漠粉尘传输和高原北缘昆仑山高大地形阻挡两方面的共同影响下，仅高原北部昆仑山北麓（高原外缘区）发育了数百米厚的黄土堆积 (Fang et al.，2020)，而高原面上很少发育较厚的黄土 (Ling et al.，2020a)。因此，中亚粉尘不可能影响到高原南部的雅鲁藏布江中上游地区。对于雅鲁藏布江中上游地区各个宽谷地区而言，来自远距离输入的粉尘物质是有限的，区内风成沉积物主要还是近源供给，属于风成物质的区域自循环过程。

但必须指出的是，沉积物地球化学参数在区分不同物质来源时可能存在不确定性。例如，Rb/Sr-CIA 散点和 Ba-Sr 组成可以粗略区分不同沉积物的物源关系，但 REEs 的各个参数又呈现出比较分散的特征。因此，由于区域自然环境及地表物质循环过程的复杂性，常规的非同位素地球化学物源示踪手段在整个流域尺度上可能不是最有效的方法。要获得准确的粉尘物质的物源信息，可能还需要与其他物源示踪技术（如 Sr-Nd-Hf 同位素示踪、锆石的 U-Pb 年龄谱等）的综合联合运用。

10.1.4　沉积物 Sr-Nd 同位素特征

1. 沉积物 Sr-Nd 含量

为了更好地理解雅鲁藏布江中上游地区不同河谷段和支流段沉积物的地球化学分异，对不同地表沉积物＜ 75 μm 组分的 Sr 和 Nd 两种微量元素进行了分析（图 10.9）。不同沉积物中 Sr 和 Nd 元素显示了较强的分异特征，其中 Sr 含量的范围是 144 ～ 391 ppm，Nd 的含量范围介于 17.6 ～ 63.8 ppm。与 UCC 含量 (Rudnick and Gao，2003) (Sr=320 ppm、Nd=27 ppm) 相比，雅鲁藏布江河谷沉积物的 Sr 含量相对较低，而 Nd 含量则较高，风成砂的 Nd 含量范围最大，为 17.6 ～ 63.8 ppm，而 Sr 的含量介于 173 ～ 230 ppm，范围相对较小，黄土 / 砂黄土的 Sr 和 Nd 含量似乎呈现了相反的特征。在冲 / 洪积物和河流沉积物中，Sr 和 Nd 都显示了较大的变率。就雅鲁藏布江中上游地区而言，帕龙藏布支流

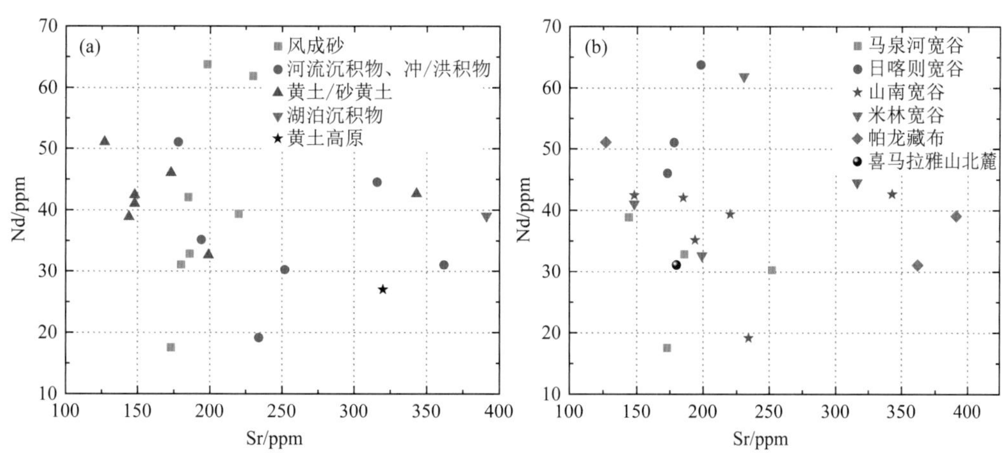

图 10.9　雅鲁藏布江河谷不同沉积物和各宽谷段沉积物的 Sr-Nd 含量散点图

(a) 不同类型沉积物的 Sr 和 Nd 含量；(b) 不同宽谷地区沉积物的 Sr 和 Nb 含量

上部陆壳数据引自 Rudnick 和 Gao (2003)

有最高的和最低的 Sr 含量值，范围是 144 ～ 391 ppm，Nd 含量介于 30 ～ 51 ppm；日喀则宽谷段地表沉积物 Sr 和 Nd 含量的变化范围则较小；山南宽谷段地表沉积物的 Sr 含量范围介于 150 ～ 350 ppm，而 Nd 的平均含量为 40 ppm。总之，雅鲁藏布江中上游地区不同河谷 / 区域地表沉积物 Sr 和 Nd 的含量变化指示了地球化学元素的空间分异特征，这种空间上的差异可能主要受控于区域母岩的地球化学特性（Sun et al.，2007；Li et al.，2009；Du et al.，2018）。

2. Sr-Nd 同位素特征

雅鲁藏布江中上游地区不同类型地表沉积物＜ 75 μm 组分的 $^{87}Sr/^{86}Sr$ 范围介于 0.707996 ～ 0.731078，平均值为 0.715484；εNd(0) 值介于 −6.2 ～ −13.6（图 10.10）。其中，$^{87}Sr/^{86}Sr$ 大于 0.72 的样品有 4 个，分别是 MQH-04、PQSQ-01、BRSSP 和 RWH；εNd(0) 值低于 −11 的样品有 7 个，分别为 MQH-03、YJSG、YJLZ-01、LCP-01、PQSQ-01、BRSSP 和 RWH，上述特殊值样品有 3 个是重复的。除上述样品以外，其余样品的 Sr-Nd 同位素特征值分布区相对集中。风成砂样品的 $^{87}Sr/^{86}Sr$ 均值为 0.715907，黄土 / 砂黄土的均值为 0.718219，河流沉积物、冲 / 洪积物的均值为 0.712491，湖泊沉积物为 0.711330。从同位素数据特征看，雅鲁藏布江河谷地表沉积物可大致划分成两类，风成沉积物类型和水成环境的沉积物类型，其中风成沉积物类型具有高的 $^{87}Sr/^{86}Sr$ 和低的 εNd(0)，而水成环境的沉积物类型则恰好相反。但总体上雅鲁藏布江河谷内不同河流段或支流的不同沉积物具有明显的 Sr-Nd 同位素特征差异；指示了物源的差异性或不一致性。因此，雅鲁藏布江河谷粉尘属于近源物质供给，其堆积过程属于区域自循环过程。

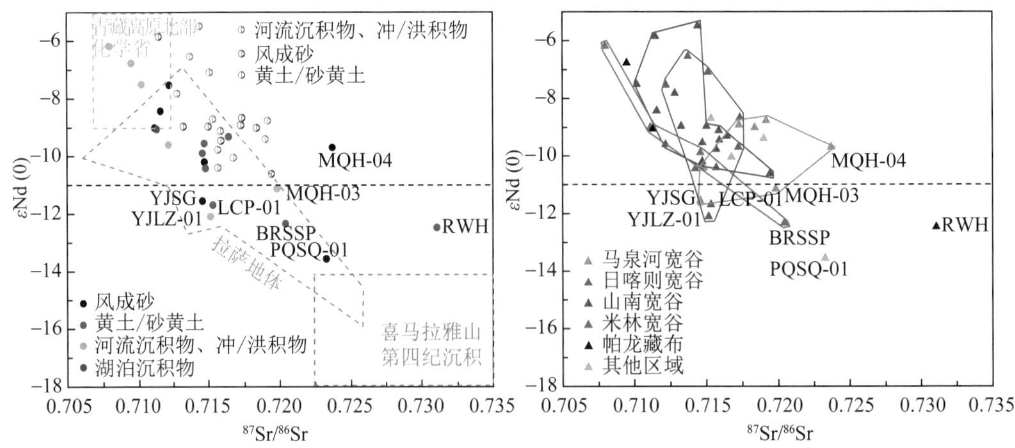

图 10.10　雅鲁藏布江河谷及邻区不同沉积物细组分的 Sr-Nd 同位素特征

(a) 不同类型沉积物的 Sr-Nd 同位素特征；(b) 不同区域沉积物的 Sr-Nd 同位素特征

实心圆圈为本研究样品（粒径＜ 75 μm），半实心圆圈为前人研究样品（粒径＜ 5 μm）（刘泽夏，2017）。蓝色、橘色和灰色虚线框分别为青藏高原北部、拉萨地体（莫宣学等，2006）和喜马拉雅山第四纪沉积（Amir et al.，2018）的主要基岩分布区。黑色虚线表示 εNd(0) 的值为 −11

由图 10.10(a) 可见，雅鲁藏布江河谷不同地表沉积物 Sr-Nd 同位素主要分布在拉萨南地块亲喜马拉雅山的超钾质岩所在区域，其次有来自青藏高原北部地球化学省物质的输入（莫宣学等，2006）。对于雅鲁藏布江河谷不同地表沉积物类型而言，尽管＜ 75 μm 和＜ 5 μm 两种组分 Sr-Nd 同位素特征值显示了较大的变化范围，并且＜ 5 μm 组分的同位素分布区基本位于＜ 75 μm 组分的分布范围内。其中，＜ 5 μm 组分相对于＜ 75 μm 组分并没有发生明显的同位素分馏；它们的 $^{87}Sr/^{86}Sr$ 都不高于 0.720，$\varepsilon Nd(0)$ 值都不低于 –11；从而集中分布于同一区域内。这与之前基于河谷沉积物稀土元素研究结果认为的河谷内沉积物主要来源于拉萨地块比较一致（Sun et al.，2007；Li et al.，2009）。

对于不同河谷段而言，不同沉积物之间的同位素差异较大［图 10.10(b)］。以帕龙藏布为例，该河谷内的黄土 / 砂黄土样品 RWH 与河流沉积物、冲 / 洪积物、湖泊沉积物之间的同位素差异较大。因此，该河谷段黄土 / 砂黄土的初始物源不可能是湖泊沉积物和河流沉积物、冲 / 洪积物。然乌湖黄土 / 砂黄土的地球化学证据也表明了它们的物源基础是冰川碎屑物；这些冰川碎屑物在局地冰川风 / 山谷风的搬运下，在谷内堆积发育而成（Zhang et al.，2015a）。而在林芝米林宽谷内，将所选取的 MIS 3 黄土、全新世砂黄土、现代河谷沙丘及河流砂等不同类型的沉积物进行同位素比值对比，发现它们具有不同的同位素特征。这反映了同一区域内不同地貌单元、不同沉积时期的粉尘堆积，其物源是不一样的。地貌演化导致的巨大地形差异及区域的复杂地表过程可能是导致河谷内粉尘物源变化的主要控制因素。

10.1.5 碎屑锆石 U-Pb 同位素测年结果

单矿物锆石碎屑在表生环境中比较稳定，U-Pb 同位素体系处于封闭状态，因而其物源指示比较明确。单颗粒锆石 U-Pb 同位素定年示踪技术主要通过对具有统计学意义颗粒数的累计年龄谱特征进行相似性分析（Pullen et al.，2011；Chen et al.，2020a），从而界定不同沉积物之间的物源远近关系。但锆石碎屑示踪技术也存在一定局限性：首先，锆石 U-Pb 同位素测年目前多针对粗颗粒沉积物进行物源研究，一般只能对数十 μm 甚至＞ 100 μm 的颗粒进行测试，而对＜ 5 μm 可远距离传输的粉尘颗粒无法开展锆石 U-Pb 测试工作，即无法界定可远距离传输的粉尘颗粒的物质来源。其次，可用于锆石 U-Pb 测年的粗颗粒组分可能来自风成沉积区上风向附近区域，混合不充分可能导致沉积物物源信息的误判。最后，锆石碎屑颗粒分选及测试过程烦琐，且需要测试的样本量较大，样本数较少可能无法消除因人工挑选产生的主观性误差，而测试样本数较大则导致测试费用较高等。尽管存在上述不足，单矿物地球化学（U-Pb 同位素示踪）方法仍被认为是理解风沙、黄土等风成沉积物来源的重要方法，被广泛用于沉积物物质来源的判定（陈骏和李高军，2011；Pullen et al.，2011；Nie et al.，2015）。

1. 锆石年龄特征

选择雅鲁藏布江河谷 4 个不同样品进行沉积物碎屑锆石测年分析，包括山南宽谷段的现代河流砂（YJHD，n=118）、中更新世黄土（SNHTP，n=115）样品和米林宽谷段的全新世砂黄土（YJP1，n=113）、LGM 时期河流砂（YJPHD，n=115）样品。确保每个样品的测点都在 120 个以上，以满足锆石物源示踪统计学要求。选点过程中尽量避免颗粒中的包裹体和裂隙等，获得的实验测试数据依据信号波动情况及年龄谐和度（介于 0.9 ～ 1.1 则视为正常值），舍弃不精准数据（Vermeesch，2004；Zhang et al.，2019；张凌等，2020）。最终获得相对可靠的有效 U-Pb 年龄颗粒（即 n 的个数），用于绘制锆石年龄谱，并进行物源分析。

雅鲁藏布江河谷地表沉积碎屑锆石 U-Pb 年龄大致介于 11.4 ～ 3242 Ma，其中 YJPHD 的年龄范围为 27.1 ～ 3242 Ma，YJP1 的年龄范围为 20.2 ～ 2708 Ma，YJHD 的年龄范围为 11.4 ～ 2711 Ma，SNHTP 的年龄范围为 12.4 ～ 3224 Ma。总体上，四个样品的年龄范围较为接近，但不同样品的锆石颗粒所在的年龄分布范围及占比存在一定的差异（表 10.4）。例如，全新世砂黄土 YJP1 样品中＜ 50 Ma 的颗粒占比在 40% 以上，而山南宽谷段现代河流砂 YJHD 样品仅为 30% 左右。在 200 ～ 400 Ma 年龄范围内，所采集的样品都表现出锆石颗粒较少、占比低的特点，颗粒数占比＜ 10%，最低仅为 2.7%（现代河流砂样品 YJHD）。尤其是砂黄土 YJP1 和现代河流砂 YJHD 较为相似，其沉积的绝对年龄距离现代更近，它们介于 100 ～ 200 Ma、200 ～ 400 Ma 两个时间段的锆石颗粒数占比均未超过 10%。从累积百分比特征来看，雅鲁藏布江不同沉积物样品中＜ 1000 Ma 的锆石颗粒累积数基本可以达到 80% 以上，反映该区锆石碎屑年龄相对年轻。

表 10.4　雅鲁藏布江河谷不同年龄的锆石颗粒数及占比

年龄范围 / Ma	YJPHD/ 河流砂			YJP1/ 砂黄土			YJHD/ 河流砂			SNHTP/ 黄土		
	数量 / 个	占比	累积比	数量 / 个	占比	累积比	数量 / 个	占比	累积比	数量 / 个	占比	累积比
＜ 50	19	0.165	0.165	48	0.407	0.407	34	0.301	0.301	26	0.226	0.226
50 ～ 100	42	0.365	0.530	13	0.110	0.517	24	0.212	0.513	23	0.200	0.426
100 ～ 200	14	0.122	0.652	5	0.042	0.559	10	0.088	0.602	12	0.104	0.530
200 ～ 400	11	0.096	0.748	5	0.042	0.602	3	0.027	0.628	6	0.052	0.583
400 ～ 1000	16	0.139	0.887	19	0.161	0.763	21	0.186	0.814	30	0.261	0.843
＞ 1000	13	0.113	1.00	28	0.237	1.00	21	0.186	1.00	18	0.157	1.00

雅鲁藏布江河谷内不同沉积物的碎屑锆石年龄分布特征在很大程度上可能主要受控于印度板块向亚欧板块俯冲过程中碰撞产生的新生代岩浆岩。已有研究表明，印度板块向亚欧板块俯冲过程中产生了雅鲁藏布江的巨大缝合带（Tapponnier et al.，2001；Mulch and Chamberlain，2006；Royden et al.，2008），并最终确认河谷中部两大陆块碰撞的时间为 6500 万～ 6300 万年前，而在西段和东段碰撞的时间分别为 5600 万～ 5000 万年前和 5500 万～ 5000 万年前（Xiong et al.，2022）。因此，河谷沉积锆石碎屑的 U-Pb 年龄特征主要反映了其源区风化、搬运及粉尘沉积物所在区域的地质循环过程。

但对于 U-Pb 年龄＞ 1000 Ma 的颗粒数而言，砂黄土 YJP1 和现代河流砂 YJHD 等绝对年龄小的样品略高于绝对年龄较老的样品（LGM 河流砂 YJPHD 和中更新世黄土 SNHTP），可能反映了不同地质时期沉积碎屑物质供应的细微差异。可以看出，不同沉积年代及不同类型的样品锆石 U-Pb 同位素年龄颗粒数的累积概率分布曲线特征存在差异（图 10.11），这可能反映了雅鲁藏布江地表不同沉积阶段的碎屑沉积物在陆块碰撞以后，其风化、搬运及沉积过程的差异性和复杂性。此外，来自雅鲁藏布江河谷北岸拉萨地块和河谷南岸的剥蚀碎屑物，受支流携带汇入干流河谷内发生的混合过程也存在一定差异。

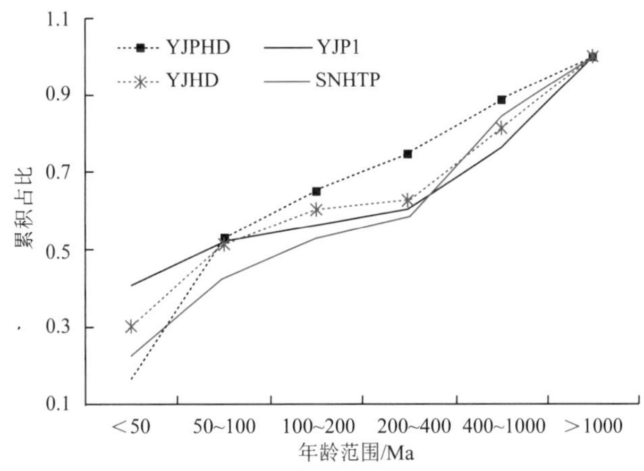

图 10.11　雅鲁藏布江河谷不同样品的锆石 U-Pb 年龄的颗粒数累积概率占比

2. 碎屑锆石年龄谱

雅鲁藏布江河谷的河流砂、黄土等 4 个样品碎屑锆石 U-Pb 年龄概率密度谱线如图 10.12 所示。可以看出，四个不同沉积年代、不同类型样品的年龄谱大致具有比较相似的谱峰，年龄主要集中于 1600 Ma、1000 Ma、500 Ma 和 100 Ma 附近；受不同年龄范围段锆石颗粒数量的控制，分别在 1600 Ma 和 100 Ma 处有两个尖峰，在 1000 Ma 和 300 ～ 700 Ma 波峰广泛发育且较为连续，但波峰较低；2000 Ma 以前只有较少锆石颗粒分布，表现为年龄谱波峰低且窄的特征。

年龄在 1000 Ma 和 300 ～ 700 Ma 附近的全新世砂黄土锆石颗粒较少，导致波峰较少，累积概率密度相对较低，而有别于其他 3 个样品。同一河谷段的样品，其年龄谱线特征更为相似，如山南宽谷段的现代河流砂 YJHD、中更新世黄土 SNHTP 两个样品相距数十千米，表现出了较强的亲缘性，表明雅鲁藏布江黄土总体继承了河流砂的特征。米林宽谷段的末次冰盛期河流砂 YJPHD 和全新世砂黄土 YJP1 样品的波谱在强度上表现出一定差异性，但锆石年龄谱线特征仍存在一定的相似性。需要指出的是，米林宽谷的两个样品仅相隔数百米的距离，但因采样点位于尼洋曲与雅鲁藏布江交汇处，受不同物源供给的影响，二者之间的亲缘性相对于山南宽谷段更弱，这反映了雅鲁藏布江河谷不同地区地表沉积物具有一定的区域性特征，尤其是在有河流汇入等复杂环境的影响下，其物源的区域性特征可能表现得更为明显。上述样品的锆石 U-Pb 同位素年龄波谱特征至少可以反映出雅鲁藏布江河谷不同沉积年代的风成沉积物与河流砂密切相关。

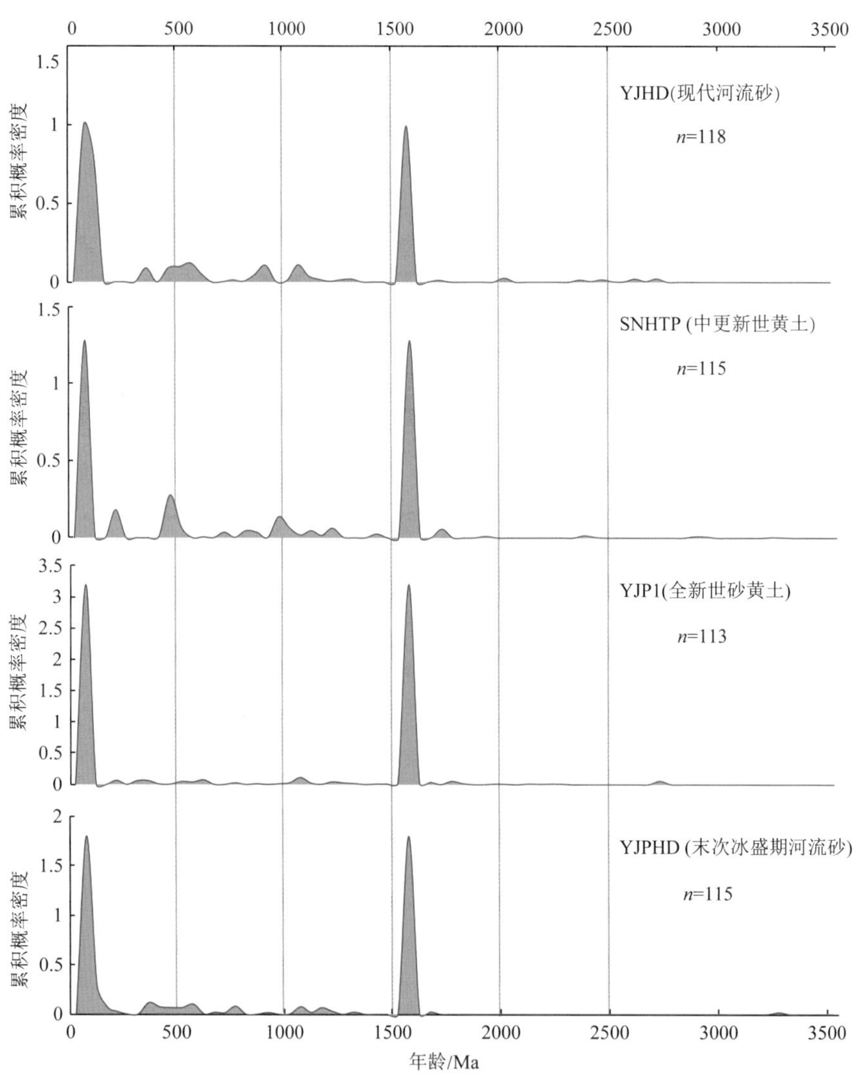

图 10.12　雅鲁藏布江河谷不同样品的碎屑锆石 U-Pb 年龄谱

10.2　区域粉尘释放潜力

10.2.1　粉尘释放的全球意义

为进一步理解雅鲁藏布江中上游地区不同地表沉积物与塔克拉玛干等中亚荒漠、柴达木沙漠、中国北方沙漠、黄土高原甚至是北太平洋区域粉尘之间的物源联系，本节综合对比分析了上述不同区域沉积物、粉尘之间的 Sr-Nd 同位素特征（图 10.13）。结果显示黄土高原和中国北方荒漠区沉积物粒径＜ 5 μm 的粉尘相对于粒径＜ 75 μm 的沉积物都具有明显的高 $^{87}Sr/^{86}Sr$，这与雅鲁藏布江河谷各沉积物类型具有明显的区别［图 10.13(a)］。因此，从同位素比值特征来看，黄土高原、中国北方荒漠、柴达木沙漠等区域不同组分间存在明显的同位素分馏特征。这也暗示了雅鲁藏布江中上游地区及邻区甚至整个高原面，并没有接收来自中亚荒漠（如塔克拉玛干沙漠）的粉尘输入。但对于粒径＜ 75 μm 的组分而言，雅鲁藏布江中上游地区乃至青藏高原的地表沉积物与塔克拉玛干沙漠、中国北方沙漠、黄土高原等都具有相同的 Sr-Nd 同位素特征，一方面可能反映它们具有相近的物质来源，即青藏高原北部 / 东北部剥蚀碎屑物；另一方面基于局地相对复杂的 Sr-Nd 同位素特征，这可能反映了两地具有相似的地表物质混合过程，从而它们具有相似的同位素组成。

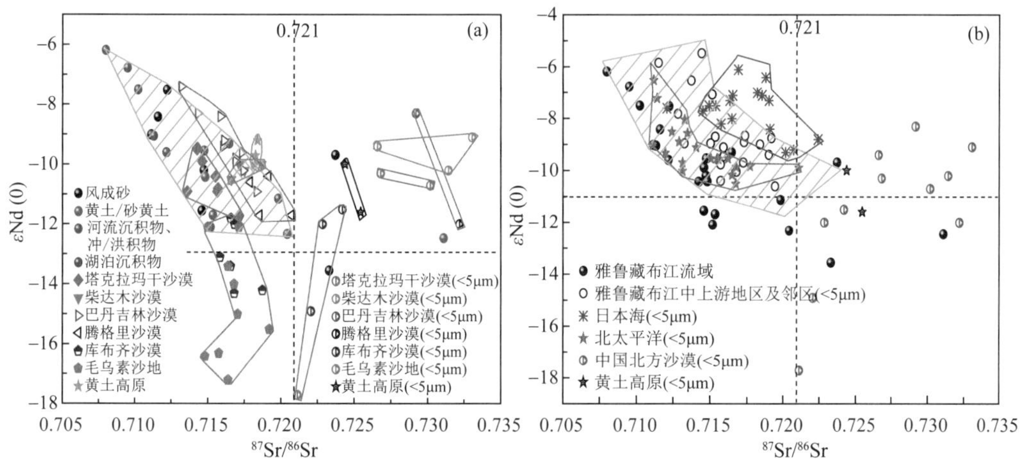

图 10.13　不同区域地表沉积物细组分 Sr-Nd 同位素分布特征

(a) 雅鲁藏布江流域沉积物（风成砂、黄土 / 砂黄土、河流沉积物、冲 / 洪积物和湖泊沉积物，粒径均小于 75 μm）与中国其他区域（塔克拉玛干沙漠、柴达木沙漠、巴丹吉林沙漠、腾格里沙漠、库布齐沙漠、毛乌素沙地和黄土高原）沉积物 (Chen et al.，2007) 的比较。(b) 雅鲁藏布江流域沉积物与中国其他区域沉积物 (Chen et al.，2007)、北太平洋古粉尘 (Pettke et al.，2000)、黄土高原及日本海粉尘 (Shen et al.，2017) 的比较

然而，对于风成物质而言，粒径＞ 20 μm 的组分很难随风被搬运到超过 30 km 以外区域（刘东生，1985），从风动力的视角看，青藏高原无法向其外围的中国北方沙漠、黄土高原等区域提供大量的风成物质供给。近期的相关研究显示，相对较粗的沉积物组分可以先通过河流系统进行搬运并堆积于风成堆积区的附近，然后再进一步经风力分选，发生再次堆积 (Smalley et al.，2009)；为此，近期也发展了黄土高原、中国北方沙漠物源的河流搬运假说 (Stevens et al.，2013；Nie et al.，2015)，解决了相对较粗的沉积物组分无法由风动力进行长距离传输的问题。因此，青藏高原可以通过河流系统为外围的荒漠区、黄土高原区提供碎屑物 (Xia et al.，2020；Fan et al.，2021)，即青藏高原可能是其外围风成沉积区最初的物质来源区域。

雅鲁藏布江中上游地区及邻区、日本海及北太平洋区域沉积物的粒径＜ 5 μm 的粉尘［图 10.13(b)］具有相对一致的 Sr-Nd 同位素特征。因此，雅鲁藏布江中上游地区及邻区应该是北太平洋区域的粉尘源区之一。基于平均海拔 4500 m 的高度（郑度和姚檀栋，2004b），以及青藏高原大气环流的热泵效应（Wu et al.，2015），高原河谷内风沙活动过程中的粉尘物质更容易进入高空西风带 / 急流，并向远东太平洋区域输出（Fang et al.，2004），进而在北半球的空间尺度上贡献粉尘物质。

10.2.2 粉尘释放的模式及潜力

基于雅鲁藏布江河谷粉尘释放的特征、河流水文过程及区域地表环境等要素，将雅鲁藏布江宽谷内风成沉积循环及粉尘释放可大致归纳成干旱季和湿润季两种模式。在干旱季节，雅鲁藏布江宽河谷内河心滩、边滩、河漫滩等区域因河流水位下降，大面积裸露，其上大量松散的河流沉积碎屑物容易在强劲的地表风作用下发生侵蚀、分选，相对较粗的风成组分在河谷阶地或洪泛平原上沉积发育成流动沙丘、沙地等，而相对较细的风成组分被搬运至距离河道更远的山麓或低山上沉积发育成黄土。在河谷内风沙活动 / 沙尘暴过程中，那些最细的可远距离传输的风成组分可以进一步向大气层上部传输，直至进入高空西风环流中，进一步向日本海、北太平洋等区域输送，进而在北半球范围贡献细颗粒粉尘物质［图 10.14(a)］。在湿润季节，河流水位上涨导致河床底部裸露的松散沉积物面积较小，加之河水及较多的降水量使地表经常保持湿润状态，而难以起沙；此外，河谷内正值植被生长期，植物覆盖情况良好，也能有效阻挡地表风沙活动。因此，该阶段缺少有效的物源供应，导致地表粉尘释放强度较弱。但该时期的强降水往往会导致河谷内地表沉积物因流水作用而发生强烈侵蚀，而后被流水带入河道中，并向高原外围不断输送碎屑物质［图 10.14(b)］。

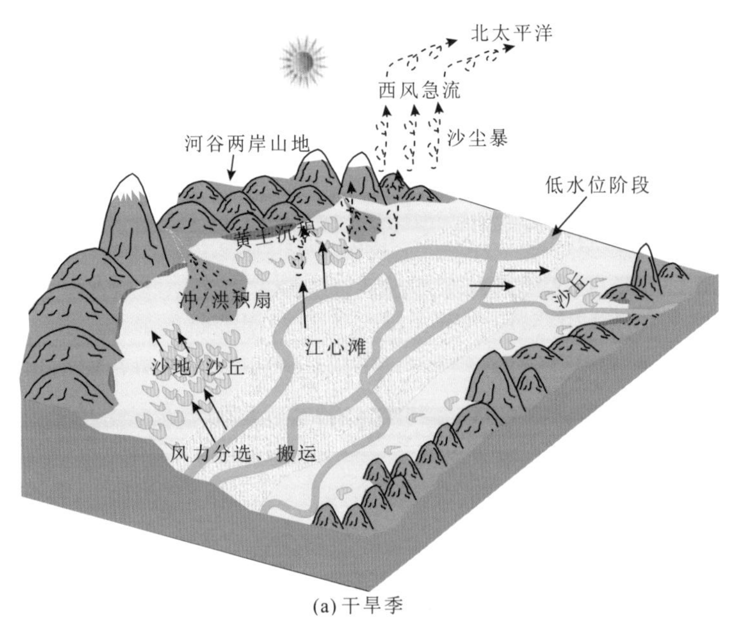

(a) 干旱季

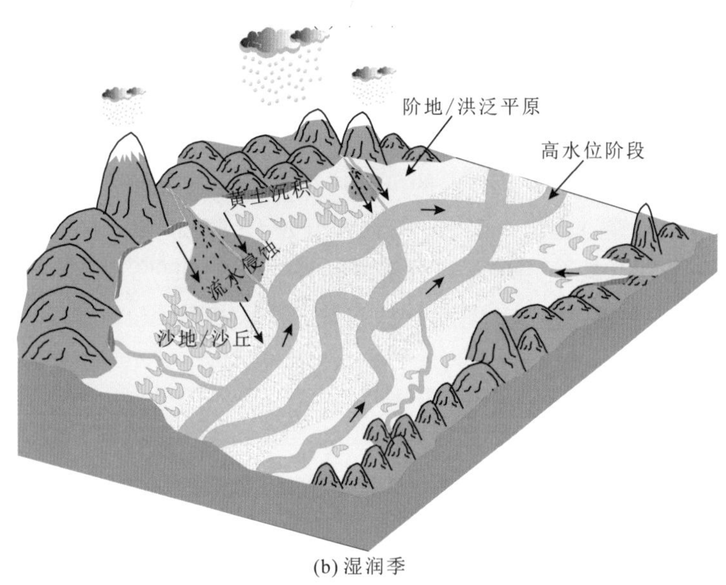

(b) 湿润季

图 10.14　雅鲁藏布江河谷风成沉积物源和堆积过程示意图

为了真实地了解雅鲁藏布江河谷粉尘释放的模式及排放量，于 2019 年在日喀则宽谷开展了连续 1 年的降尘收集观测工作。降尘收集过程中采用国标规定（直径 15 cm、高度 30 cm）的 PVC 集成缸，将其置于高出地面 4 m 的高度，以湿法逐月进行了降尘收集；每月底降尘采样完毕后，将降尘缸内的降尘取回实验室，经蒸发、干燥、称量后计算沉降量，最终转换成每平方米的降尘量。河谷内年降尘总量为 935 g/m^2，其中 3 ～ 5 月的集尘量占年集尘总量的 56.7%，上述三个月的降尘量依次为 197.5 g/m^2、225 g/m^2 和 107.5 g/m^2 （图 10.15）。雅鲁藏布江河谷内降尘的峰值在 3 ～ 4 月，与中国北方沙漠 / 荒漠化区域的粉尘爆发特征及模式极为相似 (Kurosaki and Mikami，2003；Roe，2009)，且与区域内的降水分布呈现典型的错相关系。

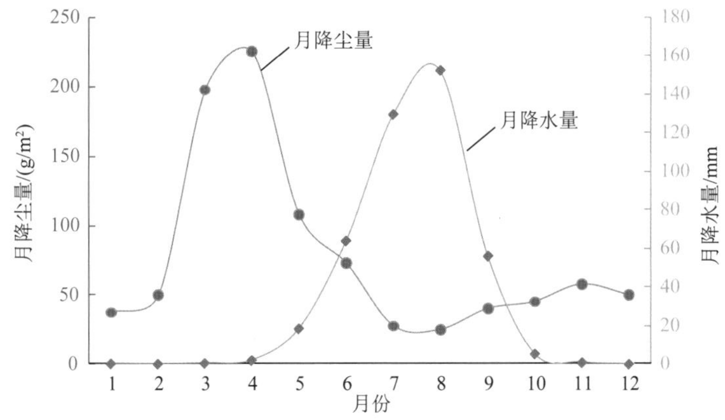

图 10.15　2019 年雅鲁藏布江日喀则宽谷粉尘释放特征与年平均月降水量的关系

降水数据来自日喀则气象站

总体上，雅鲁藏布江河谷内的粉尘释放属于春季爆发模式，这在时间上与太平洋海域的现代降尘输入的时间分布也极为一致（Parrington et al.，1983）。因此，雅鲁藏布江中上游地区很可能是太平洋现代粉尘的重要源区之一，这也得到了 Sr-Nd 同位素数据的有力支持。在风沙活动过程中，蠕移质和跃移质组分约占尘暴总组分的 95%，即 5% 为悬移组分（Pye，1987）。而 5% 的可悬移组分中又包括短时悬移组分和长期悬移组分。假若在沙尘传输过程中，仅 1% 的悬移组分（< 5%）中未被捕获的粉尘量被认为随大气环流发生了长距离输送，即每年可向外输送 935/99%×1% ≈ 9.4 g/m^2 的粉尘（9.4 t/km^2）。因此，青藏高原河谷具有较强的粉尘释放潜力。

10.3 本章小结

（1）雅鲁藏布江河谷内不同沉积物常量、微量地球化学特征存在区域分异，其主要继承了区域母岩的地球化学特性；不同沉积物的< 75 μm 和< 5 μm 组分之间未发生明显的 Sr-Nd 同位素分馏。

（2）沉积物常量、微量地球化学特征及 Sr-Nd 同位素值结果表明，雅鲁藏布江中上游地区风成沉积体系属于区域自循环，由于高原边缘山脉等高大地形的阻挡，来自中亚等外围荒漠区的粉尘输入量十分有限。碎屑锆石 U-Pb 测年结果进一步表明，雅鲁藏布江中上游地区风成沉积物属于近源成因，可能主要来源于河流沉积物。

（3）在全球尺度上，相对于塔克拉玛干等中亚荒漠及我国北方沙漠区域，青藏高原更可能是其外围的中国北方荒漠 / 沙漠、黄土高原及北太平洋等区域粉尘的最初物源区。

（4）雅鲁藏布江河谷风成沉积循环及粉尘释放大致可归纳成干旱季和湿润季两种模式，在区域内部循环的同时，也对北半球范围贡献了一定的粉尘物质。现代粉尘释放主要发生在干旱季节，且集中于春季。在沙尘传输过程中，假若仅 1% 的悬移组分中未被捕获的粉尘量随大气环流发生了长距离输送，则雅鲁藏布江流域每年可向外输送 9.4 t/km^2 的粉尘，具有较大的释放潜力。基于青藏高原的海拔及“热泵效应”，高原爆发的沙尘活动使得粉尘更容易进入西风环流，被输送到日本海、北太平洋等区域，在北半球尺度上贡献粉尘物质。

数据说明

本书涉及的所有数据均已在国家青藏高原科学数据中心开放共享。数据集的详细说明、下载和引用方式如下。

夏敦胜，杨胜利，杨军怀，等 . 2021. 雅江中上游地表粉尘性质数据集 . 国家青藏高原科学数据中心 . DOI: 10.11888/Paleoenv.tpdc.271356. CSTR: 18406.11.Paleoenv.tpdc.271356.

Xia D S, Yang S L, Yang J H, et al. 2021. Data set of surface dust properties in the middle and upper reaches of the Yarlung Zangbo River. National Tibetan Plateau Data Center. DOI: 10.11888/Paleoenv.tpdc.271356. CSTR: 18406.11.Paleoenv.tpdc.271356.

参考文献

白君瑞，徐宗学，班春广，等．2019. 基于 Z 指数的雅鲁藏布江流域径流丰枯变化及其特征分析 [J]. 北京师范大学学报（自然科学版），55(6)：715-723.

陈发虎，刘峰文，张东菊，等．2016. 史前时代人类向青藏高原扩散的过程与动力 [J]. 自然杂志，38(4)：235-240.

陈国祥．2019. 毛乌素沙地风成沉积物沉积学特征 [D]. 西安：陕西师范大学．

陈骏，安芷生，刘连文，等．2001. 最近 2.5 Ma 以来黄土高原风尘化学组成的变化与亚洲内陆的化学风化 [J]. 中国科学（地球科学），31(2)：136-145.

陈骏，李高军．2011. 亚洲风尘系统地球化学示踪研究 [J]. 中国科学（地球科学），41(9)：1211-1232.

陈渭南，高尚玉，孙忠．1994. 毛乌素沙地全新世地层化学元素特点及其古气候意义 [J]. 中国沙漠，14(1)：22-30.

陈旸，陈骏，刘连文．2001. 甘肃西峰晚第三纪红粘土的化学组成及化学风化特征 [J]. 地质力学学报，7(2)：167-175.

陈一萌，陈兴盛，宫辉力，等．2006. 土壤颜色——一个可靠的气候变化代用指标 [J]. 干旱区地理，29(3)：309-313.

陈梓炫，吕镔，郑兴芬，等．2019. 川西地区表土磁学性质及其环境意义 [J]. 土壤学报，56(3)：661-671.

陈梓炫，杨军怀，王树源，等．2021. 川西高原黄土—古土壤序列环境磁学研究最新进展与展望 [J]. 山地学报，39(6)：806-820.

成都地质学院陕北队．1978. 沉积岩（物）粒度分析及其应用 [M]. 北京：科学出版社．

程良清，宋友桂，李越，等．2018. 粒度端元模型在新疆黄土粉尘来源与古气候研究中的初步应用 [J]. 沉积学报，36(6)：1148-1156.

邓成龙，刘青松，潘永信，等．2007. 中国黄土环境磁学 [J]. 第四纪研究，27(2)：193-209.

丁明军．2019. 青藏高原及周边地区气温和降水格点数据 (1998—2017)[EB/OL]. http://www.tpdc.ac.cn/zh-hans/data/c954daad-6086-4edd-a6c5-f69c581e5c31/. [2020-05-15].

丁仲礼，任剑璋，刘东生，等．1996. 晚更新世季风 - 沙漠系统千年尺度的不规则变化及其机制问题 [J]. 中国科学（地球科学），26(5)：385-391.

丁仲礼，孙继敏，刘东生．1999. 联系沙漠 - 黄土演变过程中耦合关系的沉积学指标 [J]. 中国科学（地球科学），29(1)：82-87.

董治宝，李振山．1998. 风成沙粒度特征对其风蚀可蚀性的影响 [J]. 土壤侵蚀与水土保持学报，4(4)：1-5.

董治宝，陆锦华，钱广强，等．2017. 青藏高原风沙地貌图集 [M]. 西安：西安地图出版社．

董治宝，苏志珠，钱广强，等．2011. 库姆塔格沙漠风沙地貌 [M]. 北京：科学出版社．

董志文，康世昌，秦大河．2017. 亚洲风尘高空传输和循环研究进展：雪冰粉尘证据 [J]. 第四纪研究，37(5)：1091-1101.

冯连君，储雪蕾，张启锐，等．2003. 化学蚀变指数（CIA）及其在新元古代碎屑岩中的应用 [J]. 地学前缘，10(4)：539-544.

高登义．2008. 雅鲁藏布江水汽通道考察研究 [J]. 自然杂志，30(5)：301-303.

葛本伟，刘安娜．2017. 天山北麓黄土沉积的光释光年代学及环境敏感粒度组分研究 [J]. 干旱区资源与环境, 31(2): 110-116.
顾兆炎, 刘强, 许冰, 等. 2003. 气候变化对黄土高原末次盛冰期以来的 C_3/C_4 植物相对丰度的控制 [J]. 科学通报, 48(13): 1458-1464.
郭纪盛. 2018. 浅谈雅鲁藏布江流域地震分布特征及区域稳定性 [J]. 科技与创新, (15): 44-46.
郭雪莲, 刘秀铭, 吕镔, 等. 2011. 天山黄土区与黄土高原表土磁性特征对比及环境意义 [J]. 地球物理学报, 54(7): 1854-1862.
郭正堂. 2017. 黄土高原见证季风和荒漠的由来 [J]. 中国科学(地球科学), 47(4): 421-437.
郭正堂, 吴海斌, 魏建晶, 等. 2001. 用古土壤有机质碳同位素探讨青藏高原东南缘的隆升幅度 [J]. 第四纪研究, 21(5): 392-398.
韩永翔, 奚晓霞, 宋连春, 等. 2004. 青藏高原沙尘及其可能的气候意义 [J]. 中国沙漠, 24(5): 72-76.
何冬燕, 田红, 邓伟涛. 2012. 多种方法在年平均风速均一性检验中的效果对比 [J]. 大气科学学报, 35(3): 342-349.
何柳, 孙有斌, 安芷生. 2010. 中国黄土颜色变化的控制因素和古气候意义 [J]. 地球化学, 39(5): 447-455.
何萍, 郭柯, 高吉喜, 等. 2005. 雅鲁藏布江源头区的植被及其地理分布特征 [J]. 山地学报, 23(3): 267-273.
贺跃, 鲍征宇, 侯居峙, 等. 2016. 令戈错湖芯重建过去 17 ka 青藏高原大气环流变化 [J]. 科学通报, 61(33): 3583-3595.
侯光良, 许长军, 樊启顺. 2010. 史前人类向青藏高原东北缘的三次扩张与环境演变 [J]. 地理学报, 65(1): 65-72.
黄慰文, 陈克造, 袁宝印. 1987. 青海小柴达木湖的旧石器 [A]// 中国科学院中澳第四纪合作研究组. 中国－澳大利亚第四纪学术讨论会论文集. 北京: 科学出版社: 168-175.
黄浠. 2016. 基于水循环过程的雅鲁藏布江流域水资源承载力研究 [D]. 北京: 中国科学院大学.
霍巍, 王煜, 吕红亮. 2015. 考古发现与西藏文明史·第一卷: 史前时代 [M]. 北京: 科学出版社.
姬红利, 周文君, 张一平, 等. 2013. 云南土壤色度与海拔及气候的关系研究 [J]. 云南大学学报(自然科学版), 35(S2): 352-358.
季峻峰, 陈骏, Balsam W, 等. 2007. 黄土剖面中赤铁矿和针铁矿的定量分析与气候干湿变化研究 [J]. 第四纪研究, 27(2): 221-229.
姜莹莹, 鄂崇毅, 侯光良, 等. 2015. 青藏高原东北部地面风时空分布特征研究 [J]. 青海师范大学学报(自然科学版), 31(1): 62-70.
焦克勤, Iwata S J, 姚檀栋, 等. 2005. 3.2 ka BP 以来念青唐古拉山东部则普冰川波动与环境变化 [J]. 冰川冻土, 27(1): 74-79.
靳鹤龄, 董光荣, 高尚玉, 等. 2000a. 距今 30 万年来西藏中部地区环境变化与西南季风变迁 [J]. 中国沙漠, 20(3): 234-237.
靳鹤龄, 董光荣, 李森, 等. 1996. 800 ka B.P. 来西藏"一江两河"中游地区的气候与西南季风变化 [J]. 中国沙漠, 16(1): 9-12.
靳鹤龄, 董光荣, 刘玉璋, 等. 1998. 0.8 Ma B.P. 以来西藏雅鲁藏布江中游地区沙地演化和气候变化 [J].

中国沙漠, 18(2): 97-104.
靳鹤龄, 董光荣, 张春来. 2000b. 雅鲁藏布江河谷黄土的沉积特征及成因 [J]. 中国沙漠, 20(1): 14-19.
金炯, 董光荣, 邵立业, 等. 1994. 西藏土地风沙化问题的研究 [J]. 地理研究, 13(1): 60-69.
李海东. 2012. 雅鲁藏布江流域风沙化土地遥感监测与植被恢复研究 [D]. 南京: 南京林业大学.
李海东, 方颖, 沈渭寿, 等. 2011. 西藏日喀则机场周边风沙源空间分布及近 34 年的演变趋势 [J]. 自然资源学报, 26(7): 1148-1155.
李吉均, 方小敏. 1998. 青藏高原隆起与环境变化研究 [J]. 科学通报, 43(15): 1569-1574.
李晖, 文雪梅, 于顺利. 2013. 羌塘高原及雅鲁藏布江上游地区植物种质资源调查与评价 [J]. 植物分类与资源学报, 35(3): 327-334.
李嘉竹, 王国安, 刘贤赵, 等. 2009. 贡嘎山东坡 C_3 植物碳同位素组成及 C_4 植物分布沿海拔高度的变化 [J]. 中国科学(地球科学), 39(10): 1387-1396.
李平原. 2013. 中国西北地区表土岩石磁学研究 [D]. 兰州: 兰州大学.
李平原, 刘秀铭, 郭雪莲, 等. 2013. 西北戈壁沙漠 - 黄土高原区表土磁化率特征及其意义 [J]. 第四纪研究, 33(2): 360-367.
李森, 王跃, 哈斯, 等. 1997. 雅鲁藏布江河谷风沙地貌分类与发育问题 [J]. 中国沙漠, 17(4): 342-350.
李森, 杨萍, 高尚玉, 等. 2004. 近 10 年西藏高原土地沙漠化动态变化与发展态势 [J]. 地球科学进展, 19(1): 63-70.
李帅. 2018. 青藏高原东部黄土粒度端元分析及其指示意义 [D]. 兰州: 兰州大学.
李越, 宋友桂, 王千锁. 2014. 新疆昭苏黄土剖面色度变化特征及古气候意义 [J]. 地球环境学报, 5(2): 67-75.
梁敏豪, 杨胜利, 成婷, 等. 2018. 青藏高原东部黄土沉积元素地球化学示踪 [J]. 沉积学报, 36(5): 927-936.
梁苏洁, 丁一汇, 赵南, 等. 2014. 近 50 年中国大陆冬季气温和区域环流的年代际变化研究 [J]. 大气科学, 38(5): 974-992.
林一璞. 1961. 西藏塔工林芝村发现的古代人类遗骸 [J]. 古脊椎动物与古人类, (3): 241-244.
林振耀, 吴详定. 1981. 青藏高原气候区划 [J]. 地理学报, 36(1): 22-32.
凌智永, 陈亮, 芦宝良, 等. 2018. 柴达木盆地盐湖周边灌丛沙丘年代、物源与环境 [J]. 第四纪研究, 38(3): 611-622.
凌智永, 靳建辉, 吴铎, 等. 2019. MIS 3 以来雅鲁藏布江流域风成沉积及环境意义 [J]. 地理学报, 74(11): 2385-2400.
凌智永, 李志忠, 靳建辉. 2016. 新疆伊犁可克达拉剖面晚全新世古土壤与环境 [J]. 海洋地质与第四纪地质, 36(5): 157-164.
刘东生. 1985. 黄土与环境 [M]. 北京: 科学出版社.
刘浩. 2018. 亚洲西风区和季风区黄土记录的末次间冰期以来气候不稳定性对比研究 [D]. 兰州: 兰州大学.
刘进峰, 乔彦松, 郭正堂. 2007. 风尘堆积全岩和石英粒度变化对风化成壤强度的指示 [J]. 第四纪研究, 27(2): 270-276.

刘连友，刘志民，张甲珅，等 . 1997. 雅鲁藏布江江当宽谷地区沙源物质与现代沙漠化过程 [J]. 中国沙漠，17(4): 377-382.

刘青松，邓成龙 . 2009. 磁化率及其环境意义 [J]. 地球物理学报，52(4): 1041-1048.

刘小宁 . 2000. 我国 40 年年平均风速的均一性检验 [J]. 应用气象学报，11(1): 27-34.

刘泽夏 . 2017. 西藏高原典型风尘物源区 Sr-Nd 同位素地球化学特征研究 [D]. 昆明：昆明理工大学 .

刘兆飞，徐宗学，巩同梁 . 2006. 雅鲁藏布江流域降水和流量变化特征分析 [A]// 中国水利学会，中国水利学会水文专业委员会 . 中国水利学会 2006 学术年会暨 2006 年水文学术研讨会论文集（水文水资源新技术应用）. 济南：山东省地图出版社：173-179.

鹿化煜，安芷生 . 1997. 洛川黄土粒度组成的古气候意义 [J]. 科学通报，42(1): 66-69.

鹿化煜，安芷生 . 1998. 黄土高原黄土粒度组成的古气候意义 [J]. 中国科学（地球科学）, 28(3): 278-283.

鹿化煜，周亚利，Mason J，等 . 2006. 中国北方晚第四纪气候变化的沙漠与黄土记录——以光释光年代为基础的直接对比 [J]. 第四纪研究，26(6): 888-894.

路晶芳，向树元，江尚松，等 . 2008. 西藏日喀则末次冰期风成黄土粒度分析及其意义 [J]. 干旱区资源与环境，22(5): 80-85.

卢连战，史正涛 . 2010. 沉积物粒度参数内涵及计算方法的解析 [J]. 环境科学与管理，35(6): 54-60.

罗建宁，王小龙，李永铁，等 . 2002. 青藏特提斯沉积地质演化 [J]. 沉积与特提斯地质，22(1): 7-15.

吕连清，方小敏，鹿化煜，等 . 2004. 青藏高原东北缘黄土粒度记录的末次冰期千年尺度气候变化 [J]. 科学通报，49(11): 1091-1098.

马鹏飞，论珠群培，张焱，等 . 2021. 雅鲁藏布江中游江心洲、河漫滩面积及其指示的沙源特征 [J]. 中国沙漠，41(3): 25-33.

马兴悦，吕镔，赵国永，等 . 2019. 川西高原理县黄土磁学特征及其影响因素 [J]. 第四纪研究，39(5): 1307-1319.

苗运法，杨胜利，卓世新，等 . 2013. 我国西北干旱区现代地表沉积物颜色指标与降水关系 [J]. 海洋地质与第四纪地质，33(4): 77-85.

莫宣学，赵志丹，Depaolo D J，等 . 2006. 青藏高原拉萨地块碰撞－后碰撞岩浆作用的三种类型及其对大陆俯冲和成矿作用的启示：Sr-Nd 同位素证据 [J]. 岩石学报，22(4): 795-803.

潘保田，李吉均 . 1996. 青藏高原：全球气候变化的驱动机与放大器——III . 青藏高原隆起对气候变化的影响 [J]. 兰州大学学报，32(1): 108-115.

庞奖励，黄春长，张占平 . 2001. 陕西岐山黄土剖面 Rb、Sr 组成与高分辨率气候变化 [J]. 沉积学报，19(4): 637-641.

钱亦兵，吴兆宁，石井武政，等 . 1993. 塔克拉玛干沙漠沙物质成分特征及其来源 [J]. 中国沙漠，13(4): 36-42.

秦作栋，翟颖倩，杨永刚，等 . 2017. 汾河源区不同景观带表土粒度与地球化学元素组成分析 [J]. 干旱区地理，40(1): 62-69.

饶志国，郭文康，薛骞，等 . 2015. 黄土高原西部地区黄土地层有机质主要来源分析 [J]. 第四纪研究，35(4): 819-827.

单菊萍 . 2007. 基于 DEM 的雅鲁藏布江河流地貌特征的研究 [D]. 北京 : 中国地质大学（北京）.

尚媛 , 鲁瑞洁 , 贾飞飞 , 等 . 2013. 青海湖湖东风成剖面化学元素特征及其环境指示意义 [J]. 中国沙漠 , 33(2): 463-469.

沈渭寿 , 李海东 . 2012. 雅鲁藏布江流域风沙化土地遥感监测与生态恢复研究 [M]. 北京 : 中国环境出版社 .

石培宏 , 杨太保 , 田庆春 , 等 . 2012. 靖远黄土—古土壤色度变化特征分析及古气候意义 [J]. 兰州大学学报（自然科学版）, 48(2): 15-23.

史培军 , 陈彦强 , 张安宇 , 等 . 2019. 青藏高原大气氧含量影响因素及其贡献率分析 [J]. 科学通报 , 64(7): 715-724.

石硕 . 2012. 西藏新石器时代人群面貌及其与周边文化的联系 [J]. 藏学学刊 , 7: 10-25.

宋瑞卿 , 朱芸 , 吕镔 , 等 . 2016. 青藏高原表土的色度特征及其环境意义 [J]. 亚热带资源与环境学报 , 11(1): 14-20.

宋扬 , 郝青振 , 葛俊逸 , 等 . 2012. 黄土高原表土磁化率与气候要素的定量关系研究 [J]. 第四纪研究 , 32(4): 679-689.

孙东怀 . 2006. 黄土粒度分布中的超细粒组分及其成因 [J]. 第四纪研究 , 26(6): 928-936.

孙东怀 , 鹿化煜 , Rea D, 等 . 2000. 中国黄土粒度的双峰分布及其古气候意义 [J]. 沉积学报 , 18(3): 327-335.

孙航 , 周浙昆 , 俞宏渊 . 1997. 喜马拉雅东部雅鲁藏布江大峡弯河谷地区植被组成特点 [J]. 云南植物研究 , 19(1): 59-68.

孙明 , 沈渭寿 , 李海东 , 等 . 2010. 雅鲁藏布江源区风沙化土地演变趋势 [J]. 自然资源学报 , 25(7): 1163-1171.

田立德 , 姚檀栋 . 2016. 青藏高原冰芯高分辨率气候环境记录研究进展 [J]. 科学通报 , 61(9): 926-937.

田伟东 , 杨军怀 , 王树源 , 等 . 2022. 雅鲁藏布江河谷沙丘沉积物粒度特征及其环境指示 [J]. 干旱区资源与环境 , 36(1): 128-134.

王超 , 阚瑷珂 , 曾业隆 , 等 . 2019. 基于随机森林模型的西藏人口分布格局及影响因素 [J]. 地理学报 , 74(4): 664-680.

王恒杰 . 1975. 西藏自治区林芝县发现的新石器时代遗址 [J]. 考古 , (5): 310-315.

王仁湘 . 1999. 拉萨曲贡 [M]. 北京 : 中国大百科全书出版社 .

王树源 , 范义姣 , 杨军怀 , 等 . 2022. 雅鲁藏布江中上游地区表土碳同位素变化及其影响因素初探 [J]. 冰川冻土 , 44(2): 1-10.

文安邦 , 刘淑珍 , 范建容 , 等 . 2002. 雅鲁藏布江中游地区河流泥沙近期变化及防治对策 [J]. 水土保持学报 , 16(6): 148-150.

吴海峰 , 鹿化煜 , 张瀚之 , 等 . 2016. 雅鲁藏布江中游 12 ka BP 前后的黄土堆积及其气候意义 [J]. 中国沙漠 , 36(3): 616-622.

夏敦胜 , 马剑英 , 王冠 , 等 . 2006. 环境磁学及其在西北干旱区环境研究中的问题 [J]. 地学前缘 , 13(3): 168-179.

向灵芝 , 刘志红 , 柳锦宝 , 等 . 2013. 1980—2010 年西藏波密地区典型冰川变化特征及其对气候变化的响应 [J]. 冰川冻土 , 35(3): 593-600.

徐树建，潘保田，高红山，等. 2006. 末次间冰期-冰期旋回黄土环境敏感粒度组分的提取及意义[J]. 土壤学报，43(2): 183-189.

杨军怀，夏敦胜，高福元，等. 2020. 雅鲁藏布江流域风成沉积研究进展[J]. 地球科学进展，35(8): 863-877.

杨胜利，方小敏，李吉均，等. 2001. 表土颜色和气候定性至半定量关系研究[J]. 中国科学（地球科学），31(S1): 175-181.

杨石岭，丁仲礼. 2017. 黄土高原黄土粒度的空间变化及其古环境意义[J]. 第四纪研究，37(5): 934-944.

杨逸畴. 1984. 雅鲁藏布江河谷风沙地貌的初步观察[J]. 中国沙漠，4(3): 16-19.

杨逸畴，高登义，李渤生. 1987. 雅鲁藏布江下游河谷水汽通道初探[J]. 中国科学（B辑），(8): 893-902.

杨逸畴，李炳元，尹泽生，等. 1982. 西藏高原地貌的形成和演化[J]. 地理学报，37(1): 76-87.

姚檀栋，陈发虎，崔鹏，等. 2017. 从青藏高原到第三极和泛第三极[J]. 中国科学院院刊，32(9): 924-931.

殷志强，秦小光，李玉梅，等. 2008. 源区距离对黄土粒度多组分分布特征的影响[J]. 中国地质，35(5): 1037-1044.

余国安，王兆印，刘乐，等. 2012. 新构造运动影响下的雅鲁藏布江水系发育和河流地貌特征[J]. 水科学进展，23(2): 163-169.

袁磊，沈渭寿，李海东，等. 2010. 雅鲁藏布江中游河谷区域风沙化土地演变趋势及驱动因素[J]. 生态与农村环境学报，26(4): 301-305.

曾艳，陈敬安，朱正杰，等. 2011. 湖泊沉积物 Rb/Sr 比值在古气候/古环境研究中的应用与展望[J]. 地球科学进展，26(8): 805-810.

张存，柳斌，张文贤. 2011. 西藏尼洋河—雅鲁藏布江流域林芝段河谷湿地土壤理化性质研究[J]. 安徽农业科学，39(31): 19119-19121.

张东菊，董广辉，王辉，等. 2016. 史前人类向青藏高原扩散的历史过程和可能驱动机制[J]. 中国科学（地球科学），46(8): 1007-1023.

张核真，周刊社，多杰桑珠，等. 2018. 1981—2016年雅鲁藏布江流域风沙日数时空变化特征分析[J]. 干旱区资源与环境，32(12): 131-136.

张虎才. 1997. 元素表生地球化学特征及理论基础[M]. 兰州：兰州大学出版社.

张虎才，李吉均，马玉贞，等. 1997. 腾格里沙漠南缘武威黄土沉积元素地球化学特征[J]. 沉积学报，15(4): 154-160.

张慧文. 2010. 天山现代植物和表土有机稳定碳同位素组成的海拔响应特征[D]. 兰州：兰州大学.

张凌，王平，陈玺赟，等. 2020. 碎屑锆石 U-Pb 年代学数据获取、分析与比较[J]. 地球科学进展，35(4): 414-430.

张小侠. 2011. 雅鲁藏布江流域关键水文要素时空变化规律研究[D]. 北京：北京林业大学.

张焱，马鹏飞，曾林，等. 2021. 基于沉积物理化性质的雅鲁藏布江中游粉尘物源研究[J]. 中国沙漠，41(3): 92-100.

张镱锂，李炳元，刘林山，等. 2021. 再论青藏高原范围[J]. 地理研究，40(6): 1543-1553.

张玉芬，邵磊，熊德强. 2014. "巫山黄土"元素地球化学特征及成因和物源意义[J]. 沉积学报，32(1):

78-84.

赵鲁青 . 2011. 雅鲁藏布江中下游区域植被绿期和净初级生产力时空格局及其对气候变化的响应 [D]. 上海 : 华东师范大学 .

赵爽 , 高福元 , 贾佳 , 等 . 2015. 毛乌素沙地风沙沉积物磁学特征及其古环境意义 [J]. 地球物理学报 , 58(10): 3706-3718.

赵占仑 , 温小浩 , 汤连生 , 等 . 2018. 化学蚀变指数指示古气候变化的适用性探讨 [J]. 沉积学报 , 36(2): 343-353.

郑度 , 姚檀栋 . 2004a. 青藏高原隆升与环境效应 [M]. 北京 : 科学出版社 .

郑度 , 姚檀栋 . 2004b. 青藏高原形成演化及其环境资源效应研究进展 [J]. 中国基础科学 , 6(2): 17-23.

郑炎 , 肖永健 , 许震宇 . 2012. 西藏林芝地区降雨诱发地质灾害研究 [J]. 水电与新能源 , (5): 74-75.

郑影华 . 2009. 青藏高原典型区全新世风沙活动对气候变化的响应 : 以藏南雅鲁藏布江中游宽谷区和青海共和盆地为例 [D]. 北京 : 北京师范大学 .

中国科学院青藏高原综合科学考察队 . 1983. 青藏高原科学考察丛书 : 西藏地貌 [M]. 北京 : 科学出版社 .

中国科学院青藏高原综合科学考察队 . 1984. 青藏高原科学考察丛书 : 西藏河流与湖泊 [M]. 北京 : 科学出版社 .

中国科学院青藏高原综合科学考察队 . 1985. 青藏高原科学考察丛书 : 西藏植物志（第二卷）[M]. 北京 : 科学出版社 .

中国科学院青藏高原综合科学考察队 . 1988. 青藏高原科学考察丛书 : 西藏植被 [M]. 北京 : 科学出版社 .

周娜 , 张春来 , 刘永刚 . 2011. 雅鲁藏布江米林宽谷段新月形沙丘粒度分异研究 [J]. 地理科学 , 31(8): 958-963.

祝嵩 . 2012. 雅鲁藏布江河谷地貌与地质环境演化 [D]. 北京 : 中国地质科学院 .

Aitken M J. 1985. Thermoluminescence Dating[M]. London: Academic Press.

Alexandersson H. 1986. A homogeneity test applied precipitation data[J]. Journal of Climatology, 6(6): 661-675.

Amir M, Paul D, Singh A, et al. 2018. Link between climate and catchment erosion in the Himalaya during the late Quaternary[J]. Chemical Geology, 501: 68-76.

Amorosi A, Centineo M C, Dinelli E, et al. 2002. Geochemical and mineralogical variations as indicators of provenance changes in Late Quaternary deposits of SE Po Plain[J]. Sedimentary Geology, 151(3): 273-292.

An C B, Lu Y B, Zhao J J, et al. 2012a. A high-resolution record of Holocene environmental and climatic changes from Lake Balikun (Xinjiang, China): Implications for central Asia[J]. The Holocene, 22: 43-52.

An Z S, Colman S M, Zhou W J, et al. 2012b. Interplay between the Westerlies and Asian monsoon recorded in Lake Qinghai sediments since 32 ka[J]. Scientific Reports, 2: 619.

Azorin-Molina C, Vicenete-Serrano S M, McVicar T R, et al. 2014. Homogenization and assessment of observed near-surface wind speed trends over Spain and Portugal, 1961-2011[J]. Journal of Climate, 27(10): 3692-3712.

Bagnold R A. 1941. The Physics of Blown Sand and Desert Dunes[M]. London: Methuen.

Bateman M D. 2019. Handbook of Luminescence Dating[M]. Dunbeath: Whittles Publishing.

Begét J E, Stone D B, Hawkins D B. 1990. Paleoclimatic forcing of magnetic susceptibility variations in Alaskan loess during the late Quaternary[J]. Geology, 18: 40-43.

Berger A, Loutre M F. 1991. Insolation values for the climate of the last 10 million years[J]. Quaternary Science Reviews, 10(4): 297-317.

Bird B W, Polisar P, Lei Y B, et al. 2014. A Tibetan lake sediment record of Holocene Indian summer monsoon variability[J]. Earth and Planetary Science Letters, 399: 92-102.

Biscaye P E, Grousset F E, Revel M, et al. 1997. Asian provenance of Glacial dust (stage 2) in the Greenland Ice Sheet Project 2 Ice Core, Summit, Greenland[J]. Journal of Geophysical Research, 102: 765-781.

Blaauw M, Christen J A. 2011. Flexible paleoclimate age-depth models using an autoregressive gamma process[J]. Bayesian Analysis, 6(3): 457-474.

Blatt H, Middleton G, Murray R. 1972. Origin of Sedimentary Rocks[M]. Englewood Cliffs: Prentice-Hall.

Blott S J, Pye K. 2001. GRADISTAT: A grain size distribution and statistics package for the analysis of unconsolidated sediments[J]. Earth Surface Processes and Landforms, 26(11): 1237-1248.

Blundell A, Dearing J A, Boyle J F, et al. 2009. Controlling factors for the spatial variability of soil magnetic susceptibility across England and Wales[J]. Earth-Science Reviews, 95(3-4): 158-188.

Bokhorst M P, Vandenberghe J, Sümegi P, et al. 2011. Atmospheric circulation patterns in central and eastern Europe during the Weichselian Pleniglacial inferred from loess grain-size records[J]. Quaternary International, 234: 62-74.

Böll A, Schulz H, Munz P, et al. 2015. Contrasting sea surface temperature of summer and winter monsoon variability in the northern Arabian Sea over the last 25 ka[J]. Palaeogeography, Palaeoclimatology, Palaeoecology, 426: 10-21.

Boulay S, Colin C, Trentesaux A, et al. 2003. Mineralogy and sedimentology of Pleistocene sediment in the south China Sea (ODP Site 1144)[J]. Scientific Results, 184: 1-21.

Brantingham P J, Gao X. 2006. Peopling of the northern Tibetan Plateau[J]. World Archaeology, 38(3): 387-414.

Brantingham P J, Gao X, Olsen J W, et al. 2007. A short chronology for the peopling of the Tibetan Plateau[A]//Madsen D B, Chen F H, Gao X. Late Quaternary climate change and human adaptation in arid China. Amsterdam: Elsevier: 129-150.

Brantingham P J, Olsen J W, Schaller G B. 2001. Lithic assemblages from the Chang Tang region, northern Tibet[J]. Antiquity, 75(288): 319-327.

Brantingham P J, Rhode D, Madesen D B. 2010. Archaeology augments Tibet's genetic history[J]. Science, 329(6009): 1467.

Buylaert J P, Jain M, Murray A S, et al. 2012. A robust feldspar luminescence dating method for Middle and Late Pleistocene sediments[J]. Boreas, 41: 435-451.

Cerling T E, Quade J, Wang Y, et al. 1989. Carbon isotopes in soils and palaeosols as ecology and palaeoecology indicators[J]. Nature, 341(6238): 138-139.

Chen F H, Chen J H, Huang W, et al. 2019a. Westerlies Asia and monsoonal Asia: Spatiotemporal differences in climate change and possible mechanisms on decadal to sub-orbital timescales[J]. Earth-Science Reviews, 192: 337-354.

Chen F H, Chen S Q, Zhang X, et al. 2020a. Asian dust-storm activity dominated by Chinese dynasty changes since 2000 BP[J]. Nature Communications, 11: 992.

Chen F H, Dong G H, Zhang D J, et al. 2015a. Agriculture facilitated permanent human occupation of the Tibetan Plateau after 3600 B.P.[J]. Science, 347(6219): 248-250.

Chen F H, Jia J, Chen J H, et al. 2016. A persistent Holocene wetting trend in arid central Asia, with wettest conditions in the late Holocene, revealed by multi-proxy analyses of loess-paleosol sequences in Xinjiang, China[J]. Quaternary Science Reviews, 146: 134-146.

Chen F H, Welker F, Shen C C, et al. 2019b. A late middle Pleistocene Denisovan mandible from the Tibetan Plateau[J]. Nature, 569: 409-412.

Chen F H, Zhang J F, Liu J B, et al. 2020b. Climate change, vegetation history, and landscape responses on the Tibetan Plateau during the Holocene: A comprehensive review[J]. Quaternary Science Reviews, 243: 106444.

Chen H, Zhu L P, Wang J B, et al. 2021. Paleoclimate changes over the past 13,000 years recorded by Chibuzhang Co sediments in the source region of the Yangtze River, China[J]. Palaeogeography, Palaeoclimatology, Palaeoecology, 573: 110433.

Chen J, Ji J F, Balsam W, et al. 2002. Characterization of the Chinese loess-paleosol stratigraphy by whiteness measurement[J]. Palaeogeography, Palaeoclimatology, Palaeoecology, 183(3-4): 287-297.

Chen J, Ji J F, Qiu G, et al. 1998. Geochemical studies on the intensity of chemical weathering in Luochuan loess-paleosol sequence, China[J]. Science in China Series D: Earth Sciences, 41(3): 235-241.

Chen J, Li G J, Yang J D, et al. 2007. Nd and Sr isotopic characteristics of Chinese deserts: Implications for the provenances of Asian dust[J]. Geochimica et Cosmochimica Acta, 71: 3904-3914.

Chen Y W, Zong Y Q, Li B, et al. 2013. Shrinking lakes in Tibet linked to the weakening Asian monsoon in the past 8.2 ka[J]. Quaternary Research, 80(2): 189-198.

Chen Y Y, Lu H Y, Zhang E L, et al. 2015b. Test stable carbon isotopic composition of soil organic matters as a proxy indicator of past precipitation: Study of the sand fields in northern China[J]. Quaternary International, 372: 79-86.

Cheng X, Luo Y, Xu X, et al. 2011. Soil organic matter dynamics in a North America tallgrass prairie after 9 yr of experimental warming[J]. Biogeosciences, 8(6): 1487-1498.

Chlachula J. 2003. The Siberian loess record and its significance for reconstruction of Pleistocene climate change in north-central Asia[J]. Quaternary Science Reviews, 22(18-19): 1879-1906.

Crouvi O, Amit R, Enzel Y, et al. 2008. Sand dunes as a major proximal dust source for late Pleistocene loess in the Negev Desert, Israel[J]. Quaternary Research, 70: 275-282.

Cui X J, Dong Z B, Sun H, et al. 2017. Spatial and temporal variation of the near-surface wind environment in the dune fields of northern China[J]. International Journal of Climatology, 38(5): 2333-2351.

Cui X J, Sun H, Dong Z B, et al. 2019. Temporal variation of the wind environment and its possible causes in the Mu Us Dunefield of Northern China, 1960-2014[J]. Theoretical and Applied Climatology, 135(3-4): 1017-1029.

D'Alpoim G J, Lu H L, Li Y X, et al. 2013. Moving agriculture onto the Tibetan Plateau: The archaeobotanical evidence[J]. Archaeological and Anthropological Sciences, 6: 255-269.

Dasch E J. 1969. Strontium isotopes in weathering profiles, deep-sea sediments, and sedimentary rocks[J]. Geochimica et Cosmochimica Acta, 33: 1521-1552.

Dearing J A. 1999. Magnetic Susceptibility[M]. London: Quaternary Research Association.

Dearing J A, Bird P M, Dann R J L, et al. 1997. Secondary ferrimagnetic minerals in Welsh soils: A comparison of mineral magnetic detection methods and implications for mineral formation[J]. Geophysical Journal International, 130(3): 727-736.

Deng C L, Zhu R X, Jackson M J, et al. 2001. Variability of the temperature-dependent susceptibility of the Holocene eolian deposits in the Chinese Loess Plateau: A pedogenesis indicator[J]. Physics and Chemistry of the Earth, Part A: Solid Earth and Geodesy, 26(11-12): 873-878.

Deplazes G, Lückge A, Peterson L C, et al. 2013. Links between tropical rainfall and North Atlantic climate during the last glacial period[J]. Nature Geoscience, 6: 213-217.

Dietze E, Hartmann K, Diekmann B, et al. 2012. An end-member algorithm for deciphering modern detrital processes from lake sediments of Lake DonggiCona, NE Tibetan Plateau, China[J]. Sedimentary Geology, 243-244: 169-180.

Ding Y H, Chan J C L. 2005. The East Asian summer monsoon: An overview[J]. Meteorology and Atmospheric Physics, 89: 117-142.

Ding Z L, Sun J M, Yang S L, et al. 2001. Geochemistry of the Pliocene red clay formation in the Chinese Loess Plateau and implications for its origin, source provenance and paleoclimate change[J]. Geochimica et Cosmochimica Acta, 65(6): 901-913.

Ding Z Y, Lu R J, Lyu Z Q, et al. 2019. Geochemical characteristics of Holocene aeolian deposits east of Qinghai Lake, China, and their paleoclimatic implications[J]. Science of the Total Environment, 692: 917-929.

Dong Y X, Li S, Dong G R. 1999. Present status and cause of land desertification in the Yarlung Zangbo River Basin[J]. Chinese Geographical Science, 9(3): 36-43.

Dong Z B, Hu G Y, Qian G Q, et al. 2017. High-altitude aeolian research on the Tibetan Plateau[J]. Reviews of Geophysics, 55(6): 864-901.

Du S S, Wu Y Q, Tan L H, et al. 2018. Geochemical characteristics of fine and coarse fractions of sediments in the Yarlung Zangbo River Basin (southern Tibet, China)[J]. Environmental Earth Sciences, 77: 337.

Duan F T, An C B, Wang W, et al. 2020. Dating of a late quaternary loess section from the northern slope of the Tianshan mountains (Xinjiang, China) and its paleoenvironmental significance[J]. Quaternary International, 544: 104-122.

Durcan J A, King G E, Duller G A. 2015. DRAC: Dose rate and age calculator for trapped charge dating[J].

Quaternary Geochronology, 28: 54-61.

Dykoski C A, Edwards R L, Cheng H, et al. 2005. A high-resolution, absolute-dated Holocene and deglacial Asian monsoon record from Dongge Cave, China[J]. Earth and Planetary Science Letters, 233(1-2): 71-86.

Eltom H A, Abdullatif O M, Makkawi M H, et al. 2017. Rare earth element geochemistry of shallow carbonate outcropping strata in Saudi Arabia: Application for depositional environments prediction[J]. Sedimentary Geology, 348: 51-68.

Evans M E, Heller F. 2003. Environmental Magnetism: Principles and Applications of Enviromagnetics[M]. New York: Academic Press.

Fan Y X, Wang F, Yang G L, et al. 2021. Decoupling of the detrital linkage between proximal dunefields and early and middle Pleistocene accumulation in the Chinese Loess Plateau: Evidence from the Badain Jaran and Tengger sandy deserts[J]. Quaternary Science Reviews, 264: 107026.

Fang X M, An Z S, Clemens S C, et al. 2020. The 3.6-Ma aridity and westerlies history over midlatitude Asia linked with global climatic cooling[J]. Proceedings of the National Academy of Sciences of the United States of America, 117(40): 24729-24734.

Fang X M, Han Y X, Ma J H, et al. 2004. Dust storms and loess accumulation on the Tibetan Plateau: A case study of dust event on 4 March 2003 in Lhasa[J]. Chinese Science Bulletin, 49(9): 953-960.

Fedo C M, Nesbitt H W, Young G M. 1995. Unraveling the effects of potassium metasomatism in sedimentary rocksand paleosols, with implications for paleoweathering conditions and provenance[J]. Geology, 23(10): 921-924.

Fleitmann D, Burns S J, Mangini A, et al. 2007. Holocene ITCZ and Indian monsoon dynamics recorded in stalagmites from Oman and Yemen (Socotra)[J]. Quaternary Science Reviews, 26(1-2): 170-188.

Fleitmann D, Burns S J, Mudelsee M, et al. 2003a. Holocene forcing of the Indian monsoon recorded in a stalagmite from southern Oman[J]. Science, 300: 1737-1739.

Fleitmann D, Burns S J, Neff U, et al. 2003b. Changing moisture sources over the last 330,000 years in Northern Oman from fluid-inclusion evidence in speleothems[J]. Quaternary Research, 60: 223-232.

Folk R L, Ward W C. 1957. Brazos River bar: A study in the significance of grain size parameters[J]. Journal of Sedimentary Research, 27(1): 3-26.

Fralick P W, Kronberg B I. 1997. Geochemical discrimination of clastic sedimentary rock sources[J]. Sedimentary Geology, 113(1-2): 111-124.

Fryberger S G, Dean G. 1979. Dune Forms and Wind Regime: A Study of Global Sand Seas[R]. Washington DC: U.S. Government Printing Office.

Gao F Y, Jia J, Xia D S, et al. 2019. Asynchronous holocene climate optimum across mid-latitude Asia[J]. Palaeogeography, Palaeoclimatology, Palaeoecology, 518: 206-214.

Gao F Y, Yang J H, Wang S Y, et al. 2022. Variation of the winter mid-latitude Westerlies in the Northern Hemisphere during the Holocene revealed by aeolian deposits in the southern Tibetan Plateau[J]. Quaternary Research, 107: 104-112.

Gao X B, Hao Q Z, Wang L, et al. 2018. The different climatic response of pedogenic hematite and ferrimagnetic minerals: Evidence from particle-sized modern soils over the Chinese Loess Plateau[J]. Quaternary Science Reviews, 179: 69-86.

Gasse F, Arnold M, Fontes J C, et al. 1991. A 13,000-year climate record from western Tibet[J]. Nature, 353: 742-745.

Gasse F, Fontes J C, Van Campo E, et al. 1996. Holocene environmental changes in Bangong Co basin (Western Tibet). Part 4: Discussion and conclusions[J]. Paleogeograhy, Paleoclimatology, Palaeoecology, 120 (1-2): 79-92.

Guo G M, Xie G D. 2006. The relationship between plant stable carbon isotope composition, precipitation and satellite data, Tibet Plateau, China[J]. Quaternary International, 144 (2): 68-71.

Guo H, Xu M, Hu Q. 2011. Changes in near-surface wind speed in China: 1969-2015[J]. International Journal of Climatology, 31 (3): 349-358.

Guo Z T, Ruddiman W F, Hao Q Z, et al. 2002. Onset of Asian desertification by 22 Myr ago inferred from loess deposits in China[J]. Nature, 416: 159-163.

Han Q J, Qu J J, Dong Z B, et al. 2014. The effect of air density on sand transport structures and the Adobe Abrasion Profile: A field wind-tunnel experiment over a wide range of altitude[J]. Boundary-Layer Meteorology, 150 (2): 299-317.

Han Q J, Qu J J, Dong Z B, et al. 2015. Air density effects on aeolian sand movement: Implications for sediment transport and sand control in regions with extreme altitudes or temperatures[J]. Sedimentology, 62 (4): 1024-1038.

Han Y X, Fang X M, Kang S C, et al. 2008. Shifts of dust source regions over central Asia and the Tibetan Plateau: Connections with the Arctic oscillation and the westerly jet[J]. Atmospheric Environment, 42 (10): 2358-2368.

Han Y X, Fang X M, Zhao T L, et al. 2009. Suppression of precipitation by dust particles originated in the Tibetan Plateau[J]. Atmospheric Environment, 43 (3): 568-574.

Hao Q Z, Guo Z T, Qiao Y S, et al. 2010. Geochemical evidence for the provenance of middle Pleistocene loess deposits in southern China[J]. Quaternary Science Reviews, (23-24) (29): 3317-3326.

Hatano N, Yoshida K, Mori S, et al. 2020. Major element and REE compositions of Pliocene sediments in southwest Japan: Implications for paleoweathering and paleoclimate[J]. Sedimentary Geology, 408: 105751.

Herzschuh U. 2006. Palaeo-moisture evolution in monsoonal Central Asia during the last 50000 years[J]. Quaternary Science Review, 25: 163-178.

Hou J Z, D'Andrea W J, Wang M D, et al. 2017. Influence of the Indian monsoon and the subtropical jet on climate change on the Tibetan Plateau since the late Pleistocene[J]. Quaternary Science Reviews, 163: 84-94.

Hu F G, Yang X P. 2016. Geochemical and geomorphological evidence for the provenance of aeolian deposits in the Badain Jaran Desert, northwestern China[J]. Quaternary Science Reviews, 131: 179-192.

Hu H P, Feng J L, Chen F. 2018. Sedimentary records of a palaeo-lake in the middle Yarlung Tsangpo: Implications for terrace genesis and outburst flooding[J]. Quaternary Science Reviews, 192: 135-148.

Huang R, Zhu H F, Liang E Y, et al. 2019. High-elevation shrub-ring δ^{18}O on the northern slope of the central Himalayas records summer（May-July）temperatures[J]. Palaeogeography, Palaeoclimatology, Palaeoecology, 542: 230-239.

Hudson A M, Olsen J W, Quade J. 2014. Radiocarbon dating of interdune Paleo-Wetland deposits to constrain the age of Mid-to-Late Holocene microlithic artifacts from the Zhongba site, Southwestern Qinghai-Tibet Plateau[J]. Geoarchaeology, 29(1): 33-46.

Hudson A M, Olsen J W, Quade J, et al. 2016. A regional record of expanded Holocene wetlands and prehistoric human occupation from paleowetland deposits of the western Yarlung Tsangpo valley, southern Tibetan Plateau[J]. Quaternary Research, 86(1): 13-33.

Hudson A M, Quade J, Huth T E, et al. 2015. Lake level reconstruction for 12.8-2.3 ka of the Ngangla Ring Tso closed-basin lake system, southwest Tibetan Plateau[J]. Quaternary Research, 83(1): 66-79.

Huyan Y Y, Yao W S, Xie X J, et al. 2022. Provenance, source weathering, and tectonics of the Yarlung Zangbo River overbank sediments in Tibetan Plateau, China, using major, trace, and rare earth elements[J]. Geological Journal, 57(1): 37-51.

Immerzeel W W, Van Beek L P H, Bierkens M F P. 2010. Climate change will affect the Asian water towers[J]. Science, 328(5984): 1382-1385.

Jacobs P M, Mason J A, Hanson P R. 2011. Mississippi Valley regional source of loess on the southern Green Bay Lobe land surface, Wisconsin[J]. Quaternary Research, 75: 574-583.

Jia J, Lu H, Gao F Y, et al. 2018a. Variations in the westerlies in Central Asia since 16 ka recorded by a loess section from the Tien Shan Mountains[J]. Palaeogeography, Palaeoclimatology, Palaeoecology, 504: 156-161.

Jia R, Liu Y, Chen B, et al. 2015. Source and transportation of summer dust over the Tibetan Plateau[J]. Atmospheric Environment, 123: 210-219.

Jia R, Liu Y, Hua S, et al. 2018b. Estimation of the aerosol radiative effect over the Tibetan Plateau based on the latest CALIPSO product[J]. Journal of Meteorological Research, 32(5): 707-722.

Jiang Q D, Yang X P. 2019. Sedimentological and geochemical composition of Aeolian sediments in the Taklamakan Desert: Implications for provenance and sediment supply mechanisms[J]. Journal of Geophysical Research: Earth Surface, 124: 1217-1237.

Jin J H, Li Z Z, Huang Y M, et al. 2017. Chronology of a late Neolithic Age site near the southern coastal region of Fujian, China[J]. The Holocene, 27(9): 1265-1272.

Jin L Y, Schneider B, Park W, et al. 2014. The spatial-temporal patterns of Asian summer monsoon precipitation in response to Holocene insolation change: A model-data synthesis[J]. Quaternary Science Reviews, 85: 47-62.

Johnsen S J, Dahl-Jensen D, Gundestrup N, et al. 2001. Oxygen isotope and palaeotemperature records from six Greenland ice-core stations: Camp Century, Dye-3, GRIP, GISP2, Renland and NorthGRIP[J]. Journal of Quaternary Science, 16 (4) : 299-307.

Kaiser K, Lai Z P, Schneider B, et al. 2009a. Stratigraphy and palaeoenvironmental implications of Pleistocene and Holocene aeolian sediments in the Lhasa area, southern Tibet (China) [J]. Palaeogeography, Palaeoclimatology, Palaeoecology, 271 (3-4) : 329-342.

Kaiser K, Opgenoorth L, Schoch W H, et al. 2009b. Charcoal and fossil wood from palaeosols, sediments and artificial structures indicating Late Holocene woodland decline in southern Tibet (China) [J]. Quaternary Science Reviews, 28 (15-16) : 1539-1554.

Kang J, Zan J B, Bai Y, et al. 2020. Critical altitudinal shift from detrital to pedogenic origin of the magnetic properties of surface soils in the western Pamir Plateau, Tajikistan[J]. Geochemistry, Geophysics, Geosystems, 21 (2) : e2019G-e8752G.

Karger D N, Conrad O, Böhner J, et al. 2017. Climatologies at high resolution for the earth's land surface areas[J]. Scientific Data, 4 (1) : 170122.

Kim J C, Paik K. 2015. Recent recovery of surface wind speed after decadal decrease: A focus on South Korea[J]. Climate Dynamics, 45: 1699-1712.

King J, Benjanmin S K, Marvin J, et al. 1982. A comparison of different magnetic methods for determining the relative grain size of magnetite in natural materials: Some results from lake sediments[J]. Earth and Planetary Science Letters, 59 (2) : 404-419.

Kitis G, Vlachos N D. 2013. General semi-analytical expressions for TL, OSL and other luminescence stimulation modes derived from the OTOR model using the Lambert W-function[J]. Radiation Measurements, 48: 47-54.

Klinge M, Lehmkuhl F. 2015. Holocene aeolian mantles and inter-bedded paleosols on the southern Tibetan Plateau[J]. Quaternary International, 372: 33-44.

Kovács J. 2008. Grain-size analysis of the Neogene red clay formation in the Pannonian Basin[J]. International Journal of Earth Sciences (Geologische Rundschau), 97: 171-178.

Kumar O, Ramanathan A L, Bakke J, et al. 2021. Role of Indian Summer Monsoon and Westerlies on glacier variability in the Himalaya and East Africa during Late Quaternary: Review and new data[J]. Earth-Science Reviews, 212: 103431.

Kurosaki Y, Mikami M. 2003. Recent frequent dust events and their relation to surface wind in East Asia[J]. Geophysical Research Letters, 30 (14) : 1736.

Lai Z P, Kaiser K, Brückner H. 2009. Luminescence-dated aeolian deposits of late Quaternary age in the southern Tibetan Plateau and their implications for landscape history[J]. Quaternary Research, 72: 421-430.

Lai Z P, Zöller L, Fuchs M, et al. 2008. Alpha efficiency determination for OSL of quartz extracted from Chinese loess[J]. Radiation Measurements, 43 (2-6) : 767-770.

Lancaster N, Yang X P, Thomas D. 2013. Spatial and temporal complexity in Quaternary desert datasets: Implications for interpreting past dryland dynamics and understanding potential future changes[J]. Quaternary Science Reviews, 78: 301-302.

Lang A. 2003. Phases of soil erosion-derived colluviation in the loess hills of South Germany[J]. Catena, 51: 209-221.

Lebbink M. 2010. Aeolian Late Eocene Deposition in Xining, Central China[D]. Utrecht, The Netherlands: Utrecht University.

Lehmkuhl F, Klinge M, Rees-Jones J, et al. 2000. Late Quaternary aeolian sedimentation in central and south-eastern Tibet[J]. Quaternary International, 68(1): 117-132.

Leipe C, Demske D, Tarasov P E. 2014. A Holocene pollen record from the northwestern Himalayan Lake Tso Moriri: Implications for palaeoclimatic and archaeological research[J]. Quaternary International, 348: 93-112.

Li B, Li S H. 2012. A reply to the comments by Thomsen et al. on luminescence dating of K-feldspar[J]. Quaternary Geochronology, 8: 49-51.

Li C, Dong Z B, Yin S Y, et al. 2019. Influence of salinity and moisture on the threshold shear velocity of saline sand in the Qarhan Desert, Qaidam Basin of China: A wind tunnel experiment[J]. Journal of Arid Land, 11(5): 674-684.

Li C L, Kang S C, Zhang Q G, et al. 2009. Rare earth elements in the surface sediments of the Yarlung Tsangbo (Upper Brahmaputra River) sediments, southern Tibetan Plateau[J]. Quaternary International, 208(1-2): 151-157.

Li F, Zhu C, Wu L, et al. 2014. Environmental humidity changes inferred from multi-indicators in the Jianghan plain, central China during the last 12,700 years[J]. Quaternary International, 349: 68-78.

Li Q, Zhang C L, Shen Y P, et al. 2016a. Developing trend of aeolian desertification in China's Tibet Autonomous region from 1977 to 2010[J]. Environmental Earth Sciences, 75(10): 895.

Li S, Dong G R, Shen J Y, et al. 1999. Formation mechanism and development pattern of aeolian sand landform in Yarlung Zangbo River valley[J]. Science in China (Series D), 42(3): 273-284.

Li T Y, Wu Y Q, Du S S, et al. 2016b. Geochemical characterization of a Holocene aeolian profile in the Zhongba area (southern Tibet, China) and its paleoclimatic implications[J]. Aeolian Research, 20: 169-175.

Li X M, Wang M D, Zhang Y Z, et al. 2017a. Holocene climatic and environmental change on the western Tibetan Plateau revealed by glycerol dialkyl glycerol tetraethers and leaf wax deuterium-to-hydrogen ratios at Aweng Co[J]. Quaternary Research, 87: 455-467.

Li Z Y, Wu X J, Zhou L P, et al. 2017b. Late Pleistocene archaic human crania from Xuchang, China[J]. Science, 355(6328): 969-972.

Ling Z Y, Li J S, Jin J H, et al. 2021. Geochemical characteristics and provenance of aeolian sediments in the Yarlung Tsangpo valley, southern Tibetan Plateau[J]. Environmental Earth Sciences, 80: 623.

Ling Z Y, Yang S L, Wang X, et al. 2020a. Spatial-temporal differentiation of eolian sediments in the Yarlung Tsangpo catchment, Tibetan Plateau, and response to global climate change since the Last Glaciation[J]. Geomorphology, 357: 107104.

Ling Z Y, Yang X Y, Wang Y X, et al. 2020b. OSL chronology of Liena archeological site in the Yarlung

Tsangpo valley throws new light on human occupation of the Tibetan Plateau[J]. The Holocene, 30(7): 1043-1052.

Ling Z Y, Yang S L, Xia D S, et al. 2022. Source of the aeolian sediments in the Yarlung Tsangpo valley and its potential dust contribution to adjacent oceans[J]. Earth surface Processes and Landforms, 47(7): 1860-1871.

Liu B, Zhao H, Jin H L, et al. 2020a. Holocene moisture variation recorded by aeolian sand-palaeosol sequences of the Gonghe basin, northeastern Qinghai-Tibetan Plateau, China[J]. Acta Geologica Sinica (English Edition), 94(3): 668-681.

Liu Q Q, Yang X P. 2018. Geochemical composition and provenance of aeolian sands in the Ordos Deserts, northern China[J]. Geomorphology, 318: 354-374.

Liu Q S, Deng C L, Torrent J, et al. 2007. Review of recent developments in mineral magnetism of the Chinese loess[J]. Quaternary Science Reviews, 26(3-4): 368-385.

Liu Q S, Deng C L, Yu Y, et al. 2005a. Temperature dependence of magnetic susceptibility in an argon environment: Implications for pedogenesis of Chinese loess/palaeosols[J]. Geophysical Journal International, 161(1): 102-112.

Liu Q S, Roberts A, Larrasoaña J, et al. 2012. Environmental magnetism: Principles and applications[J]. Reviews of Geophysics, 50(4): G4002.

Liu Q S, Torrent J, Maher B A, et al. 2005b. Quantifying grain size distribution of pedogenic magnetic particles in Chinese loess and its significance for pedogenesis[J]. Journal of Geophysical Research: Solid Earth, 110(B11): B11102.

Liu W M, Lai Z P, Hu K H, et al. 2015. Age and extent of a giant glacial-dammed lake at Yarlung Tsangpo gorge in the Tibetan Plateau[J]. Geomorphology, 246: 370-376.

Liu X K, Liu J B, Chen S Q, et al. 2020b. New insights on Chinese cave δ^{18}O records and their paleoclimatic significance[J]. Earth-Science Reviews, 207: 103216.

Liu Y, Wang Y S, Shen T. 2019. Spatial distribution and formation mechanism of aeolian sand in the middle reaches of the Yarlung Zangbo River[J]. Journal of Mountain Science, 16(9): 1987-2000.

Liu Z F, Wei G J, Wang X S, et al. 2016. Quantifying paleoprecipitation of the Luochuan and Sanmenxia Loess on the Chinese Loess Plateau[J]. Palaeogeography, Palaeoclimatology, Palaeoecology, 459: 121-130.

Long H, Shen J, Chen J H, et al. 2017. Holocene moisture variations over the arid central Asia revealed by a comprehensive sand-dune record from the central Tian Shan, NW China[J]. Quaternary Science Reviews, 174: 13-32.

Lowe J J, Walker M J C. 1997. Reconstructing Quarternary Environments. Second Edition. [M]. London: Addison Wesley Longman.

Lu D S, Lou H Y, Yuan K, et al. 2016. Ancestral origins and genetic history of Tibetan highlanders[J]. The American Journal of Human Genetics, 99(3): 580-594.

Lu H Y, Vandenberghe J, An Z S. 2001. Aeolian origin and palaeoclimatic implications of the "Red Clay" (north China) as evidenced by grain-size distribution[J]. Journal of Quaternary Science, 16: 89-97.

Lu H Y, Wu N Q, Gu Z Y, et al. 2004. Distribution of carbon isotope composition of modern soils on the Qinghai-Tibetan Plateau[J]. Biogeochemistry, 70(2): 275-299.

Madsen D B, Ma H Z, Brantingham P J, et al. 2006. The late upper paleolithic occupation of the northern Tibetan Plateau margin[J]. Journal of Archaeological Science, 33(10): 1433-1444.

Maher B A. 2016. Palaeoclimatic records of the loess/palaeosol sequences of the Chinese Loess Plateau[J]. Quaternary Science Reviews, 154: 23-84.

Maher B A, Prospero J M, Mackie D, et al. 2010. Global connections between aeolian dust, climate and ocean biogeochemistry at the present day and at the last glacial maximum[J]. Earth-Science Reviews, 99: 61-97.

Mason B H, Moore C B. 1982. Principles of Geochemistry[M]. New York: Wiley.

Masuda A, Nakamura N, Tanaka T. 1973. Fine structures of mutually normalized rare earth patterns of chondrites[J]. Geochimica et Cosmochimica Acta, 37(2): 239-248.

McLennan S M. 1993. Weathering and global denudation[J]. Journal of Geology, 101: 295-303.

McVicar T R, Roderick M L, Donohue R J, et al. 2012. Global review and synthesis of trends in observed terrestrial near-surface wind speeds: Implications for evaporation[J]. Journal of Hydrology, 416-417: 182-205.

Meyer M C, Aldenderfer M S, Wang Z, et al. 2017. Permanent human occupation of the central Tibetan Plateau in the early Holocene[J]. Science, 355(6320): 64-67.

Meyer M C, Hofmann C C, Gemmell A M D, et al. 2009. Holocene glacier fluctuations and migration of Neolithic yak pastoralists into the high valleys of northwest Bhutan[J]. Quaternary Science Reviews, 28(13-14): 1217-1237.

Mishra P K, Prasad S, Anoop A, et al. 2015. Carbonate isotopes from high altitude Tso Moriri Lake (NW Himalayas) provide clues to late glacial and Holocene moisture source and atmospheric circulation changes[J]. Palaeogeography, Palaeoclimatology, Palaeoecology, 425: 76-83.

Muhs D R. 2004. Mineralogical maturity in dunefields of North America, Africa and Australia[J]. Geomorphology, 59(1): 247-269.

Muhs D R. 2018. The geochemistry of loess: Asian and North American deposits compared[J]. Journal of Asian Earth Sciences, 155: 81-115.

Mulch A, Chamberlain C P. 2006. The rise and growth of Tibet[J]. Nature, 439: 670-671.

Munroe J S, Norris E D, Olson P M, et al. 2020. Quantifying the contribution of dust to alpine soils in the periglacial zone of the Uinta Mountains, Utah, USA[J]. Geoderma, 378: 114631.

Murray A S, Wintle A G. 2000. Luminescence dating of quartz using an improved single-aliquot regenerative-dose protocol[J]. Radiation Measurements, 32(1): 57-73.

Murray A S, Wintle A G. 2003. The single aliquot regenerative dose protocol: Potential for improvements in reliability[J]. Radiation Measurements, 37(4-5): 377-381.

Nesbitt H W, Markovices G, Price R C. 1980. Chemical processes affecting alkalis and alkaline earths during continental weathering[J]. Geochimica et Cosmochimica Acta, 44(11): 1656-1666.

Nesbitt H W, Young G M. 1982. Early Proterozoic climates and plate motions inferred from major element chemistry of lutites[J]. Nature, 299(5885): 715-717.

Nesbitt H W, Young G M. 1984. Prediction of some weathering trends of plutonic and volcanic rocks based on thermodynamic and kinetic considerations[J]. Geochimica et Cosmochimica Acta, 48(7): 1523-1534.

Nesbitt H W, Young G M. 1989. Formation and diagenesis of weathering profiles[J]. Journal of Geology, 97(2): 129-147.

Nie J S, Stevens T, Rittner M, et al. 2015. Loess Plateau storage of Northeastern Tibetan Plateau-derived Yellow River sediment[J]. Nature Communications, 6(1): 8511.

O'Leary M H. 1981. Carbon isotope fractionation in plants[J]. Phytochemistry, 20(4): 553-567.

Overpeck J, Anderson D, Trumbore S, et al. 1996. The southwest Indian monsoon over the last 18000 years[J]. Climate Dynamics, 12: 213-225.

Owen L A, Finkel R C, Ma H Z, et al. 2006. Late Quaternary landscape evolution in the Kunlun Mountains and Qaidam Basin, Northern Tibet: A framework for examining the links between glaciation, lake level changes and alluvial fan formation[J]. Quaternary International, 73: 154-155.

Pan M H, Wu Y Q, Zheng Y H, et al. 2014. Holocene aeolian activity in the Dinggye area (southern Tibet, China) [J]. Aeolian Research, 12: 19-27.

Parrington J R, Zoller W H, Aras N K. 1983. Asian dust: Seasonal transport to the Hawaiian Islands[J]. Science, 220: 195-197.

Paterson G A, Heslop D. 2015. New methods for unmixing sediment grain size data[J]. Geochemistry, Geophysics, Geosystems, 16(12): 4494-4506.

Peters C, Dekkers M J. 2003. Selected room temperature magnetic parameters as a function of mineralogy, concentration and grain size[J]. Physics and Chemistry of the Earth, Parts A/B/C, 28(16-19): 659-667.

Pettke T, Halliday A N, Hall C M, et al. 2000. Dust production and deposition in Asia and the north Pacific Ocean over the past 12 Myr[J]. Earth and Planetary Science Letters, 178: 397-413.

Péwé T L, Liu T S, Slatt R M, et al. 1995. Origin and Character of Loess Like Silt in the Southern Qinghai-Xizang (Tibet) Plateau, China[M]. Washington DC: United States Government Printing Office.

Prescott J R, Hutton J T. 1994. Cosmic ray contributions to dose rates for luminescence and ESR dating: Large depths and long-term time variations[J]. Radiation Measurements, 23(2-3): 497-500.

Prins M A, Postma G, Weltje G. 2000. Controls on the terrigenous sediments supply to the Arabia Sea during the late Quaternary: The Makran continental slope[J]. Marine Geology, 169: 351-371.

Prins M A, Zheng H B, Beets K, et al. 2009. Dust supply from river floodplains: The case of the lower Huang He (Yellow River) recorded in a loess-palaeosol sequence from the Mangshan Plateau[J]. Journal of Quaternary Science, 24: 75-84.

Pullen A, Kapp P, McCallister A T, et al. 2011. Qaidam Basin and northern Tibetan Plateau as dust sources for the Chinese Loess Plateau and paleoclimatic implications[J]. Geology, 39(11): 1031-1034.

Pye K. 1987. Aeolian Dust and Dust Deposits[M]. London: Academic Press.

Qiang M R, Jin Y X, Liu X X, et al. 2016. Late Pleistocene and Holocene aeolian sedimentation in Gonghe

Basin, northeastern Qinghai-Tibetan Plateau: Variability, processes, and climatic implications[J]. Quaternary Science Reviews, 132: 57-73.

Qiao Y S, Guo Z T, Hao Q Z, et al. 2006. Grain-size features of a Miocene loess-soil sequence at Qinan: Implications on its origin[J]. Science in China, Series D Earth Sciences, 49(7): 731-738.

Rades E F, Hetzel R, Xu Q, et al. 2013. Constraining Holocene lake-level highstands on the Tibetan Plateau by ^{10}Be exposure dating: A case study at Tangra Yumco, southern Tibet[J]. Quaternary Science Reviews, 82: 68-77.

Rades E F, Tsukamoto S, Frechen M, et al. 2015. A lake-level chronology based on feldspar luminescence dating of beach ridges at Tangra Yum Co (southern Tibet)[J]. Quaternary Research, 83(3): 469-478.

Rao Z G, Guo W K, Cao J T, et al. 2017. Relationship between the stable carbon isotopic composition of modern plants and surface soils and climate: A global review[J]. Earth-Science Reviews, 165: 110-119.

Rea D K, Hovan S A. 1995. Grain size distribution and depositional processes of the mineral component of abyssal sediments: Lessons from the North Pacific[J]. Paleoceanography, 10(2): 251-258.

Roe G. 2009. On the interpretation of Chinese loess as a paleoclimate indicator[J]. Quaternary Research, 71: 150-161.

Royden L H, Burchfiel B C, Van Der Hilst R D. 2008. The geological evolution of the Tibetan plateau[J]. Science, 321(5892): 1054-1058.

Rudnick R L, Gao S. 2003. Composition of the continental crust//Holland H D, Turekian K K. Treatise on Geochemistry[M]. Oxford: Elsevier-Pergamon: 1-64.

Sahu B K. 1964. Depositional mechanisms from the size analysis of clastic sediments[J]. Journal of Sediment Research, 34(1): 73-83.

Schiemann R, Lüthi D, Schär C. 2009. Seasonality and interannual variability of the westerly jet in the Tibetan Plateau Region[J]. Journal of Climate, 22(11): 2940-2957.

Shao Y, Wyrwoll K H, Chappell A, et al. 2011. Dust cycle: An emerging core in Earth system science[J]. Aeolian Research, 2: 181-204.

Shen W S, Li H D, Sun M, et al. 2012. Dynamics of aeolian sandy land in the Yarlung Zangbo River basin of Tibet, China from 1975 to 2008[J]. Global and Planetary Change, (86-87) (4): 37-44.

Shen X Y, Wan S M, France-Lanord C, et al. 2017. History of Asian eolian input to the Sea of Japan since 15 Ma: Links to Tibetan uplift or global cooling[J]. Earth and Planetary Science Letters, 178: 397-413.

Smalley I, O'Hara-Dhand K, Wint J, et al. 2009. Rivers and loess: The significance of long river transportation in the complex event-sequence approach to loess deposit formation[J]. Quaternary International, 198(1): 7-18.

Song Y, Hao Q Z, Ge J Y, et al. 2014. Quantitative relationships between magnetic enhancement of modern soils and climatic variables over the Chinese Loess Plateau[J]. Quaternary International, 334-335: 119-131.

Song Y G, Yang S L, Nie J S, et al. 2021. Preface (Volume I): Quaternary paleoenvironmental changes in Central Asia[J]. Palaeogeography, Palaeoclimatology, Palaeoecology, 568: 110319.

Stauch G. 2015. Geomorphological and palaeoclimate dynamics recorded by the formation of aeolian archives on the Tietan Plateau[J]. Earth-Science Reviews, 150: 393-408.

Stevens T, Carter A, Watson T P, et al. 2013. Genetic linkage between the Yellow River, the Mu Us desert and the Chinese Loess Plateau[J]. Quaternary Science Reviews, 78: 355-368.

Su B, Xiao C, Deka R, et al. 2000. Y chromosome haplotypes reveal prehistorical migrations to the Himalayas[J]. Human Genetics, 107 (6) : 582-590.

Sukumar R, Ramesh R, Pant R K, et al. 1993. A δ^{13}C record of Late Quaternary climate change from tropical peats in southern India[J]. Nature, 364: 703-706.

Sun D H, Bloemendal J, Rea D K, et al. 2002. Grain-size distribution function of polymodal sediments in hydraulic and aeolian environments, and numerical partitioning of the sedimentary components[J]. Sedimentary Geology, 152 (3-4) : 263-277.

Sun D H, Bloemendal J, Rea D K, et al. 2004. Bimodal grain-size distribution of Chinese loess, and its palaeoclimatic implications[J]. Catena, 55 (3) : 325-340.

Sun D H, Chen F H, Bloemendal J, et al. 2003. Seasonal variability of modern dust over the Loess Plateau of China[J]. Journal of Geophysical Research, 108 (D21) : 4665.

Sun J M. 2002. Source regions and formation of the loess sediments on the high mountain regions of Northwestern China[J]. Quaternary Research, 58 (3) : 341-351.

Sun J M, Li S H, Muhs D R, et al. 2007. Loess sedimentation in Tibet: Provenance, processes, and link with Quaternary glaciations[J]. Quaternary Science Reviews, 26 (17-18) : 2265-2280.

Sun Y B, He L, Liang L J, et al. 2011. Changing color of Chinese loess: Geochemical constraint and paleoclimatic significance[J]. Journal of Asian Earth Sciences, 40 (6) : 1131-1138.

Sun Y J, E C Y, Lai Z P, et al. 2017. Luminescence dating of prehistoric hearths in Northeast Qinghai Lake and its paleoclimatic implication[J]. Archaeological and Anthropological Sciences, 10 (6) : 1525-1534.

Sun Y J, Lai Z P, Madsen D, et al. 2012. Luminescence dating of a hearth from the archaeological site of Jiangxigou in the Qinghai lake area of the northeastern Tibetan Plateau[J]. Quaternary Geochronology, 12: 107-110.

Sun Z, Yuan K, Hou X H, et al. 2020. Centennial-scale interplay between the Indian Summer Monsoon and the Westerlies revealed from Ngamring Co, southern Tibetan Plateau[J]. The Holocene, 30 (8) : 1163-1173.

Swet N, Elperin T, Kok J F, et al. 2019. Can active sands generate dust particles by wind-induced processes[J]. Earth and Planetary Science Letters, 506: 371-380.

Tapponnier R, Xu Z Q, Roger F, et al. 2001. Oblique stepwise rise and growth of the Tibet plateau[J]. Science, 294 (5547) : 1671-1677.

Taylor S R, McLennan S M. 1985. The Continental Crust: Its Composition and Evolution[M]. Oxford: Blackwell Scientific Publications.

Thiel C, Buylaert J P, Murray A S, et al. 2011. Luminescence dating of the stratzing loess profile (Austria) - testing the potential of an elevated temperature post-IR IRSL protocol[J]. Quaternary International, 234:

23-31.

Thompson R, Oldfield F. 1986. Environmental Magnetism[M]. London: Allen & Unwin.

Tian L D, Yao T D, MacClune K, et al. 2007. Stable isotopic variations in west China: A consideration of moisture sources[J]. Journal of Geophysical Research: Atmospheres, 112 (D10) : D10112.

Tian L D, Yao T D, White J W, et al. 2005. Westerly moisture transport to the middle of Himalayas revealed from the high deuterium excess[J]. Chinese Science Bulletin, 50 (10) : 1026-1031.

Tong Y B, Zhang Z Y, Li J F, et al. 2019. New insights into the collision process of India and Eurasia: Evidence from the syntectonic-sedimentation-induced inclinational divergence of Cretaceous paleomagnetic data of the Lhasa Terrane[J]. Earth-Science Reviews, (190) : 570-588.

Vandenberghe J. 2013. Grain size of fine-grained windblown sediment: A powerful proxy for process identification[J]. Earth-Science Reviews, 121: 18-30.

Vandenberghe J, Lu H Y, Sun D H, et al. 2004. The Late Miocene and Pliocene climate in East Asia as recorded by grain size and magnetic susceptibility of the Red Clay deposits (Chinese Loess Plateau) [J]. Palaeogeography, Paleoclimatology, Palaeoecology, 204 (3-4) : 239-255.

Vandenberghe J, Renssen H, Huissteden K V, et al. 2006. Penetration of Atlantic westerly winds into Central and East Asia[J]. Quaternary Science Reviews, 25 (17-18) : 2380-2389.

Vautard R, Cattiaux J, Yiou P, et al. 2010. Northern Hemisphere atmospheric stilling partly attributed to an increase in surface roughness[J]. Nature Geoscience, 3 (11) : 756-761.

Veh G, Korup Q, Walz A. 2020. Hazard from Himalayan glacier lake outburst floods[J]. Proceedings of the National Academy of Sciences of the United States of America, 117 (2) : 907-912.

Vermeesch P. 2004. How many grains are needed for a provenance study[J]. Earth and Planetary Science Letters, 224 (3-4) : 441-451.

Vital H, Stattegger K. 2000. Major and trace element of stream sediments from the lowermost Amazon River[J]. Chemical Geology, 168 (1-2) : 151-168.

Vriend M, Prins M A. 2005. Calibration of modelled mixing patterns in loess grain-size distributions: An example from the north-eastern margin of the Tibetan Plateau, China[J]. Sedimentology, 52 (6) : 1361-1374.

Wang A H, Wang Z H, Liu J K, et al. 2021. The Sr/Ba ratio response to salinity in clastic sediments of the Yangtze River Delta[J]. Chemical Geology, 559: 119923.

Wang L, Lü H Y, Wu N Q, et al. 2004. Discovery of C_4 species at high altitude in Qinghai-Tibetan Plateau[J]. Chinese Science Bulletin, 49 (14) : 1392-1396.

Wang L B, Jia J, Zhao H, et al. 2019a. Optical dating of Holocene paleosol development and climate changes in the Yili Basin, arid central Asia[J]. The Holocene, 29: 1068-1077.

Wang P, Scherler D, Zeng J L, et al. 2014. Tectonic control of Yarlung Tsangpo Gorge revealed by a buried canyon in Southern Tibet[J]. Science, 346 (6212) : 978-981.

Wang Q, Wang X, Wei H T, et al. 2019b. Climatic significance of the stable carbon isotopic composition of surface soils in northern Iran and its application to an Early Pleistocene loess section[J]. Organic

Geochemistry, 127: 104-114.

Wang S Y, Xia D S, Fan Y J, et al. 2022. Variation of surface soil $\delta^{13}C_{org}$ in the upper and middle reaches of the Yarlung Zangbo river basin, southern Tibetan Plateau, and its climatic implications[J]. Sedimentary Geology, 434: 106135.

Wang W, Feng Z D, Ran M, et al. 2013. Holocene climate and vegetation changes inferred from pollen records of Lake Aibi, northern Xinjiang, China: A potential contribution to understanding of Holocene climate pattern in East-central Asia[J]. Quaternary International, 311: 54-62.

Wang X M, Lang L L, Yan P, et al. 2016. Aeolian processes and their effect on sandy desertification of the Qinghai-Tibet Plateau: A wind tunnel experiment[J]. Soil and Tillage Research, 158: 67-75.

Wang Y, Cheng H, Edwards R L, et al. 2005. The Holocene Asian Monsoon: Links to solar changes and North Atlantic Climate[J]. Science, 308(5723): 854-857.

Wei K, Jia G D. 2009. Soil n-alkane $\delta^{13}C$ along a mountain slope as an integrator of altitude effect on plant species $\delta^{13}C$[J]. Geophysical Research Letters, 36(11): L11401.

Weltje G J. 1997. End-member modeling of compositional data: Numerical-statistical algorithms for solving the explicit mixing problem[J]. Mathematical Geology, 29(4): 503-549.

Wu G X, Duan A M, Liu Y M, et al. 2015. Tibetan Plateau climate dynamics: Recent research progress and outlook[J]. National Science Review, 2(1): 100-116.

Wu J, Zha J L, Zhao D M. 2016. Estimating the impact of the changes in land use and cover on the surface wind speed over the East China Plain during the period 1980-2011[J]. Climate Dynamics, 46: 847-863.

Wu J, Zha J L, Zhao D M, et al. 2018a. Changes of wind speed at different heights over eastern China during 1980-2011[J]. International Journal of Climatology, 38: 4476-4495.

Wu J, Zha J L, Zhao D M, et al. 2018b. Changes in terrestrial near-surface wind speed and their possible causes: An overview[J]. Climate Dynamics, 51: 2039-2078.

Xia D S, Wang Y J, Jia J, et al. 2020. Mountain loess or desert loess? New insight of the sources of Asian atmospheric dust based on mineral magnetic characterization of surface sediments in NW China[J]. Atmospheric Environment, 232(1): 117564.

Xiao J H, Qu J J, Yao Z Y, et al. 2015. Morphology and formation mechanism of sand shadow dunes on the Qinghai-Tibet Plateau[J]. Journal of Arid Land, 7(1): 10-26.

Xie H C, Zhang H W, Ma J Y, et al. 2018. Trend of increasing Holocene summer precipitation in arid central Asia: Evidence from an organic carbon isotopic record from the LJW10 loess section in Xinjiang, NW China[J]. Palaeogeography, Palaeoclimatology, Palaeoecology, 509: 24-32.

Xiong S F, Ding Z L, Zhu Y J, et al. 2010. A ~ 6 Ma chemical weathering history, the grain size dependence of chemical weathering intensity, and its implications for provenance change of the Chinese loess-red clay deposit[J]. Quaternary Science Reviews, 29: 1911-1922.

Xiong Z Y, Liu X H, Ding L, et al. 2022. The rise and demise of the Paleogene Central Tibetan Valley[J]. Science Advances, 8: eabj0944.

Xu C, Ma Y M, Yang K, et al. 2018. Tibetan Plateau impacts on global dust transport in the upper troposphere[J]. Journal of Climate, 31(12): 4745-4756.

Xu M, Chang C, Fu C B, et al. 2006. Steady decline of east Asian monsoon winds, 1969-2000: Evidence from direct ground measurements of wind speed[J]. Journal of Geophysical Research: Atmospheres, 111: D24111.

Yang H F, Zhao Y, Cui Q Y, et al. 2020a. Paleoclimatic indication of X-ray fluorescence core-scanned Rb/Sr ratios: A case study in the Zoige Basin in the eastern Tibetan Plateau[J]. Science China Earth Sciences, 61(1): 80-95.

Yang J H, Dong Z B, Liu Z Y, et al. 2019a. Migration of barchan dunes in the western Quruq Desert, northwestern China[J]. Earth Surface Processes and Landforms, 44(10): 2016-2029.

Yang J H, Xia D S, Gao F Y, et al. 2021. Holocene moisture evolution and its response to atmospheric circulation recorded by aeolian deposits in the southern Tibetan Plateau[J]. Quaternary Science Reviews, 270: 107169.

Yang J H, Xia D S, Wang S Y, et al. 2020b. Near-surface wind environment in the Yarlung Zangbo River basin, southern Tibetan Plateau[J]. Journal of Arid Land, 12(6): 917-936.

Yang S L, Ding F, Ding Z L. 2006. Pleistocene chemical weathering history of Asian arid and semi-arid regions recorded in loess deposits of China and Tajikistan[J]. Geochimica et Cosmochimica Acta, 70(7): 1695-1709.

Yang S L, Ding Z L. 2003. Color reflectance of Chinese loess and its implications for climate gradient changes during the last two glacial-interglacial cycles[J]. Geophysical Research Letters, 30(20): 2058.

Yang X P. 2006. Desert research in northwestern China: A brief review. Géomorphologie: Relief, Processus, Environment, 12(4): 275-284.

Yang Y Y, Liu L Y, Li X Y, et al. 2019b. Aerodynamic grain-size distribution of blown sand[J]. Sedimentology, 66: 590-603.

Yao T D, Thompson L, Yang W, et al. 2012. Different glacier status with atmospheric circulations in Tibetan Plateau and surroundings[J]. Nature Climate Change, 2(9): 663-667.

Yao T D, Xue Y K, Chen D L, et al. 2019. Recent Third Pole's rapid warming accompanies cryospheric melt and water cycle intensification and interactions between monsoon and environment: Multi-disciplinary approach with observation, modeling and analysis[J]. Bulletin of the American Meteorological Society, 100(3): 432-444.

Yuan B Y, Huang W W, Zhang D. 2007. New evidence for human occupation of the northern Tibetan Plateau, China during the late Pleistocene[J]. Chinese Science Bulletin, 52(19): 2675-2679.

Zan J B, Fang X M, Kang J, et al. 2020. Spatial and altitudinal variations in the magnetic properties of eolian deposits in the northern Tibetan Plateau and its adjacent regions: Implications for delineating the climatic boundary[J]. Earth-Science Reviews, 208: 103271.

Zan J B, Fang X M, Nie J S, et al. 2011. Magnetic properties of surface soils across the southern Tarim Basin and their relationship with climate and source materials[J]. Chinese Science Bulletin, 56(3): 290-296.

Zan J B, Fang X M, Yan M D, et al. 2015. Magnetic variations in surface soils in the NE Tibetan Plateau indicating the climatic boundary between the Westerly and East Asian summer monsoon regimes in NW China[J]. Global and Planetary Change, 130: 1-6.

Zeng Z Z, Ziegler A D, Searchinger T, et al. 2019. A reversal in global terrestrial stilling and its implications for wind energy production[J]. Nature Climate Change, 9: 979-985.

Zha J L, Wu J. 2017. Effects of land use and cover change on the near-surface wind speed over China in the last 30 years[J]. Progress in Physical Geography, 41 (1) : 46-67.

Zha J L, Wu J, Zhao D M. 2016. Changes of probabilities in different wind grades induced by land use and cover change in Eastern China Plain during 1980-2011[J]. Atmospheric Science Letters, 17: 264-269.

Zha J L, Wu J, Zhao D M, et al. 2019. A possible recovery of the near-surface wind speed in Eastern China during winter after 2000 and the potential causes[J]. Theoretical and Applied Climatology, 136: 119-134.

Zhang D D. 1998. Geomorphological problems of the middle reaches of the Tsangpo Rvier, Tibet[J]. Earth Surface Processes and Landforms, 23: 889-903.

Zhang D D. 2001. Tectonically controlled fluvial landforms on the Yaluzangbu River and their implications for the evolution of the river[J]. Mountain Research and Development, 21 (1) : 61-68.

Zhang D D, Li S H. 2002. Optical dating of Tibetan human hand and footprints: An implication for the palaeoenvironment of the last glaciation of the Tibetan Plateau[J]. Geophysical Research Letters, 29: 1072-1074.

Zhang D L, Yang Y P, Ran M. 2020. Variations of surface soil $\delta^{13}C_{org}$ in the different climatic regions of China and paleoclimatic implication[J]. Quaternary International, 536: 92-102.

Zhang J F, Feng J L, Hu G, et al. 2015a. Holocene proglacial loess in the Ranwu valley, southeastern Tibet, and its paleoclimatic implications[J]. Quaternary International, 372: 9-22.

Zhang P, Najman Y, Mei L F, et al. 2019. Palaeodrainage evolution of the large rivers of East Asia, and Himalayan-Tibet tectonics[J]. Earth-Science Reviews, 192: 601-630.

Zhang W F, Wu J L, Zhan S E, et al. 2021a. Environmental geochemical characteristics and the provenance of sediments in the catchment of lower reach of Yarlung Tsangpo River, southeast Tibetan Plateau[J]. Catena, 200: 105150.

Zhang X L, Ha B B, Wang S J, et al. 2018a. The earliest human occupation of the high-altitude Tibetan Plateau 40 thousand to 30 thousand years ago[J]. Science, 362 (6418) : 1049-1051.

Zhang Y L, Gao T G, Kang S C, et al. 2021b. Albedo reduction as an important driver for glacier melting in Tibetan Plateau and its surrounding areas[J]. Earth-Science Reviews, 220: 103735.

Zhang Z C, Dong Z B. 2015. Grain size characteristics in the Hexi Corridor Desert[J]. Aeolian Research, 18: 55-67.

Zhang Z C, Dong Z B, Hu G Y, et al. 2018b. Migration and morphology of asymmetric barchans in the Central Hexi Corridor of Northwest China[J]. Geosciences, 8 (6) : 1-17.

Zhang Z C, Dong Z B, Li C X. 2015b. Wind regime and sand transport in China's Badain Jaran Desert[J]. Aeolian Research, 17: 1-13.

Zhang Z C, Dong Z B, Qian G Q, et al. 2017. Formation and development of dunes in the northern Qarhan

Desert, central Qaidam Basin, China[J]. Geological Journal, 53: 1123-1134.

Zhang Z T, Wang K C. 2020. Stilling and recovery of the surface wind speed based on observation, reanalysis, and geostrophic wind theory over China from 1960 to 2017[J]. Journal of Climate, 33: 3989-4008.

Zhang Z C, Zhang Y, Ma P F, et al. 2022. Aeolian sediment transport rates in the middle reaches of the Yarlung Zangbo River, Tibet Plateau[J]. Science of The Total Environment, 826(2): 154238.

Zhao W C, Balsam W, Williams E, et al. 2018. Sr-Nd-Hf isotopic fingerprinting of transatlantic dust derived from North Africa[J]. Earth and Planetary Science Letters, 486: 23-31.

Zhao W C, Liu L W, Chen J, et al. 2019. Geochemical characterization of major elements in desert sediments and implications for the Chinese loess source[J]. Science China Earth Sciences, 62(9): 1428-1440.

Zhao Y, Wu F L, Fang X M, et al. 2017. Altitudinal variations in the bulk organic carbon isotopic composition of topsoil in the Qilian Mountains area, NE Tibetan Plateau, and its environmental significance[J]. Quaternary International, 454: 45-55.

Zheng Y H, Wu Y Q, Li S, et al. 2009. Grain-size characteristics of sediments formed since 8600 yr B.P. in middle reaches of Yarlung Zangbo River in Tibet and their paleoenvironmental significance[J]. Chinese Geographical Science, 19(2): 113-119.

Zhou N, Zhang C L, Wu X X, et al. 2014. The geomorphology and evolution of aeolian landforms within a river valley in a semi-humid environment: A case study from Mainling Valley, Qinghai-Tibet Plateau[J]. Geomorphology, 224: 27-38.

Zhu L P, Lü X M, Wang J B, et al. 2015. Climate change on the Tibetan Plateau in response to shifting atmospheric circulation since the LGM[J]. Scientific Reports, 5: 13318.

Zhu L P, Wang J B, Ju J T, et al. 2019. Climatic and lake environmental changes in the Serling Co region of Tibet over a variety of timescales[J]. Science Bulletin, 64(7): 422-424.

Zou X Y, Li S, Zhang C L, et al. 2002. Desertification and control plan in the Tibet Autonomous Region of China[J]. Journal of Arid Environments, 51: 183-198.

附录

科 考 日 志

青藏高原地表粉尘科考队，2018年11～12月

日期	工作内容	停留地点
11月22日	兰州→西宁→都兰→格尔木→沱沱河→那曲→拉萨：拍摄沿途景观照片及视频	西宁、格尔木、沱沱河、那曲、拉萨
11月23日	拉萨→林芝：河谷粉尘调查及地表沉积物采样	林芝
11月24～25日	林芝：林芝比日神山采集黄土剖面样品	林芝
11月26日	林芝→派镇→米林→朗县：采集雅鲁藏布江河谷地表粉尘样品	朗县
11月27日	朗县→加查→桑日→山南→贡嘎：考察并采集雅鲁藏布江河谷地表粉尘样品	贡嘎
11月28日	贡嘎→日喀则：考察并采集雅鲁藏布江河谷地表粉尘样品	日喀则
11月29日	日喀则→谢通门：雅鲁藏布江河谷及支流地表粉尘采样	日喀则
11月30日～12月1日	日喀则东嘎乡：采集雅鲁藏布江北岸黄土剖面样品	日喀则
12月2日	日喀则→拉萨：调查并采集雅鲁藏布江河谷地表粉尘样品	拉萨
12月3日	拉萨→安多：西藏自治区自然资源厅收集资料、青藏线沿途粉尘采样	安多
12月4～6日	安多→格尔木→西宁→兰州：采集沿途地表粉尘样品，返回兰州	兰州

青藏高原地表粉尘科考队，2019年7月

日期	工作内容	停留地点
7月5～8日	兰州→西宁→都兰→格尔木→沱沱河→那曲→拉萨：沿青藏线采集表土样品，拍摄沿途景观照片及视频	西宁、格尔木、沱沱河、那曲、拉萨
7月9～10日	拉萨：各单位科考队员在拉萨汇合，在中国科学院青藏高原研究所（拉萨部）合影留念，并准备野外考察工具、办理边境管理区通行证等事宜	拉萨
7月11～14日	拉萨→贡嘎→扎囊→山南：采集风成和湖泊沉积剖面，并采集沿途表土	贡嘎、扎囊、山南
7月15日	山南→日喀则：采集沿途表土样品，拍摄沿途景观照片和视频	日喀则
7月16～18日	日喀则：采集风成沉积剖面，并采集该区域的表土样品	日喀则
7月19日	日喀则→昂仁：采集沿途的表土样品	昂仁
7月20日	昂仁→萨嘎：采集风成沉积剖面及沿途的表土样品	萨嘎
7月21日	萨嘎：采集风成沉积剖面	萨嘎
7月22～25日	萨嘎→帕羊→普兰→狮泉河→革吉→改则：沿途考察并采集表土样品，拍摄景观照片及视频	帕羊、狮泉河、革吉、改则
7月26日	改则→措勤：采集风成沉积剖面，并采集沿途表土样品	措勤
7月27～28日	措勤→拉孜→日喀则→拉萨：返程，拍摄沿途景观照片和视频	拉孜、日喀则、拉萨
7月29～30日	拉萨→兰州：寄回样品，返回兰州	兰州

青藏高原地表粉尘科考队，2019 年 11 月

日期	工作内容	停留地点
11 月 12 ～ 13 日	兰州→拉萨：乘火车出发，拍摄沿途景观照片及视频	拉萨
11 月 14 日	拉萨→墨竹工卡→拉萨：办理边境管理区通行证，沿拉萨河上游段进行考察，并采集河漫滩和表土样品	拉萨
11 月 15 日	拉萨→贡嘎：采集沿途河漫滩和表土样品，拍摄雅鲁藏布江河谷沙尘活动	贡嘎
11 月 16 日	贡嘎→扎囊：采集雅鲁藏布江北岸沙丘样品和河漫滩沉积物	扎囊
11 月 17 日	扎囊→山南：采集雅鲁藏布江北岸沙丘样品和河漫滩沉积物，拍摄沙尘照片	山南
11 月 18 日	山南→桑耶→山南：采集雅鲁藏布江北岸沙丘样品和表土样品	山南
11 月 19 日	山南→贡嘎：补采 SY 剖面部分层位的散样和光释光样品	贡嘎
11 月 20 日	贡嘎→日喀则：采集沿途表土样品和河流砂样品	日喀则
11 月 21 日	日喀则：采集雅鲁藏布江北岸沙丘样品	日喀则
11 月 22 日	日喀则→拉孜：采集年楚河附近沙丘样品，并采集沿途表土样品	拉孜
11 月 23 日	拉孜：采集雅鲁藏布江东岸沙丘样品、河漫滩样品及沿途表土样品	拉孜
11 月 24 日	拉孜→萨嘎：采集沿途表土样品和河流砂样品	萨嘎
11 月 25 日	萨嘎→帕羊：重新考察并补拍 SGX 剖面照片，采集沿途表土样品和河流砂样品	帕羊
11 月 26 日	帕羊→萨嘎：拍摄雅鲁藏布江源生态保护区附近沙丘景观照片	萨嘎
11 月 27 日	萨嘎→昂仁→拉孜→日喀则：返程，拍摄沿途景观照片及视频。其间科考队员高原反应，赶往拉孜县人民医院进行吸氧治疗	日喀则
11 月 28 日	日喀则→大竹卡→拉萨：重新考察大竹卡剖面，收集地层中文化层样品	拉萨
11 月 29 ～ 30 日	拉萨→兰州：返回兰州	兰州

青藏高原地表粉尘科考队，2020 年 6 ～ 7 月

日期	工作内容	停留地点
6 月 17 日	兰州→临夏→甘南→碌曲→郎木寺→若尔盖→红原：采集沿途表土样品，拍摄沿途景观照片及视频	红原
6 月 18 日	红原→阿坝→炉霍→甘孜：采集沿途表土样品，拍摄植被照片	甘孜
6 月 19 日	甘孜→德格→江达→昌都：采集沿途表土样品，拍摄植被照片	昌都
6 月 20 日	昌都→八宿→然乌→波密→林芝：采集沿途表土样品，拍摄植被照片	林芝
6 月 21 ～ 22 日	林芝：考察 LZ 剖面，采集 LZ20 剖面散样和释光样品	林芝
6 月 23 日	林芝→山南：采集沿途表土样品、沙丘样品和两岸基岩样品等	山南
6 月 24 日	山南→贡嘎：重新考察沿途已采集的风成沉积剖面，补采部分样品	贡嘎
6 月 25 ～ 26 日	贡嘎→山南→贡嘎→拉萨：采集新的风成沉积剖面，对前期已采集剖面的部分层位进行补采	贡嘎、拉萨
6 月 27 日	拉萨→贡嘎→山南→林芝：在沿途农田附近采集了两个短剖面	林芝
6 月 28 日～ 7 月 2 日	林芝→昌都→甘孜→炉霍→壤塘→阿坝→久治→玛曲→碌曲→甘南→临夏→兰州：返程，拍摄沿途景观照片及视频	昌都、壤塘、玛曲、兰州

青藏高原地表粉尘科考队，2020 年 10 月

日期	工作内容	停留地点
10 月 11 日	贡嘎→山南→加查：重新考察沿途已采集的风成沉积剖面，拍摄沿途景观照片及视频	加查
10 月 12 日	加查→林芝：考察沿途沉积物，并着重考察了 LZ 剖面	林芝
10 月 13 ～ 15 日	林芝：详细考察了林芝周边黄土沉积物，对已采集的剖面进行补采	林芝
10 月 16 日	林芝→派镇→林芝：采集沿途表土样品，考察沿途沉积序列	林芝
10 月 17 日	林芝→加查：采集 1 个风成沉积—河流沉积剖面	加查
10 月 18 日	加查→贡嘎：重新考察了前期已采集的风成沉积剖面，并进行了短剖面的补采	贡嘎
10 月 19 日	贡嘎：补采前期已采集的剖面的散样和光释光样品	贡嘎
10 月 20 日	贡嘎→兰州：返回兰州	兰州

青藏高原地表粉尘科考队，2021 年 3 月

日期	工作内容	停留地点
3 月 19 ～ 23 日	兰州→西宁→沱沱河→日喀则：采集沿途优势植物样本，拍摄沿途景观照片及视频	西宁、沱沱河、日喀则
3 月 24 ～ 25 日	日喀则：在雅鲁藏布江北岸采集了 1 个风成沉积剖面	日喀则
3 月 25 日	日喀则→拉萨：采集沿途优势植物种的样本，拍摄植物优势种照片	拉萨
3 月 26 日	拉萨→朗县：沿途考察沉积序列并采集沿途优势植物种的样本，拍摄植物优势种照片	朗县
3 月 27 日	朗县→林芝：初步考察了林芝附近剖面，采集了优势植物种样本，并拍摄照片	林芝
3 月 28 日	林芝：采集了 1 个风成沉积剖面	林芝
3 月 29 ～ 31 日	林芝→八宿→囊谦→共和→西宁→兰州：返程，拍摄沿途景观照片及视频	八宿、囊谦、共和、兰州

附　　图

附图 1　2019 年 7 月科考队员出发前于中国科学院青藏高原研究所 (拉萨部) 合影

附图 2　2019 年 7 月科考队员及车辆合影

附图3　2019 年 7 月科考队员讨论岩石类型

附图4　2019 年 7 月科考队员在贡嘎附近采集风成沉积剖面样品

附图 5　2019 年 7 月科考队员在日喀则附近考察

附图 6　2019 年 7 月科考队员在贡嘎附近的河湖相沉积剖面前合影

附图 7　2019 年 7 月科考队员在贡嘎附近采集河湖相沉积剖面样品

附图 8　2019 年 7 月科考队员采集夯仲剖面样品

附图 9　2019 年 7 月科考队员在日喀则莫热附近陡峭的基岩顶部采集风成沉积剖面样品

附图 10　2019 年 7 月科考队员在日喀则谢通门附近采集剖面样品

附图 11　2019 年 7 月科考队员在雅鲁藏布江上游地区采集风成沉积剖面样品

附图 12　2019 年 7 月科考队员采集表土样品

附图 13　2020 年 10 月科考队员在林芝附近考察和采样

附图 14　2019 年 7 月科考路上汽车抛锚

附图 15　2019 年 7 月专题组科考队员在噶尔汇合合影

附图 16　2019 年 11 月沙丘考察小分队在雅鲁藏布江北岸合影

附图 17　2019 年 11 月沙丘考察小分队采集沙丘样品

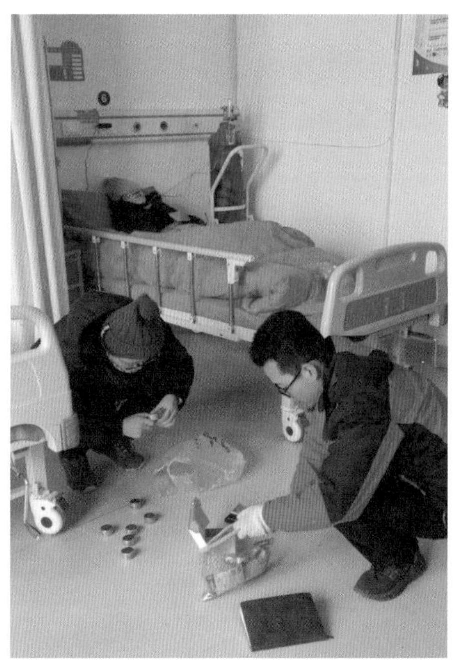

附图 18　2019 年 11 月拉孜沙丘考察时队员高原反应在医院治疗(其余队员在旁整理样品)

附图 19　2020 年 6 月科考队员在林芝及山南附近采集短剖面样品

附图 20　2020 年 6 月科考队员在林芝附近采集黄土剖面样品

附图 21　2020 年 10 月科考队员在雅鲁藏布江南岸贡嘎附近考察

附图 22　2020 年 10 月科考队员在雅鲁藏布江岸边合影

附图 23　2020 年 10 月科考队员在丹娘沙丘前合影

附图 24　2020 年 10 月科考队员在南迦巴瓦峰前合影

附图 25　2021 年 3 月科考队员在日喀则附近考察并采集样品

附图 26　2021 年 3 月科考队员在林芝附近考察并采集样品